中国地质调查局
青藏高原 1∶25 万区域地质调查成果系列

中华人民共和国

区域地质调查报告

比例尺：1∶250 000

吐错幅

（I45C003004）

项目名称：西藏 1∶25 万吐错幅区域地质调查

项目编号：200313000021

项目负责：朱同兴

图幅负责：董　瀚　欧春生

报告编写：朱同兴　董　瀚　石文礼　李鸿睿　欧春生

编写单位：成都地质矿产研究所

单位负责：丁　俊（所长）

王　剑（总工程师）

中国地质大学出版社
ZHONGGUO DIZHI DAXUE CHUBANSHE

内容简介

调查区位于青藏高原腹地羌塘地区中-北部。本次调查主要成果：厘定了测区大地构造格架和构造-地层分区，建立了测区构造-地层划分系统。在齐陇乌如和阿木岗日一带新厘定出前奥陶系齐陇乌如岩组和阿木岗岩组两个组级岩石地层单位；首次在跃进拉一带发现了古近系鱼鳞山组内两期火山岩间断喷发的特征；通过对美日切错一带粗面质中酸性火山岩系的综合分析，明确否定了测区下白垩统美日切错组的存在，将美日切错地区的一套粗面质中酸性火山岩系厘定为始新统鱼鳞山组；重新厘定了康托组、唢呐湖组地质时代归属为古近纪；康托组与唢呐湖组之间应为上、下接触关系，而不是前人认为的横向相变关系；重建龙木错-双湖洋盆构造古地理格局；通过综合分析，将测区地质发展演化划分为7个阶段。同时还对测区国土资源概况做了初步调查。

本书可供从事地层古生物、构造地质和区域地质调查的生产、科研人员及高等院校相关专业师生参考使用。

图书在版编目(CIP)数据

中华人民共和国区域地质调查报告.吐错幅(I45C003004)：比例尺1∶250 000/朱同兴，董瀚等著.—武汉：中国地质大学出版社，2010.12

ISBN 978-7-5625-2522-6

Ⅰ.①中…
Ⅱ.①朱… ②董…
Ⅲ.①区域地质-地质调查-调查报告-中国 ②盆地-地质调查-调查报告-西藏
Ⅳ.①P562

中国版本图书馆CIP数据核字(2010)第128695号

中华人民共和国区域地质调查报告
吐错幅(I45C003004)：比例尺1∶250 000　　**朱同兴　董　瀚　等著**

责任编辑：赵颖弘　　技术编辑：阮一飞　　责任校对：张咏梅

出版发行：中国地质大学出版社(武汉市洪山区鲁磨路388号)　　邮政编码：430074
电　话：(027)67883511　　传真：67883580　　E-mail：cbb @ cug.edu.cn
经　销：全国新华书店　　http://www.cugp.cn

开本：880毫米×1 230毫米 1/16　　字数：461千字　印张：14.5　图版：6　附图：1
版次：2010年12月第1版　　印次：2010年12月第1次印刷
印刷：湖北新华印务有限公司　　印数：1—1 500册

ISBN 978-7-5625-2522-6　　定价：238.00元

前　言

青藏高原包括西藏自治区、新疆及青海省南部、四川省西部和云南省西北部，面积达260万km^2，是我国藏民族聚居地区，平均海拔4 500m以上，被誉为地球第三极。青藏高原是全球最年轻的高原，记录着地球演化最新历史，是研究岩石圈形成演化过程和动力学的理想区域，是“打开地球动力学大门的金钥匙”。青藏高原蕴藏着丰富的矿产资源，是我国重要的资源后备基地。青藏高原是地球表面的一道天然屏障，影响着中国乃至全球的气候变化。青藏高原也是我国主要大江大河和一些重要国际河流的发源地，孕育着中华民族的繁生和发展。开展青藏高原地质调查与研究，对于推动地球科学研究、保障我国资源战略储备、促进边疆经济发展、维护民族团结、巩固国防建设具有非常重要的现实意义和深远的历史意义。

1999年国家启动了“新一轮国土资源大调查”专项，按照温家宝总理“新一轮国土资源大调查要围绕填补和更新一批基础地质图件”的指示精神。中国地质调查局组织开展了青藏高原空白区1∶25万区域地质调查攻坚战，历时6年多，投入3亿多，调集24个来自全国省(自治区)地质调查院、研究所、大专院校等单位组成的精干区域地质调查队伍，每年近千名地质工作者，奋战在世界屋脊，徒步遍及雪域高原，完成了全部空白区158万km^2 112个图幅的区域地质调查工作，实现了我国陆域中比例尺区域地质调查的全面覆盖，在中国地质工作历史上树立了新的丰碑。

西藏1∶25万I45C003004(吐错幅)区域地质调查项目，由中国地质调查局成都地质调查中心(成都地质矿产研究所)承担，工作区位于藏北羌塘高原腹地。总体目标与任务是按照《1∶25万区域地质调查技术要求》(暂行)、《青藏高原艰险地区1∶25万区域地质调查技术要求》(暂行)及其他有关规范、指南，参照造山带填图的新方法，应用遥感等新技术手段，充分收集、分析与利用前人资料，以区域构造调查与研究为先导，合理划分测区构造单元，对测区不同地质单元、不同的构造-地层单位采用不同的填图方法，开展编测结合的区域地质调查。最终通过对沉积建造、变质变形、岩浆作用的综合分析，反演区域地质演化史，建立构造模式。

I45C003004(吐错幅)地质调查工作时间为2003—2005年，累计完成地质填图面积为15 460km^2，实测剖面52.91km。地质路线2 041km，采集各类样品1 767件，全面完成了设计工作量。主要成果有：①合理建立了区内地层系统。测区共划分出23个岩石地层单位，33个生物地层单位。在齐陇乌如和阿木岗日一带新厘定出前奥陶系齐陇乌如岩组和阿木岗岩组等两个组级岩石地层单位。②首次在跃进拉一带发现了古近系鱼鳞山组具有两期喷发特征。明确否定测区下白垩统美日切错组的存在，将美日切错地区一套粗面质中酸性火山岩系厘定为始新统鱼鳞山组。④基本查明测区侵入岩的时空分布和演化序列，按构造-岩浆活动旋回将测区划分为双湖构造岩浆带和普若岗日构造岩浆带。普若岗日岩浆带为浅成-超浅成二长花岗斑岩和石英二长闪长玢岩体，具有造山后花岗岩的系列特征。阿木岗日南西斑状黑云母花岗闪长岩主体为早侏罗世。⑤将测区次级构造单元划分为北羌塘陆块、双湖构造混杂岩带和南羌塘陆块。其中双湖构造混杂岩带是一个受侏罗纪中酸性侵入岩体所破坏的构造混杂岩带，也是龙木错-双湖构造带的一部分。测区构造混杂岩带的南、北边界均为大型韧性剪切带所分割。⑥重建龙木错-双湖洋盆构造古地理格局。龙木错-双湖盆地虽经构造破坏，但在双湖构造混杂带中还保留大陆边缘复理石沉积、大洋洋壳、弧火山岩建造和保存较好的洋岛火山岩。它们现在的位置虽然已不连续，但从洋岛、弧火山岩及蓝片岩等的保存位置可以看出，洋盆的消减是由南向北俯冲的。

2006年4月，中国地质调查局组织专家对项目进行最终成果验收。评审认为，成果报告资料齐全，工作量达到(或超过)设计规定，技术手段、方法、测试样品质量符合有关规范、规定。报告章节齐备，论述有据，在地层、古生物、岩石和构造等方面取得了较突出的进展和重要成果，反映了测区地质构造特征和现有研究程度。经评审委员会认真评议，一致建议项目报告通过评审，吐错幅成果报告被评为良好级。

参加报告编写的主要有朱同兴，董瀚，石文礼，李鸿睿，欧春生，由朱同兴、董瀚编纂。项目根据吐错幅成果报告验收意见，对地质报告(送审稿)和地质图进行了全面修订和校正，最后由朱同兴研究员和周铭魁研究员定稿。

参加本项目野外调研工作的主要技术人员有朱同兴、董瀚、欧春生、石文礼、李鸿睿、田应贵、曾庆荣、冯心涛、张启跃、李宗亮、张惠华、于远山、周邦国、金灿海等；后勤服务人有缪国夏、张健、杨哲超、胡小松、胡仁才、李志强、阎勇、杨国先、刘绍安等。

1∶25万吐错幅区域地质调查工作，自始至终得到了成都地质矿产研究所丁俊所长、王剑副所长、潘桂棠研究员、王立全研究员、中国地质调查局基础调查部和区调处领导的关心和指导，得到了甘肃省地质调查院、云南省地质调查院和西藏自治区那曲行署矿产管理局、双湖特别行政区政府的大力支持和帮助，在此致以最诚挚的谢意！

为了充分发挥青藏高原1∶25万区域地质调查成果的作用，全面向社会提供使用，中国地质调查局组织开展了青藏高原1∶25万地质图的公开出版工作，由中国地质调查局成都地调中心与项目完成单位共同组织实施。出版编辑工作得到了国家测绘局孔金辉、翟义青及陈克强、王保良等一批专家的指导和帮助，在此表示诚挚的谢意。

鉴于本次区调成果出版工作时间紧、参加单位较多、项目组织协调任务重以及工作经验和水平所限，成果出版中可能存在不足与疏漏之处，敬请读者批评指正。

“青藏高原1∶25万区调成果总结”项目组
2010年9月

目 录

第一章　绪　言

第一节　任务与要求

中国地质调查局2003年3月26日根据中地调函（2003）77号向成都地质矿产研究所下达了“西藏1∶25万黑虎岭幅（I45C002003）、多格错仁幅（I45C002004）、江爱达日那幅（I45C003003）、吐错幅（I45C003004）区域地质调查”项目任务书。

任务书编号：基（2003）002-19

项目编号：200313000021

工作性质：基础地质调查

工作年限：2003年1月—2005年12月

承担单位：成都地质矿产研究所

总体目标与任务：按照《1∶25万区域地质调查技术要求》（暂行）、《青藏高原艰险地区1∶25万区域地质调查技术要求》（暂行）及其他有关规范、指南，参照造山带填图的新方法，应用遥感等新技术手段，充分收集、分析与利用前人资料，以区域构造调查与研究为先导，合理划分测区构造单元，对测区不同地质单元、不同的构造-地层单位采用不同的填图方法，开展编测结合的区域地质调查。最终通过对沉积建造、变质变形、岩浆作用的综合分析，反演区域地质演化史，建立构造模式。

本着图幅带专题的原则，在区域地质调查的基础上，进一步加强含油气性的特殊岩类（如油页岩、生物礁、白云岩等）、地表油气标志和盖层条件的调查，研究中新生代沉积盆地的性质与演化及其与油气的生成关系；进行新生代岩浆活动、新构造活动和第四纪地质的调查研究，探讨青藏高原环境变化趋势和隆升过程及其对成藏条件的影响；对测区南部的查布-查桑-双湖构造带的性质、形成与演化过程进行深入研究；采用有效的技术方法和方法组合，注意对生态环境、旅游资源、矿产资源和灾害地质的调查研究。

测区范围：包括1∶25万黑虎岭幅、多格错仁幅、江爱达日那幅、吐错幅全部区域，地理坐标为东经87°00′—90°00′，北纬33°00′—35°00′，填图总面积61 860km²。其中吐错幅位于联测区范围的东南部。

预期成果：

（1）提交分幅地质图件及区域地质调查报告、专题研究报告。

（2）按中国地质调查局编制的《地质图空间数据库工作指南》，分幅提交以ARC/INFO、MAPGIS图层格式的数据光盘及图幅与图层描述数据、报告文字数据各一套。并提交遥感解译数字影像图及数据光盘。

提交报告时间：2005年7月提交野外验收成果资料，2005年12月提交最终验收成果资料。

根据项目任务书总体目标与任务，结合测区具体地质情况，本次地质调查的具体任务如下。

（1）以现代造山带理论为指导，以3S新技术、新方法为手段，以区域构造调查和研究为基础，合理划分测区构造单元；查清不同构造单元的基本特征；对测区主要构造进行调查。

（2）以现代地层学和沉积学理论为指导，对不同构造单元的沉积岩系进行岩石地层划分，建立沉积地层层序，划分正式和非正式填图单位。重点开展包括侏罗系岩石地层、生物地层、年代地层、层序地层和磁性地层等在内的多重地层划分与对比，建立侏罗系地层标准剖面；重视沉积相尤其是与油气关系密切的特殊岩类（如油页岩、生物礁、鲕粒灰岩、白云岩、含膏杂色岩系等）、地表油气标志和盖层条件的调查；加强古流向标志、盆地充填序列、重要地质界面以及盆地分析等数据的采集和调查，为研究中新生代沉积盆地的性质和演化及其与油气的成生关系提供基础资料。

（3）查明测区第四系主要沉（堆）积物的年代及成因类型，划分第四系填图单位，采集第四系孢粉化石和测年样品，为开展第四纪古地理、古环境和古气候变化的研究提供实际资料，探讨青藏高原环境变化趋势及其对成藏条件的影响。

（4）查明测区二叠系、三叠系、下侏罗统和新近系火山岩的分布范围、岩石学特征、地球化学特征及其大地构造背景。

（5）通过对测区典型花岗岩的地质填图，查明岩体的就位机制及其与成矿作用的关系。

（6）对测区的变质岩系，采用构造-地层填图方法，以构造变形、变质作用理论为指导，以构造分析方法为手段，以地质事件演化序列为主线，选择恰当的变质岩填图单位，通过地质填图和研究，查明变质岩的基本特征和构造变形。

第二节　自然地理概况

联测区位于西藏北部，行政区划主要隶属于那曲地区尼玛县和双湖特别行政区，部分属于青海省格尔木市管辖（图 1-2-1）。联测区在地理区划上属青藏高原地理区羌塘高原内陆湖盆地带。联测区主要山脉（如唐古拉山脉、冬布勒山脉等）呈北西方向延伸，与区域构造线走向基本一致。山顶积雪终年不化，白雪皑皑，冰峰重叠，蔚为壮观，主脊线海拔多在 5 500m 以上。

本测区内重要山脉和冰川有普若岗日大冰川（6 482m）、诺拉岗日冰川（6 138m）、西雅尔岗日冰

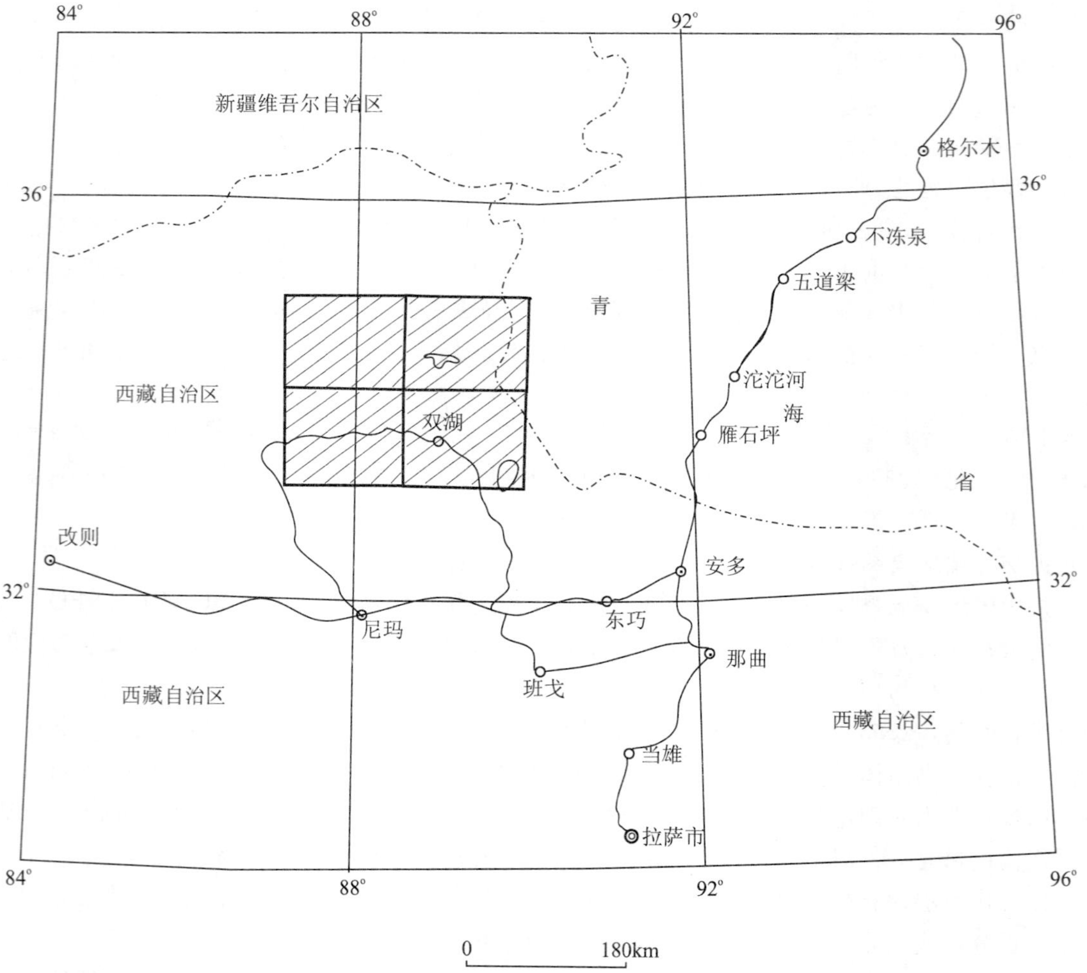

图 1-2-1　联测区交通地理位置简图

川（6 304m）、阿木岗日冰川（6 128m）等。这些雪山是许多河流与湖泊的重要补给来源。由于被四周的高山所阻隔，水系不能外泄，因而星罗棋布的湖泊成为测区地表水汇集之地，在地形上形成了独特的藏北高原湖盆地貌，其间点缀着以吐错、美日切错、东湖为代表的大小不等的一系列咸水湖泊。测区发育的较大河流有发源于那底岗日流入阿木错的希杂洛玛曲、发源于阿木岗日流入才多茶卡的流沙河、发源于普鲁岗日流入吐错的托纳木藏布等。藏北湖盆区夷平面发育，地形相对平缓，平均海拔为 5 000m 以上。

藏北高原为高原亚寒带半干旱季风型气候区，属典型的大陆性气候。这里气候干燥、寒冷，空气稀薄，低压、缺氧严重，一年四季不分明，冬长无夏，多风雪天气，年温差相对大于日温差，没有绝对无霜期，年大风日达 250 天，年日照时间长达 2 628 小时，降水量集中，6—8 月的降水量约占全年降水量的 93%，而年降水量仅为 127～150mm。这里天气变化无常，时而晴空万里，时而浓云密布，狂风大作，冰雪交加，雷声隆隆。自然灾害十分频繁，风灾、雪灾和霜灾为主要的自然灾害。

联测区内已发现铁、铜、铅锌等金属固体矿点和石膏矿、盐类等非金属沉积型矿点 57 个，油气苗点 38 个。野生动植物资源十分丰富，主要野生动物有野牦牛、野驴、熊、狼、藏羚羊、黄羊、岩羊、黄鸭、鸽子、雪鸡、猞猁、秃鹰等，主要野生植物有角苗伞根、虎耳根、大叶秦艽、麻黄、红花、刺参、葫芦苗、高山党参、青活麻、大黄等 40 多种。由于测区是世界上湖面最高、范围最大、数量最多的高原湖区，并且多为咸水湖或盐湖，许多湖泊蕴藏着丰富的盐类矿产资源和稀有金属元素，对这些湖泊的系统调查与研究，将有利于双湖地区乃至西藏的资源开发，对加快当地国民经济发展和西部大开发的步伐有着重要的现实意义。

联测区内交通通行条件极差，除连接双湖—382 大桥的简易公路（南北向）和双湖—嘎错乡的简易公路（东西向）之外，基本上无公路可通行（图 1-2-1）。区内广大地区的地质填图工作完全依靠四轮驱动车强行探索前进。

双湖行政区和尼玛县居民以藏民族为主，人口稀少。测区北部（N34°00′以北）为无人区，南部有少量居民，均从事牧业，主要饲养牦牛、绵羊、山羊，牧业为其支柱产业。因此，实施野外地质调查过程中的基本生活物资多依赖外地供给。

土特产品为山羊绒和扎加藏布河中特有的无鳞鱼。

第三节　地质调查研究历史及工作程度

一、地质调查研究历史

测区属青藏高原中比例尺区域地质调查空白区，除双湖一带之外，其他区域的地质调查研究程度较低。20 世纪 80 年代以来，党和政府非常重视西藏的经济建设和生态环境的保护，先后有西藏自治区地质矿产局（以下简称西藏地矿局）、原地质矿产部青藏高原地质调查大队、中国石油天然气总公司、成都地质矿产研究所、成都理工大学、吉林大学、中国地质大学和中国科学院等单位对测区的地质构造和生态环境进行过调查和专题研究。

测区地质调查研究历史可以明显地分为 3 个阶段。

（1）建国前，仅有少数外国探险家和地质学家对测区进行过零星的路线地质调查，可用的地质资料十分有限。

（2）20 世纪 80 年代为测区内区域地质调查的重要时期。原地矿系统对测区地层、岩石、构造等进行了多学科综合考察、路线地质调查和 1∶100 万区域地质调查。1986 年由西藏自治区地质矿产局区调队（以下简称西藏区调队）完成的《1∶100 万改则幅区域地质调查报告》、1980—1985 年由原地质矿产部青藏高原地质调查大队完成的区域地质调查成果（集中反映于《青藏高原地质文集》），以及文世宣（1979）、蒋忠惕（1983）、吴瑞忠（1986）对藏北羌塘地区地层系统的厘定，王成善等（1987）对羌塘地区地质构造特征的研究都具有广泛的代表性。

(3) 20 世纪 90 年代中期以来，西藏自治区地质矿产局出版了《西藏自治区区域地质志》(1993)和《西藏自治区岩石地层》(1997)。为配合中国石油天然气总公司新区事业部青藏石油勘探项目经理部(以下简称中石油青藏项目经理部)在藏北羌塘盆地开展的大规模石油勘探计划，先后有 13 支队伍在羌塘盆地进行过 1∶20 万石油地质路线调查，1∶10 万区域石油地质填图以及各类专题的研究(图 1-3-1)。测区内还做过 1∶20 万航磁、重力测量，6 条大地电磁测深(MT)剖面。这些基础资料对提高测区 1∶25 万地质调查成果的质量，无疑是十分宝贵的。在石油地质调查过程中，既强调了多学科之间的综合调查，又侧重于各类专题的深入研究。如朱同兴等(1997、2002)通过对羌塘盆地西区综合地质的研究，系统地建立了羌塘盆地晚古生代—中新生代地层标准剖面，并对羌塘盆地大面积出露的海相侏罗系地层进行了包括岩石地层、生物地层及年代地层、层序地层、磁性地层等在内的多种地层划分与对比；赵政璋、李永铁、叶和飞等(2001)对青藏高原地层、羌塘盆地石油地质的研究；王成善等(2001)对西藏羌塘盆地地质演化与油气远景的评价；李才、程立人、胡克等(1995、2002)对西藏龙木错-双湖古特提斯缝合带的研究；郑绵平等(1989)对青藏高原盐湖的研究；程立人等(1998)、李勇等(2001、2002)、尹海生等(2003)对测区地层古生物、沉积相和地质构造的研究以及中国科学院对普若岗日大冰盖冰心的研究等都集中反映了测区的最新地质研究水平。

值得指出的是，1∶100 万改则幅区调报告成果、1∶50 万编图成果和中国石油天然气总公司新区事业部青藏石油勘探项目经理部组织的在藏北羌塘盆地开展的大规模石油地质调查成果是测区内最重要的基础性地质资料。

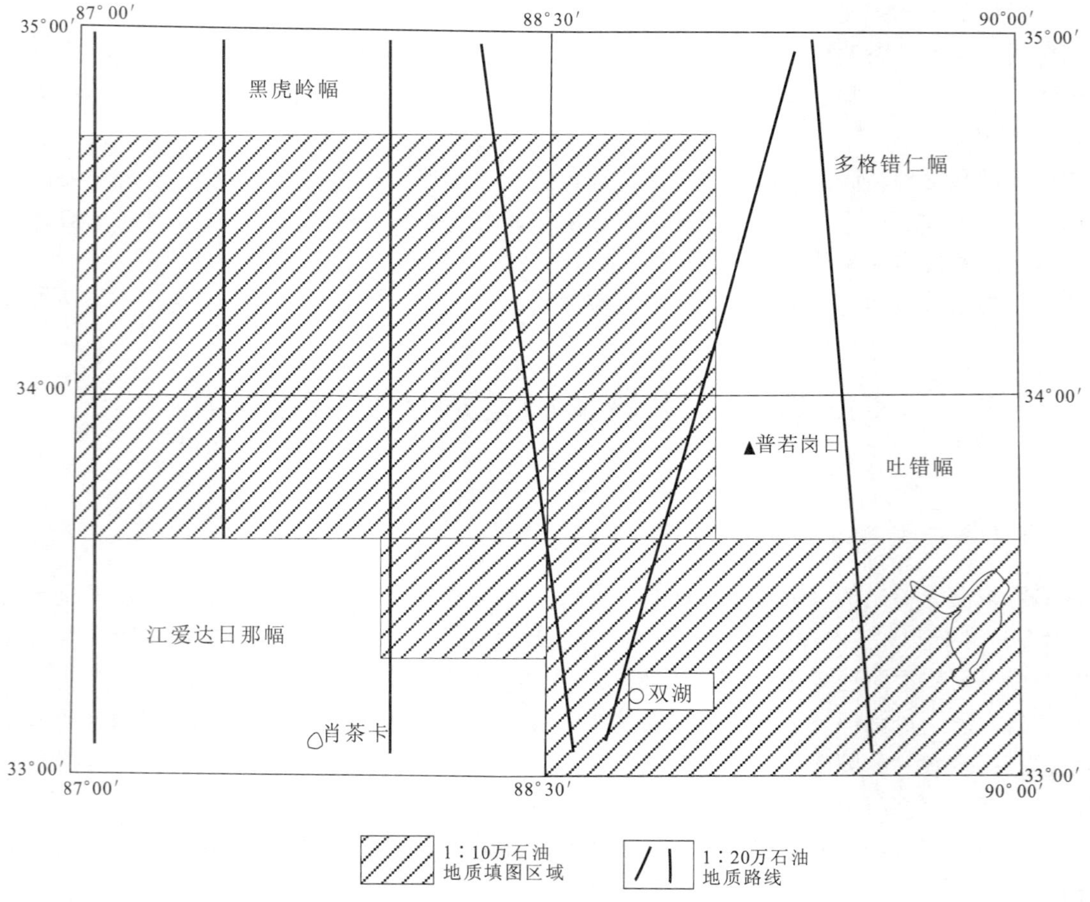

图 1-3-1　联测区地面地质调查研究程度图

二、过往地质工作程度和前人资料利用程度

1. 对《1∶100 万改则幅区域地质调查报告》的评估

改则幅区域地质调查覆盖了测区全部区域。区内布置的地质路线有 5 条，长度约 1 100km，路线间

距为 50～100km（图 1-3-2）。《1∶100 万改则幅区域地质调查报告》初步查明了测区内地层的时空展布；初步建立了测区内岩石地层系统；对测区变质岩系进行了初步研究，划分了变质岩序列和变质相；初步划分了羌塘陆块内部的次级构造单元。上述工作成果基本奠定了测区的地层、构造和变质岩序列的总体框架。报告中所测试的部分样品（如侵入岩的化学分析、微量元素等）和鉴定的部分化石样品及部分 K－Ar 同位素年龄样品，本次工作中将选择利用；报告中对侵入岩、变质岩和区域构造的调查和描述也有许多可利用的价值；报告中对测区内矿产有了更多地了解，大致掌握了全区的水质类型。

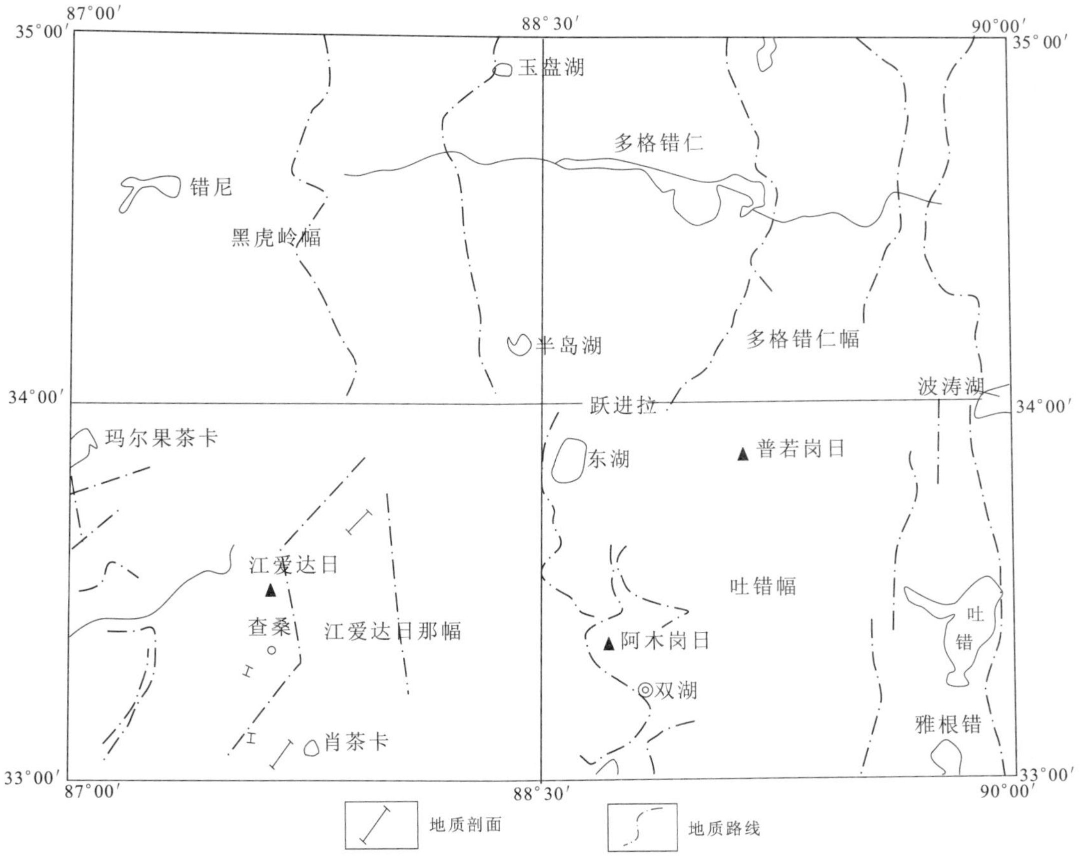

图 1-3-2　1∶100 万改则幅区域地质调查布置的测区内地质路线和实测剖面位置示意图

1∶100 万改则幅地质图图面结构合理，原始资料真实、可靠，经西藏自治区地质矿产局和原地质矿产部区域地质调查司组织验收，最终评审认为所取得的成绩较为突出，提高了青藏高原的地质研究程度，是一项较好的区域地质成果报告，对本次 1∶25 万区调填图具有重要的参考价值。

受当时客观条件限制，测区除 3 条地质路线之外的其他区域地质研究程度很低，大部分地区属地质空白区。同时由于填图比例尺过小，对测区的点、线控制程度和采集样品的控制密度等都不能满足 1∶25 万区域地质调查工作的要求。对测区广泛分布的中新生代沉积岩系的相标志的采集、沉积相划分、岩石地层单位接触界面性质、沉积盆地分析显然是不够的。本次为配合研究专题的需要，填图过程中加强和重视了这一方面的调查工作，特别注意对重要的地质界面（包括 T/P、J/T 等界面）的观察和侧向追索。区调工作过程中，除按照常规地质填图程序外，还应重视 3S 和数字填图等新技术和新方法的野外运用研究，充分调查各类地质体的垂向和横向变化。

2. 对《1∶20 万石油地质路线调查报告》和《1∶10 万区域石油地质调查报告》的评估

1993 年中国石油天然气总公司成立青藏油气勘探项目经理部，1994—1997 年在测区及邻区组织开展了 1∶20 万石油地质路线调查和 1∶10 万遥感区域石油地质调查。测区已完成的 1∶10 万填图面积为 36 970km²，约占测区总面积的 60%；完成的地质点位 20 053 个；地质路线长度为 16 487km；实测剖面长度为175 567m；采集各类样品共计21 505件，其中同位素年龄样品159件、大化石样品3 108件、微体古生物样品1 796件、石油地质样品4 033件。

1∶10万遥感区域石油地质填图地质路线一般间距4km，允许偏离1km，点距500m，重要的地质界线、标志层与特殊岩类要进行追索。野外手图采用中国人民解放军总参测绘局及其放大的1∶5万经过修正的地形图。室内成图的1∶10万地理底图是利用1∶10万地形图计算校正，抽取等高线、地形地物经取舍后重新编绘的。遥感解译利用中国石油天然气总公司遥感地质研究所提供的与1∶10万地形图分幅相同的1∶10万比例尺TM卫星遥感图片及1∶5万的放大图片。该图片采用541波段假彩色合成，精度范围30m，具有地质影像清晰、云层掩盖少、信息量丰富的特点。野外及室内整理以及各项目原始记录均按中华人民共和国石油天然气行业标准《野外石油天然气地质调查规范》(SY5517－92)执行。

1994—1997年青藏项目经理部还在测区及相邻地区开展1∶20万航空磁测，面积42.5万km^2；1∶20万重力勘探，面积26.36万km^2；1∶20万大地电磁测深（MT）物理点1 905个，长度5 534km等非地震地球物理勘探工作。同时，根据石油地质工作需要，设置各项专题研究，通过地质调查与研究工作，取得了大量的、丰富的地质资料，建立了测区地层系统与构造格架，弄清了岩浆活动规律，为1∶25万区调联测，也为测区下一步的石油勘探工作奠定了坚实的基础。可以说，测区内中新生代地层覆盖区油气勘探的前期准备工作任务已经基本完成。

经中国石油天然气总公司青藏项目经理部和成都地质矿产研究所总结5年勘探成果和综合研究，较为明确的认识是：羌塘盆地为具良好的石油地质条件和较好勘探前景的勘探目标盆地。盆地具有沉积厚度巨大、有机质丰富的烃源岩，热演化程度在盆地中部适中，处于大量生油到凝析油阶段，地面露头已发现物性良好的白云岩和广泛分布的生物礁、生物浅滩相灰岩以及可作为封盖层的、延展性良好的膏盐层。在地震剖面上也发现了特征明显、规模巨大的生物礁体构造，圈闭面积大于100km^2的保存形态较完整的背斜构造达15个（其中大部分在测区内），保存条件总体较好，具备形成大中型整装油气田的石油地质条件。

但是由于羌塘地区特殊的自然地理条件和复杂的地质条件，在勘探生产和研究过程中，仍存在许多亟待解决的问题，主要有如下几点。

（1）区域地质构造演化对盆地形成、演化、热史，有机质演化、生成和运移及成岩的控制作用。

（2）中央隆起带是基底隆起带还是构造混杂带，二叠系是裂谷还是缝合带；中央隆起带的形成与演化过程及其对南、北羌塘油气生成与运移的影响。

（3）南北羌塘中新生代盆地的形成和演化及其与油气资源成生的关系。

（4）构造变形规律及改造期次、程度，深部构造式样与地表式样的关系，推覆构造及南北向断裂对成藏条件的影响。

对上述有关问题在本次1∶25万区域地质填图过程中都给予了高度重视。

3. 对《青藏高原羌塘盆地及邻区1∶50万地质图及说明书》的评估

青藏高原羌塘盆地及邻区1∶50万地质图属编图性质，利用的资料主要有《1∶100万改则幅区域地质调查报告》和青藏石油勘探项目经理部1994—1996年提供的若干份《1∶20万路线石油地质调查报告》、《1∶10万区域石油地质调查报告》以及遥感卫星TM图像资料。通过编图，提高了羌塘盆地岩石地层、构造、岩浆岩和石油地质的研究程度。在编图方法上突破常规，在地质图面上圈定出中大型褶皱构造、地面油气显示、油页岩、膏岩层、生物礁灰岩以及温泉等与石油地质密切相关的信息。因此《青藏高原羌塘盆地及邻区1∶50万地质图及说明书》对本次1∶25万区域地质填图和石油地质研究具有重要的参考价值。

存在的主要问题是：由于1∶50万地质图属编图性质，主要是利用前人的资料进行编图，所以在没有进行1∶20万路线石油地质调查和1∶10万区域石油地质调查的地区，地质资料明显缺乏，地质图面较为空旷，对某些地质体（如中上侏罗统雁石坪群）的认识过于粗略，有待于野外的进一步查证；中央隆起带的形成与演化对南北羌塘坳陷乃至整个羌塘盆地影响较大，但在1∶50万地质图说明书中有关中央隆起带的形成与演化方面的论述很少。本次1∶25万区域地质调查过程中，通过更多的野外地质工作，补充和深化对中央隆起带的形成与演化方面的认识。

4. 对前人一系列科研资料的利用程度评估

本次工作尽量收集了涉及测区及邻区的科研资料，对收集的资料进行消化、归纳、整理，并最大限度地提取其中的有用部分，在工作中加以利用或用于指导本次区调工作。如文世宣等（1979）、蒋忠惕（1983）、吴瑞忠等（1985）对藏北羌塘地区地层系统的厘定；王成善等（1985）、李才等（1990、1994）对羌塘地区地质构造特征的研究；朱同兴等（1997、2002）对羌塘盆地多重地层的划分以及沉积盆地演化的研究，尤其是对羌塘盆地大面积出露的海相侏罗系地层进行了包括年代地层、岩石地层、生物地层、层序地层、磁性地层等在内的多种地层划分与对比研究；赵政璋、李永铁、叶和飞等（2001）对羌塘盆地石油地质的研究；李才、程立人、胡克等（1995、2002）对西藏龙木错-双湖古特提斯缝合带以及双湖地区蓝片岩的研究；郑绵平等（1989）对青藏高原盐湖的研究；尹海生等（2003）、李勇等（2001）、程立人等（1998）对测区地层古生物、沉积相和地质构造的研究等。上述研究都集中反映了测区的最新地质研究水平。《1∶100 万改则幅区域地质调查报告》、《西藏自治区区域地质志》、《青藏高原羌塘盆地及邻区 1∶50 万地质图及说明书》等中有关对构造单元的划分、地层系统和变质变形等，本次工作都已充分利用。测区岩石地层单位名称和正式填图单位、非正式填图单位名称基本采用《羌塘盆地西区综合地质工程研究报告》（QT96YZ－01）研究成果。在充分利用前人科研资料的同时，对一些存在争议的重大地质问题，如关键性地层界面性质的识别、中生代盆地性质及其演化、中央隆起带是褶皱基底还是构造混杂带、盆地内褶皱和断裂构造的性质和平面展布、侵入岩的定位机制等，都已作为本次 1∶25 万区域地质调查的重点，力争取得突破性成果。

第四节　完成任务情况

一、工作概况

西藏 1∶25 万黑虎岭幅（I45C002003）、多格错仁幅（I45C002004）、江爱达日那幅（I45C003003）、吐错幅（I45C003004）区域地质调查项目于 2003 年 1 月开始启动，分 3 个大的阶段进行。

1. 组建队伍、资料收集、野外踏勘、设计编写阶段

时间为 2003 年 1 月—2004 年 1 月。主要工作包括：①与合作单位协调，共同组建队伍；②全面收集测区及其邻近区域地质资料和有关文献资料；③2003 年 5 月—2003 年 8 月进行了野外初步踏勘，实测了大部分地层剖面，对测区地层展布和构造格架有了大致了解；④编写了《1∶25 万吐错幅（I45C003004）区域地质调查工作设计书》，编制了 1∶25 万吐错幅地质草图和区域地质调查工作部署图。

2. 设计审查、野外地质调查阶段

大规模野外地质调查分两次。第一次为 2003 年 5 月 8 日—9 月 10 日，重点是实测地层剖面和对江爱达日那幅、吐错幅进行部分填图。2004 年 1 月，通过了由中国地质调查局在长春组织的项目设计审查。第二次大规模野外调查时间为 2004 年 3 月 25 日—9 月 15 日，完成了剩余图幅的填图扫面工作，同时补测了一些地层剖面。对南部双湖构造混杂岩剖面和北部晚三叠世若拉岗日岛弧构造剖面进行了全面实测、补充采样和深入观察研究。

3. 资料综合整理、野外资料验收、报告编写、成果验收和资料归档阶段

2004 年 10 月以后，在全部野外工作结束的基础上，转入全面的野外资料整理和图件编制阶段。主要进行了以下几项工作：①完成各类样品的送样、鉴定、测试分析；②全面检查原始资料和资料的综合整理；③对分析测试成果进行数据处理和编拟各种图件和表格；④按区域地质调查规范和技术要求编制和审定1∶10万分幅实际材料图、1∶25万分幅地理底图和分幅地质图；⑤编写1∶25万分幅野外地质调查报告和详细提纲；⑥2005年6月，通过了由中国地质调查局在拉萨组织的野外原始资料验收，同意转入室内资料综合整理阶段；⑦2005年7—12月，编制1∶25万地质图最终稿，编写1∶25万区域地质调查报告，申请成果验收；⑧2006年1—6月，进行数字化地质图以及全部地质资料的归档、成果登记工作。

二、完成的实物工作量

实际完成的实物工作量与设计工作量对比见表1-4-1。本图幅已全面完成设计书和项目下达的实物工作量指标，并根据图幅实际情况增加了硅酸盐分析、微量元素和稀土分析、Ar－Ar同位素测龄等测试分析工作量，相应地调整了电子自旋共振测年、粒度分析、碳氧同位素等样品的测试分析数量。测试项目的适量调整与补充，不仅满足了1∶25万区域地质调查工作需要，而且在一定程度上还促进了某些地质问题的深入研究，提高了区调工作的质量。

表1-4-1　吐错幅完成的实物工作量与设计工作量对比表

项目		单位	设计工作量	完成工作量			完成工作量/设计工作量（%）
				2003年	2004年	总数	
填图	1∶250 000	km^2	15 460	8 500	6 960	15 460	100
实测剖面	1∶5 000	km	实测20 修测20	34.74	15.26	50.00	132
	1∶2 000			1	1.32	2.32	
	1∶1 000			0.59		0.59	
路线长度	实测路线	km	1 000	800	1 241	2 041	204
	遥感解译路线		2 000	1 400	860	2 260	113
	实测地质点	个		350	475	825	
	利用地质点						见资料卡片
岩矿鉴定分析	陈列样	件	50	90	56	146	292
	薄片	件	500	380	374	754	151
	粒度分析样	件	20				
	定向薄片	件	20	9	5	14	70
	化石	块	200	68	153	220	110
	牙形石/孢粉样	件	30	4	23	27	90
	放射虫样	件	10	6	10	16	160
	硅酸盐样	件	30	36	57（采样） 22（分析样）	93 58	310 193
	稀土元素样	件	30	36	57（采样） 22（分析样）	93 58	310 193
	微量元素样	件	30	36	57（采样） 22（分析样）	93 58	310 193
	简项分析	件	10	6	8	14	140
	电子探针样	点	10		24	24	240
	生储盖、水样	件	17	21	8	29	171
同位素测年	Ar－Ar法	件	35	16	8	24	200
	U－Pb法（锆石）	件		6		6	
	K－Ar法	件		10	30	40	

三、质量评述

1.1∶25万地形地理底图和地质图编图技术要求及精度

地理底图资料选取于国家基础地理信息中心编制的1∶25万地形数据库。该资料采用ARC/INFO格式，坐标系统采用1954年北京坐标系，高程基准采用1956年黄海高程系。图形的矢量化输入和属性数据录入在MAPGIS软件系统中完成，图形的编辑、修改和输出也在MAPGIS系统中完成。图形数据和属性数据编辑好后，再转成 ARC/INFO 的标准格式，然后在 ARC/INFO 软件中形成最后的1∶25 万地质图的 ARC/INFO 格式的数据库。

新编的 1∶25 万地理底图采用高斯-克吕格投影，六度分带，按国际分幅系统，采用统一的新编号，图幅经差 1°30′，纬差 1°分幅。经、纬线网格以经差 15′，纬差 10′组成。直角坐标网按 10km 标注，等高距为 100m，高程系统采用 1985 年国家高程基准。三角控制点位误差不超过±0.2mm，图廓边长误差不超过±0.2mm，方里网误差不超过±0.1mm，对角线误差不超过 0.3mm，两对角线的误差不超过 0.3mm。地理底图中的水系部分，基本应用原始水系，仅把主干和支流用粗、细线加以区分；行政区划和地名，参照新版的行政区划表、地名表进行了校正，并增添了与地质内容关系密切的地名，以便与区域地质调查报告相对应。地形地理底图和地质图的技术要求和精度能够符合中国地质调查局有关技术规定的要求，地名、公路、山川的现势性较强，能满足 1∶25 万地质图精度之需要。

2. 地质剖面控制程度

测区内所有沉积岩岩石地层填图单位均有实测/修测/利用地层剖面控制，其中二叠系、三叠系、侏罗系地层都有 2～3 条地层剖面控制；对第四系湖积阶地和河流阶地、冰川地貌以及岩浆岩侵入岩体也有实测剖面或详细地质路线控制；对双湖构造混杂岩带、晚三叠世若拉岗日岛弧带也有实测构造剖面或详细地质路线控制。通过本次地质填图，基本查明了区内各岩石地层单位之间的接触关系和沉积岩相古地理环境，并对层序地层界面类型和沉积体系域结构特征进行了详细的资料收集。其研究程度达到了设计书规定的各项要求。

3. 地质填图精度

根据测区的地形地貌和通行条件，在遥感解译先行的基础上，在设计书中已经提出，测区划分两类工作区——实测区和修测区。在实测区，又分出重点工作区和一般工作区。不同工作区的地质路线密度有所区别。实际工作中全面达到设计要求，并在有些地段适当加密，对重要的地质体辅以横向追索，对个别实在不能穿越的地段，项目专门安排遥感子区分析，定遥感点进行控制。工作手图为 1∶10 万地形图，全部采用手持 GPS 定位，地质点和地质路线最大误差不超过 100m，超过 1/3 的地质点有野外实地遥感影像解译验证资料。在地质图上能够正确标定直径大于 500m 的闭合地质体，宽度大于 250m、长度大于 750m 的线状地质体和长度大于 1 000m 的断层及褶皱构造。其填图精度达到设计书要求。

4. 遥感技术应用程度

根据西藏北部地质地貌的实际情况，选用了美国陆地资源卫星 Landsat－7 ETM 数据 6 景，成像时间分别为 1999 年 8 月 25 日、1999 年 9 月 17 日和 2000 年 4 月 4 日、2000 年 6 月 17 日（表 1-4-2）。遥感数据的选择是本着经济性和实用性原则，数据分辨率要满足 1∶25 万区域地质调查项目使用的最大比例尺要求，同时选择云层和冰雪覆盖较少的数据。本项目使用的 6 景 ETM 数据质量较好，处理的遥感图像质量较佳，地面分辨率达到 15m，带宽 185km。全部数据由北京中国石油勘探开发研究院遥感地质研究所处理并形成 1∶10 万和 1∶25 万遥感影像图。遥感解译面积覆盖整个测区，按规范要求分为 3 个大阶段，即设计阶段遥感解译、野外工作阶段遥感解译和综合研究阶段遥感解译。其中在综合研究阶段，还从实际工作需要出发，专门确定 30 个小区做详细的子区数据处理和 1∶3 万～1∶10 万的比值分析和主成分分析成图。

表 1-4-2 ETM 数据轨道号及接收时间

141－36 （1999 年 9 月 17 日）	140－36 （1999 年 8 月 25 日）	139－36 （2000 年 4 月 4 日）
141－37 （1999 年 9 月 17 日）	140－37 （1999 年 8 月 25 日）	139－37 （2000 年 6 月 17 日）

遥感技术的应用对填图工作和区域构造格架判断起到了较好的作用，达到设计要求，并为探索在高寒险峻的西藏羌塘地区深入应用遥感技术积累了经验。

5. 样品分析鉴定质量

图幅内的古生物鉴定由成都地质矿产研究所、成都理工大学、云南省地质调查院、南京地质古生物研究所共同承担；岩矿薄片鉴定由成都地质矿产研究所、四川省地质调查院承担；同位素测龄的Sm－Nd法由宜昌地质矿产研究所承担，Ar－Ar法由广州地球化学研究所承担，K－Ar法由成都地质矿产研究所、宜昌地质矿产研究所承担；硅酸盐分析由成都地质矿产研究所承担；微量元素分析和稀土分析由中国地质科学院地质研究所承担；油气地质样品分析由四川省石油管理局勘探与开发研究院承担。上述单位皆通过了国家质量认证，成果质量均符合有关技术要求。

第五节　生产组织及人员编制

项目设计阶段参与资料收集、野外踏勘和设计编写的主要人员有朱同兴、董瀚、欧春生、石文礼、李鸿睿、田应贵、李宗亮、张惠华、张启跃、曾庆荣、冯心涛、赵云江等。

大规模野外地质调查工作由项目负责人朱同兴研究员主持，董瀚高级工程师任图幅负责，欧春生工程师任图幅副负责。

室内综合研究和区域地质调查报告编写由项目负责人朱同兴研究员和董瀚高级工程师全面主持，周铭魁研究员指导和协助。地质报告共分8章，各章节编写人如下：第一章由朱同兴执笔；第二章由石文礼、李鸿睿、董瀚、欧春生执笔；第三章由石文礼、董瀚执笔；第四章由石文礼执笔；第五章由董瀚执笔；第六章由朱同兴执笔；第七章由欧春生、董瀚执笔；第八章由朱同兴、董瀚执笔。参考文献和图版编排、图版说明由朱同兴等完成。芝世玉、孔垂鹏参加了部分成果资料整理。报告全文最后由朱同兴研究员、董瀚高级工程师统纂、修改和定稿。本报告附带的1∶25万吐错幅区域地质图由董瀚、欧春生、周铭魁、朱同兴等编制，朱同兴最后审定，地质图详细说明书由朱同兴完成，地质图的数字化制图由成都地质矿产研究所计算机制图中心杨成等完成。

2005年6月下旬，在西藏拉萨，中国地质调查局组织了野外原始资料的检查与验收，评审为优秀级，质量评分为92.5分。2006年4月下旬，在四川成都，中国地质调查局组织了最终成果验收，吐错幅被评审为优良级，质量评分为87分。项目组根据验收意见，对地质报告（送审稿）和地质图进行了全面修订和校正，最后由朱同兴研究员和周铭魁研究员定稿。

参加本项目野外调研工作的主要技术人员有朱同兴、董瀚、欧春生、石文礼、李鸿睿、田应贵、曾庆荣、冯心涛、张启跃、李宗亮、张惠华、于远山、周邦国、金灿海等；后勤服务人有缪国夏、张健、杨哲超、胡小松、胡仁才、李志强、阎勇、杨国先、刘绍安等。

1∶25万吐错幅区域地质调查工作，自始至终得到了成都地质矿产研究所丁俊所长、王剑副所长、潘桂棠研究员、王立全研究员、中国地质调查局基础调查部和区调处领导的关心和指导，得到了甘肃省地质调查院、云南省地质调查院和西藏自治区那曲行署矿产管理局、双湖特别行政区政府的大力支持和帮助，在此致以最诚挚的谢意！

第二章　地　层

第一节　岩石地层

1∶25 万吐错幅地层区划属于羌塘地层区，在构造区划基础上，又分为多格错仁地层分区、西雅尔岗地层分区和昂达尔错地层分区（表 2-1-1、图 2-1-1）。测区西南角昂达尔错地层分区的部分中新生代地层由于出露范围有限，一并于西雅尔岗地层分区介绍。

本报告岩石地层单位的建立是在 1∶100 万改则幅区域地质调查的基础上，以本次区调实测地层剖面为依据，适当参考 1994—1997 年中国石油天然气总公司青藏油气勘探项目经理部组织完成的 1∶10 万石油地质调查成果，结合生物组合特征及区域对比资料而确定。工作中着重对各岩石单位进行基本层序、地层结构和沉积相调查。

一、西雅尔岗地层分区

西雅尔岗地层分区出露地层包括前奥陶系、中下二叠统、上三叠统、中上侏罗统、下白垩统、古近系及第四系。其中前奥陶系和中下二叠统地层为非史密斯地层，拟采用构造-地层方法建立岩组等构造-地层单位；第四系地层采用地质-地貌方法，结合成因类型进行岩石地层或成因地层单位的划分。西雅尔岗地层分区在测区范围内出露的地层序列见表 2-1-1。

表 2-1-1　1∶25 万吐错幅地层分区及地层序列表

年代地层 \ 地层（分）区		羌塘地层区			
		多格错仁地层分区		西雅尔岗地层分区	昂达尔错地层分区
第四系		锐曲组（Qpr）/振泉湖组（Qpz）　时代＋成因类型			
古近系	渐新统	鱼鳞山组（$E_{2+3}y$）	碱性高钾火山岩		
	始新统	唢呐湖组（E_2s）	紫红色泥岩、含膏灰岩	唢呐湖组（E_2s）	
		康托组（E_2k）	灰质砾岩、粗砂岩	康托组（E_2k）	康托组（E_2k）
白垩系	下统			阿布山组（K_1a）	
侏罗系	上统	雪山组（J_3K_1x）	紫红色砂岩段（$J_3K_1x^2$） 杂色泥岩段（$J_3K_1x^1$）		
		白龙冰河组（J_3b）	泥岩与灰岩互层		
		索瓦组（J_3s）　中薄层灰岩			
	中统	夏里组（J_2x）　上含膏细碎屑岩段（J_2x^3）；灰岩段（J_2x^2）；下含膏细碎屑岩段（J_2x^1）			
		布曲组（J_2b）	中厚层灰岩		
		雀莫错组（J_2q）	含膏细碎屑岩段（J_2q^3）；灰岩段（J_2q^2）；粗碎屑岩段（J_2q^1）		
三叠系	上统			土门格拉群（T_3T）	
二叠系	中下统			蛇绿岩/弧火山岩/碳酸盐岩/复理石等岩片/鲁谷岩组（$P_{1-2}l$）	
前奥陶系				齐陇乌如岩组（AnOq） 阿木岗岩组（AnOa）	

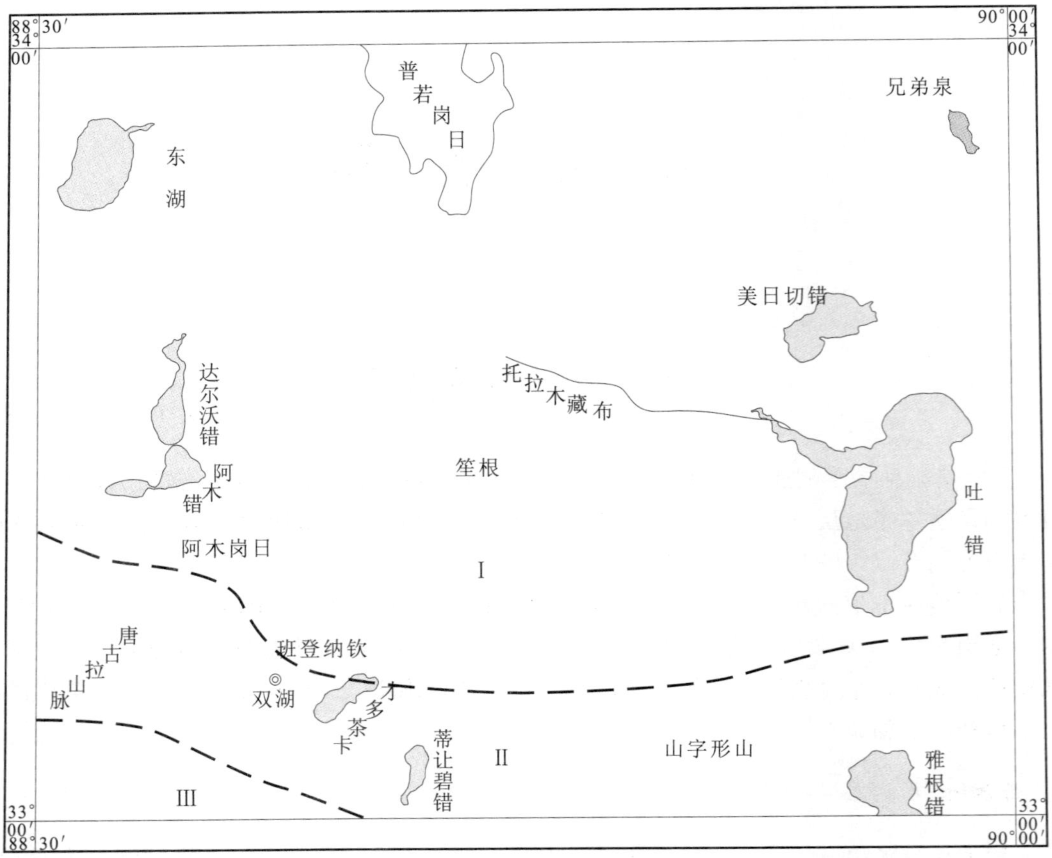

图 2-1-1　测区地层分区图

Ⅰ. 多格错仁地层分区；Ⅱ. 西雅尔岗地层分区；Ⅲ. 昂达尔错地层分区

（一）前奥陶系阿木岗岩组（AnO*a*）和齐陇乌如岩组（AnO*q*）

1. 创名及定义

前奥陶系作为羌塘地区变质基底地层，主要呈断块状零星出露于羌塘中部阿木岗日、齐陇乌如、玛尔果茶卡一带。目前尚未发现自下而上的连续剖面，前人多以断续剖面拼接而成前泥盆系变质岩地层层序。

吴瑞忠等（1985）将出露于阿木岗日、齐陇乌如、玛依岗日和戈木日一带的变质岩系命名为阿木岗群，地质时代划归前泥盆纪，由下而上进一步分为片麻岩段、石英岩段、绿片岩段和硅质岩段。西藏区调队（1986）则将该套变质岩系命名为戈木日群。王成善等（2001）在综合研究羌塘中部变质岩特征和同位素年代学的基础上，将羌塘中部变质岩系由下而上分别命名为阿木岗岩组、戈木日岩组、玛依岗日岩组和果干加年山岩组，其中前两者构成戈木日岩群，代表羌塘地区的结晶基底变质岩系，地质年代为古元古代；后两者构成果干加年山岩群，代表羌塘地区的褶皱基底变质岩系，地质年代为中元古代。

近年来，随着羌塘地区地质研究程度的提高，人们对阿木岗群（或戈木日群）变质岩地层性质、地质年代和地层层序等都提出了一些新的问题或质疑。例如邓万明等（1996）、李曰俊等（1997）在才玛尔错、绒马等地“前泥盆系”硅质岩中首先发现晚三叠世放射虫化石，在查桑南部硅质岩中发现中晚二叠世放射虫化石；李才等在玛依岗日地区新发现奥陶纪直角石和志留纪笔石等化石，在角木日地区枕状玄武岩充填的硅质岩基质中分离出二叠纪放射虫化石；本项目在双湖以东的才多茶卡地区原被认为属于“前泥盆系浅变质岩”中新发现晚泥盆世、晚二叠世放射虫化石等，再次引发了对“羌塘变质岩基底”的大讨论，因此对前人有关变质岩地层时代以及该区大地构造性质的观点都需要重新去认识。本项目在野外地质调查和室内综合分析基础上，将“前泥盆纪变质岩系”中浅变质岩系划归中下二叠统鲁谷岩组和构造岩片；将中深变质岩系厘定为前奥陶系阿木岗岩组和齐陇乌如岩组（为本次新建岩组名称），其划分沿革见表 2-1-2。

表 2-1-2 测区前奥陶系地层划分沿革表

吴瑞忠等（1985）			西藏区调队（1986）		王成善等（2001）			本项目（2005）	
阿木岗群	前泥盆系	硅质岩段	戈木日群	浅变质岩	果干加年山岩群	果干加年山岩组	中元古界	二叠系	鲁谷岩组
		绿片岩段				玛依岗日岩组		前奥陶系	齐陇乌如岩组
		石英岩段		中深变质岩	戈木日岩群	戈木日岩组	古元古界		阿木岗岩组
		片麻岩段				阿木岗岩组			

2. 剖面列述

区内前奥陶系阿木岗岩组由于产出在海拔大于 5 800m 的雪山附近，故未能测制剖面，仅在齐陇乌如沟实测了一条前奥陶系齐陇乌如岩组变质岩地层剖面（图 2-1-2）。剖面顶底均被燕山早期花岗闪长岩所分割、破坏而出露不全。剖面上岩石出露率达 90%以上，地质构造清晰，构造面理倾向北西。剖面起点坐标 N33°19′36.1″，E88°32′33.7″；终点坐标 N33°20′24.2″，E88°30′39.6″。

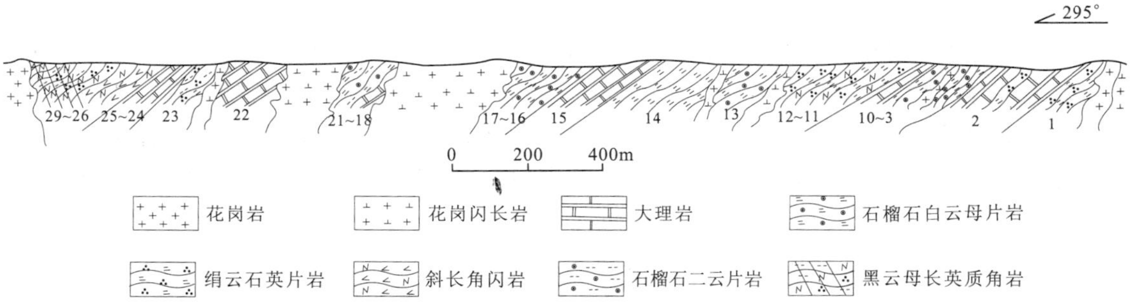

图 2-1-2 西藏双湖地区齐陇乌如前奥陶系齐陇乌如岩组实测地层剖面图

前奥陶系齐陇乌如岩组（AnO*q*） **总视厚度大于 1 094.37m**

（未见顶）

29. 浅灰绿色黑云母角闪片岩，片理构造发育 （视厚度，下同）5.25m
28. 灰黑色长英质角闪片岩 29.28m
27. 灰白色黑云母长英质角岩，暗色矿物略具定向排列 28.43m
26. 灰黑色斜长石角闪岩，岩石略具片理构造 71.11m
25. 灰白色薄层状大理岩夹黑云角闪片岩，黑云角闪片岩多呈透镜状沿强片理带产出 18.22m
24. 灰白色薄层状大理岩夹透辉石大理岩透镜体，宏观具 $S_0 /\!/ S_1$ 特征，片理构造强烈 25.57m
23. 灰绿色黑云石英片岩，黑云母和石英相对富集构成条带状构造，同构造石英脉沿片理发育 43.85m
22. 浅灰-灰绿色薄层状大理岩，夹白云母石英片岩、绿帘石片岩，白云母石英片岩中同构造石英分泌脉发育，绿帘石片岩多呈透镜状夹层产出 58.89m
21. 灰绿色石榴石二云片岩夹黄绿色绿帘石片岩薄层，绿帘石片岩呈似层状透镜状产出，石榴石二云片岩中局部发育构造石英脉，沿片理产出 57.91m
20. 灰白色中厚层状大理岩，侧向延伸稳定 3.01m
19. 糜棱岩化二云片岩，同构造石英脉体发育，呈丝带状沿片理分布 3.63m
18. 灰白色薄层状大理岩夹墨绿色糜棱状黑云石英片岩，黑云石英片岩多呈夹层或透镜状产出 5.81m
17. 灰色石榴石绢云母片岩，片理构造发育 87.87m
16. 浅灰色石榴石白云母片岩，石榴石构成“δ”型碎斑，指示右行剪切特征，白云母定向构成片理 22.99m
15. 浅灰-灰白色大理岩，发育条带状构造，宏观上具 $S_0 /\!/ S_1$ 特征 84.56m
14. 灰色白云母片岩，片理发育，沿片理面云母多具挠曲和膝折现象 83.28m

13.	灰色石榴白云母片岩，石榴石斑晶构成“δ”型碎斑，云母定向排列构成片理	59.72m
12.	灰-灰紫色绢云母石英片岩	37.56m
11.	浅灰白色白云母长英片岩，岩石中局部具条带状构造	125.29m
10.	浅灰-灰白色大理岩，条带状构造发育，岩石宏观上具 $S_0 /\!/ S_1$ 特征	1.84m
9.	灰-浅灰色含石榴石白云母片岩，片状矿物定向明显，片理极发育	14m
8.	灰白色白云母石英片岩夹石榴石白云母石英片岩，片理构造、带状构造发育	2.3m
7.	浅灰色含石榴石白云母片岩	18.51m
6.	浅灰-灰绿色含石榴石白云母片岩	6.35m
5.	含石榴石白云母片岩，同构造石英分泌脉体沿 S_1 面理呈透镜状、团块状产出，指示右行剪切特征	7.74m
4.	浅灰色含石榴石白云母片岩，石榴石斑晶构成“δ”型碎斑，局部沿 S_1 面理具膝折现象	8.8m
3.	浅灰色含石榴石绢云石英片岩，石榴石变斑晶多呈“δ”型碎斑，石英集合体呈丝带状构造，指示右行剪切	8.6m
2.	浅灰色薄层状大理岩夹绢云石英片岩，局部见条带状构造	149.34m
1.	浅灰绿色绢云母石英片岩	4.66m

（未见底）

3. 岩石地层特征

1）阿木岗岩组（AnO*a*）

阿木岗岩组局限分布在阿木岗日一带，出露面积约 35km²。岩石类型以石英片岩、石英岩为特征夹斜长角闪岩、角闪片岩、片麻岩和石榴黑云片岩等，与齐陇乌如岩组呈断层构造接触，或被侏罗纪雀莫错组（J_2q）不整合覆盖（图 2-1-3），下未见底。这套地层受两期变质作用叠加，前期以区域变质绿片岩相-角闪岩相为特征，后期叠加绿片岩相动力变质作用，构造置换强烈，塑性变形特征明显。

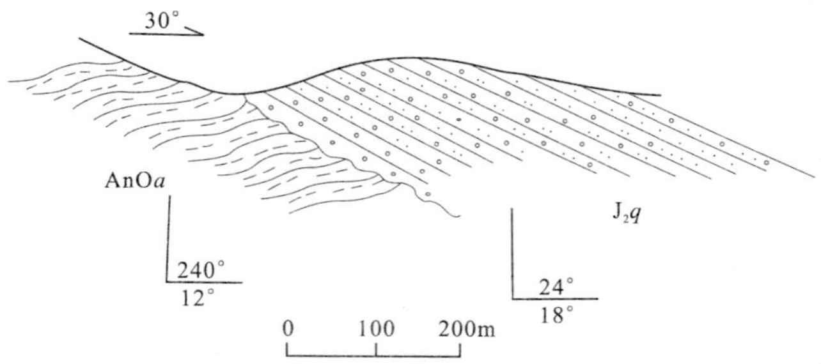

图 2-1-3　阿木岗日北雀莫错组（J_2q）与阿木岗岩组（AnO*a*）呈角度不整合接触关系素描图

2）齐陇乌如岩组（AnO*q*）

齐陇乌如岩组局限分布在齐陇乌如、恰格勒拉一带，出露面积约 80km²。岩石组合大致可分为 3 类，即下部岩性以含石榴石白云母片岩、绢云石英片岩为主，岩石中面理发育，并发育较强的剪切变形；中部以黑云石英片岩夹大理岩组合为主体，总体表现为 $S_1 /\!/ S_0$ 面理特征；上部则以厚度较小的斜长角闪岩、角闪片岩组合为特征。3 类岩石组合差异极大，可能反映了原岩沉积环境与构造背景的巨大差异。

4. 沉积环境分析

前奥陶系阿木岗岩组经原岩恢复为一套碎屑岩夹火山岩的沉积建造，显示出半深海相复理石沉积环境；齐陇乌如岩组经原岩恢复为一套碎屑岩-火山岩-碳酸盐岩建造沉积组合，显示为浅海-半深海相沉积环境。对沉积环境和构造背景的研究主要依据相关地层中伴生的基性火山岩的岩石化学和地球化学性质来判断（详见火山岩和变质岩等有关章节）。研究结果表明，前奥陶系阿木岗岩组和齐陇乌如岩组的原始沉积环境为浅海-半深海，构造环境为活动型边缘盆地和岛弧型沉积盆地。

5. 地质年代探讨

对阿木岗岩组和齐陇乌如岩组变质岩地层的地质年代争论较大。吴瑞忠等（1985）、西藏区调队（1986）将出露于阿木岗日、齐陇乌如、玛依岗日和戈木日一带的变质岩系的地质时代划归前泥盆纪；王成善等（2001）在综合变质特征和同位素年代学资料的基础上，将该套变质岩系的地质年代划为古元古代和中元古代；李才等（2004）对羌塘变质基底提出了质疑，认为是一套变质了的石炭-二叠纪地层。

尽管羌塘中部变质岩系构造恢复和同位素测年数据的应用有许多困难，但我们还是通过区域地质调查取得了两点重要地质证据：其一是在阿木岗岩组和齐陇乌如岩组变质岩石中得到证实，至少存在两期构造变质变形地质事件，晚期叠加的构造动力变质作用（韧性变形事件）主要发生在二叠纪南、北羌塘陆块碰撞造山期，而早期发育的区域热变质作用则主要与前奥陶纪“泛非运动”密切相关；其二是随着羌塘中部地质研究程度的提高，李才等（2005）在绒马和玛依岗日等地区已陆续新发现未变质或微弱变质的奥陶纪和志留纪沉积地层，并找到化石证据。

基于上述两点地质证据的基本事实，本项目暂将已经明显变质的阿木岗岩组和齐陇乌如岩组的地质年代修订为前奥陶纪，更详细的区域地质资料和同位素年龄数据有待于今后进一步工作。

（二）中下二叠统鲁谷岩组（$P_{1-2}l$）

1. 创名及定义

鲁谷组最早由西藏区调队（1986）创名，层型剖面为鲁谷公社北山剖面。鲁谷组地层变质作用不均衡，多数地区受动力变质影响成为浅变质岩系，局部地区岩石甚至没有变质。本项目通过野外调查和综合研究对原“前泥盆纪变质岩系”地层进行了解体，把变质程度较深的、明显遭受区域热变质作用改造的区域变质岩划归为前奥陶纪齐陇乌如岩组和阿木岗岩组；把变质程度较浅的、以构造动力变质作用为主的变质岩，以及部分未变质、但有化石依据或同位素年龄数据控制的地质体厘定为鲁谷岩组（$P_{1-2}l$）。由于鲁谷岩组地层只分布于双湖构造混杂岩带，地层顶、底部接触关系均为断层构造接触，或者被第四系掩盖，因此鲁谷岩组实际上是一个构造-地层组级单位。根据岩石类型和生物组合等特征，鲁谷岩组可分为下部火山岩段（$P_{1-2}l^1$）和上部灰岩段（$P_{1-2}l^2$）。

前人对区内二叠系地层古生物做过很多调查与研究工作，划分及命名沿革见表 2-1-3。

表 2-1-3　测区二叠系划分沿革表

地层系统＼作者及年代		吴瑞忠等（1985）	西藏区调队（1986）	西藏地矿局（1997）	朱同兴等（1996）		本项目（2005）	
二叠系	上统	热觉茶卡组	热觉茶卡组	热觉茶卡组	热觉茶卡组	二段		
						一段		
	中下统	肖茶卡组	鲁谷组	围山湖组	鲁谷组	二段	鲁谷岩组	灰岩段
		角木茶卡组				一段		火山岩段

2. 剖面列述

1）尼玛县依布茶卡中下二叠统鲁谷岩组实测地层剖面

该剖面位于依布茶卡南东侧，代号为 YP，起点坐标 N32°52′40″，E86°47′17″；终点坐标 N32°53′41″，E86°47′28″，剖面未见顶底（图 2-1-4），厚度大于 1 180.15m。

中下二叠统鲁谷岩组（$P_{1-2}l$）　　　　总厚大于 1 180.15m

灰岩段（$P_{1-2}l^2$）　　　　厚 515.57m

28. 露头差，黄灰色薄层状生物泥晶灰岩，单层厚 3～8cm，产网格状苔藓虫、腕足类碎片　　85.86m

27. 浅灰色薄层至中层状含生物碎屑细晶灰岩，夹同色薄层至中层状生物碎屑泥晶灰岩，生物 70%～80%为海百合茎，腕足类 5%～15%，保存较完整，产䗴类：? *Nankinella* sp.，有

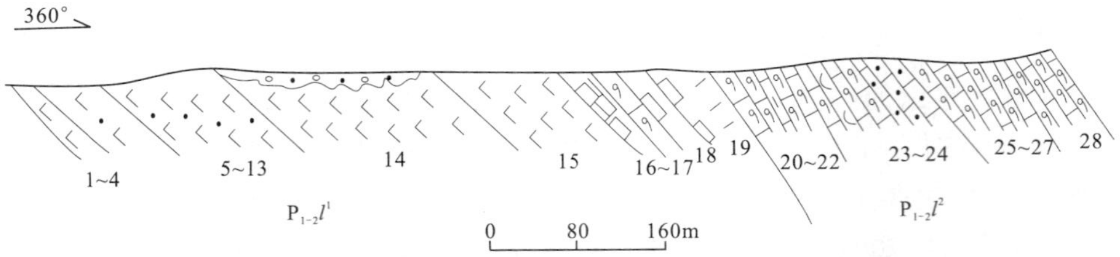

图 2-1-4　依布茶卡中下二叠统鲁谷岩组实测地层剖面图

（据朱同兴等，1996）

孔虫：*Clomophira* sp.　72.71m

26. 灰色薄层至中层状生物碎屑泥晶灰岩夹含生物碎屑微晶灰岩，生物碎屑含量 20%～30%，为海百合茎和介屑，也见完好的䗴类、珊瑚类等。群体珊瑚并形成点礁。产珊瑚类：*Wentzelella flexuosi huong*，*Ipciphyllum* sp.，*I. flexuosa*（Huang），*Pseudofavosites irregularis* Wu，䗴类：*Eopolydixodina* sp.，双壳类：*Aviculopecten* cf. *exemplarius* Newell，腕足类：*Cleiothyridina* sp.，*Martinia* sp.，*Costispirifera grandis*（Ustrisky），*Dictyoclostus* cf. *inflatiformis*，*Pseudoavonia cylindrica*（Ustrisky），*Waagenoconcha irginae*（Stuck），*Chaoiella tenuireticulata*（Ustrisky）　37.67m

25. 灰色薄层至中层状泥晶灰岩夹同色薄层至中层状泥晶生物碎屑灰岩和灰色薄层状泥晶生物灰岩，单层厚 8～20cm，生物以苔藓虫、腕足类为特征，分布于层面上　53.96m

24. 灰色薄层至中层状泥晶砂屑灰岩，夹同色中层状假亮晶含砂屑生物碎屑灰岩和泥晶生物碎屑灰岩，单层厚 8～30cm，砂质含量 60%～70%，生物碎屑灰岩单层厚 20～40cm，碎屑含量 50%～60%，以腕足类、海百合和介屑为特征，产腕足类：*Antiguatonia* sp.，䗴类：*Schubertella* sp.　98.60m

23. 灰色薄层状生物碎屑泥晶灰岩，产腕足类：*Semicostella heishantouensis* F. M. Zhang，*Plicatifera* sp.　21.85m

22. 灰、浅灰色薄层状泥晶生物灰岩和生物泥晶灰岩，单层厚 3～8cm，下部主要发育苔藓虫，次为海百合和腕足类，上部以腕足类为特征，含量 40%～90%。产腕足类：*Schllwienella heishantouensis* F. M. Zhang，*Balakhonia yunnanensis*（Loczy），*Productus concinus* Sowerby，*Echinoconchus elegans*（M′coy）　91.57m

21. 灰色薄层状泥灰岩夹深灰色薄层状含生物泥晶灰岩，单层厚为 3～7cm 和 5～8cm，含腕足类、海百合茎等生物。产腕足类：*Dictyoclostus* sp.，珊瑚类：*Tachylasma* cf. *magnum hexaseptatum* Huang　14.02m

20. 灰黑色薄层状泥晶生物碎屑灰岩，单层厚 5～10cm，生物含量 30%～40%，含多种生物化石，其中以海百合茎为主，达 30%。产腕足类：*Punctospirifer* cf. *octoblicata*（Sower），*Flucluaria* sp.，珊瑚类：? *Allotropiophyllum* sp.，? *Lophamplexus* sp.，以及牙形石　39.39m

火山岩段（$P_{1-2}l^1$）　厚 664.58m

19. 灰黄色含长石斑晶黑云流纹岩，斑晶大小为 1mm 至数毫米，个别达 1cm，成次圆球状和不规则状，风化形成空洞，其含量 15%～20%，岩石中节理发育达 20 条/m，节理宽 1～5mm　172.34m

18. 灰黑色中层状含生物碎屑泥晶灰岩，生物碎屑占 15%，以苔藓虫、䗴类和介壳类为特征　8.71m

17. 黄绿色薄至厚层状流纹岩，见大小 2～5mm、含量为 10%～20%的杏仁体和 0.1～1mm 针孔状气孔　27.51m

16. 浅紫红色钾长流纹岩，含 5%的气孔，见顺层分布的方解石细脉　3.30m

15. 该层大部分为古近系砾岩掩盖，只见零星露头，为灰绿色杏仁状玄武岩　83.10m

14. 该层基本全为古近系砾岩掩盖，仅见少量残积的灰绿色致密玄武岩　181.33m

13. 灰绿色含长石斑晶杏仁状玄武岩，杏仁占 20%～30%，大小 2～4mm，斑晶含量 15%～20%　5.19m

12. 灰绿色杏仁状玄武岩夹含长石斑晶杏仁状玄武岩，杏仁占 20%～40%，大小 1mm 至数毫米，成圆球状　10.08m

11. 浅紫红色杏仁状安山质玄武岩和灰绿色杏仁状玄武岩，杏仁占 20%～21%，大小为 2～4mm　15.61m

10. 灰绿色杏仁状玄武岩，杏仁占 30%～40%，呈 1mm 至数毫米的圆—次圆球体，岩层中发育

斜长石斑晶 4.20m

9. 灰绿色块状含杏仁隐晶质玄武岩，杏仁占15%～20%，大小3～25mm，成次圆和圆球体，并见灰白色玛瑙 8.61m

8. 灰绿色杏仁状致密块状玄武岩，杏仁占20%～40%，大小1～4mm，成圆球和椭圆状，风化呈孔洞 5.51m

7. 紫灰色含长石斑晶杏仁状安山质玄武岩，斑晶占15%，杏仁占20%～30% 15.34m

6. 灰紫、灰绿色隐晶质块状杏仁状玄武岩，杏仁占30%～40%，大小2～4mm 32.24m

5. 灰绿色隐晶质块状玄武岩，仅见少量杏仁体，风化呈孔洞，节理发育，大部分未被充填 11.24m

4. 灰绿色隐晶质致密块状杏仁玄武岩，杏仁占20%～40%，下多上少，大小1～2mm，少量2～5mm，呈圆球状，节理发育，均被充填 17.93m

3. 浅紫红色致密块状含杏仁体安山质玄武岩，杏仁占10%～15%，大小数毫米，呈圆球状，少量为次椭圆状，见3组节理，宽1mm至数毫米，被充填 12.80m

2. 灰绿色致密块状杏仁状玄武岩，杏仁占30%～40%，大小1～3mm 19.70m

1. 灰绿色中层状隐晶质致密状玄武岩，底部被第四系掩盖，获K－Ar法年龄值278.6±8.4Ma 30.03m

2）双湖地区山字形山中下二叠统鲁谷岩组实测地层剖面

该剖面位于双湖东部雅曲乡南，剖面未见底（被第四系覆盖），顶部被古近系唢呐湖组角度不整合覆盖，岩石出露率达96%，岩石地层和构造层序清楚（图2-1-5）。剖面代号SZP，起点坐标N33°03′53.7″，E89°31′04.2″；终点坐标N33°04′45.8″，E89°30′39.2″。

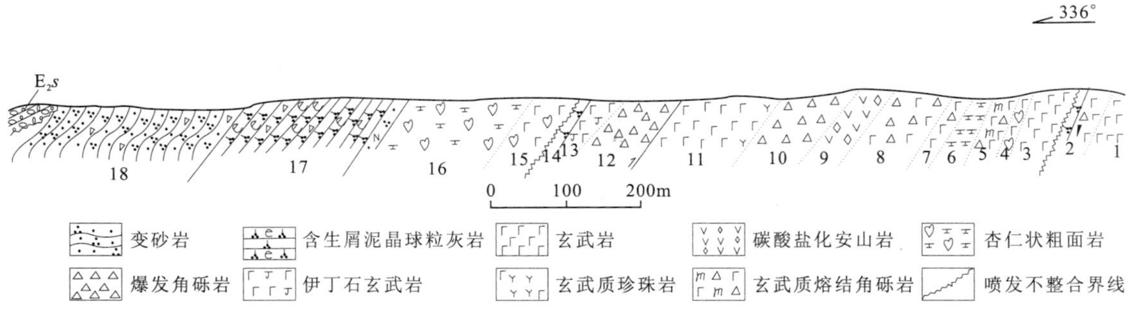

图2-1-5 西藏双湖地区山字形山中下二叠统鲁谷岩组（$P_{1-2}l$）实测地层剖面图

唢呐湖组（E_2s）：灰紫色中厚层状复成分砾岩

～～～～～～不整合～～～～～～

鲁谷岩组上段（$P_{1-2}l^2$） 厚375.64m

18. 灰-浅灰色角砾状变石英砂岩 225.46m

17. 浅-浅灰色中厚层状含生物碎屑重结晶球粒灰岩 150.18m

————整合————

鲁谷岩组下段（$P_{1-2}l^1$） 厚825.96m

16. 灰-紫灰色杏仁状粗面岩，顶部见及灰绿色不等粒长石石英杂砂岩 145.97m

15. 灰绿色杏仁状变玄武岩 39.67m

14. 浅灰色厚层状含生物碎屑残余泥晶球粒灰岩 6.28m

13. 灰绿色杏仁状伊丁石玄武岩、变玄武岩 36.66m

12. 深灰-灰绿色角砾岩 60.15m

11. 灰绿色块状变玄武岩夹玄武质珍珠岩 94.54m

10. 深灰-灰绿色角砾岩 80.51m

9. 灰黄-灰白色硅酸盐化安山岩 39.58m

8. 深灰绿色爆发角砾岩夹块状玄武岩 74.52m

7. 浅灰-灰色碎裂玄武岩 24.64m

6. 灰-紫灰色块状粗面岩 38.5m

5. 灰绿色玄武质熔结角砾岩夹块状玄武岩 48.87m

4. 以灰绿色块状玄武岩为主，气孔状、杏仁状玄武岩次之 21.83m

3. 灰-灰绿色块状玄武岩 66.37m

2. 灰色蚀变碎裂玄武岩、蚀变岩屑凝灰岩，上部浅灰色残余泥晶球粒灰岩 44.81m

1. 灰绿色块状蚀变玄武岩 71.66m

（未见底）

3. 岩石地层特征

1）火山岩段（$P_{1-2}l^1$）

以依布茶卡、山字形山剖面为代表，鲁谷岩组火山岩段岩性主要为一套火山岩夹灰黑色中层状含生物碎屑泥晶灰岩，下部以玄武岩为特征，普遍发育杏仁状构造；上部以流纹岩为特征。火山岩段下未见底，顶部与上覆灰岩段呈整合接触关系。

在山字形山剖面以西的咸水河北侧与火山岩喷发作用有关的硅质岩中采获较多放射虫化石：*Latentistula* sp.（隐管虫），*Pseudoalbaillella longtangensis* Sheng and Wang（龙潭假阿尔拜虫），*Pseudoalbaillella fusiformis*（Holdsworth and Jones）（纺锤形阿尔拜虫），*Pseudoalbaillella sakmarensis* Kozur（萨克马尔假阿尔拜虫），*Pseudoalbaillella* sp.（假阿尔拜虫）等，鉴定者中国科学院南京地质古生物研究所王玉净研究员认为其地质时代为早中二叠世隆林期—茅口期。

2）灰岩段（$P_{1-2}l^2$）

该段岩性主要为灰、黄灰色薄层至中厚层状泥晶生物碎屑灰岩、生物碎屑泥晶灰岩夹少量的砂页岩、玄武岩、生物礁灰岩，含丰富的珊瑚类、腕足类、䗴类、网格苔藓虫和牙形石等。灰岩段底部与下伏火山岩段整合接触，上未见顶。产䗴类：*Neoschwagerina simplex*（简单新希瓦格䗴），*Neomisellina* sp.（新米氏䗴），*Chusenella conicocylindrica*（锥筒形朱森䗴），*Ch. schwagerinaeformis*（希瓦格䗴状朱森䗴），*Verbeekina* cf. *verbeeki*（费伯克氏费伯克䗴），*Sumatrina annae*（安娜苏门塔腊䗴），*S. longissina*（长苏门塔腊䗴），*Afghanella* sp.（阿富汗䗴），*Polydixodina afghanensis*（阿富汗复通道䗴），*P. bithynia* 等；珊瑚类：*Ipciphyllum flexuose*（曲折状伊泼雪珊瑚），*Iranophyllum* sp.（伊朗珊瑚），*Wentzelella flexuosa*（曲折文采尔珊瑚），*W.* cf. *minor*（小型文采尔珊瑚），*Tachylasma* cf. *magnum hexaseptatus*（大型速壁珊瑚六隔壁亚种），*Pseudofavosites irregularis*（不规则假蜂巢珊瑚），*Allotropiophyllum* sp.（奇壁珊瑚）等；腕足类：*Urushtenia* sp.（乌鲁希腾贝），*Haydenella* cf. *kiangsiensis*（江西海登贝），*Neoplicatifera huangi*（黄氏新轮皱贝），*Marginifera himalayaensis*（喜马拉雅围脊贝），*Chonetes* cf. *plicatiformis*（轮皱戟贝），*Costispirifera grandia*（脊刺长身贝）等；牙形石：*Sweetognathus hanzhongensis*，*S. inoronatus*，*Hindeodella* sp.，*Neogondolella* sp. 等。上述生物组合面貌反映以中二叠世茅口期为主。

4. 时空展布及沉积相分析

鲁谷岩组岩石组合在区域上变化较大，纵向上自下而上表现为火山岩-碳酸盐岩组合。火山活动普遍发育于早二叠世地层中，岩性为灰绿色块状玄武岩、安山质玄武岩，具洋岛火山喷发特征。火山岩纵向上可形成多次喷发、溢出，岩石序列表现为火山岩-碳酸盐岩-火山岩或火山岩-碎屑岩-火山岩组合（图 2-1-6）。中二叠世以碳酸盐岩夹碎屑岩沉积为主，局部仍有火山岩夹层（如山字形山剖面）。碳酸盐岩为一套灰色中层状泥晶灰岩、泥晶生屑灰岩、生屑泥晶灰岩等，碎屑岩为灰色、黄灰色中薄层状粉砂岩、钙泥质粉砂岩、粉砂质泥岩等细碎屑岩。鲁谷岩组沉积相分析表明，早期为火山喷溢形成洋岛（海山）沉积环境，晚期为火山间歇期形成开阔碳酸盐岩台地沉积环境（表 2-1-4）。

表 2-1-4　中下二叠统鲁谷岩组沉积物特征与沉积相对比表

特征 \ 剖面	尼玛县依布茶卡剖面	改则县茶布区鲁谷北山剖面	双湖区山字形山剖面
剖面发育程度	未见顶、底	未见顶、底	未见顶、底
厚度（m）	1 180.16	402.9	375.64

续表 2-1-4

特征 \ 剖面		尼玛县依布茶卡剖面	改则县茶布区鲁谷北山剖面	双湖区山字形山剖面
沉积特征	岩石组合	灰岩段：灰黄色薄中层状泥晶灰岩、生屑泥晶灰岩夹中层状生屑灰岩、礁灰岩 火山岩段：玄武岩、安山质玄武岩夹中层状生屑泥晶灰岩	上部：灰色中层状泥晶灰岩夹燧石条带、团块 下部：灰绿、暗绿色粉砂岩、粉砂质页岩夹生物碎屑灰岩透镜体及少量砂岩	上部：灰-黄灰色薄中层状生物碎屑泥晶灰岩夹珊瑚礁灰岩 下部：玄武岩夹灰黑色含生物碎屑泥晶灰岩
	沉积构造	贫乏	贫乏	贫乏
	生物化石	䗴类、珊瑚类、腕足类、苔藓虫等	䗴类、珊瑚类	放射虫、珊瑚类
	火山活动	发育	无	发育
沉积相		开阔台地相（礁、浅滩相） 火山喷溢相	开阔台地相 陆棚相	开阔台地相（礁、浅滩相） 火山喷溢相
资料来源		QT96YZ-01（1996）		本项目（2005）

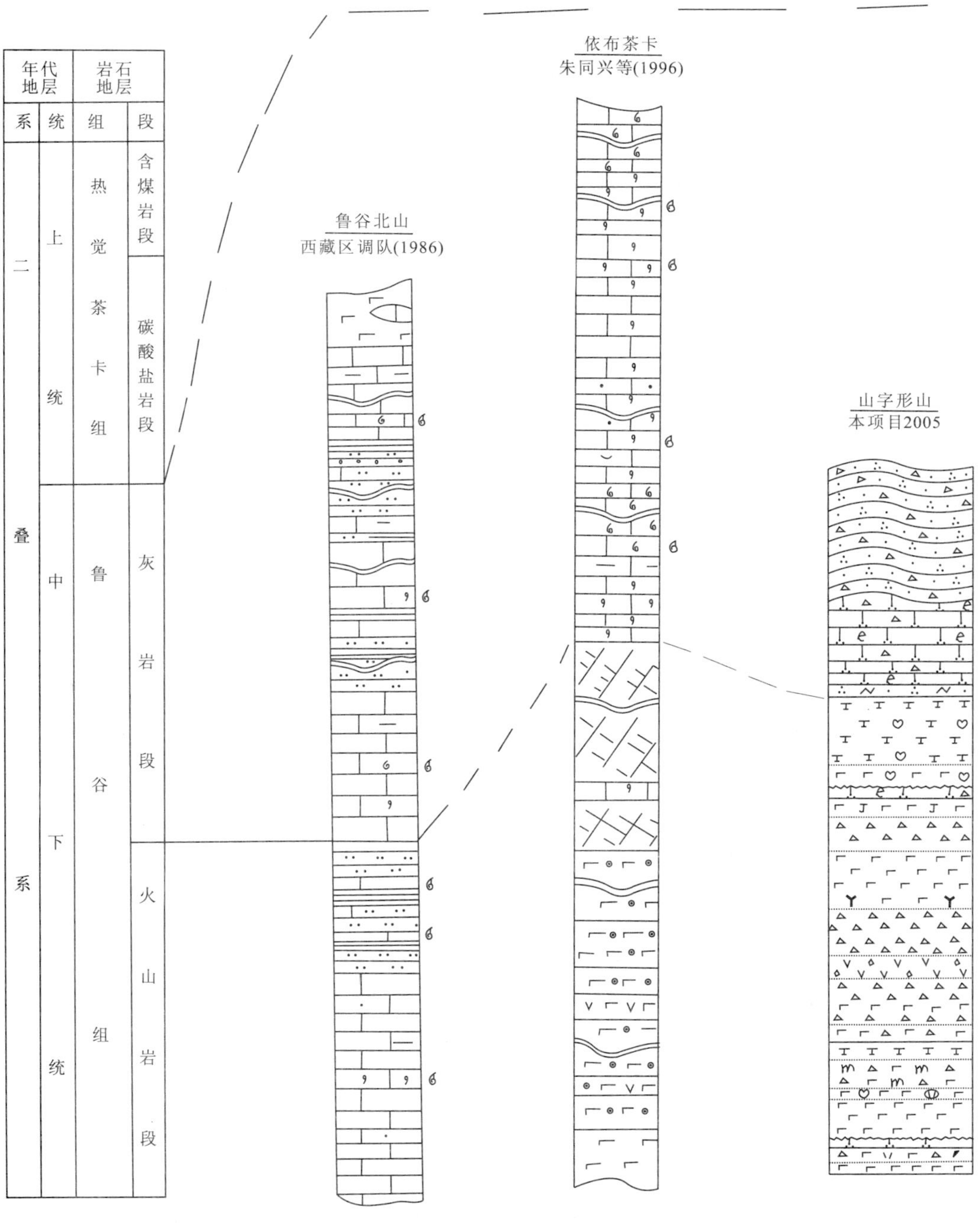

图 2-1-6　测区中下二叠统鲁谷岩组柱状对比图

（三）二叠纪构造混杂岩

1. 区域分布与产出特点

野外实地调查表明，西雅尔岗地层分区二叠纪不同地质体或块体间多以构造断层接触，呈岩片状相互叠置。块体边缘韧性剪切变形强烈，面理构造置换明显。由于大部分地区露头不佳，能见到的少量露头往往给人以良好的层状构造的假象，沿产状追索或在更大范围内观察，这种层状外貌是不连续的。因此，构造混杂岩带剖面中反映的地层层序只是块体内部的层序，是经长期构造变形、变质后的产出顺序，而并非是岩层原始叠置层序。

根据二叠纪岩石组合差异，至少可识别出 4 种构造混杂岩岩片：蛇绿岩岩片（Pop）、复理石岩片（Pfw）、弧火山岩岩片（Pva）和碳酸盐岩岩片（Pca）。

2. 典型剖面列述

1）西藏双湖地区江登窝玛二叠系蛇绿岩岩片构造-地层实测剖面

该剖面顶、底不全，底部与前奥陶系阿木岗岩组呈断层接触，未见顶。岩石出露率达 85%左右，构造清楚，总体表现为一单斜构造（图 2-1-7）。剖面代号 JDP，剖面起点坐标 N33°16′16.7″，E88°41′56.9″；剖面终点坐标 N33°15′33.2″，E88°41′56.9″。

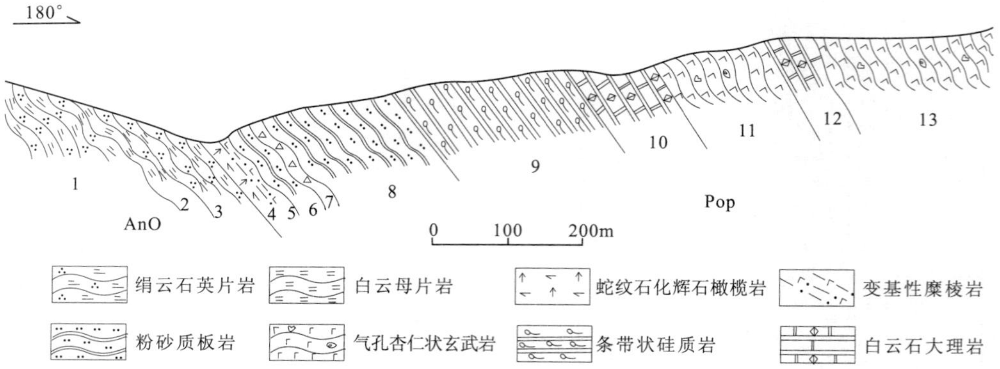

图 2-1-7　西藏双湖地区江登窝玛二叠系蛇绿岩岩片构造-地层实测剖面图

二叠系蛇绿岩岩片	**总厚＞754.39m**
（未见顶）	
13. 灰绿色气孔状-杏仁状蚀变玄武岩	188.60m
12. 白云石大理岩	43.13m
11. 灰绿色杏仁状蚀变玄武岩	132.88m
10. 浅灰-灰白色不等粒白云石大理岩	84.25m
9. 浅灰色条带状硅质岩夹黑色硅质岩薄层	151.29m
8. 灰色粉砂质板岩	107.28m
7. 浅灰绿色变质爆发角砾岩	12.34m
6. 灰色粉砂质-泥质板岩，钙质粉砂质板岩	22.09m
5. 灰绿色变基性岩、糜棱岩，白云石基性糜棱岩（片理接触）	12.54m
4. 黑-墨绿色蛇纹石化辉石橄榄岩，岩石蚀变强烈	11.25m
══════断层══════	
前奥陶系阿木岗岩组（AnO*a*）	
3. 灰-深灰色白云母石英片岩，片状-条带状构造发育	38.92m
2. 灰色白云母片岩夹同色绢云母石英片岩，片理构造发育，同构造石英脉具相似流动褶皱	23.65m
1. 灰色绢云石英片岩，发育同构造石英脉	40.53m

2）西藏双湖地区才多茶卡二叠系蛇绿岩岩片构造-地层实测剖面

该剖面位于双湖才多茶卡北岸，起点坐标为 N33°11′42.7″，E89°04′51.3″；终点坐标为 N33°11′56.3″，E89°05′03.7″。剖面代号 CDP，剖面岩石出露率达 80%，剖面顶、底部均被第四系所覆盖（图 2-1-8）。

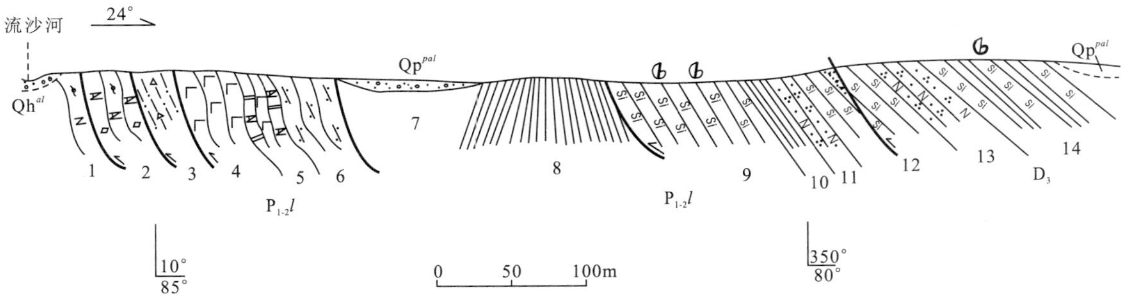

图 2-1-8 西藏双湖地区才多茶卡二叠系蛇绿岩岩片（含硅质岩）构造-地层实测剖面示意图

（未见顶）

14. 黑色中薄层状含放射虫硅质岩夹黑色页岩，以产内射虫动物群为特征：*Stigmosphaerostylus* cf. *oumonhaoensis* Wang，*Stig.* cf. *variospinus*（Won），*Stig.* spp.，*Trilonehe* cf. *echinata* Hinde，*Triaenosphaera* cf. *sicarius* Delland-re，*Tri.* sp.，*Dellandrellium* sp.，*Pylentonema* sp.，*Archocyrtium* cf. *riedeli* Dellandre. 64.16m

13. 灰绿-灰白色中细粒长石石英砂岩 13.80m

12. 黑色薄层状硅质岩夹页岩 32.73m

11. 灰绿色细粒长石石英砂岩 4.22m

10. 杂色页岩 4.18m

9. 灰-黑色薄层状放射虫硅质岩夹页岩。以产新阿尔拜虫动物群为特征：*Neoalbaillella* cf. *ormithoformis* Takemura et Nakaseko，*N.* cf. *optima* Ishiga，Kito et Imoto，*N.* cf. *gracilis* Takemura et Nakaseko，*Neoalbaillella* cf. *pseudogrypa* Sashida et Tonishi，*N.* sp.，*Albaillella triangularis* Ishiga，Kito et Imoto，*A. levis* Ishiga，Kito et Imoto，*Triplanospongos musashiensis* Sashida et Tonishi，*Ormistonella robusta* Wever et Caridroit，*Ishigaum obesum* Wever et Caridroit，*I. trifustis* Wever et Caridroit，*I. craticula* Shang，Caridroit et Wang，*I.* sp.，*Latentifistula* cf. *similicutis* Wever et Caridroit，*Nazarovella scalae* Wever et Caridroit，*Nazar. gracilis* Wever et Caridroit. *Nazar. phlogedia* Wang，*Copicyntra akikawaensis* Sashida et Tonishi，*Trilonche* cf. *crassispinosa* 44.75m

8. 灰色页岩 65.23m

7. 第四系掩盖，推测岩性为灰色页岩 114.12m

6. 灰绿色蓝片岩 49.01m

5. 灰绿色含钠长石大理岩夹灰绿色变基性岩 8.82m

4. 灰绿色变基性岩 12.74m

3. 糜棱岩化构造碎裂带 6.92m

2. 灰绿色绿帘钠长片岩 29.70m

1. 灰绿色块状-杏仁状变基性火山岩 4.90m

（未见底）

第 9 层和第 14 层中薄层状硅质岩呈暗灰色—黑色，质地坚硬，具有很细的水平纹层，显微镜下硅质岩具有隐晶结构，见放射虫化石。采集的标本经中国科学院南京地质古生物研究所王玉净研究员分析鉴定，第 9 层硅质岩以产 Neoalbaillella（新阿尔拜虫）动物群为特征，其中 *N. ormithoformis*，*N. optima* 两种分别是二叠纪最晚期（长兴期）两个带化石。其他一些化石，如 *Albaillella triangularis*，*A. levis*，*Triplanospongos musashiensis*，*Ormistonella robusta*，*Ishigaum obesum*，*I. trifustis*，*I. craticula*，*Latentifistula similicutis*，*Nazarovella scalae*，*N. gracilis*，*N. phlogedia*，*Copicyntra akikawaensis* 都是 *Neoalbaillella* 动物群中的主要伴生分子。因此，这个动物群所代表的地层时代属晚二叠世长兴期。剖面上第 14 层硅质岩以产 *Entactinids*（内射虫）动物群为特征，其中 *Stigmosphaerostylus oumonhaoensis*，*Trilonehe echinata*，*Archocyrtium riedeli* 主要见于晚泥盆世法门期。上述两个动物群在西藏尚属首次发现。

3. 岩石学特征

1）蛇绿岩岩片（Pop）

蛇绿岩岩片呈大小不等的块体分布于双湖构造混杂岩带中，主体岩石类型为二辉橄榄岩、辉石岩、蛇纹石透闪岩、玄武岩夹层状辉长岩、硅质岩、大理岩等，局部产出蓝闪石等高压变质矿物，变质、变形强烈。二辉橄榄岩呈黑绿-墨绿色，块状构造，主要矿物成分为橄榄石、斜方辉石和单斜辉石，普遍蛇纹石化和绢石化，岩石裂隙中细小蛇纹石脉、辉石大致呈定向排列，其他矿物有少量铬尖晶石、磁铁矿等。玄武岩类多呈块状，普遍具碎裂结构、糜棱结构和斑状、气孔状构造，斑晶成分为长石和普通辉石、角闪石等，变质矿物有蓝闪石、绿帘石、黝帘石、透闪石、方解石、绿泥石等。

蛇绿岩岩片普遍遭受不同程度的低温高压变质作用的改造，变质作用为绿片岩相，局部可达蓝片岩相，同时不均匀叠加有后期线性动力变质作用，形成了复杂的变质岩石组合。

2）复理石岩片（Pfw）

复理石岩片的岩石类型主要为灰-深灰色中薄层状板岩、千枚岩夹深灰色泥灰岩。在这套厚度巨大的碎屑岩组合中，以板岩及千枚岩（千糜岩）的出露占主体，变质矿物以绢云母为特征，总体变质程度较低，可残留原生层理和沉积结构构造，原岩应为泥岩、泥质粉砂岩、细砂岩等碎屑岩系列。由于后期构造变形及韧性剪切作用的叠加，局部糜棱岩化，形成千糜岩。

3）弧火山岩岩片（Pva）

弧火山岩岩片呈大小不等的岩块分布于双湖构造混杂带中。火山岩岩性主要为深灰色块状玄武岩、厚层块状火山角砾岩、灰紫色块状玄武质安山岩。岩层层序多已不清，在玄武岩中局部见柱状节理。

野外观察和室内薄片鉴定结果表明，火山岩为一套基性、中基性熔岩类，少量火山碎屑岩类。主要岩石类型有如下几种。

玻基玄武岩：岩石具玻晶交织结构，块状构造，矿物成分为基性斜长石 40%，基性玻璃 52%，方解石 8%。长石呈半自形板状晶杂乱分布在玻璃质基质中，岩石裂隙发育，沿裂隙有方解石细脉充填。

蚀变玄武岩：岩石具变余斑状结构，基质具变余交织结构，块状构造。斑晶为基性斜长石和暗色矿物。斜长石斑晶呈自形长板状外形，聚片双晶不发育，蚀变强烈，全部钠黝帘石化。暗色矿物呈自形柱状，全部绿泥石化。基质由斜长石微晶组成，呈自形长板状，钠黝帘石化强烈，杂乱分布，其间隙中分布有暗色矿物，暗色矿物全部蚀变为阳起石，金属矿物白钛石颗粒不均匀分布于基质中。

玄武质火山角砾岩：岩石呈深灰色，块状构造，火山角砾结构。角砾含量 50%～60%，含少量集块，角砾大小 2～60mm，集块大小 7～30cm，角砾和集块成分以玄武岩、气孔杏仁状玄武岩为主，少量大理岩化灰岩，呈棱角状，无分选，杂乱分布，角砾之间充填物为凝灰质或玄武质，部分为钙质。

4）碳酸盐岩岩片（Pca）

碳酸盐岩岩片分布局限，但往往具有一定规模，岩性较单一。碳酸盐岩中除主要矿物方解石外，一般含有镁橄榄石、金云母、尖晶石、透辉石、磷灰石、白云母、斜长石、石英、透闪石等，构成各种类型的大理岩。碳酸盐岩石一般呈纯净的白色，中粗晶粒状镶嵌结构，块状构造。

4. 构造混杂岩标志

在构造混杂带中，基质与外来岩块是两种截然不同的成分。两者在岩性、形成时代、变形程度及期次等诸多方面存在较大差别。构造混杂岩是几种变形岩石的杂乱堆积体，由外来岩块、原地岩块和基质 3 个部分组成。

外来岩块与基质之间是一种构造接触。一般来说外来岩块的岩性较坚硬，主要是各种成分的结晶灰岩；而基质组分相对较软，为泥砂质复理石、类复理石层等。外来岩块在基质中是独立块体，它不随基质褶曲而褶曲，只能在某种外力作用下发生碎裂式断裂。整体上是以脆性变形为主。而基质则不同，它在后期构造变动中则会发生不同程度的褶曲，在强大的压力下，它可以挤进岩块间的不规则空隙中。稍坚硬一点的个别夹层可被剪切，错碎成原地岩块，这种岩块一般规模较小，砾块形状种类比较单一，磨圆度从棱角状到浑圆状都有，其特点是与基质的地质时代相同或接近。总之基质是以塑性变形为主，伴有脆性变形。外来岩块则没有“根基”，被基质包围着。岩块分布没有韵律性。基质虽然普遍遭剪切变形，错动破坏，但在个别地方还可见到不甚明显的韵律、不甚清楚的层次，沿走向断续可连。各种现象都表明，测区西雅尔岗地区混杂堆积岩具有非常明显的构造混杂特征。

5. 发现构造混杂堆积的地质意义

双湖构造混杂堆积不是孤立的地质现象，它和蛇绿岩、构造糜棱岩、高压变质岩密切伴生，其形成与龙木错-双湖缝合带演化有关。这为确定和研究龙木错-双湖缝合带的性质及其南、北构造边界有重要意义。

南羌塘陆块在向北俯冲过程中，在俯冲部位形成的深海沟复理石建造沉积受到北羌塘陆块的阻碍，被刮下、停积在板块结合带上，北部仰冲板块前缘受到强烈的构造碰撞而发生破碎，形成大小不等、成分不同的岩块，这些岩块落在海沟中，与俯冲板块被刮下的复理石沉积物混杂，同时蛇绿岩构造侵位也使一些蛇绿岩岩块混杂其中，形成了今天所见到的双湖地区大规模出露的构造混杂堆积体。

双湖构造混杂岩形成后，在碰撞造山后期，强烈的水平挤压作用造成上述构造岩块的进一步破碎、基质的进一步变形，出现了一系列混杂后的变形特点，因此双湖混杂堆积体中同时表现出了具有俯冲期和碰撞期两个阶段的构造叠加特征。从构造-地层角度来看，双湖构造混杂堆积体可视为一个相对独立的构造地质体。

双湖地区二叠纪构造混杂岩及其放射虫硅质岩的发现，主要地质意义有两点。

（1）双湖地区原被认为“基底变质岩系”应是一套浅变质的以二叠系为主的晚古生代地层。二叠纪放射虫硅质岩的发育，以及与之伴随的深水复理石、洋脊型玄武岩和缺乏陆缘碎屑物等特征均表明这一地区在二叠纪处于深海远洋沉积环境。晚泥盆世可能处于地壳初始裂解沉积环境。晚古生代放射虫硅质岩的发现无疑为该区的地质研究提供了新的重要资料，因此对双湖构造混杂带浅变质地层的时代归属应作重新考虑。

（2）根据已有地质资料和本次的新发现，双湖构造混杂带含二叠纪放射虫化石的地层和岩石变质变形强烈，并伴随有强糜棱岩化和蓝闪石高压变质矿物的出现，表明该带在二叠纪之后曾有过一次大的构造地质事件。事实上，该带不仅大量发育二叠纪蛇绿质混杂岩、变质基性火山岩、蓝闪石片岩和岛弧型火山岩，而且晚三叠世-早侏罗世构造热事件对晚古生代岩石也有强烈影响。因此海西晚期-印支晚期构造运动对本区晚古生代地层和岩石都有重要的控制作用。才多茶卡和雅曲等地二叠纪放射虫硅质岩的新发现将有助于我们加深对双湖构造混杂岩的形成时代和构造环境的认识。特别是在“双湖构造混杂岩带是否向东延伸”等重大地质问题上，提供了重要的基础性资料。

（四）上三叠统土门格拉群（T_3T）

1. 创名及定义

上三叠统土门格拉群主要分布于双湖南东部蒂让碧错和孔纳木索阿日等地区。土门格拉群最早由青海区调队（1976）创名。后来西藏区调队（1986）将上三叠统改称为肖茶卡组。本项目将上三叠统土门格拉群定义为一套含煤碎屑岩地层体，岩性为灰-灰绿色长石石英砂岩夹粉砂岩、页岩、泥岩及煤线等，产植物和孢粉化石。测区上三叠统划分沿革见表 2-1-5。

表 2-1-5 测区上三叠统划分沿革表

作者及年代 / 地层系统		吴瑞忠 (1985)		西藏区调队 (1986)	饶荣标 (1987)	西藏地层清理 (1994)		中石油青藏经理部 (1996)	本项目 (2005)
三叠系	上 统	西雅尔岗组	菊花山组	肖茶卡组	土门格拉组	日干配错组	肖茶卡组	肖茶卡组	土门格拉群
					西雅尔岗组				

2. 剖面介绍

西藏双湖地区蒂让碧错北上三叠统土门格拉群实测地层剖面代号 DRP，剖面起点坐标 N33°08′42.1″，E89°03′11.6″；剖面终点坐标 N33°09′55.5″，E89°02′23.5″。该剖面露头一般，构造相对简单，植物和孢粉化石较丰富。剖面顶部与上侏罗统索瓦组呈断层构造接触，底部被第四系掩盖（图 2-1-9）。

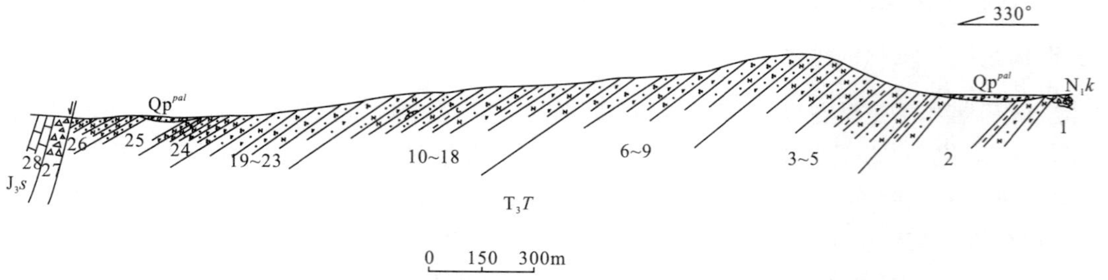

图 2-1-9　西藏双湖地区蒂让碧错北上三叠统土门格拉群（T_3T）实测地层剖面图

上侏罗统索瓦组（J_3s）	**47.03m**
28. 深灰色中厚层状泥晶灰岩。发育网格状方解石细脉	29.17m
27. 断层角砾岩。岩石十分破碎，砾石磨圆差，呈棱角—次棱角状，角砾成分主要为灰岩	17.86m

══════断层══════

上三叠统土门格拉群（T_3T）	**1 214.60m**
26. 灰-浅灰绿色中厚层状中细粒岩屑长石砂岩	44.70m
25. 被第四系洪冲积堆积物覆盖，推测为土门格拉群的岩屑长石砂岩	38.62m
24. 灰-浅灰绿色细粒岩屑长石砂岩—中粒长石石英砂岩组成韵律，砂岩颗粒磨圆及分选中等，填隙物主要为硅泥质	71.49m
23. 灰-灰白色中厚层状中粗粒岩屑石英砂岩，风化后表面略显示灰黄色	9.29m
22. 灰-浅灰绿色中厚层状中细粒岩屑长石砂岩与灰-浅灰黄色中粒岩屑长石砂岩不等厚互层。以中细粒岩屑长石砂岩为主，岩石局部含有泥砾	35.46m
21. 灰-浅灰绿色中厚层状细粒岩屑石英砂岩夹中-中厚层状灰-浅灰黄色中粗粒岩屑石英砂岩	15m
20. 灰-灰白色中-中厚层状粗粒岩屑石英砂岩夹深灰-灰绿色中层状细粒岩屑长石砂岩	14.98m
19. 灰-浅灰绿色中厚层状中粒岩屑石英砂岩夹灰绿色中层状细粒岩屑石英砂岩。填隙物主要为硅质和方解石	71.56m
18. 灰色中厚层状粗粒岩屑长石砂岩夹灰色-浅灰绿色中层状中粒岩屑长石砂岩。粗粒岩屑长石砂岩中可见大小约 1～2cm×2～3cm 的暗色植物叶片，叶脉及纹饰已被氧化破坏	20.33m
17. 灰色中厚层状细砂质中粒岩屑石英砂岩与灰-浅灰绿色中层状中粒岩屑长石砂岩互层，产植物化石 *Clathropteris menisciodes*	26m
16. 中厚层状灰绿色砂岩和砾岩组成正粒序。砂岩中可见泥砾和印模等沉积构造，局部含植物碎片	5.89m
15. 深灰-灰黑色薄-极薄层状泥岩夹灰-灰绿色中薄层状粉砂岩。产孢粉 *Osmundacidites elegans*（华美紫萁孢），*Osmundacidites*（紫萁孢属），*Dictyophyllidites*（拟网脉厥孢属），*Converrucosisporites*（瘤面三角孢属），*Pseudowalchia ovalis*（卵形假瓦契杉粉），*Pseudowalchia*（假瓦契杉粉属），*Cerebropollenites*（脑型粉属），*Aliporites*（阿里粉属），*Psophosphaera*（皱球粉属），*Chasmatosporites*（宽沟粉属），*Ovalipollis*（卵型粉属），*Cycadopites*（苏铁粉属），*Inaperturopollenites*（无口器粉属），*Classopollis*（内环粉属）	14.36m
14. 灰色中层状中粒长石石英砂岩夹薄-极薄层状灰黑色碳质泥岩及中薄层状灰色粉砂岩。产孢粉 *Dictyophyllidites*（拟网脉厥孢属），*Clathroidites* cf. *papulosus*（结瘤格脉蕨孢）。砂岩中偶含植物碎片，粉砂岩局部可见到砂纹层理	15.31m
13. 薄-极薄层状黑色碳质泥岩夹灰色中层状粉砂岩。产孢粉 *Osmundacidites*（紫萁孢属），*Cyathidites*（桫椤孢属），*Biretisporites*（粗缝孢属），*Deltoidospora*（三角孢属），	

Semirerisporis lycopodioides（石松型半网孢），*Coverrucosisporites*（长三缝光面孢属），*Concavissisporites*（凹边瘤面孢属），*Cadargasporites granulatus*（粒纹卡达加孢），*Cadargasporites reticulates*（网纹卡达加孢），*Klukisporites variegates*（多麦克鲁克蕨孢），*Lycopodiacidites* cf. *rugulatus*（皱瘤拟石松孢），*Ovaliporis lunzensis*（隆兹卵形粉），*Ovalipollis*（卵形粉属），*Cycadopites magnus*（大苏铁粉属），*Cycadopites*（苏铁粉属），*Chasmatosporites*（宽沟粉属），*Megamonoporites*（大口粉属），*Psophosphaera bullulinaeformis*（泡型皱球粉属），*Pseudowalchia landessi*（兰迪斯假瓦契杉粉），*Pseudowalchia*（假瓦契杉粉属），*Taeniaesporites*（四肋粉属），*Lueckisporites ruttneri*（卢特尼二肋粉），*Vesicaspora*（联囊粉属），*Rugubivisi culites*（皱体双囊粉属），*Aliporites*（阿里粉属），*Podocarpidites*（罗汉松粉属）　8.05m

12. 灰绿色中层状中细粒长石石英砂岩，砂岩中发育泥砾和“X”型节理，并见植物碎片　18.43m

11. 灰绿色中厚层状细粒岩屑长石砂岩夹黑-灰黑色薄-极薄层状泥岩，粉砂岩。产孢粉：*Osmundacidites wellemanii*（威尔曼紫萁孢），*Schizosporites*（对裂孢属）*Dictyophyllidites*（拟网脉厥孢属），*Monosulcites*（单沟孢属），*Ovaliporis lunzensis*（隆兹卵形粉属），*Ovaliporis*（卵形粉属），*Psophosphaera*（皱球粉属），*Cycadopites*（苏铁粉属），*Megamonoporites*（大口粉属），*Classopollis minor*（小内环粉）　26.22m

10. 灰-浅灰绿色中层状中粒岩屑长石砂岩与细粒岩屑长石砂岩互层　79.10m

9. 厚层状灰色中粒岩屑石英砂岩夹中层状灰色细粒岩屑石英砂岩　53.39m

8. 灰-浅灰绿色中厚层状细粒岩屑石英砂岩　88.13m

7. 厚层状灰色中粗粒岩屑石英砂岩夹细粒岩屑石英砂岩　108.64m

6. 灰色中层状细粒岩屑石英砂岩与浅灰绿色中层状中细粒长石石英砂岩互层　118.25m

5. 灰绿色中厚层状中粗粒岩屑长石砂岩夹灰绿色中层状细粒岩屑长石砂岩　81.51m

4. 灰-浅灰绿色中层状中粒岩屑长石砂岩与细粒岩屑长石砂岩互层　81.51m

3. 浅灰绿-灰绿色中厚层状细粒岩屑长石砂岩夹薄层状灰-浅灰绿色粉砂岩及深灰色泥岩　67.68m

（未见底）

3. 岩石地层特征

土门格拉群主要出露于孔纳木索阿日南、山字形山北东、蒂让碧错一带，沉积厚度数百米至千余米，为一套海陆交互相含煤碎屑岩沉积。岩性可分为上、下两部分，下部以深灰色、灰色泥岩为主，夹灰色薄层状岩屑石英砂岩，泥岩中含铁质结核，由北向南砂岩含量逐渐增加。路线地质调查中在深灰色泥岩中采到晚三叠世双壳类：*Trigonia*（*Kumatrigonia*）*huhxiliensia*，*Cardium*（*Tulongocardium*）sp.等；上部为含煤碎屑岩沉积，以灰色中薄层状岩屑石英砂岩为主夹泥岩和劣质煤线。砂岩中发育平行层理、斜层理及楔状交错层理等，泥岩、粉砂岩中见细砂岩透镜体，产植物碎片和孢粉化石，地质时代为晚三叠世诺利期。

4. 基本层序

上三叠统土门格拉群共发育3种类型基本层序（图2-1-10），均属海陆过渡三角洲相沉积环境。在土门格拉群下部发育前三角洲亚相或三角洲前缘席状砂亚相的泥岩→长石石英细砂岩→粉砂岩、泥岩基本层序（A）；中部发育三角洲前缘亚相的中细粒长石石英砂岩→石英细砂岩基本层序（B）；上部发育三角洲平原亚相的泥岩→砾岩→长石石英砂岩→石英细砂岩→粉砂岩→泥岩基本层序（C）。

5. 物源分析

土门格拉群岩石类型以岩屑长石砂岩或长石岩屑砂岩为主，次为泥岩、粉砂岩，夹少量煤线。砂岩结构以中—细粒为主，颜色以灰色、灰绿色、灰黄色为主，层理为中—厚层状，碎屑成分含量高，13件样品平均值为88.85%，杂基及胶结物含量较低，平均值分别为2.17%、8.92%。碎屑组分以石英为主，次为岩屑、长石。石英多为单晶石英，平均含量64.15%；岩屑以火成岩岩屑为主，次为变质岩岩屑、沉积岩岩屑，平均含量分别为6.08%、3%、2.85%。长石以钾长石为主，次为斜长石。岩石中重

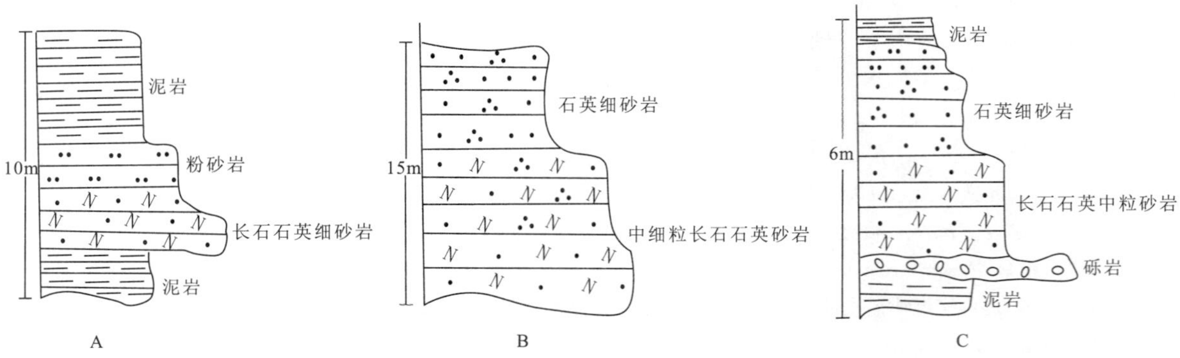

图 2-1-10　土门格拉群中基本层序结构图

矿物可见锆石、白钛矿、赤褐铁矿、磁铁矿、石榴石及黄铁矿等，其含量一般小于1%，在岩石中零星分布。矿物成分成熟度［Q/（F+R)］在0.98～4.22之间，属中等—较差级（表2-1-6)。碎屑间填隙物以胶结物为主，陆源泥质少量，胶结物有白云石、方解石、石英次生加大等。碎屑颗粒形态均为次圆—次棱角状，分选性一般中等。以上特征表明土门格拉群砂岩的成分成熟度和结构成熟度均属中等偏低，沉积物搬运距离较近，物源供给充分，沉积速度较快。区域上，双湖构造混杂岩带的物源类型（以变质岩和火山岩为主）与土门格拉群砂岩碎屑组成有明显的相关性。

表 2-1-6　蒂让碧错北实测剖面砂岩岩石成分统计表

层位	层号	陆源碎屑（%）						填隙物（%）		Q/（F+R）
		石英	钾长石	斜长石	岩屑			胶结物	杂基	
					火成岩	变质岩	沉积岩			
土门格拉群	24	67	10	1	5	5	3	9		3.00
	22	50	16	12	8	1	2	9	2	1.30
	21	69	4	2	8	3	2	9	2	3.55
	19	67	4	2	7	5	3	9	2	3.18
	17	69	4	2	6	4	3	9	2	3.60
	16	72	4	1	5	4	3	9	2	4.17
	14	69	8	3	4	1	5	8	2	3.36
	12	66	8	3	4	2	5	10	2	3.09
	9	72	3	2	6	4	3	8	2	3.95
	8	71	3	2	8	3	2	8	2	3.84
	6	74	7	4	3	1	2	9	2	4.22
	5	42	18	13	8	3	2	10	3	0.98
	3	46	10	20	7	3	2	9	3	1.12
平均		64.15	7.62	5.15	6.08	3	2.85	8.92	2.17	

注：Q为石英、燧石、硅质岩屑、石英岩屑；F为长石、花岗岩屑、片麻岩屑；R为其他岩屑、云母、绿泥石；Q/（F+R）为矿物成分成熟度

（五）中侏罗统夏里组（J_2x）和上侏罗统索瓦组（J_3s）

中侏罗统夏里组和上侏罗统索瓦组岩石地层及古生物组合特征详见多格错仁地层分区有关部分的描述。

（六）下白垩统阿布山组（K_1a）

1. 命名及沿革

吴瑞忠等（1985）最早创名阿布山群，层型剖面为双湖地区阿布山剖面。阿布山群是指上白垩统—

套陆相紫红色砂泥岩夹砾岩及泥灰岩。

西藏区调队（1986）在《1∶100万改则幅区调报告》中将阿布山组降群为组，称阿布山组，且将其地层时代修订为早白垩世。《西藏自治区区域地质志》（1993）沿用该含义。《西藏自治区岩石地层》（1997）沿用该含义，但将其地层时代划归晚白垩世。

成都环境地质与资源开发研究所（以下简称成都环资所）朱同兴等（1996）在《羌塘盆地西区综合地质工程综合研究报告》中沿用阿布山组名称，依据该套地层所采获的 *Extratriporop ollenites*（三突孔粉），*Triporopollenites*（三孔粉），*Tricolporopollenites*（三孔沟粉）等孢粉化石以及较为详细的磁性地层研究，将阿布山组地层时代确定为早白垩世。

本次调查将阿布山组定义为一套不整合于古生代或中生代地层之上的陆相紫红色、灰绿色砂岩夹砾岩、泥灰岩。阿布山组划分沿革见表2-1-7。

表2-1-7　羌塘盆地中部白垩纪阿布山组划分沿革表

吴瑞忠等（1985）		西藏区调队（1986）		西藏自治区区域地质志（1993）		西藏自治区岩石地层（1997）		成都环资所（朱同兴等，1996）			本项目（2005）	
上白垩统	阿布山群	下白垩统	阿布山组	下白垩统	阿布山组	上白垩统	阿布山组	下白垩统	阿布山组	砂岩段	下白垩统	阿布山组
										砂砾岩段		

2. 剖面列述

下白垩统阿布山组出露极为局限，仅分布于阿布山一带，岩石露头较好。成都环资所朱同兴等（1996）在双湖地区阿布山详细测制了阿布山组地层剖面，本次调查对其进行了修测。剖面起点坐标N33°08′33″，E88°44′47″；终点坐标N33°08′29″，E88°44′44″。阿布山组底部不整合于二叠系鲁谷岩组之上，顶部与始新统康托组为角度不整合接触，剖面代号为AKP（图2-1-11）。

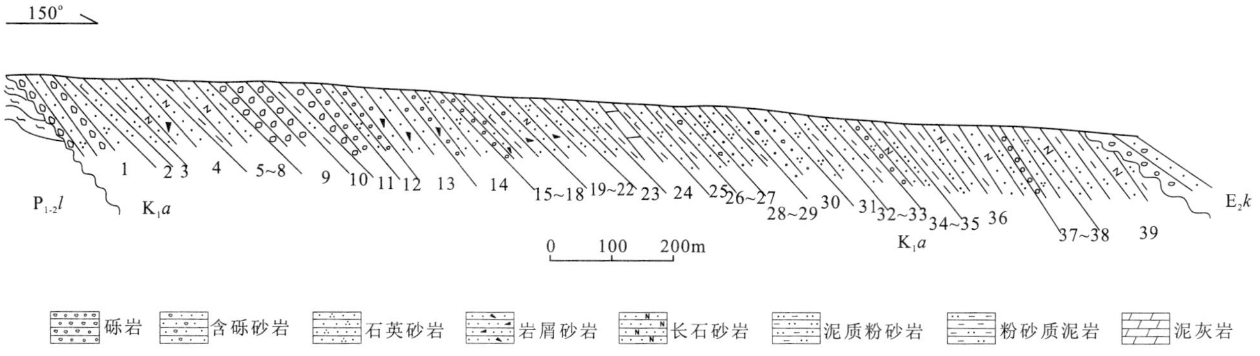

图2-1-11　西藏双湖地区阿布山下白垩统阿布山组实测地层剖面图

（据朱同兴等，1996）

上覆地层：始新统康托组（E_2k）砾岩

～～～～～～角度不整合～～～～～～

早白垩世阿布山组（K_1a）　　>1 202.96m

39. 灰绿色中层状细粒长石砂岩夹紫红色粉砂质泥岩和泥质粉砂岩。碎屑物以石英、长石为主，次为岩屑，呈次圆-圆状，颗粒-杂基支撑，硅质和钙质胶结　　73.38m
38. 紫灰色厚层状中-粗粒石英砂岩，其单层厚60～250cm，石英颗粒大小为0.3～0.7mm，次圆-圆状，硅、钙质胶结　　27.06m
37. 下部为紫红色石英小砾岩；中、上部为紫红、浅紫色中-厚层状石英细砂岩，顶部为灰黑色钙质泥岩夹薄层状细砂岩，总体构成一个向上变薄变细的韵律沉积，含孢粉 *Cicaticosispotites* sp.　　14.40m
36. 露头较差，推测为紫红色泥质粉砂岩、粉砂质泥岩、黑色泥岩和泥灰岩夹紫红色细粒长石砂岩。含孢粉：*Cicatticosisporites* sp.，*Schizaeoisporites* sp.，*Convettucosispovites* sp.，

Bitetisporites sp.，*Classopollis* sp.，*Tticolpotopollenites* sp. 120.73m

35. 浅灰色厚层块状砂质石英小砾岩和石英粗砂岩，砂砾岩单层厚 60～150cm，砾石以石英为主，砾径一般 2～3mm，最大可达 15mm 11.15m

34. 下部浅灰色厚层块状石英砾岩，中、上部紫红色中层状细粒长石砂岩，顶部紫红色泥质粉砂岩和粉砂质泥岩。砾石以脉石英为主，砾径 2～4mm 32.23m

33. 灰色中-厚层状中粒石英砂岩夹紫红色薄层状细粒长石砂岩和粉砂质泥岩。石英砂岩单层厚 50～150cm，硅、钙质胶结，长石砂岩铁质胶结 21.37m

32. 紫红色泥质粉砂岩和粉砂质泥岩夹浅灰色薄-中层状细粒石英砂岩。含孢粉：*Classopollis* sp. 11.36m

31. 浅灰色中-厚层状中-细粒石英砂岩，夹暗紫红色泥质粉砂岩和粉砂质泥岩 29.01m

30. 浅灰色厚层块状含砾石英粗砂岩、紫红色细砂岩和紫红色粉砂质泥岩、泥岩，构成两个下粗上细的韵律沉积。砾石由脉石英、硅质岩、石英砂岩、绿片岩等组成，次圆状，由下向上砾石减少，砂粒变细，石英减少，长石增加，颜色由浅灰变紫红 23.72m

29. 紫红色薄-中层状细粒石英砂岩夹同色泥质粉砂岩和粉砂岩 4. 14m

28. 中、下部紫灰色中-厚层状中-细粒石英砂岩；上部紫红色泥质粉砂岩 38.99m

27. 浅灰色厚层块状不等粒砾岩，其中小砾占 45%，细砾占 30%，中砾占 25%，砾石主要为脉石英，次有石英砂岩、硅质岩及绿片岩，呈圆、次圆和次棱角状，排列无序，砂质胶结 17.90m

26. 暗紫红色厚层块状中-粗粒含砾砂岩和含砾石英砂岩，单层厚 15～30cm，颗粒次圆状，硅、钙质胶结，具水平层理，所见砾石以石英为主，约占 10%～15%，以细砾为主 11.29m

25. 浅灰色中层状细粒石英砂岩和长石砂岩夹 3 层厚 8～60cm 的灰色钙质泥岩，钙质泥岩中见植物碎片，含孢粉：*Classopollis* sp.，*Schizaeoisporites* sp.，*Arauariacites* sp.，*Psophospheragranadis* sp.，*Triporopollenites* sp.，*Biretisporites* sp. 35.40m

24. 灰色薄层状钙质、粉砂质泥岩和泥质粉砂岩，夹绿灰色薄-中层状细粒石英粉砂岩和黄灰色薄-中层状泥灰岩，石英粉砂岩单层厚 6～15cm，钙质胶结，含孢粉 *Classopollis* sp. 60.30m

23. 绿灰色薄-中层状中-细粒石英砂岩夹一层厚 55cm 细砾岩。石英砂岩由硅、钙质胶结，底部发育次圆孔洞，细砾岩砾石由脉石英、变质岩、火山岩组成，呈次圆-次棱角状 42.12m

22. 灰绿色薄-中层状中-细粒石英砂岩与暗紫红色粉砂质泥岩不等厚互层 12.87m

21. 暗紫红色薄-中层状石英粉砂岩、粉砂质泥岩，其中见钙质结核顺层分布，大小不等 6.64m

20. 绿灰色中-厚层状粗-中-细粒长石砂岩和岩屑石英砂岩构成两个向上变细的韵律，在层序底部可见 5～8cm 泥砾，风化成空洞，两层序间可见底冲刷 7.74m

19. 灰色钙质泥岩夹薄层状长石细砂岩、石英细砂岩和黄灰色泥灰岩，砂岩层面上见中、小型不对称波痕，波长 2～12cm，波高 0.5～1cm，古水流方向 260°。另外还见假盐晶和水平虫管。见有孢粉：*Deltoidospsra* sp.，*Undulatisporites* sp.，*Biretisporites* sp.，*Pterisis* sp.，*Schizasoisporites* sp.，*Classopollis* sp.，*Extratriporopollenites* sp.，*Triporopollentes* sp.，*Ginkgoretectina* sp.，*Cycadopites* sp.，*Densoporites* sp.，*Araucariacites* sp. *Weluitchiapites* sp.，*Monosulcites* sp. 30.23m

18. 暗紫红、灰绿色含砾中-粗粒岩屑砂岩。砾石成分以脉石英为主，含量 10%～15% 20.99m

17. 灰绿色薄层状钙质泥岩夹薄层状石英细砂岩和薄层状泥晶灰岩。含孢粉：*Dettoidospora* sp.，*Cicatricosisporites* sp.，*Classopollis* sp.，*Undulatisporites* sp.，*Biretisporites* sp.，*Pterisis* sp.，*Schizasoisporites* sp.，*Classopollis* sp.，*Extratriporopollenites* sp.，*Triporopollentes* sp.，*Ginkgoretectina* sp.，*Cycadopites* sp.，*Densoporites* sp.，*Araucariacites* sp.，*Weluitchiapites* sp.，*Monosulcites* sp. 15.08m

16. 浅紫红色厚层块状含砾中-粗粒岩屑砂岩。砾石成分以细小脉石英为特征 3.72m

15. 暗紫红色薄层小砾岩和厚层块状岩屑粗砂岩、粉砂岩构成 3～80cm 的韵律式沉积 35.65m

14. 紫红色厚层含岩屑小砾岩和不等粒石英砂岩构成下粗上细的韵律沉积。砾石以脉石英为主，次有硅质岩、火山岩、绿片岩等，砾径大小悬殊，最大可达 30cm 31.22m

13. 紫红色厚层状含砾不等粒岩屑砂岩。砂岩粒度下粗上细，砂岩底部多见石英小砾石 74.24m

12. 暗紫红色厚层块状岩屑小砾岩和中粒石英砂岩。所含砾石以石英为主，次有硅质岩、变质岩和火山岩屑，砾径大小不等，呈次圆至圆状，在砂岩底部也见砾石分布，显示正粒序特征 24.79m

11. 紫红色厚层块状小砾岩和岩屑小砾岩夹中-粗粒石英砂岩。砾石以脉石英为主，次为绿片

岩、硅质岩和红色砂岩，砾径不等，以 6～9mm 为主，也见 15～60mm 者	54.78m
10. 露头极差，据零星所见主要为紫红色粉砂质泥岩和泥岩	16.79m
9. 暗紫红色厚层块状小砾岩、细砾岩和含粗砾砂岩。砾石以脉石英为主，次有中基性火山岩、变质岩、泥质岩屑和碳酸盐岩屑，砾径以 2～6mm 为主，分选性、磨圆度较好	63.32m
8. 暗紫红色中层状细粒岩屑砂岩，单层厚 30～50cm，成分和结构成熟度中等—差，铁质胶结	20.68m
7. 紫红色粉砂质泥岩、泥岩夹泥质粉砂岩和透镜状细粒岩屑砂岩。含孢粉：*Araucariacites* sp.	14.41m
6. 紫红色厚层状中-细粒长石砂岩、岩屑粉砂岩。砂体呈透镜状，成分和结构成熟度中等—差	11.73m
5. 紫红色薄-中层状粉砂质泥岩、泥岩夹泥质粉砂岩，见植物碎片	11.87m
4. 暗紫红色中-厚层状中-细粒长石砂岩、岩屑砂岩夹薄层状紫红色粉砂质泥岩和泥质砂岩，总体构成正粒序沉积序列。在砂岩的下部可见 5～10cm 的细砾石平行层理分布	54.64m
3. 露头较差，灰绿色薄层状粉砂质泥岩夹中层状紫红色细粒岩屑砂岩	20.50m
2. 暗紫红色薄-中层状钙质细粒岩屑砂岩	17.10m
1. 紫红色中-厚层状细砾岩和含砾石英粗砂岩组成正粒序沉积，砾石主要为脉石英，次为细砂岩、绿片岩、辉绿岩等，分选中等，砾径悬殊，多呈次圆状，铁硅质胶结	73.92m

～～～～～～角度不整合～～～～～～

下伏地层：二叠系鲁谷岩组（$P_{1-2}l$）

3. 岩石地层特征

阿布山组自下而上划分为砂砾岩段和砂泥岩段。砂砾岩段以河流相暗紫红色砾岩、砂岩、泥岩组成正粒序韵律式沉积为特征，岩石类型包括细-小砾岩、含砾粗砂岩、长石砂岩、石英砂岩、岩屑砂岩和泥质粉砂岩、粉砂质泥岩等。砂泥岩段以湖泊相灰绿、紫红色砂岩、泥岩互层为特征。

阿布山组岩石类型组合为一套陆源碎屑岩，常见岩石类型有如下几种。

（1）砾岩类：紫红色、暗紫红色厚层块状中-细砾岩，砾石成分主要有脉石英、细砂岩、绿片岩、中-基性火山岩等；砾径悬殊，大者可达 50mm×70mm，小者 1mm×2mm，一般 4mm×6mm，砾石分选性、磨圆度较差。

（2）砂岩类：包括中-细粒长石砂岩、岩屑砂岩、石英砂岩等，岩石中碎屑物由石英、长石、岩屑等组成，颗粒分选性、磨圆度中等，颗粒支撑，充填物包括硅质、钙质、铁质胶结物和泥质杂基。

4. 基本层序和沉积环境分析

1）基本层序

阿布山组发育多种类型基本层序（图 2-1-12）：A 为中-厚层状细砾岩→含砾粗砂岩；B 为中-厚层状中-细粒长石砂岩/岩屑砂岩→泥质粉砂岩→粉砂质泥岩；C 为紫红色厚层块状中砾岩→岩屑细砾岩→不等粒石英砂岩；D 为暗紫红色薄层状细砾岩→厚层块状岩屑粗砂岩；E 为灰绿色中-厚层状细粒长石砂岩→紫红色泥质粉砂岩→粉砂质泥岩；F 为灰绿色薄-中层状细粒长石砂岩→暗紫红色粉砂质泥岩；G 为绿灰色厚层状粗粒长石砂岩→中粒长石砂岩→细粒岩屑石英砂岩。

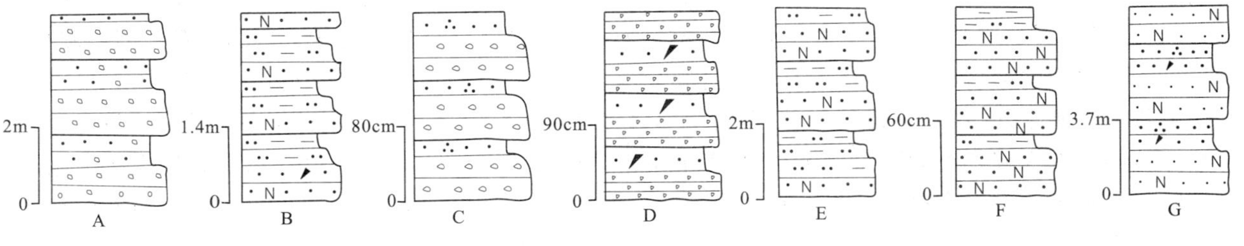

图 2-1-12 阿布山组基本层序结构图

阿布山组砂砾岩段地层基本层序由 A、B、C、D 等组成，具非对称韵律式旋回层序特征，总体具向上变细、变薄的趋势。砂岩段地层基本层序由 E、F、G 等组成，具明显的韵律式旋回层序特征。

2）沉积环境分析

测区阿布山组下部砂砾岩段为辫状河流相沉积，上部砂岩段则为滨浅湖-浅湖相沉积。

（1）辫状河流相沉积（图 2-1-13）发育于阿布山组下部，主要由 A、B、C、D 等基本层序构成。底部见有块状河床滞留砾石，由中-粗砾岩构成，砾石成分复杂，磨圆度中等；下部为河流心滩亚相细砾岩、含砾砂岩和砂岩，多见槽状交错层理及底冲刷；中部为河道砂坝亚相含砾粗砂岩、中粗粒砂岩，砂岩中多见板状交错层理及槽状交错层理，底部多见冲刷面；上部为河流堤岸亚相粉砂质泥岩和泥岩，水平层理发育。在层序底部常见冲刷沉积构造及正粒序层理。砂岩成分成熟度、结构成熟度中等—差。

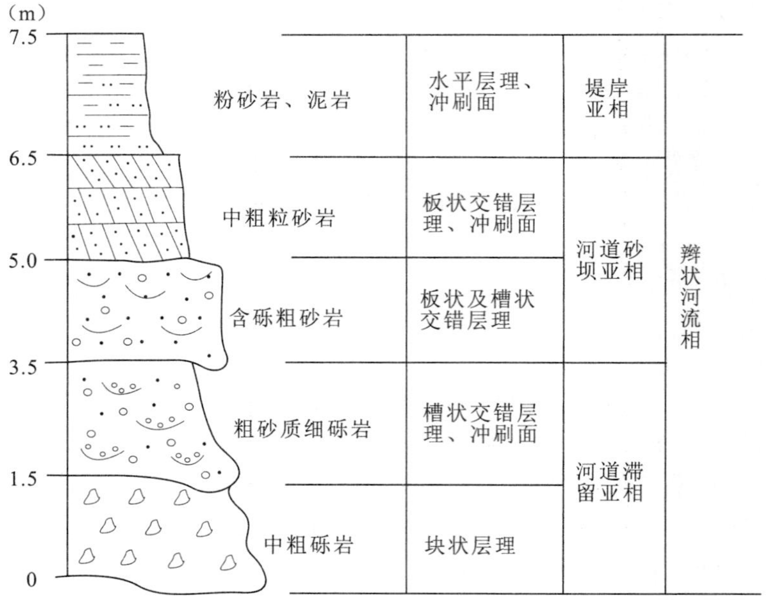

图 2-1-13　阿布山组辫状河流相基本层序结构图

（2）滨浅湖-浅湖相沉积发育于阿布山组砂岩段，主要由 E、F、G 等基本层序构成。岩性由灰绿、紫红、浅灰色砂岩、泥岩组成，夹少量的泥灰岩。砂岩层面上多见有钙结核、植物碎片等；底面具有底冲刷，发育中、小型不对称波痕，波长 2～12cm，波高 0.5～1cm，古水流方向为 260°；泥岩层面上发育食盐假晶和水平虫管。

（七）康托组（E_2k）

1. 命名及沿革

康托组最早由西藏区调队（1986）命名，创名地点位于改则县北康托附近，原义指岩性为紫红色砾岩夹砂岩、含砾砂岩、粉砂岩及少量泥岩，底部夹基性喷出岩和凝灰质砂岩，厚 850～3 150m，与下伏中生代地层呈角度不整合接触，上未见顶，地质年代置入中新统，《西藏自治区区域地质志》沿用其名。《西藏自治区岩石地层》修订并扩大其含义，定义为一套以紫红色砂砾岩为主，次为杂色泥岩、粉砂岩，底部夹基性火山岩的地层体，与唢呐湖组为同时异相沉积，并将其时代定为中新世—晚新世。

成都环资所朱同兴等（1996）进行石油地质填图时在阿布山一带发现康托组与上覆唢呐湖组呈角度不整合接触。本次调查时对阿布山康托组-唢呐湖组剖面进行了详细观察及侧向追踪，发现康托组与上覆唢呐湖组呈角度不整合接触，又在测区跃进口等地多次发现始新世-渐新世火山岩明显地不整合于唢呐湖组之上，证明了两个主要事实：一是康托组与唢呐湖组是上、下关系，而不是横向相变关系；二是为康托组和唢呐湖组地质时代提供了依据。也就是说唢呐湖组、康托组时代至少应在渐新世火山岩喷发之前，结合牟世勇等（2006）、李才等（2006）对康托组轮藻化石和火山岩同位素年龄的最新研究成果，本项目将唢呐湖组、康托组地质时代厘定为始新世。古近系—新近系划分沿革见表 2-1-8。

表 2-1-8 羌塘盆地中部古近系—新近系划分沿革表

地层系统		西藏区调队 (1986)	成都环资所 (1996)	西藏地矿局 (1997)	赵政璋等 (2001)	本项目 (2005)
新近系	上新统	石坪顶组	石坪顶组 唢呐湖组	石坪顶组		
	中新统	唢呐湖组 康托组	康托组	唢呐湖组 康托组	石坪顶组 唢呐湖组 康托组	
古近系	渐新统	纳丁错组 鱼鳞山组			纳丁错组	鱼鳞山组
	始新统					唢呐湖组 康托组

2. 分布及岩性组合

1）剖面列述

西藏自治区双湖地区阿布山始新统康托组修测地层剖面（AEP）系成都环资所朱同兴等（1996）测制，本次调查对其进行了修测。剖面位于双湖阿布山北侧，地层层序清楚，出露地层相对齐全。起点坐标为N33°11′37″，E88°44′25″；终点坐标为N33°14′09″，E88°43′50″。剖面底部康托组与下伏上侏罗统索瓦组角度不整合接触，与上覆唢呐湖组为角度不整合接触（图 2-1-14）。

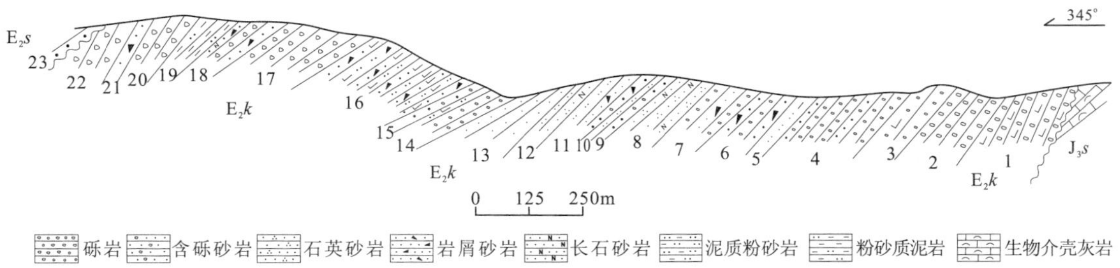

图 2-1-14 西藏自治区双湖地区阿布山始新统康托组修测地层剖面图

上覆地层：古近系始新统唢呐湖组

～～～～～角度不整合～～～～～

古近系始新统康托组（E_2k） **>1 581.24m**

22. 紫红色中-厚层状砾岩夹长石岩屑细砂岩构成若干正韵律层序，发育大型交错层理 39.55m
21. 暗紫红色中-厚层状中-粗粒钙质岩屑砂岩，发育大型交错层理 9.76m
20. 紫红色厚层状细砾岩夹透镜状砂岩，砾石成分主要为长英质岩、火山岩、变质岩、绿片岩和碳酸盐岩等，砾石大小悬殊，无定向排列，磨圆度一般，砾径1～20cm，个别达21cm 77.59m
19. 露头差，据地貌及残积物推测，主要为暗紫红色中-厚层状粉砂质泥岩 10.68m
18. 露头较差，据零星露头推测，主要为暗紫红色中层状细砾岩和同色长石岩屑粗砂岩互层，中、上部见灰绿色中层状长石岩屑砂岩。发育大型斜层理及交错层理 66.54m
17. 紫灰、灰紫红色中-厚层状复成分细砾岩，中、上部夹透镜状含砾粗砂岩，砾石砾径0.5～3cm，最大6.5cm，以长英质砾石为主，次有火山岩、变质岩、灰岩、砂岩、粉砂岩和绿片岩，磨圆一般，分选性差，下部排列无序，中上部显示正粒序结构，其中见大型斜层理或交错层理 138.03m
16. 暗紫红色中-厚层状中-细粒钙质岩屑砂岩与紫红色中层状钙质岩屑粉砂岩、粉砂质泥岩构成正粒序韵律式沉积，中部细碎屑岩中夹厚约1.8m的暗紫红色中粒钙质砂岩 225.00m
15. 暗紫红色厚层块状细砾岩与含砾粗砂岩互层。含砾粗砂岩发育大型低角度斜层理。砾岩砾石由火山岩、变质岩、绿片岩、灰岩组成，分选性、磨圆度均为中等 10.08m

14. 灰绿、紫红、灰紫色厚层块状复成分砾岩。砾石以火山岩、变质岩、灰岩、石英为主，最大砾径 36cm，一般为 1～8cm，中部夹少量紫红色透镜状含砾粗砂岩，总体正韵律序列清楚　73.53m

13. 灰绿色中-厚层状岩屑细砂岩，局部发育斜层理　63.07m

12. 暗紫红色中层状细粒长石石英砂岩夹同色薄层状泥岩和粉砂质灰岩，细砂岩中发育中型斜层理　33.52m

11. 下部 2m 为暗紫红色含砾岩屑粗砂岩；中部为岩屑细砂岩、粉砂岩，发育大型斜层理，指示古水流方向 100°，以及小型流水波痕、平行层理　85.61m

10. 紫红色中层状粉砂岩、泥质粉砂岩夹长石细砂岩，发育中型斜层理及中、小型砂纹层理　5.66m

9. 暗紫红色厚层状细砾岩与含砾粗砂岩构成韵律式互层沉积，砾石一般 0.5～1cm，个别达 1～7cm，砾石以石英为主，次为变质岩、火山岩。砾岩和含砾粗砂岩中均发育大型斜层理　16.57m

8. 灰绿、绿灰色中层状中-细粒长石石英砂岩，分选性、磨圆度中等，发育大型斜层理和平行层理　72.20m

7. 暗紫红色厚层块状复成分砾岩与同色厚层状中、粗粒岩屑砂岩互层　68.93m

6. 暗紫、灰紫色厚层块状复成分砾岩，偶夹含砾钙质岩屑粗砂岩　74.87cm

5. 暗紫红色中层状泥质粉砂岩夹钙质岩屑粉砂岩，产孢粉：*Onychium* sp.，*Polypodiaceae* sp.，*Pinus* sp.，*Cupressaceae* sp，*Betula* sp.，*Aluns* sp.，*Ulmus* sp.，*Corylus* sp.，*Quercus* sp.，*Fagus* sp.，*Gramincae*，*Chenodiaceae*，*Araucariacites* sp.，*Psophosphera* sp.　41.93m

4. 灰绿、紫红色中-厚层状细砾岩夹含砾粗砂岩透镜体，砾石含量为 50%～80%，砾径 0.5～5cm，最大达 8cm，与含砾粗砂岩透镜体构成正粒序层序　149.62m

3. 暗紫红色厚层块状细砾岩和小砾岩组成正韵律沉积，砾石以长英质为主，也见火山岩和绿片岩砾岩，砾径小于 5cm，磨圆度中等，分选性差，发育大型斜层理，古水流方向 100°　149.62m

2. 灰、褐灰色厚层块状复成分粗砾岩　115.50m

1. 褐灰色厚层块状灰质砾岩　143.21m

～～～～～～角度不整合～～～～～～

下伏地层：上侏罗统索瓦组（J_3s）灰岩

2）分布及岩性组合

康托组主要分布于测区东湖东南、鱼脊梁山南北西侧、西雅尔、恰格鲁加力和测区中南部蒂让碧错东—鄂雅错西一线及测区北东部吐错西南、兄弟泉附近等地，出露面积约为 1 255km²。

在区内康托组普遍不整合于侏罗系—前奥陶系不同地层之上，主要岩性为紫红色、砖红色灰质中-细砾岩、含砾粗砂岩、砂岩和泥岩，多构成正粒序沉积韵律，总体以砾岩和粗碎屑岩为主，局部夹淡水灰岩和石膏层。

3. 基本层序和沉积环境分析

1）基本层序

测区内康托组中共识别出 3 种类型的基本层序（图 2-1-15）：A 为灰紫色块状复成分砾岩→钙质粗砂岩；B 为厚层状复成分砾岩→中层状含砾粗砂岩→钙质粉砂岩；C 为厚层状钙质岩屑砂岩→中层状钙质岩屑粉砂岩→粉砂质泥岩。

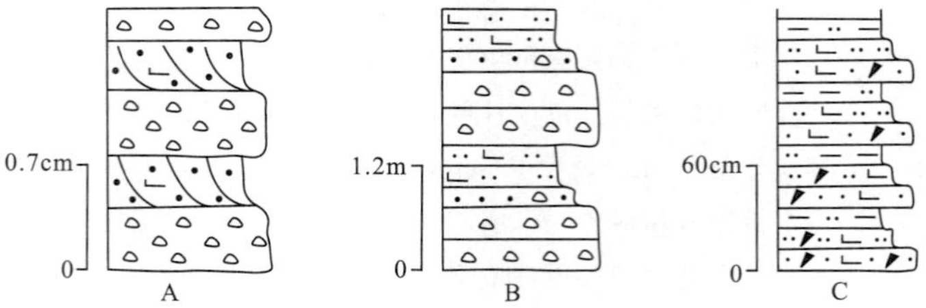

图 2-1-15　康托组基本层序结构

2）沉积环境分析

康托组中识别出冲积扇沉积体系和河流沉积体系。

（1）冲积扇：由灰、褐灰色厚层块状复成分粗砾岩、灰质砾岩组成，砾石由灰岩、绢云石英片岩、千枚岩、绿片岩及火山岩砾石等组成。砾石大小悬殊，从 0.2～10cm 不等，大者可达 21.5cm，局部砾石略具定向排列并略显示粒序层理。

（2）河流相：为辫状河沉积，又可进一步识别出心滩、决堤扇和洪泛平原沉积。心滩相由灰绿、紫红色厚层块状细砾岩夹含钙质岩屑粗砂岩、中层状中细粒长石石英砂岩及少量泥岩组成，砾岩底部底冲刷十分发育，砂岩中常见大型斜层理，指示古水流方向集中于 100°～110°内，粒度概率曲线呈明显两段式，发育跳跃次总体为特征。洪泛平原沉积由暗紫红色中层状泥质粉砂岩、钙质岩屑粉砂岩夹少量长石细砂岩组成，粉砂岩中发育中、小型砂纹层理，见有钙质结核和长约 0.5～1cm 的垂直管遗迹化石。决堤扇沉积由暗紫红色中-厚层状中-细粒钙质岩屑砂岩、紫红色中层状钙质岩屑粉砂岩、粉砂质泥岩组成，具明显的正粒序韵律式沉积特征。

（八）新生界

测区内新生界有古近系始新统康托组、唢呐湖组、鱼鳞山组及第四系，其岩石地层及古生物特征详见多格错仁地层分区的相关部分。

二、多格错仁地层分区

（一）中侏罗统雀莫错组（J_2q）

1. 命名及沿革

青海区调队（1970）在《1：100 万温泉幅区调报告》中将羌塘盆地内中上侏罗统命名为雁石坪群，自下而上划分为下砂岩组、下灰岩组、上砂岩组、上灰岩组。

西藏区调队（1986）在《1：100 万改则幅区调报告》中基本沿用雁石坪群，但在其顶部新建白龙冰河组，意指一套含菊石的泥晶（质）灰岩与泥岩互层的地质体。其后不同学者的研究多沿用“雁石坪群”一名，但对组级岩石地层名称略有不同。羌塘盆地侏罗系划分沿革见表 2-1-9。

表 2-1-9 羌塘盆地侏罗系划分沿革表

<table>
<tr><th colspan="2">蒋忠惕
(1983)</th><th colspan="3">西藏区调队
(1986)</th><th colspan="3">西藏自治区岩石地层（1997）</th><th colspan="3">成都环资所朱同兴等
(1996)</th><th colspan="3">本项目
(2005)</th></tr>
<tr><td rowspan="2">下白垩统</td><td rowspan="2">雪山组</td><td rowspan="4">上侏罗统</td><td colspan="2" rowspan="2">白龙冰河组</td><td rowspan="11">中上侏罗统</td><td rowspan="11">雁石坪群</td><td rowspan="4">上灰岩组</td><td rowspan="5">上侏罗统</td><td rowspan="2">雪山组</td><td>紫红色砂岩段</td><td rowspan="2">下白垩统</td><td rowspan="2">雪山组</td><td>紫红色砂岩段</td></tr>
<tr><td>杂色泥岩段</td><td>杂色泥岩段</td></tr>
<tr><td colspan="2" rowspan="13">侏罗系</td><td rowspan="9">雁石坪群</td><td rowspan="2">上灰岩组</td><td rowspan="2">索瓦组</td><td>细碎屑岩夹灰岩段</td><td rowspan="2">上侏罗统</td><td colspan="2">白龙冰河组</td></tr>
<tr><td>灰岩段</td><td colspan="2">索瓦组</td></tr>
<tr><td rowspan="7">中侏罗统</td><td rowspan="4">上砂岩组</td><td rowspan="4">上砂岩组</td><td rowspan="4">夏里组</td><td>杂色砂泥岩段</td><td rowspan="7">中侏罗统</td><td rowspan="3">夏里组</td><td>上含膏细碎屑岩段</td></tr>
<tr><td rowspan="7">中侏罗统</td><td>上石膏段</td><td>灰岩段</td></tr>
<tr><td>灰岩段</td><td>下含膏细碎屑岩段</td></tr>
<tr><td>下石膏段</td><td colspan="2">布曲组</td></tr>
<tr><td>下灰岩组</td><td>下灰岩组</td><td colspan="2">布曲组</td><td rowspan="3">雀莫错组</td><td>含膏细碎屑岩段</td></tr>
<tr><td rowspan="2">下砂岩组</td><td rowspan="2">下砂岩组</td><td rowspan="3">雀莫错组</td><td>含膏杂色砂泥岩段</td><td>灰岩段</td></tr>
<tr><td>含膏灰岩段</td><td>粗碎屑岩段</td></tr>
<tr><td rowspan="4">下侏罗统</td><td colspan="2" rowspan="4">那底岗日群</td><td rowspan="4">下侏罗统</td><td colspan="2" rowspan="4">那底岗日组</td><td>紫红色砂砾岩段</td><td rowspan="4">下侏罗统</td><td colspan="2" rowspan="4">那底岗日组</td></tr>
<tr><td rowspan="3">下侏罗统</td><td rowspan="3">那底岗日组</td><td>紫红色砂泥岩段</td></tr>
<tr><td>沉凝灰岩段</td></tr>
<tr><td>火山凝灰岩段</td></tr>
</table>

雀莫错组最早由青海区调队（1987）创名于雀莫错剖面，相当于雁石坪群底部下砂岩组。杨遵义等（1988）沿用该名。白海生（1989）在研究雀莫错剖面的基础上重新定义雀莫错组，岩石地层包括下部紫红色厚层状砾岩；中部紫红、灰绿色岩屑石英砂岩、粉砂岩；上部灰绿色粉砂岩、泥岩、泥灰岩组成的海侵序列沉积，厚 1 234m，产双壳类：*Astarte muhibergi*，*A. elagans*，*A. minima*，*Anisocardia gibbosa*，*Protocardia truncata*，*Pleuromya oblita*，*P.* cf. *marginata*，*Vangonia* cf. *genicaulata*，*Oxytoma munsteri*，*Corbicella schmidti* 等，时代为中侏罗世巴柔期。

成都环资所朱同兴等（1996）在研究羌塘盆地西部那底岗日剖面后，根据岩石组合特征将雀莫错组自下而上划分为紫红色砂砾岩段、含膏灰岩段和含膏杂色砂泥岩段。本项目沿用其名，含义与其基本相同。

2. 剖面列述

雀莫错组在区内出露面积较小，仅见于阿木岗日北一带，呈近东西向条带状分布，出露面积约为 78km²。阿木岗日北出露较为完整，地层层序清楚，出露厚度约为 1 686m。

西藏自治区双湖地区阿木岗日中侏罗统雀莫错组实测地层剖面，剖面代号 AMP，起点坐标 N33°20′59.7″,E88°42′03.4″；终点坐标 N33°24′44.5″，E88°42′54.8″。剖面上雀莫错组顶部与上覆布曲组呈整合接触，底部与下伏二叠系鲁谷组呈不整合接触，各段之间界线清楚，均为整合接触（图 2-1-16）。

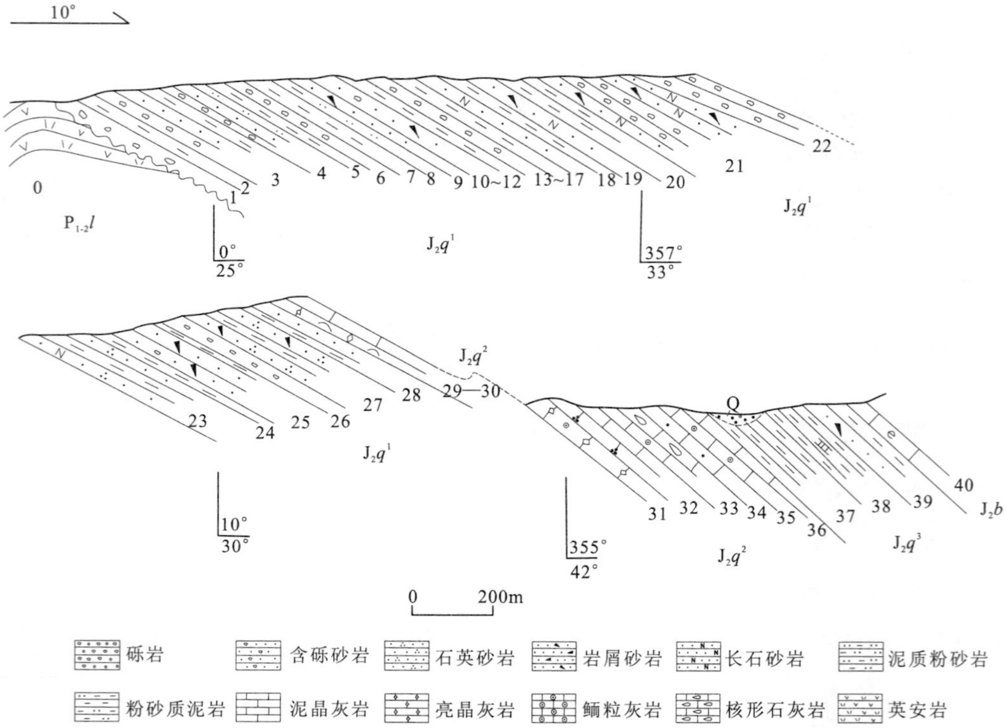

图 2-1-16　西藏双湖地区阿木岗日中侏罗统雀莫错组实测地层剖面图

上覆地层：中侏罗统布曲组（J_2b）

——————整合——————

中侏罗统雀莫错组（J_2q）	**1 686.12m**
含膏细碎屑岩段（J_2q^3）	**363.67m**
39. 紫红色泥岩、粉砂质泥岩夹泥质粉砂岩、细粒岩屑砂岩	95.62m
38. 杂色含膏泥岩夹薄层状泥晶灰岩和钙质粉砂岩。石膏厚数厘米至 20cm，揉皱构造发育，石膏累计厚 5～7m，灰岩中缝合线构造发育，充填有沥青质软泥，粉砂岩中含腕足类碎片	130.96m
37. 紫红色泥岩、粉砂质泥岩夹泥质粉砂岩、粉砂岩	137.09m

灰岩段（J_2q^2）	**336.47m**
36. 灰、黄灰色薄-中层状泥晶灰岩	16.79m
35. 灰色、黄灰色中层状鲕粒灰岩、介屑鲕粒灰岩夹鲕粒泥晶灰岩、泥晶灰岩。单层厚30～80cm不等，鲕粒灰岩呈透镜状产出，鲕粒含量约为85%～90%，为较好的储集层	43.10m
34. 深灰色中层状泥晶砂屑砾屑灰岩	39.29m
33. 灰色中层状泥晶鲕粒灰岩夹薄层状泥晶灰岩、泥晶核形石灰岩、核形石泥晶灰岩	125.48m
32. 黄灰-灰色薄-中层状泥晶球粒灰岩、泥晶灰岩	51.95m
31. 灰色、灰白色中层状亮晶鲕粒灰岩。岩石中网脉状方解石脉十分发育，岩石较为破碎	22.43m
30. 紫红色、棕红色薄-中层状泥晶灰岩与钙质泥岩互层。灰岩中见有生物介屑不均匀分布	24.07m
29. 灰色中层状亮晶鲕粒灰岩、介屑鲕粒灰岩夹泥晶核形石灰岩、介屑灰岩、鲕粒介屑灰岩	13.36m
紫红色砂砾岩段（J_2q^1）	**985.98m**
28. 紫红色泥岩、粉砂质泥岩夹中层状细粒砂岩	38.73m
27. 灰紫色中层状含中粒岩屑石英砂岩夹薄层状泥岩及细砾岩，具正粒序层理	59.58m
26. 灰紫色、紫灰色厚层块状细砾岩夹粗砂岩。砾岩单层厚5～80m不等，砾石成分为脉石英、变基性火山岩、砂岩等，大小多为厘米级，分选性差，磨圆度好	44.29m
25. 紫红色中-厚层状中-细粒含砾、岩屑长石砂岩、长石岩屑砂岩夹薄-极薄层状紫红色泥岩	146.88m
24. 紫红色泥岩、粉砂质泥岩	17.25m
23. 紫红色中层状细粒长石石英砂岩夹薄-极薄层状泥岩	20.32m
22. 紫灰、灰紫、黄紫灰色厚层状细砾岩夹含砾粗砂岩，砾石定向排列明显，发育大型斜层理	58.74m
21. 紫红色、灰紫红色中-厚层状细粒岩屑长石砂岩夹中层状复成分细砾岩。砾岩呈透镜状产出，砾石大小为厘米级（一般小于6cm），砾石成分有脉石英、火山岩、硅质岩及变质岩等	190.79m
20. 紫红色中-厚层状泥岩、粉砂质泥岩与同色中层状细粒岩屑长石砂岩互层，砂泥之比为1∶5～1∶8。砂岩中发育小型砂纹层理及楔形交错层理，指示古水流方向为NNE	62.32m
19. 紫红色、灰紫色厚层状中粒长石岩屑砂岩夹薄-中层状细砾岩，局部夹厚层块状细砾岩。砂岩中发育大型斜层理、低角度楔形交错层理，砾岩中砾石叠瓦状排列，显示古水流方向为30°	51.12m
18. 紫红色泥岩、粉砂质泥岩夹泥质粉砂岩、粉砂岩条带	9.52m
17. 紫红色中层状细粒长石砂岩夹薄层状细砾岩及粉砂质泥岩，砾岩、砂岩、泥岩组成正粒序层理	59.77m
16. 紫红色泥岩、粉砂质泥岩夹泥质粉砂岩条带，可作良好的油气封盖层	24.06m
15. 紫灰、灰紫色中-厚层状细砾岩、中粒岩屑长石砂岩组成正粒序	5.4m
14. 紫红色泥岩夹粉砂质泥岩、泥质粉砂岩，可作良好的油气封盖层	2.85m
13. 灰紫、紫灰色中-厚层状细砾岩，砾石大小一般小于5cm，含量35%～70%，有脉石英、硅质岩、变质岩砾石等，分选性及磨圆度中等—差。与下伏泥岩冲刷接触明显，为一明显的沉积间断	3.03m
12. 紫红色泥岩、泥质粉砂岩、粉砂质泥岩互层	17.00m
11. 灰绿、灰黄色中层状中粒岩屑石英砂岩，单层厚30～80cm不等，发育中型楔形交错层理，层系厚35cm，古水流方向为NNE，碎屑物为石英（73%）、长石（4%）、岩屑（15%），胶结物为硅质、钙质，再生式胶结，颗粒之间为点接触，以粒间孔为主，面孔率1.5%	3.9m
10. 灰紫色、紫灰色中层状细砾岩、含砾粗砂岩组成正粒序层理，砾石成分复杂，大小2～10cm不等，分选性及磨圆度中等，含量达30%～60%	6.94m
9. 灰绿色中-厚层状含砾中粒长石岩屑砂岩，单层厚30～110cm，平行层理，中型楔状交错层理发育，显示古水流方向为NNE	16.83m
8. 紫红色厚-中层状泥质粉砂岩、细粒长石砂岩，发育大型楔形交错层理，指示古水流方向为0°	3.07m
7. 紫灰、灰紫色泥岩、粉砂质泥岩、微细粒长石砂岩。岩石质地细腻，封闭性能良好	17.08 m
6. 紫红色厚层状中-细砾岩夹含砾砂岩透镜体。正粒序层，砾石大小为厘米级，含量40%～70%，砾石为变质岩、基性火山岩、脉石英、砂岩等，磨圆度好、分选性差	9.85m
5. 紫红色泥岩、粉砂质泥岩与泥质粉砂岩	10.17m
4. 紫红色中层状细砾岩→粗砂岩→细砂岩→粉砂岩→泥岩组成的正粒序韵律层	21.61m
3. 紫红色中→厚层细砾岩→粗砂岩→细砂岩→泥岩组成的正粒序韵律层	39.51m
2. 紫红色泥岩夹粉砂质泥岩，泥质粉砂岩条带	20.42m

1. 紫红色中-厚层状中-细砾岩夹含砾粗粒长石砂岩　24.95m

～～～～～～角度不整合～～～～～～

下覆地层：二叠系鲁谷组（$P_{1-2}l$）灰绿-灰褐色中厚层状蚀变英安岩

3. 岩石地层特征

雀莫错组岩性三分性明显，下部以紫红色中-厚层状砾岩、含砾粗砂岩为主，夹少量砂岩、粉砂岩、泥岩，组成明显的韵律式沉积旋回。中部为一套碳酸盐岩组合，岩性为灰色中层状泥晶球粒灰岩、泥晶灰岩、黑灰色中-厚层状鲕粒灰岩夹核形石泥晶灰岩、亮晶鲕粒灰岩、介屑灰岩及少量泥岩。上部以杂色含膏泥岩、粉砂质泥岩、泥质粉砂岩为主夹少量细粒岩屑砂岩、薄层泥晶灰岩，泥岩中膏盐孔发育，偶夹有薄板状石膏。

雀莫错组岩性主要有砾岩、砂岩、粉砂岩、泥岩、灰岩及石膏盐岩等，其主要岩石类型特征描述如下。

（1）砾岩：紫红色中-厚层状中-细砾岩，砾石成分复杂，主要有脉石英、砂岩、硅质岩、基性火山岩及变质岩等，显示砾石成分受物源区岩性控制；砾石分选差-中等，砾径大小为厘米级；磨圆度中等，多为次圆状-次棱角状；砾石含量在 30%～70%，砂泥质充填。

（2）砂岩类：紫红、灰紫红色中-厚层状中-细粒岩屑长石砂岩、长石岩屑砂岩、岩屑石英砂岩。碎屑物由石英、长石、岩屑组成，多为棱角状、次棱角状、粒度 0.15～0.5mm。胶结物为方解石和石英次生加大边。砂岩中平行层理、斜层理发育。成岩后生变化的压实作用、胶结作用以及重结晶作用使原生孔隙减少。而溶蚀交代作用、表生淋滤作用则加大了岩石的孔隙率。

（3）灰岩类：包括泥晶核形石灰岩、泥晶灰岩、介屑鲕粒泥晶灰岩、泥晶球粒灰岩、亮晶鲕粒灰岩等。以灰色为主，薄—中层状，侧向延伸稳定。粒屑组分有鲕粒、介屑、核形石和球粒等。鲕粒形态多为圆状、次圆状，以单鲕为主，复鲕次之，一般为 2～3 个圈层，鲕粒大小 0.161～0.62mm。核形石由泥晶方解石组成，多具半同心纹层，呈不规则圆状。生屑包括藻屑、棘屑、虫屑、介屑等；填隙物为泥晶或亮晶方解石。岩石中缝合线构造较为发育，部分沥青泥充填其中。

4. 基本层序及沉积环境分析

1）基本层序

雀莫错组紫红色砂砾岩段识别出多种类型基本层序（图 2-1-17）：A 为紫红色中-厚层状细砾岩→粗砂岩→中粒砂岩→细砂岩→泥岩；B 为紫红色中层状砾岩→粗砂岩→细砂岩→粉砂岩→泥岩；C 为灰紫色中-厚层状细砾岩→粗砂岩→中粒砂岩→细砂岩（砂岩中多见大型交错层理）；D 为紫红色薄层状细砾岩→中层状细砂岩→粉砂质泥岩；E：中层状细粒岩屑长石砂岩→中层状粉砂质泥岩→泥岩；F 为紫灰色厚层块状细砾岩（砾石呈叠瓦状排列）→紫红色中层状含砾粗砂岩；G 为紫红色中-厚层状中-粗粒含砾岩屑长石砂岩→紫红色薄-极薄层状泥岩。

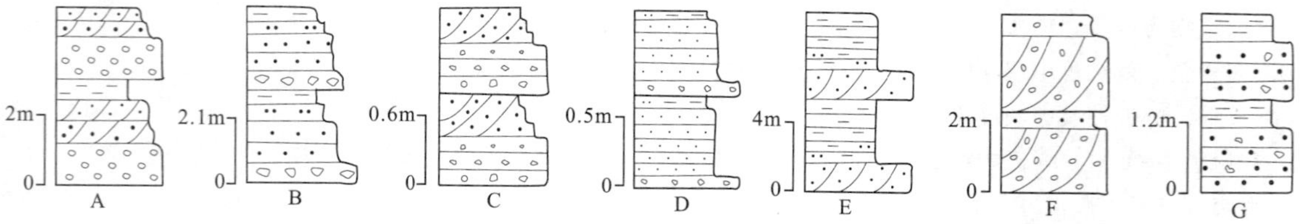

图 2-1-17　雀莫错组紫红色砂砾岩段基本层序示意图

在阿木岗日一带，雀莫错组紫红色砂砾岩段底部地层层序主要由 A、B 型基本层序组成，具向上变细的正粒序特征，砾岩沉积厚度较大，可作为雀莫错组底部填图标志层；中上部由 C、D、E、F、G 型等基本层序组成，具有较为明显的半韵律旋回式层序特征，地层垂向序列具明显的向上变细、变薄的退积型层序特征。

雀莫错组灰岩段中识别出 3 种类型基本层序（图 2-1-18）：A 为灰色中层状亮晶鲕粒灰岩→泥晶核

形石灰岩→中层状泥晶介屑鲕粒灰岩→泥晶鲕粒灰岩；B 为灰黄色薄层状钙质泥岩→灰色中层状泥晶灰岩；C 为灰色薄-中层状泥晶球粒灰岩→灰色中层状泥晶灰岩。雀莫错组灰岩段地层层序主要由 A、B、C 型基本层序组成，具有非对称旋回性层序特征，地层垂向序列显示加积型层序特征。

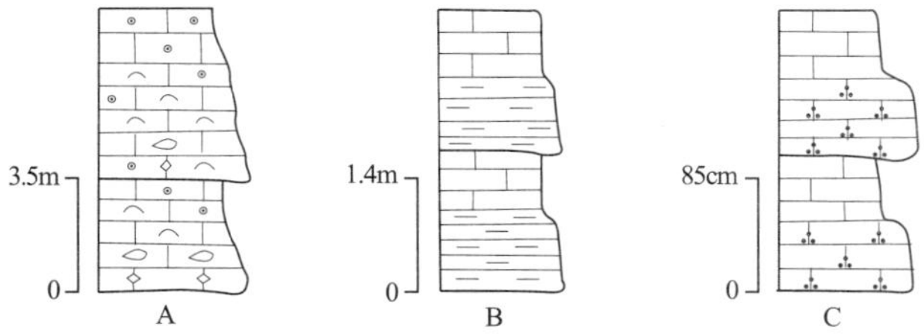

图 2-1-18 雀莫错组灰岩段基本层序示意图

雀莫错组含膏细碎屑岩段基本层序有 3 种，具有明显的韵律式旋回层序特征（图 2-1-19）。A 为灰黄色中-薄层状泥质粉砂岩→杂色薄层状粉砂质泥岩→杂色泥岩；B 为灰黄、灰绿、灰紫色钙质粉砂岩→灰紫色薄层状含膏泥岩→灰色薄层状泥晶灰岩；C 为灰黄色中层状细粒岩屑砂岩→灰黄色泥质粉砂岩→灰黄、灰绿、灰紫色薄层状泥岩。

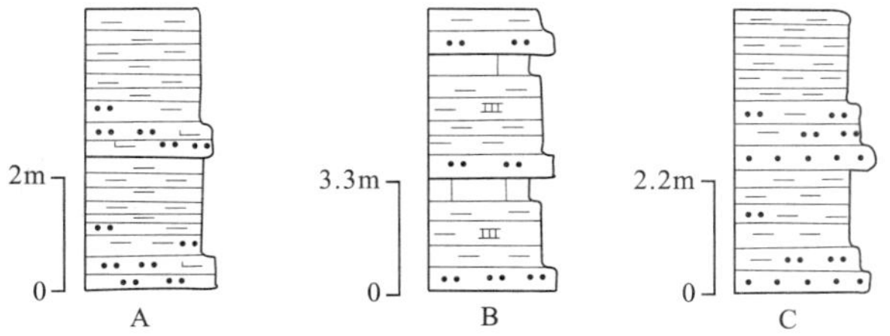

图 2-1-19 雀莫错组杂色含膏泥岩段基本层序示意图

2）沉积环境分析

雀莫错组沉积环境自下而上可识别出河流-三角洲沉积体系、碳酸盐岩台地沉积体系和海湾沉积体系。

（1）河流-三角洲沉积体系：主要见于雀莫错组紫红色砂砾岩段，识别出河流相和三角洲相。

河流相见于雀莫错组底部，由紫红色中-厚层状砾岩、含砾粗砂岩和泥岩组成，总体具向上变细的沉积序列。最下部为河道相紫红色厚层块状砾岩，向上变为堤岸和河道沉积交互出现；堤岸沉积以泥岩、粉砂质泥岩等细粒沉积物为主，河道相由砾岩、含砾粗砂岩、细砂岩等向上变细的韵律式沉积组成，砾岩中见有砾石呈叠瓦状排列（图 2-1-20），砂岩中发育各种斜层理（图 2-1-21），都指示古水流方向为 NNE。砾岩底面多见冲刷痕迹，有时可见砾岩直接截切下伏细砂岩（图 2-1-22）。

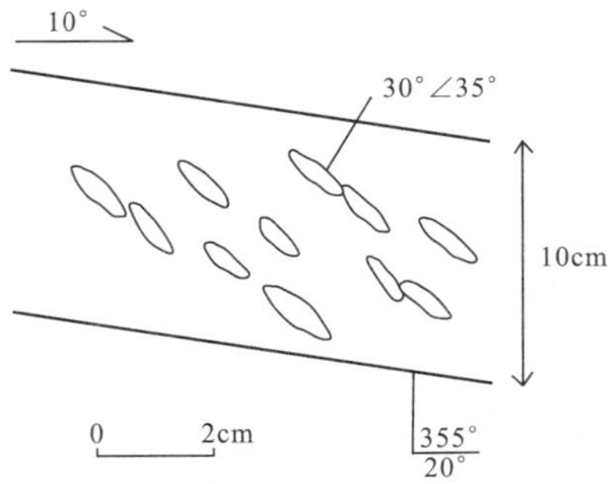

图 2-1-20 雀莫错组底部叠瓦状排列砾石素描图

三角洲相发育于雀莫错组紫红色砂砾岩段中、上部，由两个三角洲层序叠覆构成，可进一步识别出三角洲前缘砂体、支流间湾、分流水道、天然堤等亚相。其中三角洲前缘砂体在阿木岗日剖面雀莫错组下部沉积序列中最为发育，厚度巨大，由灰紫色厚层块状岩屑长石砂岩夹少量泥岩、透镜状细砾岩组成，砂岩中多见大型斜层理，指示古水流方向为 NNE。支流间湾沉积由紫红色中-厚层状泥岩、粉砂质泥岩与同色中层状细粒岩屑长石砂岩组成，砂岩中发育小型砂纹层理及楔形交错层理，指示古水流方向也为 NNE。分支河道砂体由黄紫灰色厚层块状含砾粗砂岩、粗砂岩夹细砾岩组成。砾石成分复杂，磨圆好，分选中等—差，局部具有定向排列。天然堤沉积由紫红色泥岩、粉砂质泥岩夹中层状细粒砂岩组成。泥岩中水平层理发育，偶见流水波痕及钙质结核。

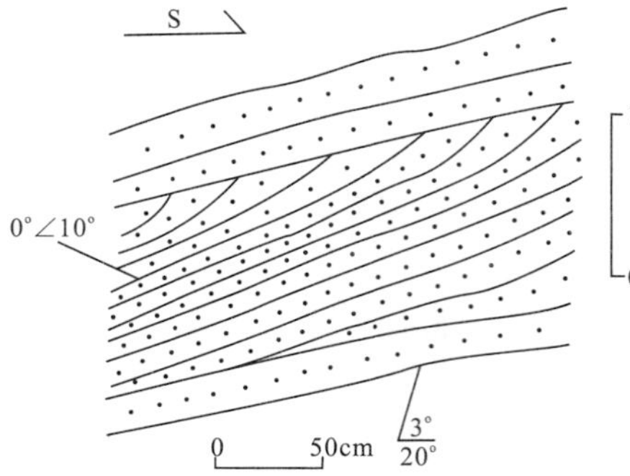

图 2-1-21　雀莫错组砂岩中发育的大型斜层理沉积构造
示意古水流方向为 0°左右

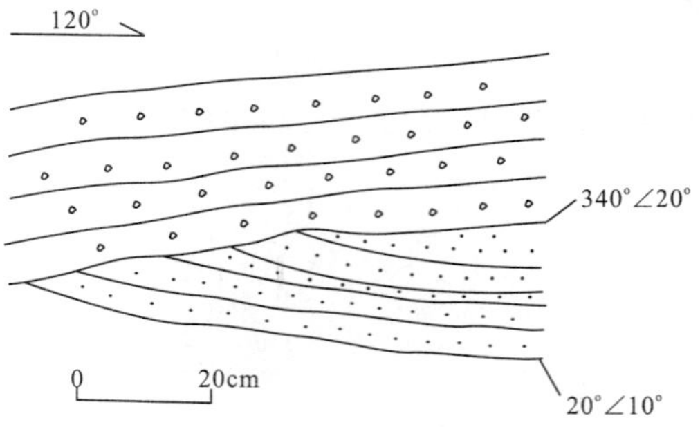

图 2-1-22　雀莫错组砾岩冲刷截切下伏砂岩素描图

（2）浅海陆棚碳酸盐岩台地沉积体系：可识别出局限台地相和浅滩相。局限台地相由黄灰、灰色中层状泥晶球粒灰岩、泥晶灰岩、核形石泥晶灰岩、介屑泥晶灰岩夹少量钙质泥岩组成，多见缝合线构造，软沥青充填，泥岩中水平纹层发育。浅滩相由灰色中层状鲕粒灰岩、介屑灰岩组成。缝合线构造较为发育，有软沥青泥充填其中，岩石中见有大量的网状方解石脉，岩石较为破碎。

（3）海湾沉积体系：主要分布于雀莫错组上部含膏细碎屑岩段，由紫红色泥岩、粉砂质泥岩夹泥质粉砂岩、细粒岩屑砂岩、石膏盐岩、薄层状泥晶灰岩等组成，石膏层厚数厘米至 20cm，塑性揉皱构造发育（图 2-1-23）。灰岩中压溶缝合线发育，粉砂岩中偶见腕足碎片。

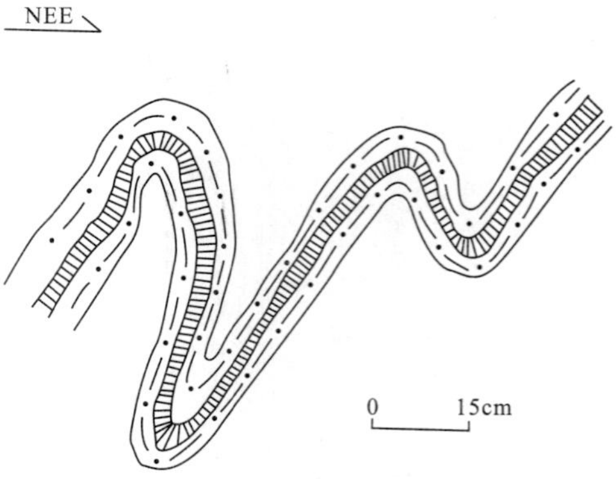

图 2-1-23　雀莫错组顶部石膏揉皱素描图

5. 时空变化及区域对比

区域对比发现，雀莫错组在羌塘盆地西部尽管岩性变化不大，岩石地层基本可以对比，但其沉积厚度差异明显（图 2-1-24）。在盆地西部向阳湖一带，雀莫错组出露不完整，只测到其上部细碎屑岩段及中部灰岩段顶部地层，由杂色泥岩夹数层石膏及少量细砂岩组成，沉积厚度不大。在那底岗日一带，雀莫错组厚约 498m，平行不整合于下侏罗统那底岗日组之上。下部以紫红和灰绿色粗碎屑岩为特征，中部以灰、深灰、黄灰及灰白色泥晶灰岩、含生屑泥晶灰岩、粉晶灰岩和白云岩为主，夹数层总厚约 10m 左右的石膏层。上部为紫红、灰绿色泥岩、粉砂质泥岩、细砂岩夹灰色泥灰岩、泥晶白云岩，顶部发育一层硬石膏。在阿木岗日一带，雀莫错组厚度达 1 686m，与下伏二叠系鲁谷岩组呈不整合接触。雀莫错组下部为一套河流-三角洲相的紫红色中-粗粒碎屑岩，沉积厚度巨大；中部以泥晶灰岩为主，夹亮晶鲕粒灰岩、泥灰岩等；上部为含膏泥岩、泥质粉砂岩夹细砂岩。其沉积厚度在东、西向上差异如此巨大，可能与盆地沉积基底的构造性质有关。

（二）中侏罗统布曲组（J_2b）

1. 命名及沿革

该组由白海生（1989）创名于雁石坪地区布曲一带。大致相当于 1∶100 万温泉幅雁石坪群的下灰岩组，代表一套中-厚层状碳酸盐岩建造沉积，厚 674m，产双壳类和腕足类化石，时代为中侏罗世巴通期。

《西藏自治区岩石地层》（1997）和成都环资所（1996）沿用布曲组一名，基本含义与原始定义相同。

本项目沿用其名及含义。

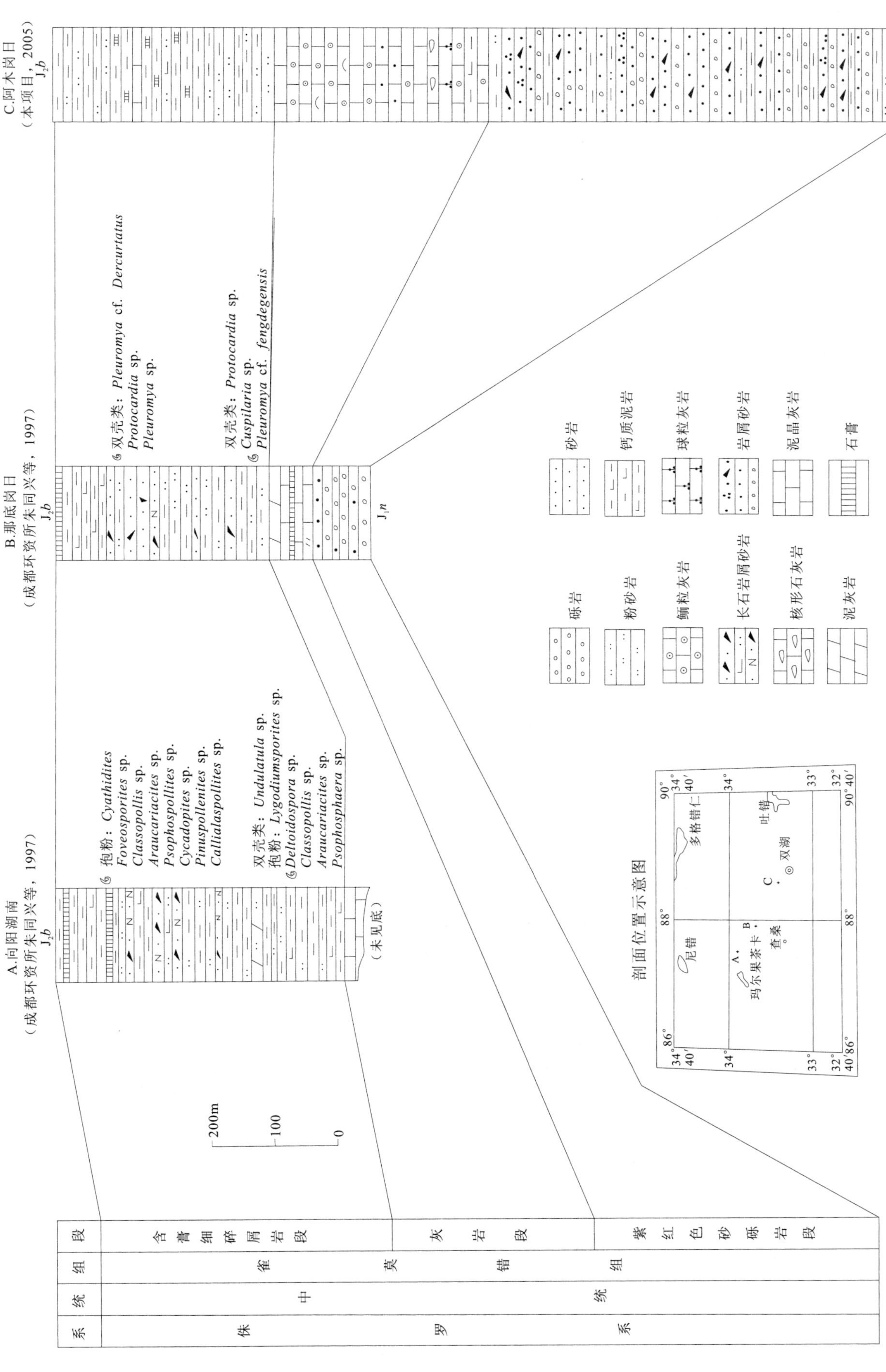

图2-1-24 羌塘盆地西区中侏罗统雀莫错组地层柱状对比图

2. 剖面列述

布曲组在测区内出露面积不大，零星出露在测区西南部阿木岗日和东北部兄弟泉等地，呈条带状展布，出露面积约为77km²，与下伏雀莫错组整合接触，与上覆夏里组也为整合接触。

西藏自治区双湖地区阿木岗日西中侏罗统布曲组实测地层剖面，代号为AMP，起点坐标：N33°20′59.7″,E88°42′03.4″；终点坐标：N33°24′45.5″，E88°42′54.8″。剖面底部与雀莫错组整合接触，顶部被第四系掩盖，共分19层（图2-1-25）。

3. 岩石组合特征

布曲组在羌塘盆地内表现稳定，为一套碳酸盐岩沉积建造，岩石组合为灰色、深灰色中-厚层状泥晶灰岩、介屑鲕粒灰岩、生物碎屑泥晶灰岩、泥灰岩、泥岩等。区域上，布曲组灰岩中产丰富的双壳类、腕足类化石。

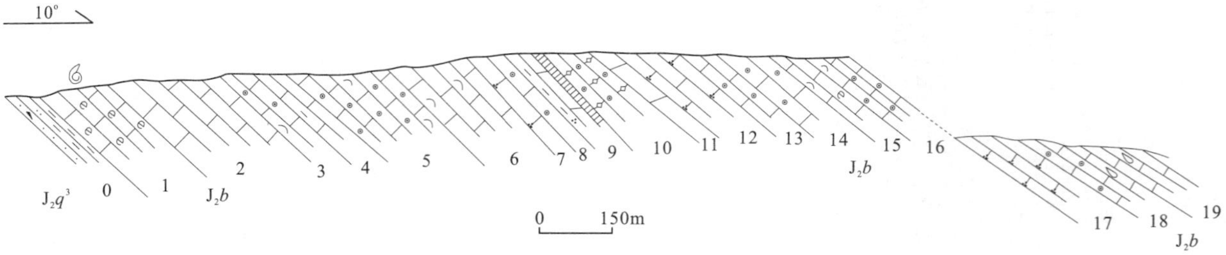

图2-1-25　西藏双湖地区阿木岗日中侏罗统布曲组实测地层剖面图

中侏罗统布曲组（J_2b）　（未见顶）　**>1 245.85m**

19. 灰色薄-中层状泥晶灰岩、核形石泥晶灰岩。颗粒含量约25%，核形石大小在1～3mm，见介壳类、腹足类生物碎片　49.44m

18. 灰色中层状泥晶鲕粒灰岩、鲕粒泥晶灰岩。岩石中颗粒含量在30%～60%不等由鲕粒（55%）、球粒（12%）、砂屑（8%）、红绿藻类、介形虫及有孔虫组成，泥晶方解石充填其间。粒间孔面孔率1.2%　78.12m

17. 灰色中层状方解石化残余泥晶球粒灰岩。岩石被大量的方解石脉强烈交代，在灰岩的残留体中，可见到球粒、鲕粒，内部结构已被结晶方解石破坏　70.82m

16. 灰色、浅灰色薄-中层状介屑细鲕粒灰岩。颗粒主要由鲕粒和介屑组成，颗粒含量约占70%～80%，鲕粒具同心纹结构，粒径在0.3～1.5mm，泥晶灰泥基质充填其中　54.14m

15. 灰色、浅灰色薄层状泥晶介屑灰岩、生屑灰岩。岩石中约含有3%～8%的核形石，大小约在2～15mm，分布不均匀。介屑生物碎片包括腕足类、双壳类生物碎片，平行层面排列，约占50%～60%　14.32m

14. 浅灰色中层状泥晶鲕粒灰岩。岩石中颗粒物主要由鲕粒（54%）、球粒（16%）、砂屑（7%）及少量有孔虫、介形虫、红绿藻组成，填隙物为泥晶方解石。粒间孔面孔率1%　40.93m

13. 灰色薄-中层状细鲕粒灰岩。鲕粒含量约为50%～70%，粒径一般小于1mm。偶见有介壳生物碎屑及核形石　28.11m

12. 灰白色中层状方解石化残余泥晶球粒灰岩　49.39m

11. 灰褐色泥灰岩夹灰黄色薄层状碳酸盐化褐锰矿。泥灰岩中次生溶蚀孔隙发育，为良好的油气储集层。褐锰矿呈胶体状出现，分布不均匀，方解石细晶颗粒集合体不均匀集中交代蚕食褐锰矿　19.44m

10. 灰黄色中层状亮晶鲕粒灰岩。颗粒由单鲕（62%）、复鲕（7%）、砂屑（5%）、球粒（8%）及少量介形虫和红绿藻类组成，鲕粒具次圆、圆状、椭圆状等外形，核心为砂屑及生物碎屑，一般具2～3个圈层，可达6个圈层；复鲕包含2～4个小鲕，砂屑和球粒不均匀分布在鲕粒间隙中，孔隙式胶结，填隙物为亮晶方解石　55.24m

9. 灰黄色薄层状泥灰岩与紫红色泥岩、钙质泥岩互层夹板状晶石膏层。本层色调较杂，自形板

状晶石膏层厚约 4m，为较好油气封盖层，对下伏储集岩实施封盖 58.83m

8. 灰色中层状含介屑泥晶鲕粒灰岩 19.13m

7. 灰黄色厚层块状含沥青泥晶碎裂球粒灰岩。颗粒由球粒及少量藻类、介形虫、棘皮类生物碎屑、鲕粒构成。岩石中裂隙发育，互相交织成网状，在较粗的裂隙中有微量沥青分布，为良好的油气储集层 10.19m

6. 灰色、深灰色薄层-中层状泥晶灰岩、含介壳泥晶灰岩 128.55m

5. 灰黄色中层状鲕粒灰岩。单层厚 30～65cm 不等，鲕粒为细鲕粒，含量约为 70%～85%，含有少量的介壳生物碎片，亮晶方解石胶结。岩石中方解石脉发育，呈网脉状分布，为良好的油气储集层 146.99m

4. 灰色泥晶灰岩、灰绿色泥质泥晶灰岩互层 53.90m

3. 灰色、黄灰色中-厚层状鲕粒灰岩、介屑鲕粒灰岩。单层厚 30～120cm。鲕粒含量 50%～70%，介屑主要由双壳类生物碎屑组成，大小不一，含量 10% 34.07m

2. 灰色-深灰色薄-中层状泥晶灰岩，岩石质纯性脆，具贝壳状断口，具一定的生烃潜力 211.04m

1. 灰色中层状生物碎屑灰岩。单层厚 25～60cm，颗粒主要由各种生物碎屑组成，含量约 40%～70%，泥晶基质充填其中。产双壳类：*Meleagrinella bolingensis* Wen（波林江绵斑蛤），*Entolium coneolum*（Young et Bird）（康涅光海扇），腹足类：*Nerinea tulongensis*（土隆海娥螺） 123.20m

————整合接触————

下伏地层：雀莫错组杂色含膏细碎屑岩段（J_2q^3）紫红色泥岩、粉砂质泥岩

4. 基本层序及沉积环境分析

1）基本层序

测区内布曲组共识别出 4 种类型基本层序（图 2-1-26）：A 为中层状介屑鲕粒灰岩→中层状亮晶鲕粒灰岩→中-厚层状鲕粒灰岩；B 为中层状泥质泥晶灰岩→泥晶灰岩；C 为紫红色薄层状泥岩、钙质泥岩→薄层状泥灰岩；D 为中层状泥晶球粒灰岩→含核形生物碎屑灰岩→泥晶灰岩。另外在测区内还见到有厚度较大、岩性单一的中-厚层状泥晶灰岩、鲕粒灰岩沉积。

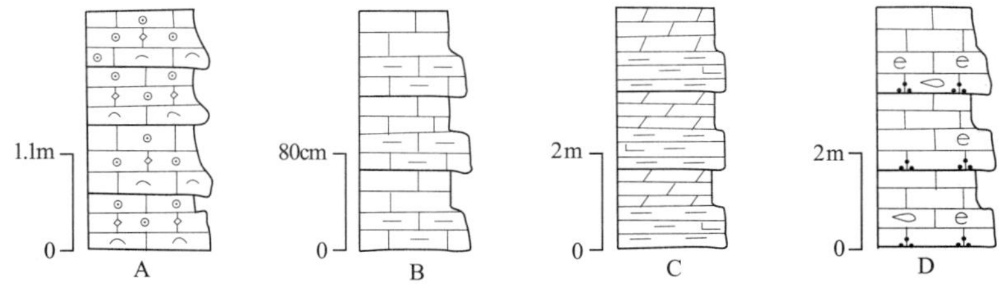

图 2-1-26 布曲组基本层序结构图

区内布曲组地层由上述 A、B、C、D 等基本层序组成，具非对称旋回性层序特征。地层垂向叠置具加积型地层结构。

2）沉积环境与沉积相分析

测区内布曲组沉积环境与沉积相总体为碳酸盐岩台地相，可进一步识别出台地浅滩亚相和局限台地亚相。台地浅滩亚相由灰黄色中层状鲕粒灰岩、介屑鲕粒灰岩组成，灰岩中普遍发育缝合线构造，沉积环境能量较高。局限台地相由灰黄色泥晶球粒灰岩、深灰色薄-中层状泥晶灰岩、生物碎屑泥晶灰岩、泥灰岩、紫红色泥岩、钙质泥岩夹巨板状晶石膏层组成。岩石中节理、裂隙十分发育，软沥青、方解石充填其中，含介壳生物、腹足、棘皮和藻类碎片。

此外，局部地区布曲组见生物点礁灰岩出露，以海绵礁灰岩为主，是良好的油气储集层。

5. 时空变化及区域对比

布曲组在整个北羌塘地区分布广泛，总体为一套碳酸盐岩沉积，岩石组合相对稳定，具有一定的区

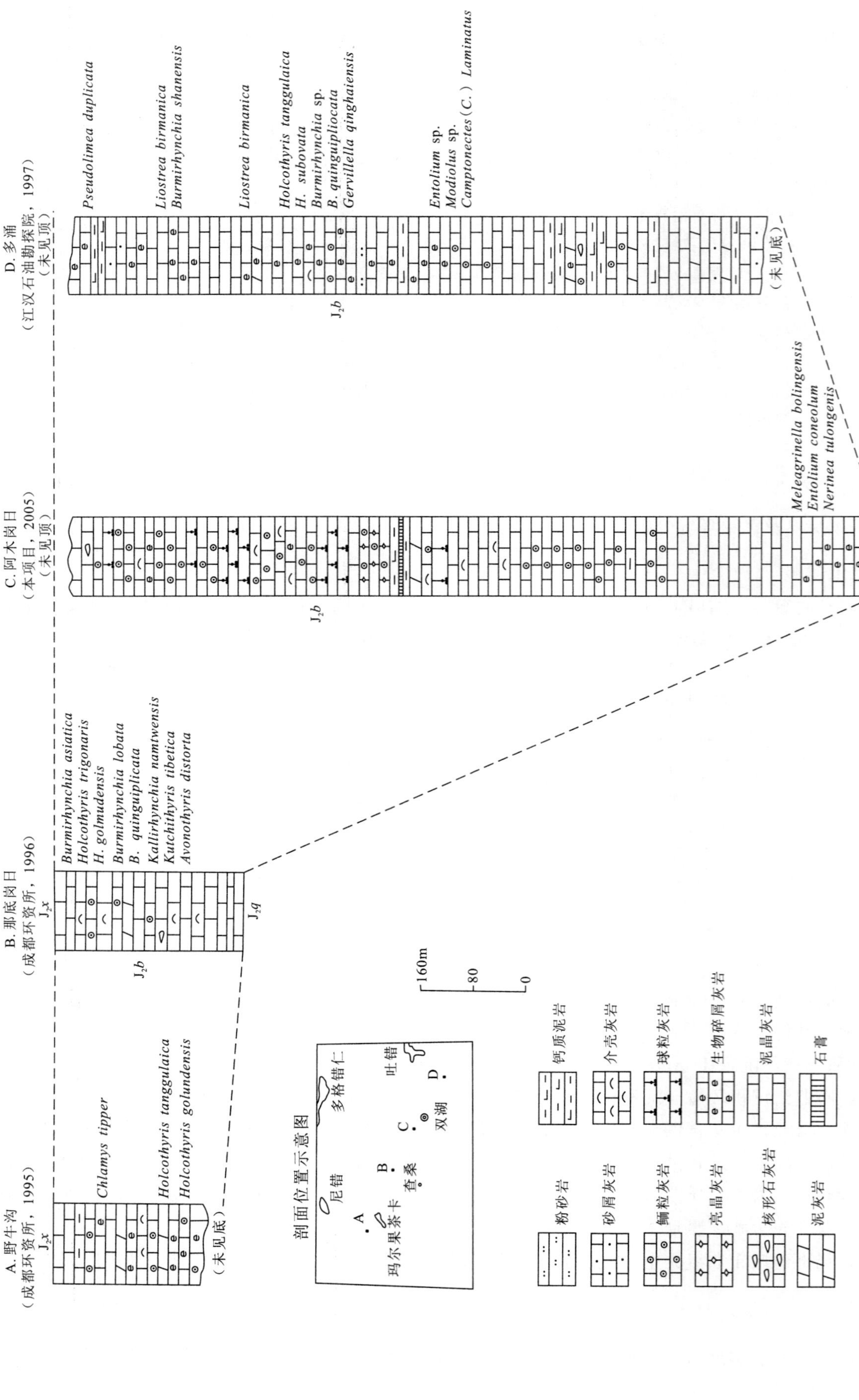

图2-1-27　羌塘盆地西区中侏罗统布曲组柱状对比图

域对比意义。但由于受盆地基底构造的影响，不同的地区沉积厚度变化较大（图 2-1-27）。在盆地西部野牛沟一带，布曲组出露厚度约 450m；在那底岗日一带，其沉积厚度仅 300m；但在本图幅阿木岗日、多涌一带，其沉积厚度达 1 200m，反映其沉积和沉降中心有自北西向南东迁移的趋势。布曲组在盆地内以大套中厚层灰岩为特征，区域标志性明显，填图可对比性强，是一套较好的生油岩层和碳酸盐岩储层。

（三）中侏罗统夏里组（J_2x）

1. 命名及沿革

夏里组最早由青海区调队（1987）创名于雁石坪剖面，指一套紫红色细碎屑岩地层。产双壳类：*Chlayms*（*Radulopecten*）*vegans*（Sowerby），*Protocardia stichlangi*（Morris et Lycett），*Plagiostoma* sp.，*Pterperna burensis*，*Anisocardia tenera* 等；腕足类：*Stenogmus pentagonalis*，*Ivanoviella* cf. *steinbessi*，*Burmirhynchia cuneata* Ching 等，地质时代为中侏罗世卡洛期。白海生（1989）以雁石坪剖面为代表，重新定义该组为一套海退序列沉积，岩性主要为灰、灰绿色及紫红色长石砂岩、粉砂岩、泥质岩夹泥灰岩、石膏岩；除上述化石分子外，还有双壳类：*Protocardia striatula*，*Modiolus bipartitus*，*Astarte multiformis* 等，厚 646m。成都环资所朱同兴等（1996）在实测那底岗日剖面时沿用夏里组一名，并将其划分为下石膏段、灰岩段和上石膏段，且根据磁性地层研究，将侏罗系中、上统的年代地层界线置于上石膏段内部。

本项目沿用夏里组一名，定义为整合于布曲组灰岩与索瓦组灰岩之间的一套含膏杂色细碎屑岩夹灰岩地层，时代为中侏罗世卡洛期。

2. 剖面列述

夏里组零星出露于测区西部牛肚湖北、西南部西雅、中部笙根墩缺东及东北部兄弟泉、劳日特错北、波涛湖南一带，多呈条带状出露，出露面积约为 330.1km²，地层层序多不完整，与下伏布曲组、上覆索瓦组整合接触，而在测区东北部兄弟泉一带与其下伏布曲组表现为断层接触。

青海省格尔木地区兄弟泉中侏罗统夏里组实测地层剖面，剖面代号 XDP，位于测区北东部兄弟泉西，夏里组地层出露较为完整，露头相对较好，各岩性段之间界线清楚（图 2-1-28）。剖面起点坐标：N33°55′41.7″，E89°48′01.7″；终点坐标：N33°54′55.8″，E89°45′58.1″。夏里组地层共分 40 层，总厚约为 1 845m。现将该剖面列述如下。

上覆地层：上侏罗统索瓦组（J_3s）灰白色生物碎屑灰岩

——————整合——————

中侏罗统夏里组（J_2x）	**1 845.01m**
中侏罗统夏里组上含膏细碎屑岩段（J_2x^3）	**916.85m**
40. 灰紫、灰绿、灰黑色页岩	24.38m
39. 黄绿色中-薄层状细粒岩屑石英砂岩与灰黄色页岩互层。砂岩单层厚度 6～14cm	42.49m
38. 黑灰色中-薄层状泥晶球粒灰岩夹灰色中层状泥晶灰岩，顶部有 80cm 厚的腕足类生物富集层。生物富集层单层厚约 7cm，生物大小 1.5～5cm，顺层排列	15.85m
37. 灰绿、灰紫、灰色页岩	14.54m
36. 灰绿色中层状细粒长石石英砂岩与杂色页岩互层。砂岩基质由钙质（3%）、硅质（7%）、杂基（3%）组成，发育小型交错层理，底面见有重荷模	24.17m
35. 杂色页岩夹薄层状细粒岩屑长石砂岩、灰绿色泥质粉砂岩。发育砂纹层理、波痕构造	86.41m
34. 灰绿色中-厚层状细粒岩屑石英砂岩夹灰紫色薄层状泥岩。砂岩中平行层理、砂纹层理发育	39.94m
33. 灰黄、灰紫、灰绿色页岩，岩石抗风化能力弱，多已风化为页片状	33.65m
32. 杂色泥岩夹灰绿色中-薄层状粉砂岩。含孢粉：*Tripartites*（具环三片孢），*Psophosphaera minor*（小皱球粉），*Classopollis annulatus*（环圈内环粉），*Classopollis torosus*（念珠内环粉），*Classopollis granulatus*（粒纹内环粉）	93.62m

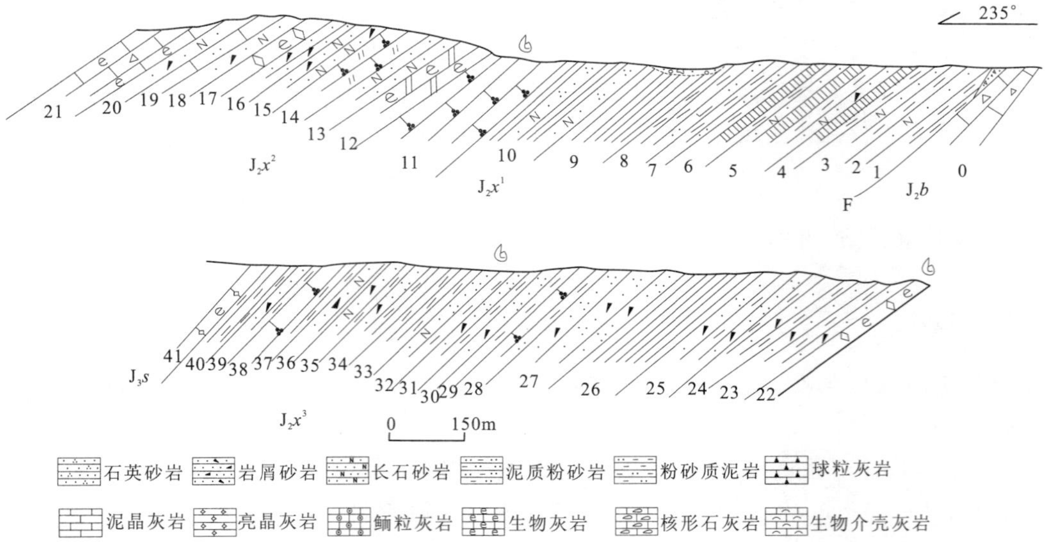

图 2-1-28　青海省格尔木地区兄弟泉中侏罗统夏里组实测剖面图

31. 灰色中层状岩屑石英砂岩与灰色页岩互层。向上砂岩厚度逐渐增大，顶部有近 1m 厚的泥灰岩、生物碎屑灰岩。砂岩中见有小型板状交错层理，底面见有重荷模构造，顶部灰岩中见有缝合线构造　25.32m
30. 浅灰色中层状中-细粒岩屑石英砂岩，平行层理、斜层理发育　10.49m
29. 灰紫色中层状细粒长石石英砂岩与灰黄色薄层状泥岩不等厚互层　22.33m
28. 灰色薄层状泥晶灰岩夹灰绿色薄层状泥质粉砂岩　87.70m
27. 灰绿色薄-中层状细粒岩屑石英砂岩。单层厚 8～15cm，岩石中碎屑物由石英（70%）、长石（5%）、岩屑（14%）及少量白云母、电气石构成，分选性、磨圆度为中等　100.82m
26. 灰色页岩　146.35m
25. 灰绿色中层状细粒岩屑石英砂岩夹灰紫色页岩　52.42m
24. 灰绿色、灰紫色中层状细粒岩屑石英砂岩与灰紫色页岩不等厚互层，砂岩单层厚 15cm 左右，碎屑物由石英（75%）、长石（4%）、岩屑（11%）及少量白云母组成　39.62m
23. 灰、灰黑色页岩夹灰绿色薄层状岩屑石英砂岩，夹薄层状粉砂岩。砂岩单层厚 5cm　56.73m

中侏罗统夏里组灰岩段（J_2x^2）　442.19m

22. 灰色薄层状亮晶鲕粒生物灰岩夹黄绿色薄层状细粒岩屑石英砂岩，底部夹有厚约 3m 的黑色页岩，顶部夹有 2m 厚的块状泥晶灰岩。生物灰岩中颗粒物由鲕粒（30%）、腕足类（45%）组成，胶结物为亮晶方解石（25%）。细砂岩中发育小型交错层理，产双壳类：*Pseudolimea duplocata*（Sow.）（双假脊小锉蛤），*Liostrea* cf. *blanfordi* Cox（布氏光蛎比较种），*Liostrea* sp.（光蛎未定种）　16.76m
21. 黑灰色中层状泥晶粒屑生物碎屑灰岩，底部夹有中层状生物碎屑、砂屑灰岩。颗粒物由鲕粒（16%）、球粒（26%）、石英（5%）、藻屑（38%）组成，孔隙式胶结，填隙物为泥晶方解石（15%）　78.57m
20. 灰绿色中层状细粒岩屑砂岩，碎屑物由石英（42%）、长石（9%）、岩屑（32%）及黑云母（2%）组成，孔隙式胶结，胶结物由硅质（8%）、杂基（5%）及方解石（2%）构成　77.64m
19. 黑灰色纹层状含石英粉砂泥晶球粒灰岩夹黑灰色中层状砂屑灰岩　13.34m
18. 灰绿色薄层状细粒岩屑长石砂岩夹灰黄色薄层状粉砂岩　17.59m
17. 灰黑色中-薄层状微晶灰岩与灰色中层状藻屑灰岩不等厚互层，颗粒物由藻屑（81%）及石英颗粒（3%）组成，藻屑两壁由泥晶方解石构成，体内已亮晶方解石化，孔隙式胶结　11.27m
16. 灰绿色薄-中层状细粒岩屑砂岩，单层厚 5～15cm。平行层理发育　13.94m
15. 灰色薄层状细粒长石岩屑砂岩，上部夹有灰绿色薄层状粉砂岩。砂岩单层厚 8cm 左右，碎屑物由石英（43%）、长石（11%）、岩屑（34%）及少量白云母、电气石组成，胶结物由硅质（6%）、杂基（3%）及褐铁矿（2%）构成　24.63m

14. 灰黑色厚层状弱白云石化泥晶球粒灰岩，较均匀地分散在球粒中，具弱白云石化的特点 15.76m

13. 黄绿色薄层状细粒岩屑长石砂岩。单层厚2～4cm，平行层理、小型交错层理，岩石中碎屑物由石英（36%）、长石（32%）、岩屑（16%）及少量白云母、电气石组成，胶结物由硅质（6%）、杂基（5%）组成 20.73m

12. 灰黄色中层状含生物泥晶球粒白云岩。单层厚15～20cm，岩石中颗粒物由球粒（75%）、生屑（10%）构成，球粒由泥晶白云石构成，具圆状、次圆状和椭圆状外形，填隙物为泥晶白云石 31.30m

11. 灰色中-厚层状泥晶球粒灰岩、含生屑泥晶球粒灰岩，填隙物为泥晶方解石，产双壳类化石：*Protocardia* cf. *stricklandi*（斯氏始心蛤比较种），*Chlamys*（*Radulopecten*）sp.（刮具海扇未定种），*Camptonectes*（*C.*）sp.（岔线海扇未定种），*Modiolus* sp.（偏顶蛤未定种），*Gryphaea emiensis* Reed（也米卷嘴蛎） 120.66m

中侏罗统夏里组下含膏细碎屑岩段（J_2x^1） >485.97m

10. 杂色页岩夹灰绿色中-薄层状细粒长石石英砂岩。砂岩单层厚度1.5～10cm，平行层理发育 197.47m

8～9. 杂色页岩夹灰绿色薄层状钙质粉砂岩。粉砂岩中斜层理发育 120.71m

7. 下部为黄褐色中-薄层状钙质粉砂岩，中、上部为薄层状泥质粉砂岩 15.08m

6. 杂色页岩，上部夹2.3m石膏层，石膏呈灰白色、乳白色片状、纤维状 20.27m

5. 杂色页岩夹灰黄色薄层状岩屑长石砂岩，中部夹厚约1.5m的肉红色石膏。砂岩单层厚6cm左右，平行层理发育，见有斜层理，石膏呈夹层状产出，晶体呈细粒状、纤维状 61.05m

4. 灰绿色页岩，上部夹有灰白色板状石膏层 11.15m

3. 灰黄色、灰绿色、紫红色页岩与灰黄色中-薄层状细粒岩屑长石砂岩不等厚互层 16.33m

2. 灰绿色薄层状细粒长石石英砂岩 3.61m

1. 灰黄色页岩夹灰黄色中层状钙质粉砂岩（未见底） 18.41m

══════断层接触══════

中侏罗统布曲组（J_2b）：黄褐色块状、角砾状灰岩

3. 岩石地层特征

夏里组在区内三分性明显，自下而上划分为下含膏细碎屑岩段（J_2x^1）、灰岩段（J_2x^2）、上含膏细碎屑岩段（J_2x^3）。

下含膏细碎屑岩段由杂色页岩、泥岩、灰黄色中层状钙质粉砂岩夹灰黄色薄层状细粒岩屑长石砂岩及石膏层组成；灰岩段由灰色中-薄层状泥晶球粒灰岩、灰黄色中层状含生物泥晶球粒白云岩、灰黑色中-薄层状泥晶灰岩、黑灰色中层状泥晶粒屑生物碎屑灰岩、亮晶鲕灰岩夹灰绿色中层状长石岩屑砂岩、薄层状细粒岩屑长石砂岩组成；上含膏细碎屑岩段由杂色页岩、粉砂质页岩、粉砂岩、中层状细粒长石岩屑砂岩、岩屑长石砂岩夹少量灰黑色中-薄层状泥晶球粒灰岩、生物介壳灰岩组成。

4. 基本层序和沉积环境分析

1）基本层序

夏里组基本层序有6种型式（图2-1-29）：A为中层状细粒长石石英砂岩→薄层状泥岩；B为灰黄色薄层状粉砂岩→薄层状泥岩；C为薄层状泥质粉砂岩→薄层状泥晶球粒灰岩；D为中层状砂屑灰岩→中层状泥晶球粒灰岩；E为薄层状岩屑长石砂岩→薄层状粉砂岩；F为薄层状泥页岩→中层状长石石英砂岩。

夏里组下含膏细碎屑岩段地层层序主要由A、B型基本层序组成，具有向上变细、变薄的韵律式旋回性层序特征，地层垂向叠覆具加积-退积型地层结构。夏里组灰岩段地层层序由C、D型基本层序组成，具有非对称旋回性层序特征。夏里组上含膏细碎屑岩段地层层序由E、F型基本层序组成，具有明显的韵律式层序特征，地层垂向序列具加积-进积型层序特征。

测区南部夏里组地层层序主要由A、B型基本层序组成，具有明显的韵律式层序特征。

2）沉积环境分析

夏里组与下伏布曲组为连续沉积，是布曲组之后的一次明显的海退沉积序列。测区内夏里组岩性以

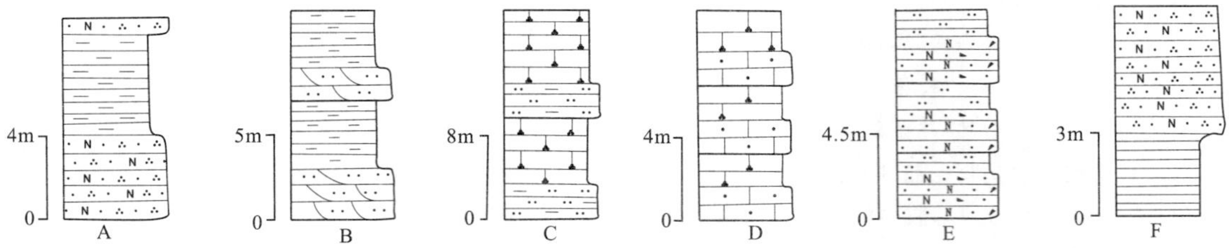

图 2-1-29　夏里组基本层序结构图

含膏细碎屑岩占优势，发育泻湖相、三角洲相、局限台地相（含台地浅滩沉积）等。

泻湖相见于夏里组底部层位，由灰黄色、灰绿色、紫红色页岩夹灰黄色中层状钙质粉砂岩及板状、粒状、纤维状石膏层组成，粉砂岩中见有小型砂纹层理，底部多见重荷模构造。

三角洲相在夏里组中较为发育，可进一步识别出前三角洲亚相、三角洲前缘砂坝、河口砂坝亚相等。前三角洲亚相由灰色、灰黄色页岩组成，见有钙结核，水平层理发育；砂坝由杂色页岩夹灰绿色、灰黄色薄层状岩屑长石砂岩、长石石英砂岩及粉砂岩组成，砂岩多见交错层理及小型波痕构造；河口砂坝由黄绿色薄层状岩屑长石砂岩、长石岩屑砂岩、岩屑石英砂岩夹少量泥岩、粉砂岩组成，砂岩中广泛发育平行层理、中小型交错层理、波痕等沉积构造。

局限台地相见于夏里组灰岩段，由灰黄色中层状含生物泥晶球粒灰岩、泥晶球粒白云岩夹黑灰色中层状砂屑灰岩及少量砂岩、泥岩组成。灰岩中缝合线构造发育。其中台地浅滩相由中层状生物碎屑灰岩、砂质灰岩组成。

5. 时空变化及区域对比

夏里组在北羌塘盆地西部表现为一套海退沉积序列。不同地区其岩石组合、沉积厚度有所不同（图 2-1-30）。在长蛇山一带其出露厚度约为 1 260m，下含膏细碎屑岩段底部出露不全，以泥岩为主；其灰岩段以鲕粒灰岩、核形石灰岩为主，夹少量泥晶灰岩、泥灰岩；上含膏细碎屑岩段由泥岩夹少量薄层状泥晶灰岩、石膏层组成。那底岗日地区夏里组出露厚度 1 160m，顶、底齐全。

下含膏细碎屑岩段出露厚度仅约 125m，由泥质粉砂岩、粉砂质泥岩、泥岩夹石膏组成；灰岩段厚约 355m，由浅滩相鲕粒灰岩、生物碎屑灰岩夹少量泥晶灰岩、泥灰岩构成；上含膏细碎屑岩段厚约 678m，由泥岩、泥质粉砂岩、粉砂质泥岩、细砂岩夹泥灰岩、白云质灰岩及石膏层构成。在图幅东北部兄弟泉一带，夏里组厚度大于 1 845m，其下含膏细碎屑岩段厚度大于 485m，主要由三角洲相长石石英细砂岩、粉砂岩、钙质粉砂岩夹数层石膏组成；灰岩段厚约 442m，由局限台地相泥晶球粒灰岩、生物屑灰岩夹粉砂岩、细砂岩构成；上含膏细碎屑岩段厚度可达 916m，由三角洲相细砂岩、粉砂岩、泥岩夹少量泥晶灰岩构成。夏里组岩性及沉积厚度对比表明，北羌塘盆地沉积和沉降中心具有由西南向北东迁移的趋势。

（四）上侏罗统索瓦组（J_3s）

1. 命名及沿革

索瓦组最早由青海区调队（1987）创建于雁石坪地区雀莫错剖面，相当于 1∶100 万温泉幅（1970）定义的雁石坪群上灰岩段，岩性以灰岩与粉砂岩和泥岩互层产出为特征，产腕足类：*Steptaliphoria septentrionalis*，*Pentithyris* cf. *Pelagica*，*Thurmanella acuticosta*；双壳类：*Radulopecten fibrosus*，*Gervillella aviculoides*，*Pteroperna* cf. *polyodom*，*Astarte mummus* 等，时代定为晚侏罗世牛津期。杨遵义等（1988）、白海生（1989）、西藏地矿局（1997）均沿用索瓦组一名及其地质含义。

成都环资所（1996）在进行羌塘盆地西部石油地质调查期间，发现上侏罗统索瓦组可划分为上、下段。索瓦组下段为薄-中层状灰岩，索瓦组上段为灰岩与泥岩互层地质体。

本项目沿用索瓦组一名，其含义为成都环资所（1996）划分的索瓦组下段地层，为一套碳酸盐岩组

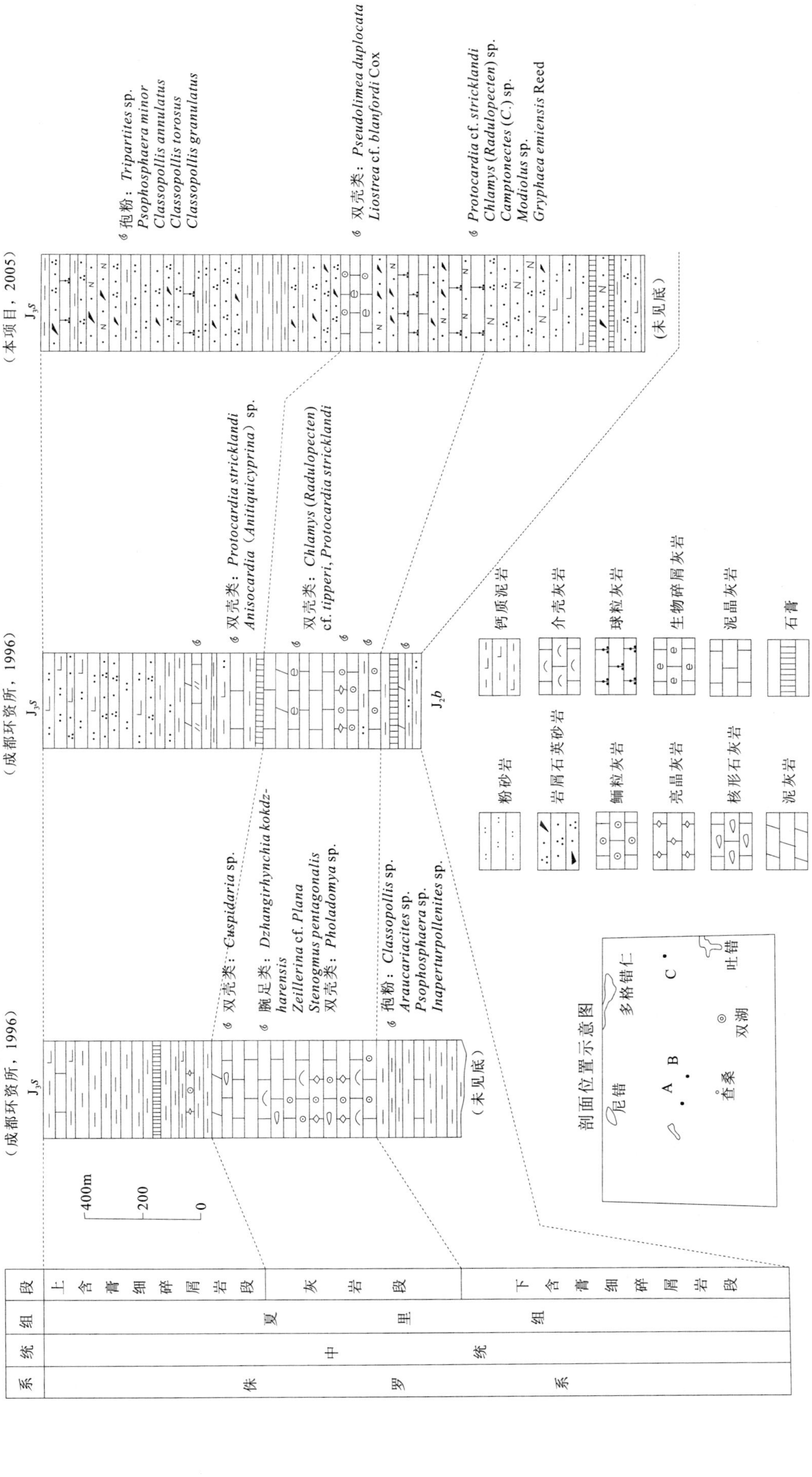

图2-1-30 羌塘盆地西区中侏罗统夏里组地层柱状对比图

合，产双壳类、腕足类、珊瑚和海绵等化石，地质时代厘定为晚侏罗世牛津期至基末里期。

2. 分布及岩性组合

1）剖面列述

（1）青海省格尔木地区兄弟泉上侏罗统索瓦组实测地层剖面（XDP）：剖面位于测区东北部兄弟泉西，索瓦组露头相对较好，层序清楚（图 2-1-31），起点坐标 N33°55′41.7″，E89°48′01.7″；终点坐标 N33°54′55.8″，E89°45′58.1″。共分 10 层，其厚度大于 614.40m。

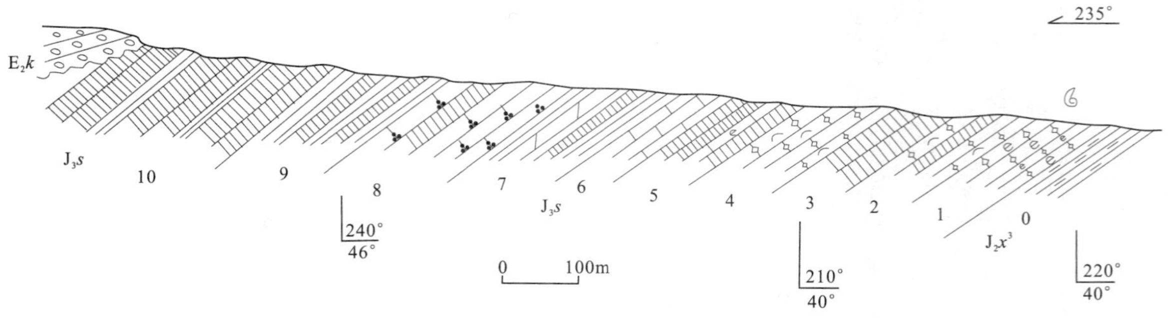

图 2-1-31　青海省格尔木地区兄弟泉上侏罗统索瓦组实测地层剖面图

上覆地层：始新统康托组（E_2k）灰色薄层状砾岩

～～～～～角度不整合～～～～～

上侏罗统索瓦组（J_3s）	**>614.40m**
10. 灰白色中-厚层状石膏层夹灰黑色薄层状泥岩，石膏单层厚（1m 左右）	89.43m
9. 灰色薄层状泥岩夹灰白色中层状石膏层	109.74m
8. 灰色中层状泥晶球粒灰岩，中部夹有厚约 3m 左右的石膏层	107.34m
7. 灰黄色薄层状泥岩夹灰色中-薄层状含生物泥灰岩、石膏层	67.95m
6. 黑灰色中-薄层状泥晶灰岩，单层厚 5～15cm，岩石中见有缝合线构造	18.26m
5. 灰白色厚层块状石膏层夹灰色薄层状生物碎屑泥晶灰岩。石膏单层厚度达 1～2.5m，以粒状晶为主，含有纹层状泥质矿物。灰岩单层厚度 6cm 左右，生物碎屑以双壳类为主，约占 25%，填隙物由泥晶方解石组成	20.27m
4. 灰黄色薄层状生物介壳灰岩	61.92m
3. 灰白色厚层块状石膏，石膏主要呈粒状晶，亦见有放射状、片状、纤维状	36.10m
2. 灰黄色中层状生物介壳灰岩夹白色-灰白色中-薄层状石膏	36.08m
1. 灰色中层状亮晶鲕粒生物碎屑灰岩夹灰黄色薄层状含生物碎屑泥灰岩，产双壳类：*Parvamussium* sp.（小盾海扇）、*Ostrea* sp.（牡蛎）、*Inoceramus* (S. l.) cf. *utanoensis* Kobayashi（油塔洛叠瓦蛤）、*Parainoceramus* cf. *lunaris Hayami*（月形拟叠瓦蛤）、*Retroceramus* sp.（隐瓦蛤）、*Liostrea* cf. *birmanica* (Reed)（缅甸光蛎比较种）	67.33m

————整合————

下伏地层：中侏罗统夏里组（J_2x）灰紫、灰绿、灰黑色页岩

（2）西藏自治区双湖地区阿木查跃上侏罗统索瓦组实测地层剖面：该剖面由成都理工学院（1997）测制，本次调查对其进行了修测。剖面位于阿木查跃南，露头较好，索瓦组顶、底完整，共分 38 层，厚度约为 815.08m（图 2-1-32）。

2）分布及岩性组合

索瓦组在测区内出露十分广泛，主要出露于东湖、达尔沃错温、西雅、才多茶卡、普若岗日周围以及美日切岗根、兄弟泉—劳日特错等地，出露面积约为 1 506km²。区内索瓦组与下伏夏里组、上覆白龙冰河组均为整合接触。

索瓦组岩性以碳酸盐岩为主，岩性组合为灰色中层状亮晶鲕粒生物碎屑灰岩、灰黄色薄层状含生物碎屑泥灰岩、生物介壳灰岩、白云质灰岩、亮晶介壳灰岩、泥晶球粒灰岩、中-薄层状泥灰岩及厚层状

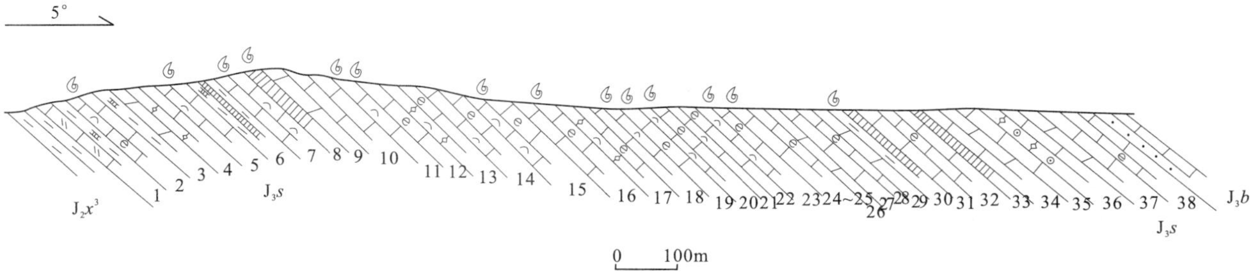

图 2-1-32　西藏自治区双湖地区阿木查跃上侏罗统索瓦组实测地层剖面图

石膏层。

上覆地层：上侏罗统白龙冰河组（J_3b）薄层状细粒砂岩、灰岩

————整合————

上侏罗统索瓦组（J_3s）　　815.08m

38. 深灰色薄-中层状泥晶灰岩夹灰色中层状生物碎屑灰岩和亮晶鲕粒灰岩　　15.54m
37. 浅灰色薄层状泥灰岩夹深灰色中层状泥晶灰岩　　25.83m
36. 深灰色中-厚层状泥晶灰岩与灰色中层状亮晶鲕粒灰岩互层，鲕粒灰岩中具缝合线构造　　20.87m
35. 深灰色中-厚层状泥晶灰岩，含生物碎屑　　14.11m
34. 灰色中-厚层状泥晶灰岩夹灰黄色中层状泥灰岩　　45.28m
33. 白色石膏层　　3.71m
32. 深灰色中-厚层状含生物碎屑灰岩和泥晶灰岩，含双壳类生物化石　　28.77m
31. 灰色中层状泥晶灰岩，发育少量晶洞　　24.35m
30. 灰色薄层状泥岩夹石膏层透镜体，产孢粉：*Cyathidites minor*，*Neoristrickia* sp.，*Asseretospora* sp.，*Contignisporites cooksonii*，*Cicatricosisporites* sp.，*Ephedripites* sp.，*Classopollis annulatus*，*C. parvus*，*Cerebropollenites cardylensis*，*Pseudopicea variabiliformis*，*Psophosphaera* spp.，*Perinopollenites elatoides*，*Alisporites australis*，*Pinuspollenites divulgatus* 等　　16.00m
29. 黄灰色薄-中层状泥灰岩，发育水平层理　　13.12m
28. 深灰色中-厚层状含生物碎屑泥晶灰岩与薄层状泥晶灰岩不等厚互层　　19.23m
27. 深灰色中层状泥晶灰岩，发育裂隙及少量晶洞　　38.96m
26. 黄绿色薄层状泥灰岩，发育水平层理，节理发育　　15.68m
25. 深灰色中层状含生物碎屑泥晶灰岩　　29.39m
24. 深灰色中层状泥晶灰岩和含生物碎屑泥晶灰岩，含双壳类：*Liostrea simplex*，*Meleagrinella* sp.，*Corbula kailtaensis*，*C.* cf. *tanganyicensis*，*C.* sp.，*Anisocardia*（*A.*）sp.，*Trigonia*（*T.*）aff. *Sublongissima*，*Camptonectes*（*C.*）sp. 等　　23.44m
23. 灰色中层状含生物碎屑泥晶灰岩和介壳灰岩构成韵律层，含腹足类：*Procerithium* sp.　　10.69m
22. 灰色中层状含生物碎屑泥晶灰岩　　12.10m
21. 灰色、灰绿色薄层状介壳灰岩，发育细小晶洞　　13.06m
20. 灰色中层状含生物碎屑泥晶灰岩夹介壳灰岩，含双壳类：*Ceratomyopsis striata*，*Entolium* sp. 等　　11.81m
19. 灰色中层状生物碎屑灰岩，发育裂隙及少量晶洞，含双壳类化石：*Ceratomya* sp.　　13.54m
18. 深灰色中层状泥晶灰岩夹介壳灰岩，含双壳类化石：*Astarte nermanni*　　22.38m
17. 灰色中层状含生物碎屑灰岩夹亮晶介壳灰岩　　20.17m
16. 深灰色中-厚层状泥晶灰岩夹生物碎屑灰岩，含双壳类 *Liostrea simplex*　　41.73m
15. 黄灰色中层状生物碎屑灰岩夹介壳灰岩。产双壳类化石：*Plagiostoma* sp.，? *Anisocardia*（*Antiquicyprina*）sp.，*Tancredia*（*T.*）sp.，*Astarte* sp.，*Ceratomya* cf. *concentrica*，*C.* sp. 等　　18.19m
14. 灰色中层状含生物碎屑灰岩夹介壳灰岩　　29.29m
13. 灰色中层状含生物碎屑泥晶灰岩夹泥晶介壳灰岩　　22.88m

12. 灰色中层状生物碎屑灰岩，裂隙发育，含双壳类：*Liostrea simplex*，*L.* cf. *simplex*，? *Plicatula* sp.，*Myopholus* sp.，*Anisocardia* (*A.*) sp. 等 13.02m
11. 灰色、黄灰色中层状介壳灰岩，含双壳类化石：*Corbula mandawaensis*，*Gervillella qinghaiensis*，*Plicatula* sp.，*Anisocardia* (*A.*) *triangularis* 等 5.14m
10. 深灰色中层状泥晶灰岩 21.67m
9. 黄灰色中层状泥灰岩，发育水平层理 7.7m
8. 灰白色石膏夹灰黑色泥岩，石膏局部具油浸现象，产孢粉：*Classopollis annulatus*，*Cycadopites reticulates*，*Todisporites minor*，*Cyathidites minor*，*Pseudopicea variabiliformis* 等 68.59m
7. 深灰色中-厚层状泥晶灰岩夹介壳灰岩，有少量干沥青脉，含孢粉 *Classopollis annulatus*，*C. minor*，*Pseudopicea variabiliformis*，*Abietineapollenites pectinellus* 等 26.32m
6. 灰色块状膏质泥岩夹石膏，石膏层为两薄层，泥岩中见斑块状和条带状石膏 30.58m
5. 灰色中-厚层状介壳灰岩和泥晶灰岩，含双壳类化石：? *Astarte* sp.，? *Pleuromya* sp. 等 18.94m
4. 灰色中-厚层状亮晶颗粒灰岩和泥晶灰岩不等厚互层 27.54m
3. 灰白色块状膏质泥岩夹黄灰色薄层泥灰岩，偶夹少量膏溶角砾岩 30.34m
2. 灰色中-厚层状生物碎屑灰岩夹泥晶灰岩，含双壳类：*Liostrea alimena*，*Protocardia* sp.，*Anisocard aversi*，*A. togtonheensis*，*Tancredia* (*T.*) cf. *axiniformis*，*Quenstedtia* sp.，*Fimbria* sp.，*Costigervillia minima*，*Myopholas multicostata exilis*，*Pleuromya* sp.，腹足类：*Trochotoma* sp. 18.24m
1. 灰绿色、暗红色、灰白色膏质泥岩夹黄灰色薄层状白云质灰岩，白云质灰岩中发育水平纹层 18.33m

——————整合接触——————

下伏地层：中侏罗统夏里组（J_2x）暗红色块状泥岩

3. 基本层序及沉积环境分析

1）基本层序

索瓦组中见有4种类型基本层序（图2-1-33）：A为灰色中层状介壳灰岩→灰色中层状泥晶灰岩；B为黑灰色中层状生物碎屑灰岩→灰色中层状泥晶灰岩；C为中-厚层状亮晶鲕粒灰岩→中层状泥晶灰岩；D为薄层状泥灰岩→中层状泥晶灰岩。

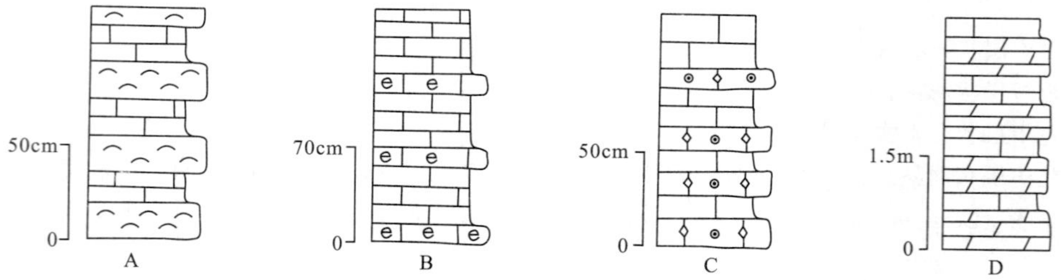

图2-1-33 索瓦组基本层序示意图

测区中、东部索瓦组地层层序由上述A、B、C型基本层序组成，在A型基本层序中夹有厚度巨大的石膏层，尤其是兄弟泉一带石膏层厚度可达40m±；具有非对称旋回性层序特征，地层垂向序列具加积型层序特征。而在测区东湖一带，索瓦组地层层序则由上述A、B、C、D型等基本层序组成，具有非对称旋回性层序特征，地层垂向序列具加积-进积型层序特征。

2）沉积环境分析

索瓦组中共识别出台地相、浅滩相、泻湖相、生物礁相。

（1）台地相：在索瓦组中较为多见，表现为灰色中层状含生屑泥晶灰岩夹中层状泥晶灰岩及黄灰色中层状泥灰岩。泥灰岩中局部发育水平纹层。

（2）浅滩相：由灰色中层状亮晶颗粒灰岩、亮晶介屑灰岩、中层状生物碎屑灰岩组成，含有丰富的双壳类化石。缝合线构造发育，充填有碳质粉末，为较好的油气储集层位，沉积环境能量高。

（3）泻湖相：由杂色含膏泥岩、块状石膏夹薄层状白云质灰岩、泥灰岩组成，在测区北东阿木查跃、兄弟泉等地索瓦组下部石膏层厚度大，是测区内较好的盖层。

（4）生物礁相：在测区东湖北剖面上见有海绵礁灰岩、珊瑚礁灰岩等，均为点礁，缝合线构造十分发育，见有干沥青充填其中，其礁体生长序列（图 2-1-34）为浅滩相鲕粒灰岩-点礁相海绵礁灰岩、珊瑚礁灰岩等，为良好的油气储集层。

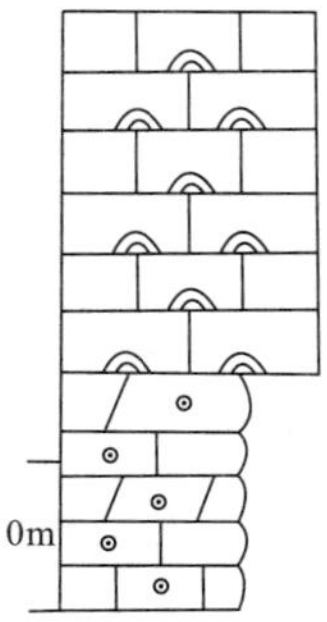

图 2-1-34 东湖地区索瓦组生物点礁生长序列特征

4. 时空变化及区域对比

索瓦组是羌塘盆地晚侏罗世规模较大的海侵序列沉积。岩石类型分布稳定，区域对比性强，其沉积厚度自南西向北东增大（图 2-1-35）。在那底岗日一带索瓦组沉积厚度仅 100m，岩性由生物碎屑灰岩夹介壳灰岩构成；在长虹河一带，其厚度增大到 467m，岩性由泥晶灰岩、生物碎屑灰岩、核形石灰岩夹少量泥灰岩构成，底部还可见少量细砂岩；而在本图幅东北部阿木查跃、兄弟泉一带，其沉积厚度均超过 600m，主要由泥晶生物碎屑灰岩、泥晶球粒灰岩、亮晶介壳灰岩、泥晶灰岩夹泥灰岩、鲕粒灰岩及数层厚层块状石膏构成。

（五）上侏罗统白龙冰河组（J_3b）

1. 命名及沿革

白龙冰河组为西藏区调队（1986）建立，强调仅出现在西北部白龙冰河一带，为一套浅海陆棚相灰岩、泥灰岩、泥岩及页岩等，含有丰富的菊石化石。菊石化石个体普遍较大，最大直径可达 35cm。下部见菊石化石 *Prgeronia* sp.，被认为是西欧、北非、马达加斯加及印度等地上侏罗统下部牛津阶—基末里阶的标准化石；剖面上见有 *Vigatosphinctes* sp.，*Aulacosphinctes* sp.，*V. muilifasciatus* 等菊石化石，它们广泛出现于世界各地提塘阶。

成都环资所朱同兴等（1996）将索瓦组上段定义为一套细碎屑岩与碳酸盐岩组合，岩性为灰色、深灰色钙质泥岩、粉砂岩、页岩、泥灰岩夹（或互层）泥晶灰岩、介壳灰岩等，富含菊石和双壳类化石，尤其以产 *Virgatosphinctes* sp.，*Aulacosphinctes* sp. 等提塘期菊石最为特征。

本项目通过近年来野外地质调查，认为白龙冰河组与原“索瓦组上段”实际上是同一套地层。本次填图恢复采用白龙冰河组一名，指介于上侏罗统索瓦组大套灰岩与雪山组之间的一套细碎屑岩夹碳酸盐岩，与上、下层位均为整合接触，含丰富的菊石和双壳类等化石，时代为晚侏罗世基末里期-提塘期。

2. 分布及岩性组合

1）剖面列述

（1）西藏自治区双湖地区东湖北上侏罗统白龙冰河组实测剖面（DP）：该剖面位于东湖北西山坡，由成都环资所朱同兴等（1997）测制，本次调查对其进行了修测。白龙冰河组地层出露良好，层序清楚（图 2-1-36）。剖面起点坐标 N33°55′42″，E88°33′09″；终点坐标 N33°54′59″，E88°32′50″。

上覆地层：始新统康托组（E_2k）紫红、灰紫色厚层状砾岩 **>12.95m**

～～～～～～角度不整合～～～～～～

上侏罗统白龙冰河组（J_3b） **>1 037.83m**

30. 灰绿、紫红色钙质泥岩夹灰色薄-中层状泥灰岩，含裸子植物花粉 *Classopollis* sp. 20.81m
29. 灰、浅灰色薄-中层状含生物碎屑颗粒泥晶灰岩，含腕足类 *Juralina* cf. *bauhini*（Etallon） 5.28m
28. 灰绿、紫红色泥岩夹灰色薄-中层状泥灰岩 28.94m
27. 灰色薄层状泥晶灰岩夹钙质泥岩，泥岩中见有钙质结核。含双壳类 *Ortreacea*（牡蛎超科碎片） 14.27m
26. 暗紫红色薄层状石英细砂岩夹灰色泥灰岩，砂岩中见小型砂纹层理，偶见黄铁矿颗粒 15.88m
25. 灰黄、暗紫色钙质粉砂岩与钙质泥岩不等厚互层，含裸子植物花粉 *Classopollis* sp.（内环粉） 29.20m
24. 灰绿色薄-中层状粉砂岩夹钙质泥岩、粉砂质泥岩，粉砂岩中见小型砂纹层理 26.46m

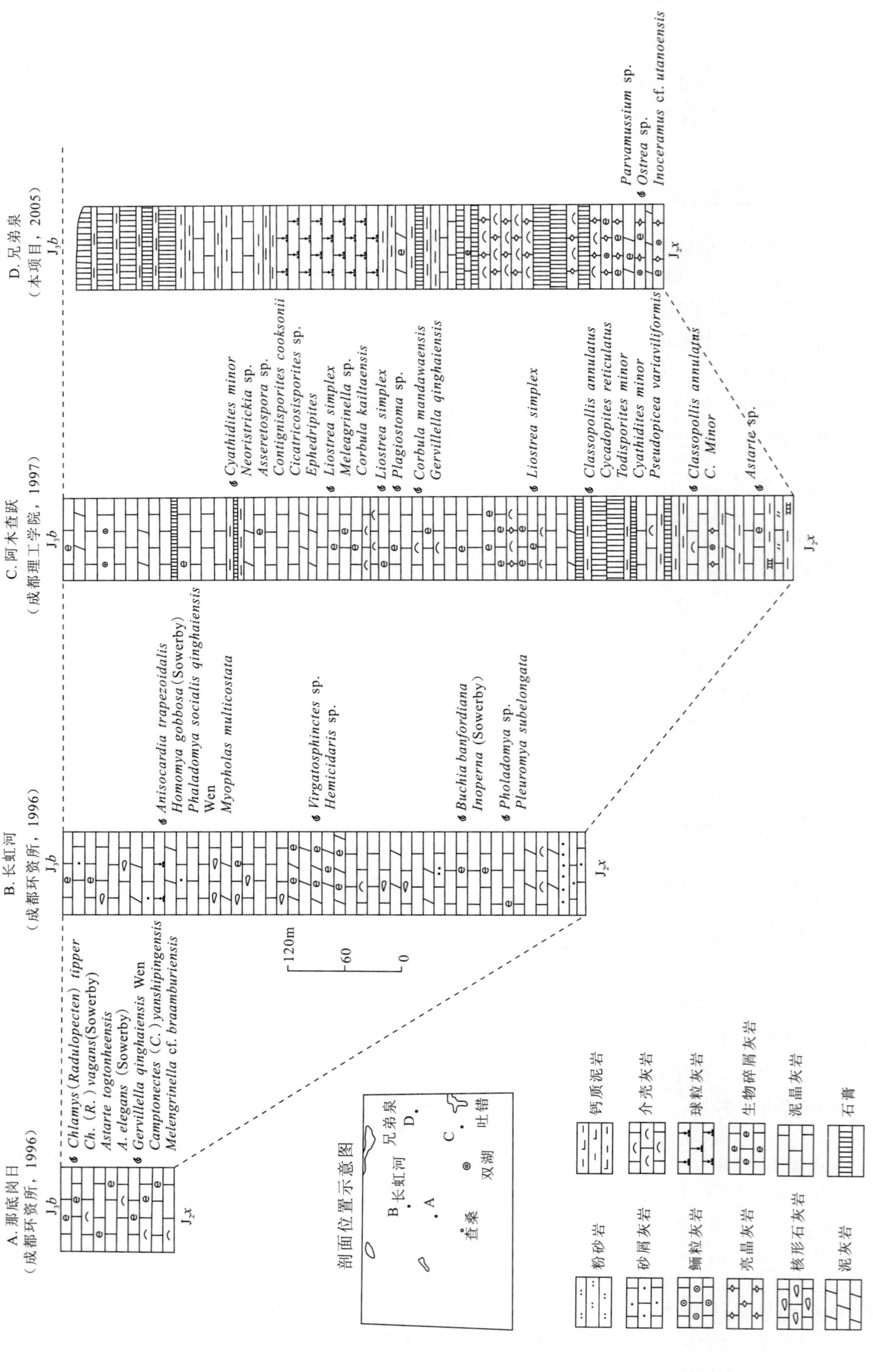

图2-1-35　羌塘盆地西区上侏罗统索瓦组地层柱状对比图

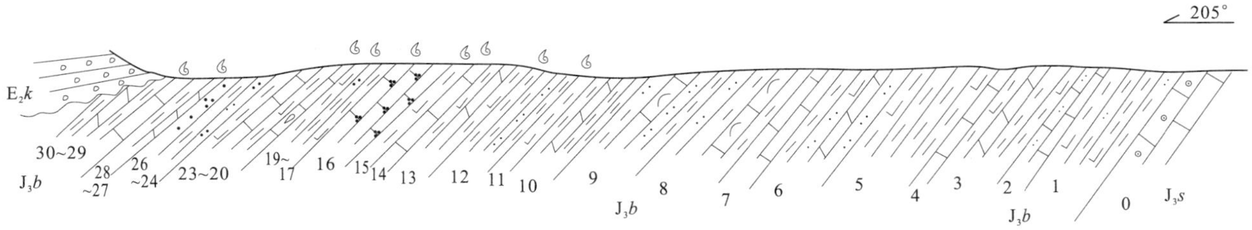

图 2-1-36　西藏自治区双湖地区东湖北上侏罗统白龙冰河组实测剖面图

23. 灰、灰绿色钙质泥岩、粉砂质泥岩夹少量薄层粉砂岩，粉砂岩中见小型砂纹层理　26.67m

22. 灰绿色钙质泥岩、粉砂质泥岩与灰、浅灰色含生物泥晶灰岩互层，灰岩中裂隙发育　22.68m

21. 灰绿、紫红色钙质泥岩、粉砂质泥岩。泥岩中见直径 2～5cm 的钙质结核　14.94m

20. 灰、浅灰色薄-中层状核形石泥晶灰岩与生物灰岩不等厚互层，夹透镜状珊瑚礁灰岩。含腕足类：*Juralina* cf. *bauhini*（Etallon）（鲍辛侏罗贝比较种）　16.01m

19. 灰绿色钙质、粉砂质泥岩与灰色薄-中层状泥晶灰岩互层，含裸子植物花粉：*Classopollis* sp.（内环粉），*Cycadopites* sp.（苏铁粉），*Psophosphaera*（皱球粉）　7.47m

18. 灰绿色钙质、粉砂质泥岩夹薄层状钙质粉砂岩，粉砂岩中见小型砂纹层理　13.69m

17. 灰绿、紫红色钙质、粉砂质泥岩夹浅灰色或浅灰绿色薄层状泥灰岩，两者构成韵律式沉积，含裸子植物花粉 *Classopollis* sp.（内环粉），*Araucariacites*（南美杉粉），*Psophosphaera* sp.（皱球粉）　19.41m

16. 灰色薄层状泥晶含虫屑球粒灰岩，含双壳类：*Caratomya concentrica*（Sowerby）（同心弓海螂）　29.62m

15. 灰绿色钙质、粉砂质泥岩夹钙质粉砂岩，粉砂岩中见小型砂纹层理，含蕨类植物孢粉 *Cibodiumspora* sp.（金毛狗孢），*Osmundacidites*（紫萁孢），*Cyathidites* sp.（桫椤孢），*Leiotriletes* sp.（光面三缝孢），*Bitretisporites* sp.（粗缝孢），裸子植物花粉 *Classopollis* sp.（内环粉），*Araucariacites* sp.（南美杉粉），*Cycadopites* sp.（苏铁粉），*Psophosphaera* sp.（皱球粉），*Monosulcites* sp.（单沟粉），*Pinuspollenites*（松粉）　22.22m

14. 灰至浅灰色薄-中层状含虫屑泥晶灰岩。虫屑成正粒序层理，裂隙发育　5.54m

13. 灰绿色钙质、粉砂质泥岩和灰色、浅灰绿色泥灰岩互层　36.94m

12. 灰绿色粉砂质泥岩夹薄板状钙质粉砂岩，前者见钙质结核，后者见小型砂纹层理，含蕨子类植物孢粉 *Cyathidites* sp.（桫椤孢），裸子植物花粉 *Classopollis* sp.（内环粉），*Araucariacites* sp.（南美杉粉），*Psophosphaera* sp.（皱球粉）　46.62m

11. 灰色、局部深灰色钙质泥岩。发育水平层理及水平纹层。含蕨类植物孢粉 *Lygodiumsporites* sp.（海金沙孢）；裸子植物花粉 *Classopollis* sp.（内环粉），*Araucariacites* sp.（南美杉粉），*Psophosphaera* sp.（皱球粉），*Monosulcites* sp.（单沟粉），*Inaperturopollenites*（无口器粉）　17.02m

10. 灰绿色泥岩夹泥灰岩　36.97m

9. 灰绿色泥岩、钙质、粉砂质泥岩夹褐灰色薄层状介屑灰岩。粉砂质泥岩中见小型砂纹层理　63.66m

8. 灰绿色泥岩、钙质粉砂岩夹中层状介屑灰岩。粉砂岩中砂纹层理发育，并见小型虫管遗迹　85.69m

7. 灰色中-厚层状泥晶灰岩。发育方解石脉，脉宽 1～20mm，垂直层面分布　35.12m

6. 灰绿色泥岩夹钙质粉砂岩和薄层状泥灰岩。粉砂岩中见小型砂纹层理　80.62m

5. 灰绿色钙质、粉砂质泥岩夹少量泥灰岩　115.20m

4. 灰色泥晶灰岩。其风化面呈褐红及淡紫色　21.35m

3. 灰绿色薄-中层状钙质、粉砂质泥岩夹薄-中层状泥灰岩。泥灰岩中局部含少量介壳碎片　81.76m

2. 灰绿色薄-极薄层状粉砂质灰岩夹泥晶灰岩和浅灰绿色钙质泥岩。泥岩中水平层理发育　30.35m

1. 灰绿色薄层状钙质、粉砂质泥岩　67.44m

————整合————

下伏地层：上侏罗统索瓦组（J_3s）灰色中层状假亮晶鲕粒灰岩

（2）西藏自治区双湖地区阿木查跃上侏罗统白龙冰河组实测剖面：剖面位于中部阿木查跃南。该剖面由成都理工学院（王成善等，1996）测制，本次调查时对其进行了详细的修测。剖面露头较好，白龙冰河组顶、底齐全，化石丰富，共分 25 层（图 2-1-37）。

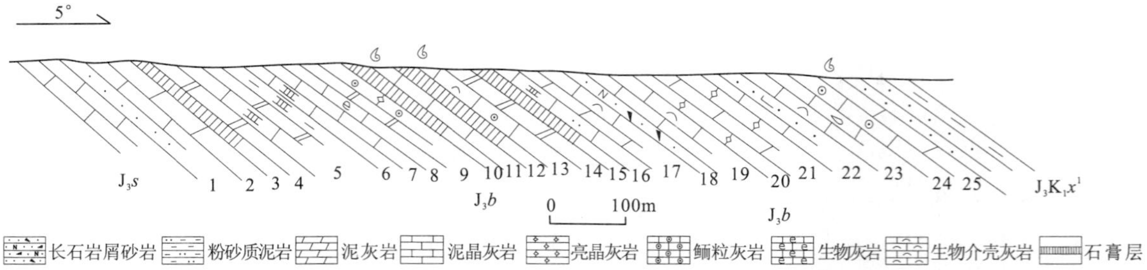

图 2-1-37 西藏自治区双湖地区阿木查跃上侏罗统白龙冰河组实测剖面图

上覆地层：雪山组杂色泥岩段（$J_3K_1x^1$）紫红色中-厚层状细粒砂岩、泥岩

————整合————

上侏罗统白龙冰河组（J_3b） **744.34m**

25. 灰绿、黄灰色薄层状泥灰岩夹介壳灰岩和粒泥灰岩，粒泥灰岩中颗粒主要为鲕粒、砂屑、有孔虫。产丰富双壳类：*Lopha* sp.，*L. gregarea*，*Liostrea* sp.，*L. acuminata*，*Ostrea* sp.，*Corbula kailtaensis*，*C.* cf. *fusiformis*，*C. kidugalloensis*，*C. didimtuensis*，*C.* sp.，*Protocardia stricklandi*，*Anisocardia*（*A.*）cf. *minima*，*Inoperna* sp.，*I. perplicatus*，*ctenostreon* sp.，*Pholadomya* sp.，*Mactromya qinghaiensis*，*Camptonectes*（*C.*）sp. *Grammatodon* cf. *kenyanus*，腕足类：*Cuersityris* cf. *provincialis*；腹足类：*Trochotoma* sp. 等 72.79m
24. 浅红色中层状鲕粒灰岩、浅灰色钙质细砂岩与灰绿色含生物碎屑粉晶灰岩互层 10.73m
23. 暗红色中-薄层状颗粒灰岩夹介屑灰岩、砾屑灰岩 83.19m
22. 灰、暗红色薄层状颗粒灰岩夹砾屑灰岩和钙质细砂岩 71.07m
21. 黄灰色薄层状泥灰岩夹深灰色亮晶颗粒灰岩、钙质粉砂岩，颗粒表面见油浸现象 26.07m
20. 灰绿、浅灰、浅红色亮晶颗粒灰岩、含介屑颗粒灰岩 36.40m
19. 浅灰色薄层状泥晶灰岩夹介屑灰岩 32.90m
18. 灰、灰绿色薄层状长石岩屑细砂岩 3.42m
17. 浅灰色薄层状泥灰岩、泥晶灰岩夹浅灰、灰色介屑灰岩，介屑灰岩中可见少量遮蔽孔和晶洞 49.03m
16. 灰、深灰色中-薄层状含膏质、粉砂质泥晶灰岩，膏模孔发育，局部孔隙率可达 20% 12.51m
15. 白色石膏层夹少量薄层状膏质灰岩，顶底部均为灰、黄灰色泥灰岩 2.16m
14. 黄灰、浅灰色薄-中层状粉晶白云岩、泥灰岩。泥灰岩中偶含双壳类化石，显示水平层理 5.93m
13. 灰色中层状介壳泥晶灰岩，含双壳类：*Lopha gregarea*，*Ostrea* sp.，*Liostrea* sp.，*Camptonectes*（*C.*）sp. 等 5.17m
12. 深灰色中层状石膏与膏质泥晶骨屑灰岩互层。石膏共 5 层，总厚度 3～4m，最厚者约为 1.5m，膏质灰岩中的膏模孔一般 0.1～0.3cm，部分被沥青充填 11.91m
11. 灰色中-薄层状生物碎屑灰岩夹或与介壳灰岩、颗粒灰岩互层，含双壳类化石：*Liostrea* sp.，*Ostrea* sp.，*Praeexogyra tumida*，*Corbula kailtaensis*，*C.* cf. *mandwaensis*，*C.* cf. *tanganyicensis*，？*C.* sp.，*Protocardia* sp.，*P. qinghaiensis*，*Astarte weissermeli*，？*Eomiodon* sp.，*Anisocardia* sp.，？*Nuculana*（*Dacryomya*）sp.，*Entolium mangqiongense* 48.53m
10. 灰白、白色石膏层夹少量膏质灰岩及膏质泥岩，膏质灰岩中见膏模孔 8.69m
9. 浅灰、黄灰色薄层状泥晶白云岩与灰、深灰色中-薄层状亮晶鲕粒灰岩互层 31.76m
8. 灰、深灰色薄层状含生物碎屑泥晶灰岩 33.93m
7. 深灰色薄层状泥晶灰岩和浅灰色中层状膏质泥晶灰岩，见膏模孔，局部见鸟眼构造 2.79m
6. 浅灰色中-薄层状膏质泥灰岩和深灰色膏质泥晶灰岩，顶部见膏溶角砾岩 10.83m
5. 灰、浅灰色中-薄层状膏质灰岩夹粉晶白云岩、膏质泥岩及石膏，前者见针孔 80.54m
4. 浅灰色薄-中层状泥晶白云岩，见针状膏模孔 17.46m
3. 灰白色石膏层夹含膏泥晶灰岩，含膏质泥晶灰岩中膏模孔小，孔隙率小于 10% 5.67m

2. 浅灰色中-薄层状泥灰岩，具直径在0.5～1mm的针状孔洞，孔隙率约5%～6%　　20.87m

1. 深灰色中-薄层状泥晶灰岩夹浅红色薄层状中粒砂岩，砂岩中见砂纹层理　　59.97m

————整合————

下伏地层：索瓦组（J_3s）深灰色薄-中层状泥晶灰岩

2）分布及岩性组合

白龙冰河组在测区内分布面积大，出露面积约为1 556km²，主要分布于测区西部牛肚湖—东部吐错西北、普若岗日周缘及测区北部兄弟泉一带。测区内白龙冰河组与上覆雪山组和下伏索瓦组均为整合接触。

白龙冰河组是继索瓦组大套碳酸盐岩沉积之后的一套细碎屑岩夹碳酸盐岩沉积，岩性组合为灰绿色、灰色（上部夹有紫红色）薄-中层状粉砂质泥岩、泥质粉砂岩、钙质粉砂岩夹泥灰岩、泥晶灰岩、含虫屑球粒灰岩、粉砂质灰岩、石英细砂岩及石膏等。

3. 基本层序及沉积环境分析

1）基本层序

测区白龙冰河组中见有5种类型基本层序（图2-1-38）：A为薄层状粉砂质灰岩→中层状泥晶灰岩，单个层序厚30～120cm，垂向层序显示明显向上变细特征，代表局限台地中周期性水流强弱变化的沉积序列；B为由中层状粉砂质泥岩→泥岩→钙质泥岩→泥灰岩，垂向序列具明显向上变细特征，具泻湖相旋回性层序特征；C为由中层状粉砂岩→中层状泥岩组成，垂向序列具加积型层序特征，具有三角洲相近砂坝沉积层序特征；D为由中层状泥灰岩→中-薄层状细粒石英砂岩组成，由其组成的准层序具明显的进积型层序特征，具砂坝沉积层序特征；E为由薄层状细粒石英砂岩→薄层状泥质粉砂岩组成，呈韵律层形式出现，砂：粉砂约为8：1～10：1，具明显的向上变细的韵律性旋回层序特征，具三角洲前缘沉积层序特征。

2）沉积环境分析

测区内白龙冰河组沉积序列中共识别出了三角洲沉积体系和海岸碳酸盐岩沉积体系。

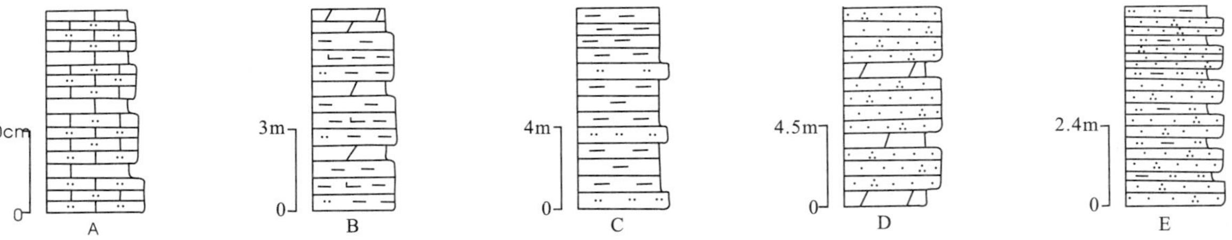

图2-1-38　白龙冰河组基本层序示意图

三角洲沉积体系又可进一步识别出前三角洲相、三角洲前缘亚相。前三角洲相由灰、灰绿色钙质泥岩、粉砂质泥岩夹少量泥质、钙质粉砂岩、泥灰岩组成。泥岩中水平层理发育，粉砂岩中见有小型砂纹层理。

三角洲前缘亚相可进一步识别出远砂坝微相和河口砂坝微相。远砂坝微相在测区内白龙冰河组出露层序中均可见及，由灰绿色泥岩夹粉砂质泥岩、泥质粉砂岩、钙质泥岩及少量泥灰岩组成。粉砂岩中见有小型砂纹层理及黄铁矿颗粒，表明沉积环境具有一定的还原性。河口砂坝微相在测区北东部十分发育，而在测区西部却很少见及，由薄层状细粒石英砂岩、岩屑石英砂岩夹少量薄层状粉砂岩组成，砂岩中平行层理、交错层理发育。

海岸碳酸盐岩沉积体系在测区可识别出浅滩相、泻湖相。浅滩相见于测区西北部白龙冰河组中、上部层位，均呈夹层状产于泥晶灰岩中，由灰、浅灰色中层状生物碎屑、假亮晶鲕粒灰岩、薄-中层状核形石泥晶灰岩、生物灰岩、薄-中层状含虫屑泥晶灰岩组成。泻湖相在测区内白龙冰河组出露层序中普遍发育，由灰色、深灰色、灰绿色泥岩、钙质泥岩、粉砂质泥岩、泥质粉砂岩夹少量薄层状泥灰岩、薄层状介屑灰岩及石膏等组成。粉砂岩中砂纹层理发育，泥灰岩中水平纹层发育，表现为泻湖低能环境沉积。

5. 时空变化及区域对比

白龙冰河组在盆地内不同地段厚度、岩性变化较大（图 2-1-39）。在西部那底岗日一带，沉积厚度小于 200m，主要由钙质粉砂岩、钙质泥岩夹生物介壳灰岩、泥灰岩及石膏组成。在测区北部东湖一带，其沉积厚度可达 1 037m，总体表现为一套细碎屑岩夹碳酸盐岩，由钙质、粉砂质泥岩、泥质粉砂岩夹泥灰岩、泥晶灰岩、生物碎屑灰岩、核形石灰岩构成。在本图幅中部长梁山一带，沉积厚度为 605m，由泥晶灰岩、鲕粒泥晶灰岩、生物碎屑灰岩、砂屑灰岩夹岩屑细砂岩、粉砂质泥岩构成。而在本图幅东南部阿木查跃一带，其厚度为 744m 左右，主要由泥晶灰岩、含膏泥晶灰岩、生物碎屑灰岩、介壳灰岩夹钙质细砂岩及石膏层组成。由以上几条剖面对比可看出，白龙冰河组在图幅西部那底岗日及东湖一带，以细碎屑岩为主，夹少量灰岩，而在图幅中部、东部，灰岩逐渐增多，而碎屑岩则相对减少，这与当时的古地理格局有密切关系。

（六）上侏罗统-下白垩统雪山组（J_3K_1x）

1. 创名及沿革

雪山组最早由原地质部石油地质综合大队青藏分队（1966）提出，1983 年由蒋忠惕正式公布，建组剖面位于青海雁石坪附近，原义是指整合于唐古拉群上部灰岩之上的中粗粒砂岩。因在其中采到了 *Parnippononaia* cf. *paucisulcata*，*Trigonoides* sp.，*Nippononiia* aff. *wakinoensis* 等亚洲地区常见于下白垩统的淡水双壳化石动物群，故将雪山组年代定为早白垩世（蒋忠惕，1983）。青海区调队（1987）将这套地层改称扎窝茸组，杨遵义等（1988）、白海生（1989）均沿用之。

中石油青藏油气勘探项目经理部（1996）最早将用于羌塘盆地东部的雪山组应用到盆地西部，并在多格错仁地区雪山组中采到有大量淡水介形虫、轮藻和孢粉化石，将其时代定为晚侏罗世—早白垩世。

本次调查沿用雪山组一名，指整合于白龙冰河组之上的一套紫红色碎屑岩地层，下部以杂色泥岩为主，夹粉砂岩、细砂岩；而中上部则为一套暗紫红色粗碎屑岩建造，时代为晚侏罗世提塘期晚期—早白垩世。

2. 分布及岩性组合

1）剖面列述

西藏双湖地区托纳木藏布上侏罗统-下白垩统雪山组实测地层剖面，剖面代号 TNP，位于测区东部托纳木藏布北，地层出露较为齐全，层序清楚，雪山组有底无顶（图 2-1-40）。起点坐标N33°41′28.2″，E89°22′48.4″；终点坐标 N33°38′46.4″，E 89°25′07.6″。

上侏罗统-下白垩统雪山组（J_3K_1x）	**2 558.72m**
（未见顶）	
雪山组紫红色砂岩段（$J_3K_1x^2$）	**>2 167.14m**
59. 浅灰色中层状细砾岩、含砾粗砂岩，具逆粒序特征	24.84m
58. 紫灰色中层状含砾粗砂岩、粗砂岩夹岩屑砂岩，含砾粗砂岩中见有交错层理	71.23m
57. 紫灰色中-薄层状含中粒砂质细粒岩屑石英砂岩夹紫红色泥岩，砂岩中见有交错层理	69.55m
56. 紫红色块状泥岩	42.30m
55. 紫红色薄层状细粒岩屑石英砂岩夹紫红色泥岩，砂岩中平行层理发育	71.77m
54. 紫红色块状泥岩夹灰紫色薄层状岩屑石英砂岩	52.72m
53. 灰紫色薄层状细粒岩屑石英砂岩，平行层理发育	33.63m
52. 紫红色块状泥岩	15.85m
51. 灰绿色块状细粒岩屑石英砂岩，平行层理发育	5.44m
50. 灰紫色块状泥岩夹中层状粗砂岩，砂岩中见有平行层理	208.56m
48～49. 灰紫色夹紫灰色粗砂岩、含砾粗砂岩，下部偶见交错层理	284.27m
47. 灰紫色中层状含砾粗砂岩、粗砂岩夹同色薄层状泥岩，砂岩中平行层理发育	163.90m

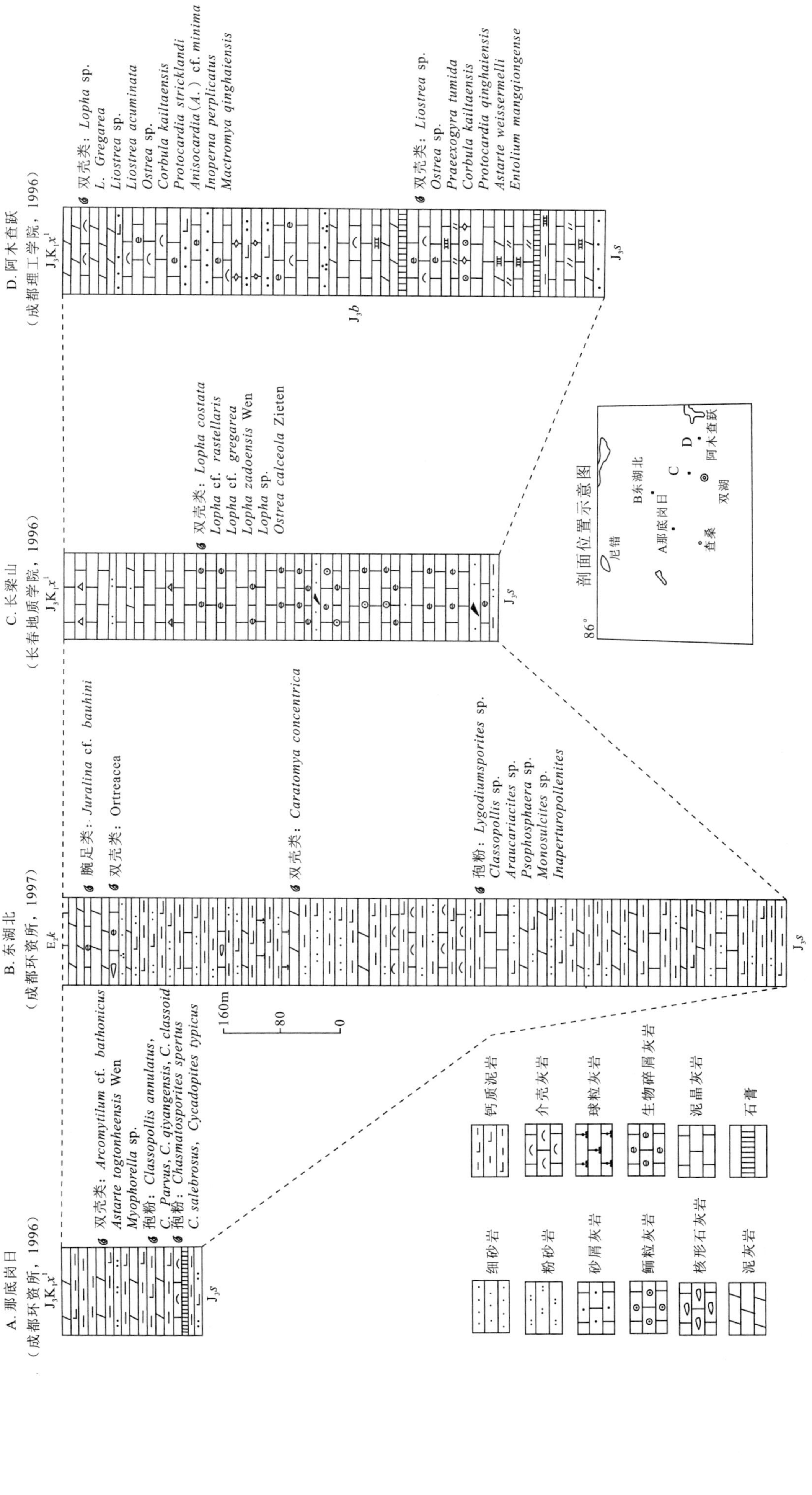

图2-1-39　羌塘盆地西区上侏罗统白龙冰河组地层柱状对比图

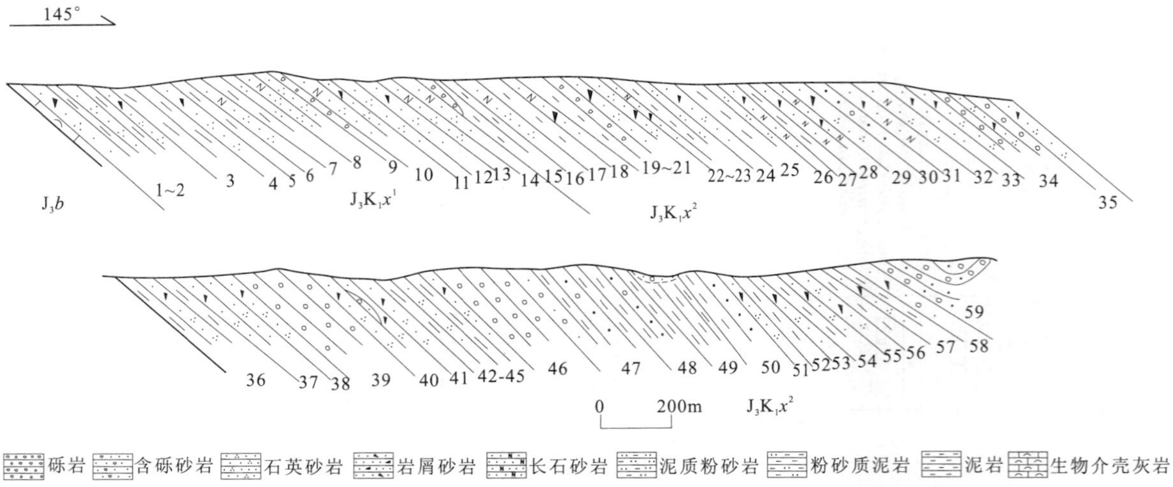

图 2-1-40　西藏双湖地区托纳木藏布上侏罗统-下白垩统雪山组实测地层剖面图

46. 灰-浅灰色厚层状砾岩夹灰紫色中层状粗砂岩透镜体，发育正粒序层理和交错层理	214.78m
45. 灰-浅灰绿色薄层状细粒岩屑石英砂岩，平行层理发育	17.52m
44. 紫红色块状泥岩，底部见似层状细砾岩层	35.17m
43. 灰绿色中层状细粒石英砂岩，平行层理发育	6.14m
42. 紫红色泥岩，页理发育	5.72m
41. 灰绿色中层状细粒岩屑石英砂岩	36.75m
40. 灰-浅灰色中层状细粒岩屑石英砂岩夹同色粗砂岩、细砾岩，砂岩中平行层理发育	74.27m
39. 灰-浅灰色细砾岩夹浅灰绿色中层状粗砂岩	130.24m
38. 紫灰色中-薄层状细粒岩屑石英砂岩，平行层理发育	11.33m
37. 灰绿色中-薄层状细粒长石石英砂岩、灰绿色中-薄层状岩屑石英砂岩夹似层状细砾岩	60.43m
36. 灰紫色块状泥岩夹同色中-薄层状细粒岩屑石英砂岩	114.35m
35. 浅灰色中层状细粒岩屑石英砂岩	18.35m
34. 灰绿色中粒岩屑石英杂砂岩、粗砂岩互层，夹细砾岩薄层	53.23m
33. 紫灰色厚层状中-粗粒岩屑砂岩	18.35m
32. 灰绿色薄层状中粒长石石英砂岩，中、上部夹粗砂岩	19.95m
31. 紫灰色薄层状细粒钙质长石岩屑砂岩夹泥岩	10.02m
30. 下部灰绿色薄层状细粒岩屑石英砂岩，上部为浅灰绿色中层状粗砂岩、含砾粗砂岩	15.19m
29. 灰-浅灰色薄层状细粒岩屑石英砂岩夹粗砂岩	18.34m
28. 灰绿色中-薄层状细粒长石岩屑砂岩	16.21m
27. 灰紫色泥岩，下部见厚约 0.3m 的透镜状细砾岩	5.62m
26. 紫灰色薄层状细粒长石岩屑砂岩，平行层理发育	10.04m
25. 紫红色块状泥岩夹同色薄层状粉砂岩	57.94m
24. 灰紫色薄层状细粒岩屑石英砂岩夹紫红色泥岩	11.77m
23. 紫红色块状泥岩夹同色薄层状粉砂岩，中部夹透镜状砾岩	40.90m
22. 灰-浅灰绿色薄层状细粒长石岩屑砂岩	3.26m
21. 下部灰紫色中层状岩屑石英砂岩，中、上部为灰紫色泥岩夹粉砂岩	58.16m
20. 中、下部灰紫色泥岩、粉砂质泥岩夹细粒岩屑砂岩，底部见厚约 1m 的细砾岩	14.27m
19. 灰紫色块状泥岩	17.56m
18. 紫灰色中层状细粒长石岩屑砂岩，平行层理发育	5.99m
17. 灰紫色块状泥岩、粉砂质泥岩	14.69m
16. 浅灰紫色薄层状细粒长石石英砂岩	15.89m
15. 浅灰紫色夹杂色泥岩，下部见细砾岩透镜体	19.05m
雪山组杂色泥岩段（$J_3K_1x^1$）	**391.58m**
14. 浅灰绿色薄层状细粒长石石英砂岩，平行层理发育	4.82m

13. 灰-紫灰色中-薄层状细粒长石石英砂岩	11.6m
12. 浅灰绿色-浅灰色中-薄层状细粒岩屑石英砂岩	8.72m
11. 深灰-灰绿色中层状石英砂岩，平行层理发育	15.42m
10. 浅灰绿色-浅灰色中-厚层状细粒长石石英砂岩，下部夹同色岩屑石英砂岩	77.94m
9. 深灰-灰色中层状细砾岩	4.00m
8. 浅灰绿色中-薄层状细粒长石石英砂岩	37.92m
7. 灰紫色块状泥岩夹灰绿色细粒长石石英砂岩、粉砂岩	66.49m
6. 灰绿-浅灰紫色薄层状细粒长石石英砂岩，见有交错层理	8.17m
5. 杂色泥岩	14.78m
4. 浅灰绿色中-薄层状细粒钙质岩屑石英砂岩，见有交错层理	14.43m
3. 灰绿色泥岩夹灰紫色泥岩	44.85m
2. 灰绿色薄层状岩屑石英砂岩夹同色粉砂岩、紫灰色泥岩	10.47m
1. 灰绿色中-薄层状细粒岩屑石英砂岩，中上部夹钙质粉砂岩	71.91m

————整合————

下伏地层：上侏罗统白龙冰河组（J_3b）灰-深灰色薄层状介壳灰岩

2）分布及岩性组合

雪山组在测区内主要分布于中部托纳木藏布、东部吐错西及北东部诺拉岗日周围，与下伏白龙冰河组整合接触，与上覆地层多为角度不整合接触，但在测区内未见顶，出露面积约为721km²。

该组岩性两分性十分明显，自下而上划分为杂色泥岩段和紫红色砂岩段。

（1）杂色泥岩段（$J_3K_1x^1$）：总体为一套细碎屑岩组合，岩性为灰绿、灰紫、灰黄色泥岩夹灰绿色钙质粉砂岩、粉砂岩及薄层状细粒长石砂岩，在测区东部一带细砂岩出露相对较厚，表现为细砂岩、粉砂岩互层夹泥岩。该段总体厚度不大，但与其上紫红色砂岩段无论是沉积物粒度还是颜色色调差异都非常明显。

（2）紫红色砂岩段（$J_3K_1x^2$）：由紫红色、紫灰色中-薄层状中-细粒岩屑石英砂岩、长石岩屑砂岩夹紫红色中层状粗砂岩、含砾粗砂岩、细砾岩组成，砂岩中平行层理发育，向上砾岩厚度明显增大，代表羌塘盆地晚侏罗世—早白垩世由海相向陆相环境转换时期的沉积。

3. 基本层序和沉积环境分析

1）基本层序

该组中共存在4种类型基本层序（图2-1-41）：A为中-薄层状岩屑石英砂岩→中层状钙质粉砂岩→中层状泥岩；B为薄层状粉砂岩→灰紫色中-厚层状泥岩；C为中-厚层状含砾中-粗粒砂岩→中层状细粒岩屑石英砂岩；D为中层状细砾岩→粗砂岩→中层状细粒岩屑石英砂岩。

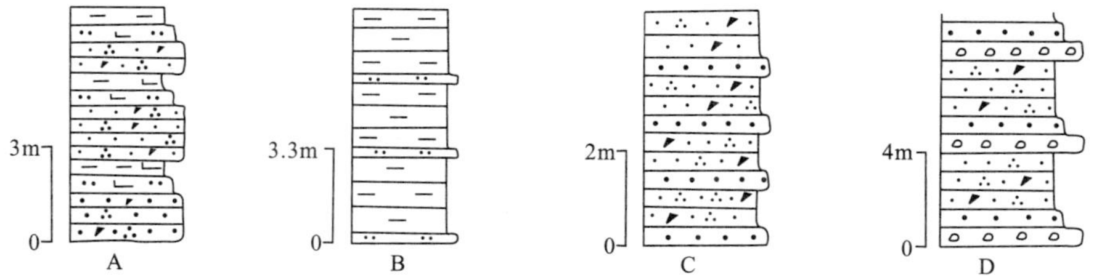

图2-1-41 雪山组基本层序示意图

雪山组杂色泥岩段主要由A、B型基本层序组成，具明显的旋回性层序特征，地层垂向叠覆具加积-进积型地层结构。雪山组紫红色砂岩段由C、D型基本层序组成，具非对称旋回性层序特征。地层垂向叠覆具加积-进积型层序特征。

2）沉积环境分析

测区内雪山组中发育泻湖沉积体系和三角洲沉积体系。三角洲沉积体系又可进一步识别出三角洲前缘亚相河口砂坝、远砂坝、分流间湾微相和三角洲平原亚相分流河道微相。泻湖相仅见于雪山组下部杂色泥岩段，由 A、B 型基本层序构成，岩性为灰绿色、灰色泥岩，水平层理发育。

三角洲前缘亚相由 A、C 型基本层序构成。河口砂坝微相由灰绿、灰紫色中-薄层状细粒岩屑石英砂岩、长石石英砂岩、岩屑砂岩夹少量粉砂岩、泥岩组成。砂岩中平行层理、交错层理发育，底部多见重荷模构造；远砂坝微相由灰紫色泥岩与细粒长石石英砂岩互层夹钙质细粒岩屑砂岩组成，交错层理多见。分流间湾微相由灰紫色泥岩夹同色薄层状粉砂岩、粉砂质泥岩、泥质粉砂岩组成，粉砂岩中平行层理发育，见有小型交错层理。三角洲平原亚相分支河道微相由 D 型基本层序构成，岩性为灰绿、灰紫色中薄层状长石石英砂岩夹少量同色似层状、透镜状细砾岩，砂岩中平行层理发育。

4. 时空变化及区域对比

对雪山组沉积厚度、岩石组合进行了对比研究（图 2-1-42）。在本图幅中部冰沙河一带，其沉积厚度约为 1 628m，其下部杂色泥岩段由钙质粉砂岩、岩屑细砂岩、岩屑长石细砂岩夹粉砂质泥岩构成，上部紫红色砂岩段由紫红色细砾岩、含砾粗砂岩、岩屑砂岩构成；而在本图幅北部托纳木藏布一带，其沉积厚度急剧增大，可达 2 660m，其杂色泥岩段由石英细砂岩、粉砂岩、粉砂质泥岩构成，紫红色砂岩段由厚层状灰紫色细砾岩、含砾粗砂岩夹细砂岩、泥岩构成；而在盆地北部星罗河一带，其沉积厚度达 2 600m，下部杂色泥岩段由细砂岩、泥质粉砂岩夹泥岩及石膏构成，上部紫红色砂岩段由灰紫色细砾岩、细砂岩、粉砂质泥岩构成。结合羌塘盆地西区有关雪山组的资料可以看出，雪山组在盆地南部沉积厚度均小于盆地中部，越靠近盆地北部，雪山组紫红色砂岩段厚度愈大，这表明侏罗纪晚期的沉降中心也是由西南逐渐向北东推移。

（七）古近系康托组（E_2k）

测区内康托组之岩石地层及古生物特征详见西雅尔岗地层分区的相关部分。

（八）古近系唢呐湖组（E_2s）

1. 命名及沿革

该组由西藏区调队（1986）创名，命名地点位于双湖地区唢呐湖东，原义指岩性为泥灰岩、泥岩、粉砂岩夹多层石膏，厚 530～4 300m。

1993 年《西藏自治区区域地质志》将分布于羌塘地区的这套湖相沉积物统称为唢呐湖组，时代为新近纪中新世—上新世。1997 年《西藏自治区岩石地层》沿用其名，含义与其相同。

本次调查时在大范围内多处发现唢呐湖组不整合于康托组地层之上，同时又被上覆渐新世火山岩呈明显的角度不整合接触，故其时代应在渐新世之前，故将其时代定为始新世。

本项目沿用唢呐湖组一名，代表一套河流相-湖泊相沉积。下部岩性为紫红色中-厚层状复成分砾岩、含砾砂岩、砂岩，上部为黄灰色、浅黄色含膏灰岩、紫红色泥岩夹石膏层。与下伏不同时代地层均为不整合接触。

2. 分布及岩性组合

1）剖面列述

西藏自治区双湖地区东湖南古近系始新统唢呐湖组修测剖面（DHP）位于东湖南约 4km 处，与下伏康托组角度不整合接触，上未见顶。起点坐标 N33°45′43″，E88°37′04″；终点坐标 N33°45′27″，E88°37′22″。实测剖面长度 686.60m，其中唢呐湖组厚 293.62m，共分 14 层（图 2-1-43）。

古近系始新统唢呐湖组（E_2s） （未见顶） **293.62m**

14. 灰色薄层状钙质泥岩夹灰白色薄层状含膏灰岩，灰岩中水平纹理发育，沿水平层纹见石膏分布。本层构成一向斜核部 31.21m

13. 灰色薄层状钙质泥岩与薄-中层状含膏泥灰岩不等厚互层，泥灰岩中石膏含量约为 6%～9%，顺水平纹理分布 31.87m

图2-1-42 羌塘盆地西区上侏罗统-下白垩统雪山组地层柱状对比图

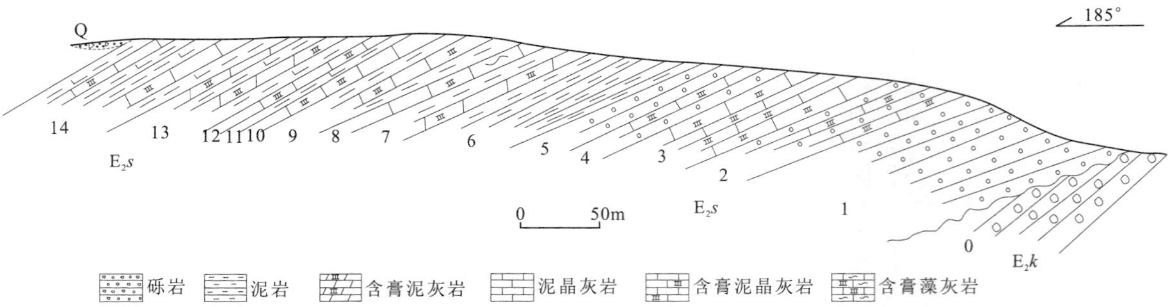

图 2-1-43　西藏自治区双湖地区东湖南古近系始新统唢呐湖组修测地层剖面图

12. 灰至灰白色中-薄层状含膏藻灰岩，藻灰岩中石膏含量约为 12%，多沿水平纹理分布　7.28m
11. 灰色薄层状钙质泥岩夹含膏泥灰岩。石膏在泥灰岩中含量约为 5%～8%，成粒状或不规则状分布，石膏溶蚀常留下空洞　3.86m
10. 灰白色中-薄层状含膏泥晶灰岩，沿水平纹理有石膏分布，含量约为 10%～15%，含草本植物花粉 Grmineae（禾本科）、Chenopodiaceae（藜科）　10.21m
9. 紫红色薄片状泥岩夹灰色薄层状含膏灰岩　18.96m
8. 灰白色薄-中层状含膏藻灰岩，石膏成粒状或不规则状散布于灰岩中，含量约为 10%，藻灰岩多呈纹层状或豆粒状分布于岩层中，石膏溶蚀后常形成孔洞，含木本植物花粉 *Betula* sp.（桦属），*Alnus* sp，（桤木属），*Auercus* sp.（栎属），*Carpinus* sp.（鹅耳枥属），Sapindaceae（无患子科），草本植物花粉 Gramineae（禾本科），*Artemisia* sp.（蒿属），Chenopodiaeeae（藜科），Caryophyllaceae（石竹科）等　6.25m
7. 紫红色泥岩与灰白色中-薄层状含膏泥灰岩互层，石膏呈雪花状散布于泥灰岩中，含量约 10%～15%　17.06m
6. 紫红色薄板状或薄片状泥岩，局部水平层理发育　29.67m
5. 灰紫、紫红色中-厚层状细砾岩，砾石以灰岩为主，次有砂岩、硅质岩和脉石英，砾径 2～5mm，磨圆度中等，钙质和膏泥质胶结，具正粒序层理　11.10m
4. 灰白色中-薄层状膏灰岩夹灰、灰紫色中层状细砾岩，石膏含量约 5%～10%，呈星点状散布于灰岩中，灰岩见水平层理；砾石以灰岩为主，次有脉石英、硅质岩和砂岩，砾径 2～6mm　13.22m
3. 灰白色薄层状含膏灰岩，石膏呈星点状分布于岩石中，溶蚀后呈黄褐色斑点、斑纹或空洞　28.55m
2. 灰、灰紫色薄-中层状细砾岩夹灰白色薄层状含膏灰岩　20.19m
1. 灰、灰紫色中层状细砾岩　64.19m

～～～～～～角度不整合～～～～～～

下伏地层：古近系始新统康托组（E_2k）紫红色中层至厚层状砾岩

2）分布及岩性组合

测区内唢呐湖组分布广泛，主要见于测区北西部东湖、达尔沃错温西、才多茶卡北西、鄂雅错西及测区南部蒂让碧错北东—洞错西南及美日切错北东等地，出露面积约为 1 412km²。

在测区内唢呐湖组与下伏各时代地层均为角度不整合接触，在跃进口附近与其上覆渐新世火山岩亦为角度不整合接触。其岩性组合为下部由紫红色中-厚层块状砾岩、含砾岩屑粗砂岩、砂岩、泥质粉砂岩夹灰白色含膏灰岩组成，中、上部由灰色、紫红色泥岩夹灰白色含膏灰岩、含膏藻球粒灰岩、含膏藻纹层灰岩组成。

3. 沉积层序和沉积环境分析

1）基本层序

测区内唢呐湖组中共识别出以下 3 类基本层序（图 2-1-44）：A 为厚层块状中砾岩→钙质岩屑粗砂岩；B 为紫红色中-厚层状细砾岩→钙质岩屑细砂岩→粉砂岩；C 为紫红色泥岩→中-薄层状含膏泥灰岩。在测区唢呐湖组地层层序由 A、B、C 型基本层序组成，具有非对称旋回性层序特征。

2）沉积环境

测区内唢呐湖组发育湖泊相与河流相。

河流相见于唢呐湖组中、下部层位，由A、B型基本层序构成，为辫状河亚相，又可进一步识别出心滩、边滩、洪泛平原等微相。心滩由厚层块状粗砾岩、中砾岩夹少量透镜状含砾岩屑粗砂岩组成，粗砂岩中发育中型交错层理，显示古水流方向以东为主，砾岩底部多见底冲刷。边滩沉积由暗紫红色中-厚层状细砾岩、钙质岩屑细砂岩、粉砂岩组成，构成正粒序韵律式沉积，细砂岩中发育平行层理、斜层理，粉砂岩中发育小型砂纹层理，古水流方向140°～160°。洪泛平原沉积由紫红色粉砂岩夹细砂岩、泥质粉砂岩组成。

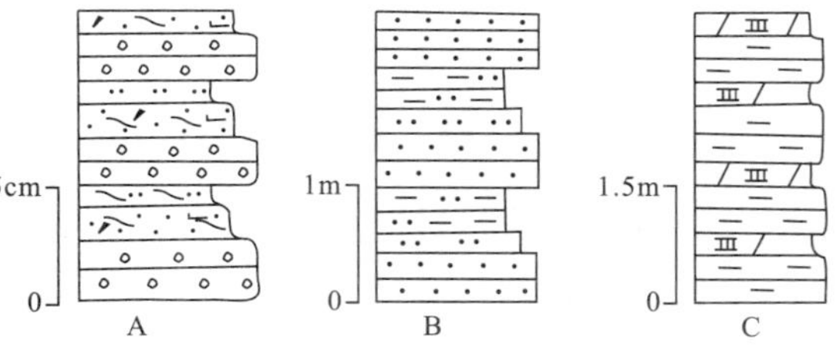

图2-1-44　唢呐湖组基本层序结构图

湖泊相在区内表现为蒸发盐湖沉积，由C型基本层序构成，又可进一步识别出滨湖、浅湖、深湖微相。滨湖相由灰、灰紫色薄-中层状细砾岩夹灰白色薄层状含膏灰岩组成，石膏呈星点状散布于灰岩中，风化溶蚀后呈黄褐色斑点。浅湖相由灰-灰白色薄层状含膏灰岩、含膏泥灰岩夹紫红色泥岩组成，石膏呈星点状散布于灰岩中，溶蚀后呈黄褐色斑点、斑纹或空洞，局部见水平层理。深湖相由紫红色薄板状或薄片状泥岩夹少量灰白色薄板状含膏灰岩组成，灰岩中水平纹理发育，沿水平纹层见有石膏分布。

（九）始新统鱼鳞山组（$E_{2+3}y$）

1. 命名及沿革

该组最早由西藏区调队（1986）创名，创名剖面位于西藏改则县鱼鳞山附近。原义指岩性下部为黄灰绿色火山角砾岩、凝灰岩和凝灰质砂岩，厚30～50m，中部为灰绿色气孔状白榴石响岩、白榴石响岩质凝灰岩和凝灰质火山角砾岩，上部为灰绿色致密块状和气孔状霓辉粗面岩和含砾霓辉粗面岩。与下伏康托组角度不整合接触，上为第四系全新统砾石层。

1993年《西藏自治区区域地质志》沿用鱼鳞山组一名，将其时代置于早更新世，但这一时代归属缺乏时代依据。中石油青藏项目经理部（1996）将位于唢呐湖组顶部的一套新近纪火山岩改称石坪顶组，西藏岩石地层（1997）基本采用西藏区调队（1986）意见，认为鱼鳞山组与石坪顶组是同物异名单位。

在本次调查过程中，对测区北部跃进口一带原石坪顶组进行了详细的剖面测制，认为原新近纪石坪顶组火山岩应为古近系始新统-渐新统鱼鳞山组。

在测区美日切错西岸，西藏区调队（1986）创名"早白垩世美日切错组"。本次调查对其进行了详细的剖面测制和岩石化学及同位素年代学研究，发现其与鱼鳞山组高钾火山岩极为相似，并且有同位素年龄数据支持，故将"美日切错组"高钾火山岩对比为始新统-渐新统鱼鳞山组。测区内不存在早白垩世美日切错组火山岩。

2. 分布及岩性组合

1）剖面列述

（1）西藏自治区双湖地区美日切错始新统鱼鳞山组实测地质剖面（MRP）：剖面位于测区北东部美日切错北岸山坡上。起点坐标N33°43′08.5″，E89°41′37.3″；终点坐标N33°44′58.9″，E89°41′09.7″。剖面共分35层，未见顶底（图2-1-45），厚度1 748.80m。

始新统鱼鳞山组（$E_{2+3}y$）	**>1 748.8m**
35. 紫褐色中厚层状火山角砾岩	>38.0m
34. 浅灰色厚层状玻基安山岩	95.6m
33. 浅灰白色厚层状英安岩	10.1m
32. 紫红色厚层状玻基安山岩	51.3m
31. 浅灰-灰色中层状玻基安山岩	54.4m

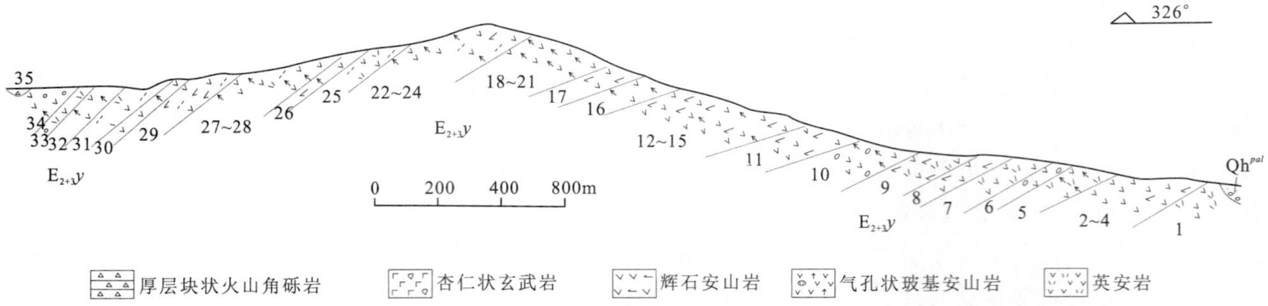

图 2-1-45　西藏自治区双湖地区美日切错始新统鱼鳞山组实测地质剖面图

30. 浅紫灰色厚层状玻基安山岩	28.5m
29. 深灰色中-厚层状玻基安山岩	69.9m
28. 灰绿色、浅灰白色中-厚层状玻基安山岩	20.7m
27. 浅肉红中-厚层状玻基安山岩	77.4m
26. 深灰黑色玄武岩夹玻基安山岩	18.4m
25. 灰白色玻基安山岩	28.7m
24. 深灰色玻基安山岩	75.8m
23. 深灰黑色杏仁状玄武岩与浅紫红色气孔状安山岩互层	62.5m
22. 深灰色气孔状玻基安山岩	21.1m
21. 深灰色中层状玻基安山岩	25.8m
20. 浅褐红色厚层状玻基安山岩	31.1m
19. 深灰色气孔状、杏仁状玻基安山岩	87.9m
18. 浅褐红色杏仁状玻基安山岩	23.4m
17. 深灰黑色辉石安山岩	64.8m
16. 灰色中-厚层状玻基安山岩	50.0m
15. 深灰黑色玻基安山岩	68.0m
14. 深灰黑色玄武岩夹灰白色玻基安山岩	47.7m
13. 深灰色夹浅褐红色玻基安山岩	43.8m
12. 深灰色厚层块状玻基安山岩	49.8m
11. 黑灰色块状玄武岩夹紫褐色块状玻基安山岩	139.3m
10. 浅肉红色-浅灰绿色中-厚层状气孔状玻基安山岩	65.6m
9. 深灰色厚层状辉石英安岩夹中层状玻基安山岩	22.3m
8. 浅褐红色厚层状玻基安山岩	28.8m
7. 浅灰白色厚层状英安岩	41.3m
6. 浅紫灰色气孔状蚀变玻基安山岩	18.3m
5. 灰白色块状玻基英安岩	58.4m
4. 黑灰色块状安山岩	16.3m
3. 浅紫红色厚层状安山岩	61.5m
2. 浅紫红色块状辉石安山岩	60.3m
1. 灰绿色中-厚层状英安岩	>26.5m

(2) 西藏自治区双湖地区跃进拉古近系鱼鳞山组（$E_{2+3}y$）实测地质剖面（YJP）：剖面位于东湖北东跃进拉西，出露相对较好。起点坐标 N33°56′19.5″，E88°48′16.4″；终点坐标 N33°57′15.4″，E88°48′10.9″。剖面有底无顶（图 2-1-46）。

2）分布及岩性组合

鱼鳞山组主要分布于测区北部，出露面积约为 153km²。岩石组合较为复杂，岩性以玻基安山岩、英安岩、辉石安山岩、角闪安山岩、浅灰-灰紫色气孔状、杏仁状辉石粗面安山岩、气孔状辉石粗面岩、气孔状杏仁状辉石玄武岩、黑-灰黑色气孔状、杏仁状玄武岩为主，中、下部夹有紫灰色中层状含砾凝灰质粗砂岩、透镜体细砾岩，流纹质碎斑熔岩等。

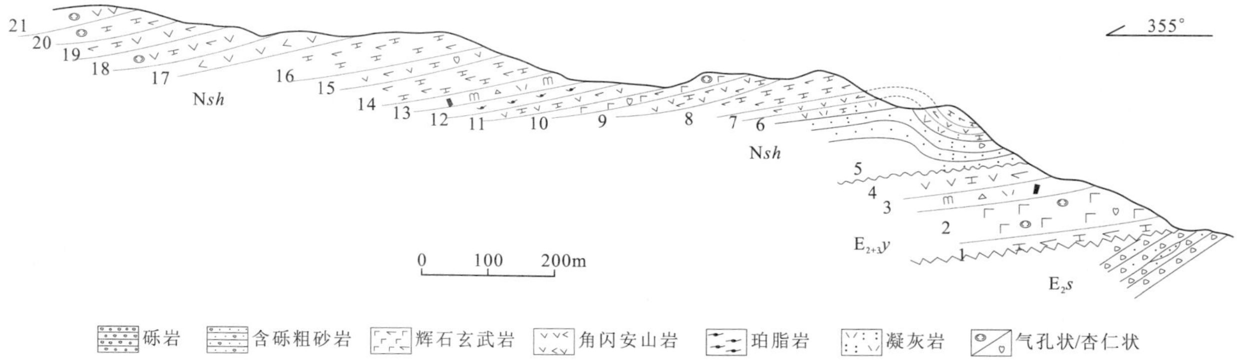

图 2-1-46　西藏自治区双湖地区跃进拉古近系鱼鳞山组实测地质剖面图

古近系鱼鳞山组（$E_{2+3}y$） **＞522.34m**

（未见顶）

21. 黑灰色气孔状、杏仁状辉石粗面安山岩　＞16.69m
20. 灰色气孔状辉石粗面岩　15.80m
19. 黑色块状辉石粗面安山岩　37.86m
18. 浅灰-灰紫色气孔状辉石粗面安山岩　21.21m
17. 灰色气孔状角闪安山岩　11.50m
16. 灰-浅灰色块状辉石粗面岩　36.58m
15. 浅肉红色气孔状、杏仁状辉石粗面安山岩　6.17m
14. 灰-浅灰色块状辉石粗面岩　92.62m
13. 灰-灰白色流纹质碎斑熔岩、流纹质碎斑晶屑凝灰熔岩　4.14m
12. 白、灰白色珀脂岩　0.31m
11. 浅灰、紫灰色气孔状辉石粗面安山岩　2.78m
10. 深灰-灰黑色气孔状、杏仁状辉石玄武岩　39.25m
9. 灰-浅紫灰色辉石粗面安山岩　2.23m
8. 浅灰色块状辉石粗面岩　83.58m
7. 灰-灰紫色块状紫苏辉石安山岩、气孔状辉石安山岩　6.1m
6. 浅紫灰色安山质、粗面质凝灰岩　2.53m
5. 灰-紫灰色中层状含砾凝灰质粗砂岩夹粗面岩及透镜状细砾岩，含孢粉：*Cyclophorusisporites* cf. *microverrucus*（细瘤石韦孢比较种）　39.79m

～～～～～～低角度不整合～～～～～～

4. 灰-灰黑色块状辉石粗面安山岩　20.29m
3. 灰、灰白色流纹质碎斑熔岩　29.75m
2. 黑-灰黑色气孔状、杏仁状玄武岩　42.49m
1. 黑灰色块状辉石粗面岩　10.67m

～～～～～～喷发不整合～～～～～～

下伏地层：唢呐湖组（E_2s）灰-灰黄色中-厚层状砾岩夹同色含砾粗砂岩、透镜体砂岩

3. 岩石学及矿物学特征

该组所见岩石类型有玻基安山岩、安山岩、英安岩、玻基英安岩等，现将其特征分述如下。

（1）玻基安山岩：色调较为复杂，有灰白色、浅褐色等，多具玻基斑状结构、变余玻基斑状结构，块状构造，偶尔见有气孔、杏仁体等。斑晶由中长石、普通辉石、黑云母等组成；长石斑晶多呈自形宽板状外形，环带构造较发育，聚片双晶较明显，无明显的蚀变，局部见有高岭土化现象；普通辉石呈自形至半自形粒状，无明显蚀变；黑云母多呈自形长板状，暗化边十分明显。基质由中性玻璃组成，玻璃在重结晶作用下，脱玻化现象十分明显。玻璃在初始阶段形成发晶，经过进一步重结晶，由发晶转变为微晶。

(2) 安山岩：紫红色，厚层状，局部见有气孔、杏仁体及流动构造。斑状结构、间隐结构。斑晶由普通辉石和普通角闪石组成。普通辉石呈自形柱状和粒状外形，无暗化边也无明显蚀变；普通角闪石呈自形至半自形粒状外形，具暗化边。斑晶均匀分布于基质中。基质由斜长石和隐晶质玻璃组成。在斜长石微晶的空隙中，充填中性玻璃，成为间隐结构。岩石无明显蚀变。

(3) 英安岩：灰绿色，中-厚层状，斑状结构，基质具球粒结构。斑晶由中长石、石英、普通角闪石及黑云母组成；长石斑晶呈自形宽板状，具熔蚀边缘，角闪石呈自形长柱状颗粒外形，无明显蚀变。斑晶较均匀地分布在岩石基质中。基质由斜长石、黑云母、普通角闪石及绿泥石组成。斜长石呈纤维状组成放射状球粒，较均匀地分布在球粒间隙中。由斜长石微晶、普通角闪石、黑云母和暗色矿物蚀变的绿泥石不均匀分布。

(4) 玻基英安岩：灰白色，块状，玻基斑状结构。斑晶由中长石、普通角闪石、石英及黑云母组成。中长石具自形宽板状外形，环带构造发育，聚片双晶少见，无明显的蚀变；普通角闪石呈自形至半自形粒状外形；石英呈自形至半自形粒状，具熔蚀外形，常形成港湾状和波曲线状外形；黑云母为自形长板状外形，无明显蚀变，具暗化边。基质由中基性玻璃及少量岩屑组成。玻璃局部地方有脱玻化现象，生成一些发状雏晶，岩屑不均匀分布于基质中。

(5) 块状辉石粗面岩：黑灰色，斑状结构，基质为玻基微晶交织结构，岩石由辉石（10%～15%）、条纹长石（17%～23%）、斜长石（3%～8%）及基质（58%～64%）组成。辉石呈自形-半自形柱粒状，包括紫苏辉石、古铜辉石及透辉石，粒径 0.25～0.8mm，无色—微淡绿色；条纹长石呈自形长柱状、板柱状，粒径 0.2～1mm，斜长石多为中长石，半自形板柱状，环带构造发育，局部见钠黝帘石化，粒径 0.2～1mm。基质由具卡氏双晶正长石，条纹长石及浅褐色火山玻璃组成。

(6) 辉石粗面安山岩：灰黑色，斑状结构，基质具玻基交织微晶结构，气孔状、杏仁状构造。岩石由辉石（15%～20%）、斜长石（12%～18%）、条纹长石（10%～15%）和基质（52%～56%）及少量火山玻璃组成。辉石种类较多，见有古铜辉石、斜方辉石、紫苏辉石、易变辉石、普通辉石等，有易变辉石存在，表明在成岩阶段冷却迅速，辉石多呈自形-半自形柱状；斜长石呈自形-半自形浑圆状，环带构造发育，多为中长石，干涉色灰—灰白；条纹长石呈自形长柱状、板柱状，粒径 0.1～1mm；基质粒径<0.1mm，由长板条状、针状斜长石、正长石、微晶辉石一起胶结于铁质火山玻璃之中组成。

(7) 玄武岩：黑—黑灰色，斑状结构，基质呈玻基微晶交织结构、火山玻璃结构，气孔状、杏仁状构造。岩石由辉石（6%～10%）、斜长石（4%）、条纹长石（8%～12%）、火山玻璃（20%～25%）及基质（50%～55%）组成。辉石呈自形-半自形柱状，粒径在 0.1～2mm，见有古铜辉石、紫苏辉石和普通辉石；斜长石呈半自形柱状，他形浑圆状，粒径<1.2mm，具环带构造，干涉色呈灰—灰白色，多为中长石；条纹长石呈自形长柱状，粒径 0.25～2mm。火山玻璃为不规则状硅质火山玻璃，粒径在 0.2～6mm。基质粒径<0.15mm，由针状、板条状正长石、少量条纹长石及磁铁矿晶粒、辉石残晶一起胶结于褐色玄武质玻璃之中组成。

(8) 流纹质碎斑熔岩：灰—灰白色，碎斑状结构，基质具霏细结构。碎斑由钾长石（3%）、斜长石（2%）、石英（3%）、赤铁矿（2%）组成；钾长石呈自形-半自形板柱状，粒径 0.4～3.5mm；斜长石呈自形板状，环带构造清晰，干涉色灰白—黄白色，粒径 1.5m 左右；石英呈他形粒状、碎裂状，粒径 0.1～1mm。基质（90%）粒径<0.01mm，由板条状正长石、条纹长石、石英、磁铁矿及火山玻璃组成。

(9) 含砾粗砂岩：灰—紫灰色，中层状。岩石碎屑物由长石、石英和岩屑组成，长石、石英多呈球粒状产出，岩屑以玄武岩、安山岩岩屑为主，其胶结物由凝灰质火山灰（含量可达 60%）、铁质、钙质组成。局部含有砾石。砾石分选差，磨圆中等，以脉石英、灰岩砾为主。

（十）第四系

测区第四系分布广泛，主要分布于河床两岸阶地、湖滨地带、冰川前缘以及新、老泉眼附近。本区具有第四系发育相对齐全，沉积厚度较大，类型多等特点。

根据野外观察，测区第四系成因类型复杂多样，见有冲积、冲洪积（洪冲积）、湖积、残坡积、冰积、沼泽、泉华堆积以及风积等成因类型（表 2-1-10）。按其时代定位归为更新统（Qp）和全新统（Qh）。

划分原则：在本次调研中，以第四纪年龄学、地貌学、沉积学及遥感地质等多种特性，把Ⅰ级阶地以下的现代河床堆积、湖滨堆积、现代泉眼堆积、沼泽堆积、沙丘以及现代冰川堆积定为全新统（Qh），把Ⅰ级阶地以上的松散堆积物、湖滨及冰川前缘堆积，结合 ESR 年龄样、孢粉等定为更新统（Qp）。

1. 更新统（Qp）

更新统主要分布在河湖Ⅰ级阶地以上的高原夷平（Ⅲ级夷平面）地带，呈松散（局部地段为弱固结-半固结状态）砂砾石、砂、亚粘土、含砂砾石、含砾石、砂泥质洪冲积物、湖滨相的沙泥质沉积物以及冰川冰碛物堆积等成因类型沉积，现分别介绍如下。

表 2-1-10 第四系地层划分方案表

系	统	地质体	代号	成因类型
第四系	全新统	现代冲沟（水道沉积）	Qh^{al}	冲积
		河漫滩、冲洪积平原	Qh^{pal}	冲洪积
		残坡堆积扇体	Qh^{esl}	残坡积
		湖滨平原	Qh^{l}	湖积
		风成堆积（沙丘）	Qh^{eol}	风积
		沼泽堆积	Qh^{fl}	淤积
		泉华堆积（化学堆积）	Qh^{ch}	淤积
		冰川堆积	Qh^{gl}	冰积
	更新统	锐曲组	Qpr	冲洪积
		冲洪积平原	Qp^{pal}	
		滨湖平原堆积	Qp^{l}	湖积
		振泉湖组	Qpz	
		冰川堆积（冰碛陇）	Qp^{gl}	冰积

1）冲洪积（Qp^{pal}）

（1）分布及其特征：主要分布在河床两岸及湖滨一级阶地以上地带，其中“锐曲组”只局限于在西雅尔岗、普若岗日山前地带分布。总体呈松散（局部地段为弱固结-半固结状态）砾石、砂、亚粘土、含砂砾石、含砾砂石、砂泥质等。在弱固结-半固结砂砾石沉积当中发育沉积构造，产孢粉。

锐曲组（Qpr）系本次调研新建立的第四系岩石地层单位。在双湖西雅尔岗锐曲河新发现的一套以弱固结-半固结厚层状砾石层、含砂砾石层以及粗砂层堆积为代表的冲积相沉积物堆积，命名为“锐曲组”，其沉积环境为山前冲积成因类型。

锐曲组上部为一套弱固结-半固结的厚层土黄色砾岩、含砾砂岩，夹砾岩透镜体，下部为一套弱固结-半固结厚层状砾岩、含砾砂岩与薄层状粗砂岩呈不等厚互层，总厚度大于 50m，与下伏古近系唢呐湖组呈角度不整合接触（图 2-1-47）。锐曲组砾岩呈土黄色，弱固结-半固结状态，砾石成分较为复杂，多为灰岩、砂岩，砾径以 10cm 为主，分选性较好，磨圆度中等，多为次棱角状，砾石含量大于 60%，填隙物为砂泥质、泥钙质胶结物，砾石定向排列。砂砾岩位于该层的中上部，为巨厚层状，呈褐灰色—褐黄色、弱固结-半固结状态，其成分以砾石为主，由砂、砾石组成。砾石含量小于 30%，砾石定向排

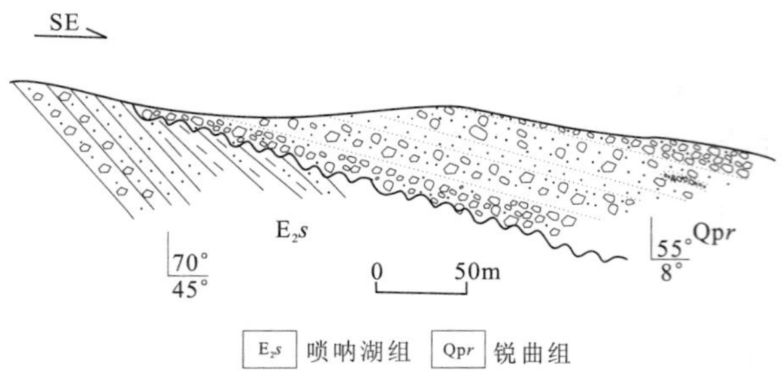

图 2-1-47　锐曲组与唢呐湖组角度

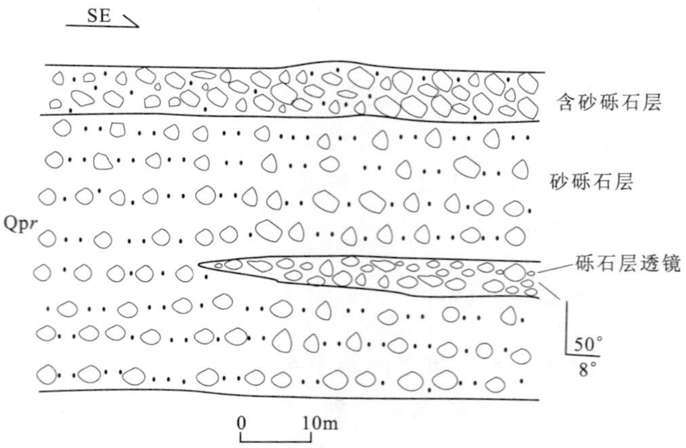

图 2-1-48　锐曲组透镜状砾石层素描图

列，具一定的磨圆度和分选性，局部地段夹有透镜状砾石层，可测得古流向为 SE 向（图 2-1-48）。

锐曲组粗砂岩呈灰红色—红褐色，以粗砂为主，含少量的细粉砂质。层厚约 10cm。其固结程度相对砾石层要好。在该组下部，砾岩与砂岩互为韵律层，成层性较好（图 2-1-49）。

（2）剖面列述：区内代表性剖面为大沙河、赛日作、笙根墩缺剖面等，现分别介绍如下。

A. 西藏自治区双湖地区笙根墩缺第四系实测剖面（SGP）（图 2-1-50）

全新统（Qh）

5. 灰色砂、砾松散堆积物（河道冲积），河床边缘砾石堆积层之上，局部见有黄褐色细-粉砂质层，剖面南侧心滩、边滩上见有下部砂砾石层（厚 6～15cm），上部为砂及亚粘土（厚 1～5cm），构成二元结构

更新统（Qp）

4. 灰色砂砾及少许粘土物质构成的松散堆积物，偶见腕足类化石碎片的“砾石”，系高出河水面 0.5～0.7m 的Ⅰ级阶地，ESR 年龄样为 0.084Ma

3. 灰色砂砾石及少量粘土物质混合物构成的松散堆积物，砾石表面见有土红色钙质或泥质薄膜。此段系高出

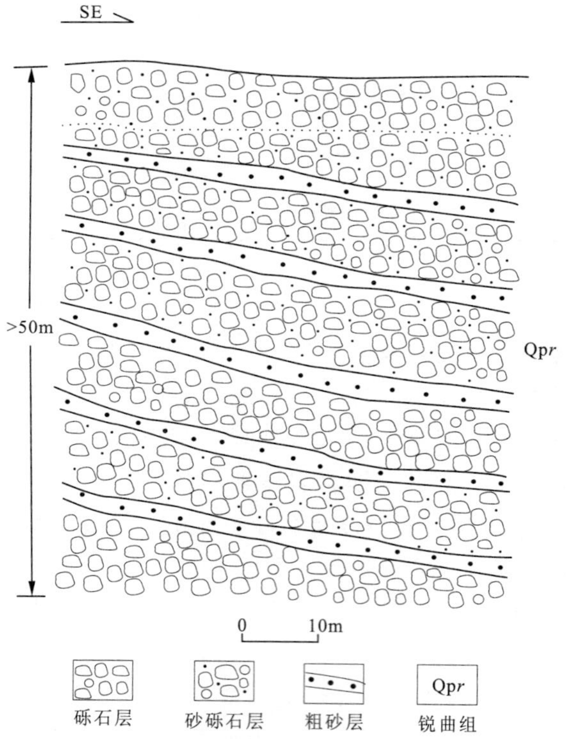

图 2-1-49　锐曲组砾岩与砂岩形成的韵律层

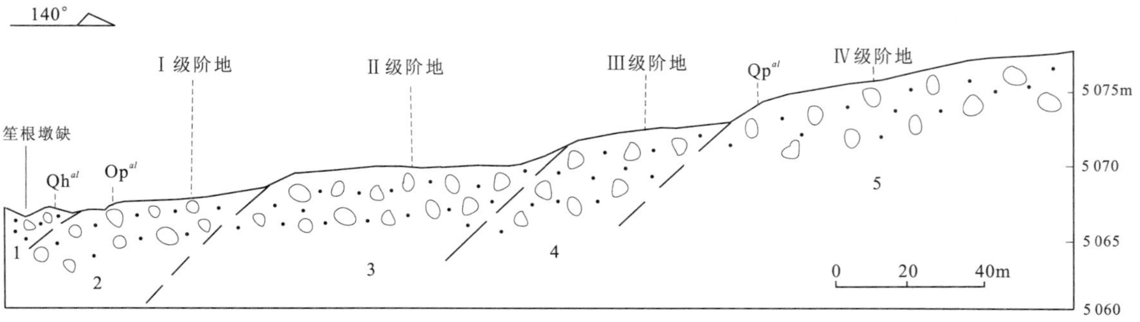

图 2-1-50 西藏自治区双湖地区笙根墩缺第四系实测剖面图

河水面 2～3m 的Ⅱ级阶地，ESR 年龄样为 0.135Ma

2. 灰色砂砾石及少量的粘土混合物的松散堆积物，系高出河水面 5～8m 的Ⅲ级台地，ESR 年龄样为 0.209Ma

1. 灰色砂砾及少量的粘土物质构成的松散堆积物，砾石表面有的见有土红色的钙-泥质薄膜，偶见长管状遗迹化石的“砾石”，此为高出河水面 0.5～0.7m 的Ⅳ级阶地，ESR 年龄样为 0.65Ma

B. 西藏自治区双湖地区大沙河第四系实测剖面（DSP）（图 2-1-51）

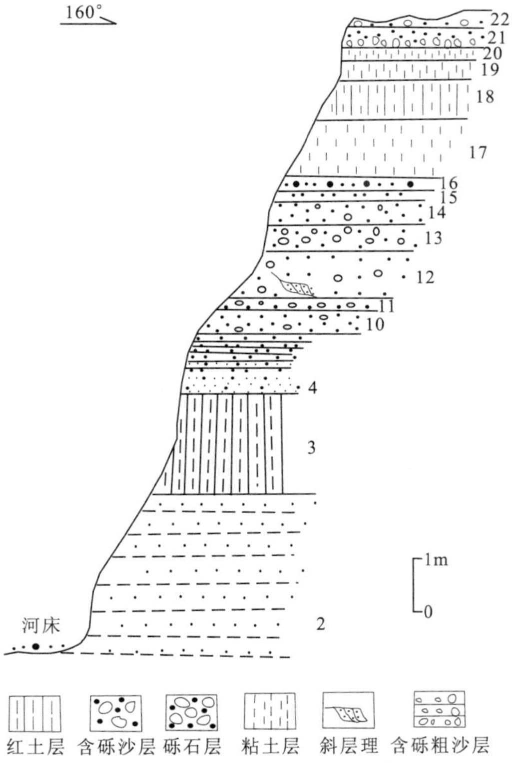

图 2-1-51 西藏自治区双湖地区大沙河第四系实测剖面图

全新统（Qh）

22. 冲积砾石砂土 0.09m

更新统（Qp）

21. 未固结含砂砾石层 0.28m

20. 紫红色亚粘土 0.09m

19. 灰色夹紫红色亚粘土，含细砂、碳屑，含孢粉化石 *Pinuspollenites*（松粉），*Chenopodipollis*（藜粉），*Nitrariaenites*（拟白刺粉），*Tricolpollcnies*（三孔沟粉） 0.28 m

18. 紫红色亚砂土，其中含细粒砂，局部含碳屑 0.45m
17. 灰色块状亚粘土，含块状木碳屑、细粒砂，其中含孢粉化石 *Pinuspouenites*（松粉），*Tricolpollcnies*（三孔沟粉），*Piceaepouenites*（云杉粉） 0.92m
16. 红色含细粒的细砂层，其中含有较多的钙泥质结核，结核成圆球状，直径在4～6cm 0.09m
15. 灰色含砂中细粒砾石层 0.19m
14. 紫红色细砂层，含大量的钙泥质结核，结核成圆球状，直径在2～5mm 0.36m
13. 灰色含砂中细粒砾石层 0.28m
12. 紫红色含砾细砂岩，其中含有10%的钙-泥质结核，结核成圆球状，直径2.0mm左右，层中还发育微型板状斜层理 0.72m
11. 灰色含砂砾石层，其中含膏盐结核，膏盐晶体垂直圆形壁生长 0.19m
10. 灰色含砾细砾砂层 0.28m
9. 紫红色含砾细砂层，具平行层理，含少量膏盐结核，长约5～8cm 0.09m
8. 灰色含细砂质粉砂层 0.08m
7. 灰色含砂的细砾砾石层 0.19m
6. 紫红色含细砂质粗砂层，具平行层理并发育正粒序层理 0.09m
5. 灰色细砂层，具平行层理 0.05m
4. 紫红色含砾、砂的亚粘土层 0.18m
3. 厚红土层，具平行平纹层，局部见有碳屑 1.35m
2. 紫红色半固结细粉砂层，其中见有2.0cm厚石膏层，石膏晶体垂直圆形壁生长，呈梳状

（未见底，被河床砂、砾石覆盖）

（3）沉积特征：综合上述剖面及路线地质调查，更新统冲积物主要呈松散堆积物沉积，部分地段呈弱固结→半固结状态沉积，由砂砾石及砂、亚砂土、粘土物质组成（底部偶见有冲沟和河道堆积的砂砾石层）。砾石成分因地而异，常见砾石有灰质、砂质、脉石英质、硅质、火山质。砾石大小不等，一般为2～8cm，大者可达20cm。磨圆度为中等到差，次棱角状。相对细小的砾石磨圆度相对较好。弱显层性。

托纳木藏布、流沙河等两岸Ⅱ级阶地最为发育，在希杂珞玛河发育Ⅳ级阶地（图2-1-52），表明第四纪地壳经历了强烈的抬升。这些现象是测区第四系更新统沉积的普遍特征。

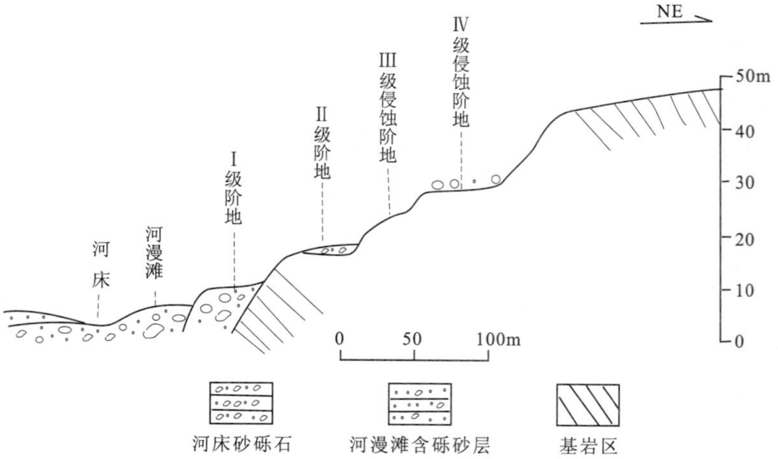

图2-1-52 希杂珞玛QpⅣ级阶地示意图

在流沙河剖面中发现有大量的孢粉化石，如*Chenopodipollis*（藜粉），*Nitrariaenites*（拟白刺粉），*Tricolpollcnies*（三孔沟粉），*Pinuspouenites*（松粉），*Tricolpollcnies*（三孔沟粉），*Piceaepouenites*（云杉粉）。

（4）地貌特征：第四系往往多形成地势开阔的冲洪积平原地貌。其中“锐曲组”具陡坎溶蚀地貌。在河流两侧往往形成多级阶地，如赛日作河堆积阶地（图2-1-53）及流沙河东岸堆积阶地（图2-1-54）。

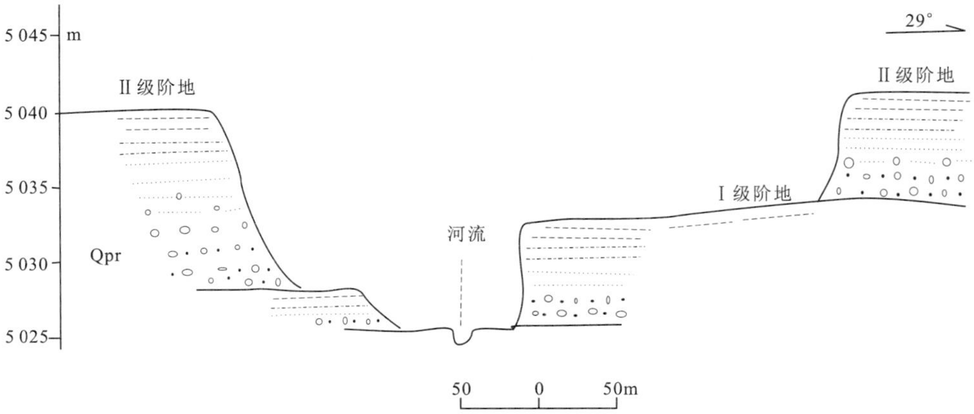

图 2-1-53　赛日作河堆积阶地地貌示意图

2）湖积（Qp^{l}）

局限于达尔沃温错、阿木错、才多茶卡及吐错周边，岩性为一套古湖泊相灰白色弱固结的砂、泥质组合。厚度数米至数十米，常与全新统湖沼堆积伴随在一起，两者界线呈渐变过渡关系。更新统湖积物岩石组合以振泉湖组为代表，总体上呈半固结状态，粒度相对较细，以沙、泥质堆积为主。

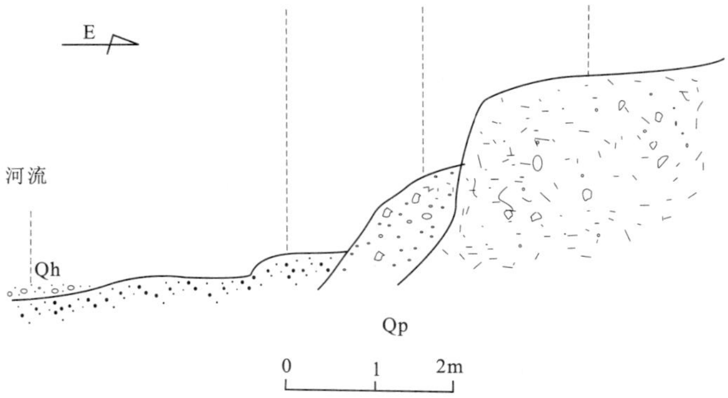

图 2-1-54　流沙河东岸堆积阶地地貌示意图

3）冰碛堆积（Qp^{gl}）

测区北部普诺岗日发育更新统冰川堆积物，主要分布于现冰川两侧及前缘，往往形成冰碛陇。主要由混杂的冰棱砾石、砂、泥物质组成，砾石成分多为花岗质、灰质、火山质等。在地貌上往往高出现代冰舌 10～30m，呈阶地产出。现代冰川（冰舌）往往形成 U 形谷。两者界线清楚，特别是在地貌上、遥感影像上区别标志明显。根据阶地地貌判断，普若岗日冰川在更新世至少有 3 次大的变化。

2. 全新统（Qh）

全新统主要分布于现代河谷及湖泊滨岸，以及山前陡坡地带。其成因类型较为复杂，多为河流、湖泊沉积，山坡地带发育残坡积，在山前发育冲洪积以及冰川堆积，泉眼附近发育钙华及沼泽堆积、风成堆积等成因类型。

第二节　生物地层及年代地层

生物地层工作主要是建立生物地层单位，通常采用的生物地层单位有组合带、延限带、顶峰带、间隔带，它们是以其化石内容或古生物特征的一致性来区别于邻层的岩层体。其目的是把岩层按化石内容和分布，系统地组成为命名单位。

年代地层则是以地层形成的时限（或地质时代）作为唯一依据而划分的单位，共分 6 个单位，即宇、界、系、统、阶、时间带，其中前 4 个级别是全球性的。年代地层单位顶底界线都是以等时面为界，这是年代地层与岩石地层的本质区别，因为岩石地层的穿时性是普遍的。目前，确定地层时代的方法多种多样，诸如生物地层、同位素年龄、古地磁、古气候和构造运动等方法。但最常用的方法仍以生物地层为依据进行年代地层对比。

生物地层单位不仅仅是将其简单地作为岩层的明显特征，而且还是含化石岩石形成环境的敏锐指示者，同时由于生物的进化是不可逆的，并多少带有规律性的演化，因此，生物在地层年代的对比方面具有独特的重要性。生物地层单位的建立，是以对连续系统剖面中古生物化石的系统采集和古生物学者对所采化石的准确鉴定为基础，选择其中在时间上演化快，在空间上有比较稳定分布区间的属种为代表，而命名的生物带。对地处平均海拔在 4 500m 左右，位居高原夷平面上的羌塘地区来说，无疑是一件十分艰辛的任务。近 20 余年来，我国无数地学工作者，从青藏公路沿线，到羌塘腹地的无人区，从科学考察到路线地质调查到不同比例尺的大面积填图，实测了数百条地层剖面，采集了成千上万件各门类古生物化石，为生物地层单位的建立打下了比较良好的基础。对于本图幅所在的羌塘盆地西区来说，生物地层工作始于 20 世纪 80 年代中期，到 90 年代中期发展到了一个新的阶段，以西藏区调队和成都环资所、四川碳酸盐岩研究中心（以下简称川碳中心）、江汉石油勘探开发研究院等为代表的羌塘盆地区域石油地质调查工程队，对羌塘盆地西区或整个羌塘盆地做了以三叠系、侏罗系为重点的生物地层单位创建工作。赵政璋、李永铁、罗建宁等（2001）对历年来，特别是 1994 年以来各石油地质调查工程队的成果，做了比较系统的总结，作为《青藏高原地层》专著中的一部分公开出版。

一、二叠纪生物地层及年代地层

二叠纪生物组合在测区及相邻西部地区较为发育，主要化石门类如䗴类、珊瑚类、放射虫等属种丰富，是二叠系划分对比、确定时代的重要依据。就属而论，以䗴类、珊瑚类、腕足类、有孔虫和孢粉最多；就种而言，又首推䗴类、珊瑚类、腕足类、有孔虫等；而从地质时代意义来讲，又以䗴类、珊瑚类和腕足类最为重要。

早二叠世生物地层产有许多重要的标准分子，如尼玛县角木日北沟剖面采获的圆形球希瓦格䗴 *Sphaeroschwagerina glomerosa* (Schwager)，膨胀强壮希瓦格䗴 *Robustoschwagerina obesa* Yang，假希瓦格䗴（未定种）*Pseudoschwagerina* sp.，广西小泽䗴 *Ozawainella guangxiensis* Chen et Wang，多孔苔藓虫（未定种）*Polypora* sp.，始网苔藓虫（未定种）*Protoretepora* sp.，玛日保索古来采有腕足类李氏文褶贝 *Liraplecta richthoferi* Chao 等。在角木日一带也采有圆形球希瓦格䗴 *Sphaeroschwagerina glomerosa* (Schwager)，膨胀强壮希瓦格䗴 *Robustoschwagerina obesa* Yang，广西强壮希瓦格䗴 *Robustoschwagerina guangxiensis* Yang，*R.* sp.，普通假纺锤䗴 *Pseudofusulina vulgaris* (Schellwie et Dyhrenfurth) 及假纺锤䗴 *Pseudoschwagerina* sp.（李才、程立人 2003—2004)。西藏区调队 (1982) 在肖茶卡采获的皱纹珊瑚，经俞学光研究为早二叠世的双湖柯坪珊瑚 *Kepingophyllum shuanghuense* X. Yu。

中二叠世早期（栖霞期）有较多䗴类化石：双湖希瓦格䗴 *Schwagerina shuanguensis* Wang, Sheng et Zhang，米斯䗴 *Misellina* sp.，南京䗴 *Nankinella* sp.；腕足类：肥厚粗肋贝 *Costiferina obesa* Fang，西藏弯嘴贝 *Streptorhynchus tibetanus* Chang；海绵：堆钝管海绵 *Amblysiphonella randuiensis* Deng，有根钝管海绵 *A. radicifera* Waagen et Wentzel，芒康钝管海绵 *A. markamensis* Deng；苔藓虫：难鲜窗格苔藓虫 *Fenestella elusa* Reed，中华二叠奥格皮苔藓虫 *Ogbinopora sinopermiana* Fan；海百合茎：平滑圆圆茎 *Cyclocyclicus* cf. *lubricus* Li 及皱纹珊瑚：瓦岗珊瑚（未定种）*Waagenophyllum* sp.。

中二叠世晚期（茅口期）生物以䗴类占优势，有球形费伯克䗴 *Verbeekina spheara* Ozawa，华丽似纺锤䗴 *Parafusulina splendens* Dunbar，椭圆形似纺锤䗴 *Parafusulina elliptica* Sheng，拟湖南南京䗴 *Nankinella* cf. *quasihunnensis* Sheng，始夏通道䗴 *Eupolydiexodina* sp.，苏门答腊䗴 *Sumatrina* sp.，阿富汗䗴 *Afghannella* sp 以及皱纹珊瑚：知塞文采尔星珊瑚（新种、未刊）*Wentzelellites zhisaiensis* Zhang et Zheng (sp. Nov. M. S.)。在角木日茶卡䗴有：筵状苏门答腊䗴 *Sumatrina fusiformis* Sheng，安娜苏门答腊䗴 *S. annae* Voly，沈克氏阿富汗䗴 *Afghannella schencki* Thompson，网格新希瓦格䗴 *Neoschwagerina craticulifera* (Schwager)，假纺锤䗴 *Pseudofusulina* sp.。在查桑出现江苏似纺锤䗴 *Parafusulina kiangsuensis* (Chen)，罗斯氏拟纺锤䗴 *Parafusulina rothi* Dunbar et Skinner，条带拟纺锤䗴 *P. lineate* Dunbar et Skinner 及美丽拟纺锤䗴 *P. splendens* Dunbar et Skinner。在伏牛山有放射柱海绵 *Radiotrbeculopora* sp.；肖茶卡有新希瓦格䗴 *Neoschwagerina* sp.，苏门答腊䗴

(未定种) *Sumatrina* sp. 和双形厚墙珊瑚 *Multimurinus biformis* (Fontaine),多角四川珊瑚 *Szechuanophylum polygonale* X. Yu ,拟四川珊瑚 *Sze. paraszechuanense* X. Yu ,典型双湖珊瑚 *Shuanghuphyllia typical* X. Yu,肖茶卡双湖珊瑚 *S. xiaochakaensis* X. Yu,简单双湖珊瑚 *S. simplex* X. Yu,窄床板双湖珊瑚 *S. stenostabulata* Zhang et Zhang (sp. Nov. M. S.),中间型山板本泽珊瑚 *Sakamotosawenella intermedia* X. Yu 。前人曾对区内二叠系生物地层做了初步研究,建立䗴科两个组合,一个带,即 *Monodiexodina-Parafusulina* 组合,*Neoschwagerina*,*Verbeekina*,*Chusenella*,*Sumatrina* 组合和 *Palaeofusullins* 带。珊瑚两个组合,它们是 *Lytvolasma-Polythecalia* 组合和 *Iranophyllum-Ipciphyllum* 组合。我们在前人研究的基础上,结合本项目分析资料,建立了䗴类、珊瑚类、腕足类、放射虫四大门类的 2 个延限带、10 个组合带,见表 2-2-1。

表 2-2-1 测区二叠系生物地层综合表

年代地层			生物地层			
系	统	阶	䗴类	珊瑚类	腕足类	放射虫
二叠系	中下统	茅口阶	*Neoschwagerina* (新希瓦格䗴) 延限带 *Neoschwagerina-Sumatrina annae* 组合带	*Ipciphyllum* (伊泼雪珊瑚) -*Iranophyllum* (伊朗珊瑚) 组合带 *Wentzelellites-Shuanghuphyllia* 组合带	*Urushtenia* (乌鲁希腾贝) -*Haydenella kiangsiensis* (江西海登贝) 组合带	*Latentistula-Pseudoalbaillella Longtanensis* 组合带
		栖霞阶	*Misellina* (米氏䗴) -*Monodiaxodina* (单通道䗴) 组合带,*Robustoschwagerina-Sphaeroschwagerina* 组合带,*Schwagerina shuanguensis-Misellina* 组合带	*Lytvolasma* (厚板珊瑚) -*Polythecalia* (多壁珊瑚) 组合带,*Kepingophyllum shuanghuense* (皱纹珊瑚) 组合带		*Pseudoalbaillella sakmarensis* 延限带

(一) 䗴类生物地层单位

在测区二叠系䗴类共发现 21 属 41 种,其中中下二叠统有 20 属 38 种,我们建立了 4 个组合带和 1 个延限带。

1. *Misellina-Monodiaxodina* 组合带

这个组合带的产出层位是在中下二叠统鲁谷岩组的下部,其组合分子除代表分子外有 *Parafusulina splendens*,*P. houziguenica*,*P. okubensis*,*P. shaksganensis*,*P. viseri*,*Schwagerina quasiregularia*,*Pseudofusulina kraffti*,*P. houziguanica* 等。该组合带代表分子是我国古生物学者公认的下二叠统栖霞阶䗴类代表化石,其共生分子也为栖霞阶常见,故我们将其立为测区内下二叠统鲁谷岩组下部一个䗴类组合带,代表栖霞阶。

2. *Robustoschwagerina-Sphaeroschwagerina* 组合带

主要有 *Robustoschwagerina obesa* Yang ,*R. Guangxiensis* Yang,*Sphaeroschwagerina glomerosa* (Schwager),*Pseudoschwagerina* sp. ,*Ozawainella guangxiensis* Chen et Wang ,*Pseudofusulina vulgaris* (Schellwie et Dyhrenfurth),代表了早二叠世早期生物地层。

3. *Schwagerina shuanguensis-Misellina* 组合带

在这个组合里有䗴类:*Misellina* ,*Nankinella*;腕足类:*Costiferina obesa* Fang,*Streptorhynchus tibetanus* Chang;海绵:*Amblysiphonella randuiensis* Deng ,*A. radicifera* Waagen et Wentzel,*A. markamensis* Deng;苔藓虫:*Fenestella elusa* Reed;及皱纹珊瑚:*Waagenophyllum* sp. 。

双湖喀拉木伦山口东南发现的 *Schwagerina shuanguensis* Wang、Sheng et Zhang 相当于华南的栖霞组，与其共生的有 *Misellina* sp.，这个属出现在茅口组，多数产在栖霞期。*Misellina* 是华南栖霞期 *Parafusulina* 带下部的亚带（王玉净等，1983）。据此，依据这两个䗴化石确定这一组合的时代为栖霞期。

4. *Neoschwagerina-Sumatrina annae* 组合带

本组合共生化石䗴：*Verbeekina spheara* Ozawa，*Parafusulina splendens* Dunbar et Skinner，*P. elliptica* Sheng，*P. Kiangsuensis*（Chen），*Parafusulina rothi* Dunbar et Skinner，*Afghannella schencki* Thompson，*Neoschwagerina craticulifera*（Schwager），*Sumatrina fusiformis* Sheng，*S. annae* Voly，*Eupolydiexodina* sp.，*Nankinella* cf. *quasihunnensis* Sheng.，代表中二叠世茅口期的生物地层。

5. *Neoschwagerina* 延限带

该带的组合分子十分丰富，主要有 *Neoschwagerina simplex*，*N.* cf. sosioensis，*N.* cf. *cheni*，*Verbeekina* cf. *verbeki*，*Chusenella conicoylindrica*，*Ch. deprati*，*Ch. Schwagerinaegormis*，*Afghanella* sp. *Sumatrina annae*，*S. longissima* 和 *Parafusulina yunnanensis*，*P. yabei*，*Schwagerina* cf. *quasiregularia*，*Polydixodina* cf. *ghanensis*，*Neomisellina* sp. 等。上述以 *Neoschwagerina* 为代表的䗴类动物群，主要分布在中二叠统茅口阶的中上部，在区内即鲁谷岩组中上部茅口阶中部最为繁盛和集中，这也是对古生物界共同的认识。由此，我们以该延限带代表茅口阶中上部层位，表明羌塘盆地西区与华南同期的䗴类生物组合是一致的。

（二）珊瑚生物地层单位

目前羌塘地区的珊瑚化石都发现在下二叠统，计有 23 属 14 种。前人曾建立了两个珊瑚组合，即 *Lytvolasma-Polythecalis* 组合和 *Iranophyllum-Ipciphyllum* 组合，我们建立了 4 个组合带。

1. *Kepingophyllum shuanghuense* 组合带

过去在日本、俄罗斯和中国，都将 *Pseudoschwagerina* 列入下二叠统底部。研究表明，假希瓦格䗴亚科（*Pseudoschwagerininae*）鼎盛期出现了新的䗴类，如 *Robustoschwagerina*，*Sphaeroschwagerina* 及 *Parasphaeroschwagerina*，显示二叠纪的到来，因此，将 *Robustoschwagerina-Sphaeroschwagerina* 组合带代表早二叠世早期生物地层。

2. *Polythecalis-Lytvolasma* 组合带

这个组合带见于测区鲁谷岩组下部，其组成分子除代表分子外，还有 *Thomasiphyllum* cf. *multiseptetum*，*Th.* cf. *arachnoides*，*Wentzellophyllum* sp.，*Yatsengia* sp.，*Allotropiophyllum* sp.，*Lophamplexus* sp. 等。这个珊瑚动物群中多是下二叠统的常见分子，但 *Polythecalis* 是华南栖霞阶带化石之一。*Lytvolasma* 是冈瓦纳相早二叠世早期的觉分子，它广泛见于藏南曲布日嘎组，申扎的下拉组，狮泉河的羊尾山下组，也见于印度尼西亚的帝汶岛，澳大利亚西部，前苏联乌拉尔和我国东北北部的早二叠世早期地层中，因此，我们将这一化石组合带作为鲁谷岩组下部相当栖霞阶的代表。

3. *Ipciphyllum-Iranophyllum* 组合带

该带除代表分子外，还有 *Ipciphyllum flexuose*，*Wentzelella flexuosa*，*W.* cf. *minor*，*W. Subtimorica*，*Doplophyllum zaphrentoiaes*，*Durhamina cardillerensis*，*Prosmilia* cf. *cyathophylloides*，*Yatsengia asietica*，*Tachylasma* cf. *magnum hexaseptatus*，*Pseudofavosites irregularis* 等，它们广泛见于西藏申扎卓布组、日土多玛龙格组、昌都交嘎组等早二叠世晚期地层中，同时普遍而稳定地产在华南茅口阶地层中，无疑它代表鲁谷岩组中上部茅口阶的珊瑚组合带。

4. *Wentzelellites-Shuanghuphyllia* 组合带

该组合带产皱纹珊瑚：*Multimurinus biformis*（Fontaine），*Szechuanophylum polygonale* X. Yu，*Sze. paraszechuanense* X. Yu，*Shuanghuphyllia typical* X. Yu，*S. xiaochakaensis* X. Yu，*S. simplex* X. Yu，*S. stenostabulata* Zhang et Zhang（sp. Nov. M. S.）及 *Sakamotosawenella intermedia* X. Yu．*Wentzelellites zhisaiensis* Zhang et Zhang（sp. Nov. M. S.）。

这一化石组合分子十分丰富，其中一些重要分子出现副隔壁，末端膨胀呈钟摆状如 *Afghannella* 和 *Sumatrina*，皱纹珊瑚在二叠世晚期较多的属出现三级或三级以上隔壁，形成文采尔珊瑚亚目 *Wentzelelina*（Ding *et al.*，1955），*Shuanghuphyllia* 是该亚目成员之一 。它显示䗴与皱纹珊瑚在晚古生代又一次的发展高潮，在年代地层中表示为一个新的时代。这些特征是这个时期本组合的重要特征并具有世界性意义。

（三）腕足类生物地层单位

腕足类在二叠系也比较发育，共计发现 39 属 23 种，主要分布在中下二叠统鲁谷岩组中，具有 32 属 18 种。我们综合研究了这个腕足类动物群的时代分布，建立了一个组合带：*Urushtenia-Haydenella kiangsiensis* 组合带。

这个动物群见于鲁谷岩组上部，它们常同珊瑚 *Ipciphyllum-Iranophyllum* 组合带共生，其组成分子除代表者外，还有 *Neoplicatifera huangi*，*Marginifrta himalalyaensis*，*Paraplicatifera* sp. *Phricodothyris asiatica*，*Perigeyerella* sp.，*Comuquia* cf. *himalayaensis*，*Chonetes* cf. *plicatiformis* 等，上述化石 *Urushtenia*，*Haydenalla kingsiensis*，*Neoplicatifera huangi* 等都是华南茅口阶的典型代表。由此，该组合带代表下二叠统上部茅口阶的腕足类组合带。

（四）放射虫

鲁谷岩组硅质岩中所分析出的 *Entactinosphaera* sp.，*Latentistula* sp. *Pseudoalbaillella longtanensis* Sheng and Wang，*Pseuboalbaillella fusiformis*（Holdsworth and Jones），*Ruzhencevispongus uralicus* Kozur，*Pseudoalbaillella sakmarensis*（Kozur），*Pseudoalbaillella* sp. 等，其时代为早中二叠世隆林期—茅口早期。

二、三叠纪生物地层及年代地层

羌塘盆地三叠纪的生物发育程度较好，但此时古生代不少门类属种在二叠纪末已告绝灭，如䗴类、大部分腕足类科、属；珊瑚中的四射、床板等也不复出现，而代之以六射珊瑚的兴起。仅就图区而言，上三叠统地层中获得生物化石比较稀少，只有腕足类 14 属 12 种，双壳类 6 属 4 种，孢粉 8 属 1 种，植物 1 属，并多来自地质路线中，显然仅以此来建立生物地层单位是不现实的。为了有效反映这一时期生物群面貌，我们放眼于羌塘盆地西区，发现上三叠统地层中古生物化石十分丰富。经我们不完全的收集整理发现，各门类化石多达 13 个门类，150 余属，150 余种（包括相似种，下同）。就门类来看，以双壳类、腕足类、孢粉最为繁盛，其属的数量占总数的 75%，种的数量是总数量的 79%。次为珊瑚，有属 28 个，种 16 个，其他为菊石、牙形石、介形虫、有孔虫、藻类、水螅、腹足类、鱼类（鳞片、牙）和植物等，但属、种均在 10 个以下。而时代意义较强者，当首推双壳类和牙形石，次为腕足类，其他皆因演化缓慢，延时较长，时代意义不大。此前，在羌塘盆地西区只有中石油青藏石油勘探项目经理部（QT96YZ－01）和赵政璋等（2001）作过双壳类、腕足类、牙形石和孢粉 4 个门类生物地层单位划分的初步尝试。我们在此基础上加入近年来获得的一些新成果，作了补充和修订。

综上所述，我们着眼于羌塘盆地西区建立了双壳类、腕足类、菊石、珊瑚、牙形石、孢粉和植物等生物地层单位各 1 个，各生物地层单位之间以及与年代地层之间的对比关系，综合列于测区上三叠统生物地层单位划分综合对比表（表 2-2-2）中。

表 2-2-2　测区上三叠统生物地层单位划分综合对比表

<table>
<tr><td colspan="3">年代地层</td><td colspan="5">生　物　地　层</td></tr>
<tr><td>系</td><td>统</td><td>阶</td><td>双　壳　类</td><td>腕　足　类</td><td>珊　瑚　类</td><td>孢　粉</td><td>植　物</td></tr>
<tr><td rowspan="3">三叠系</td><td rowspan="3">上统</td><td>瑞替阶</td><td></td><td></td><td></td><td rowspan="2">Dictyophyllidites-Clathroidies cf. papulosus 组合带</td><td rowspan="2">Dictyophyllum-Clathropteris 组合带</td></tr>
<tr><td>诺利阶</td><td>Indopecten-Palaeocardita 组合带</td><td>Caucasorhynchia kunensi-Rhaetina taurica 组合带</td><td rowspan="2">Margarosmilia-Stylohphyllopsis-Volzeia 组合带</td></tr>
<tr><td>卡尼阶</td><td></td><td></td><td></td><td></td></tr>
</table>

（一）双壳类生物地层单位

双壳类动物群在测区只在路线上有少量发现，不足以单独进行生物地层单位的建立。但放眼图幅所在的羌塘盆地西区，经我们的收集整理，已发现40余属，60余种，主要分布在菊花山组，土门格拉群和肖茶卡群地层中，并以广见于各地上三叠统诺利阶的属种最为突出，卡尼阶和瑞替阶的典型分子极为少见。因此，我们只建立了代表诺利期的1个双壳类动物群生物地层单位，即 *Indopecten-Palaeocardita* 组合带。

Indopecten-Palaeocardita 组合带主要产出层位是上三叠统，以才多茶卡剖面为基础而建立。其组成分子主要有 *Indopecten calamiscriptus* Zhang, *I. himalayensis* Wen et Can, I.（*H.*）*variocostatus* Wen et Can, *I. serraaticostus*（Bittner）, *I. glabra minor* Zhang, *I. zogangensis* Zhang; *Palaeocaruca bunuca* Bohm, *P. langnongensis* We et Len, *P. singularis* Healey; *Cardium*（*Tulongocardium*）*nequan*, Healey, *Chamys jindingensis* Chen, *Emtolium quotidianum*（Healey）, *E. tenuistriatum rotumdum* Chen, *Halobia yanlongensis*, *Myophoria*（*Costatoria*）*mansuyi* Hsu, *M.*（*C.*）*minor* Chen, *Monotis*（*M.*）*salinaria* Bronn, *Myophoricardium tulongensis* Wen et Lan, *Myophoria*（*Ekgantinia*）*venusta* Chen, *Prototrigonia seranensis*（Krumbeek）, *Schofhaeutlia sphaerioides*（Bottger）, S. *gigantea*（kraumbeck）, *I. Calamiscriptus*. *I. glabra minor*, *P.* cf. *globiformis*, *Krumbeckiella* cf. *subtimorensis*, *Holobia* sp. 等。上述代表分子和组合分子都是各地上三叠统诺利阶的典型和常见分子，具种群多样、层位稳定的特征，其代表时代属诺利期无疑。

（二）腕足类生物地层单位

经我们对前人和近年来1∶25万区调中获得一些成果的收集、整理发现，在若拉岗日群、菊花山组和土门格拉群中有腕足类动物群30余属30余种。上三叠统虽然属种不少，但一般多是某个时期的非标准分子，只有少数为诺利阶的常见属种。前人只有中石油青藏石油勘探项目经理部（QT96YZ－01），首次对羌塘盆地西区该动物群建立了诺利阶一个生物地层单位。我们在此基础上作了修订，建立了 *Caucasorhynchia kunensi-Rhaetina taurica* 组合带。

Caucasorhynchia kunensi-Rhaetina taurica 组合带的组合分子主要有 *Caucasorhynchia kunensis* Dagys, *C.* cf. *kunensis* Dagya, *Crurirhynchia kiparrisovae* Pagys, *Rhaetina taurica* Moisseier, *R.* cf. *taurica* Mosseier, *Rhaetinopsis pentagonalis* Sun, *R. zadoensis*, *Amphiclina intermedia* Bittner, *A. taurica*（Moisseier）, *Euxinella levintina*（Bittner）, *Eoseptaliphoria tulungensis*, *Dierisma simokaexa* Sun, *Aulacothyropsis Pentagonalis* Sun, *Koninckina leonherd*, *K.* cf. *elegentula*（Bittner）, *Loballopsis zangbeiensis*, *Oxycolpella* cf. *rectimarginata*, *Paralaballa zangbeiensis*, *Qilianoconcha curviformis* Bittner, *Pseudorugitela pulchalla*（Bittner）, *Sacothyris sinosa*（Jin et Tang）, *Timorhynchia nimassica*（Krumbeck）, *T. sukcata* Sun et Ching, *Zeilleria lingula* Ching, Sum, et Ye, *Z. moisseiev* Dagys, *Z. bukowski*（Bittner）, *C.* cf. *trigonatis*, *C.* cf. *subfissicostata*, *Triadithyris* sp.，*Rhaetinopsis zadoensis*, *Rhaetina pentagonalis*, *R.* cf. *jomdaensis* 等。上述生物群组合总的代表了上三叠统诺利阶腕足类

动物群特征，但其中的 *Caucasorhynchia kunensis* 曾见于川西曲嘎弄组，并被四川岩石地层清理小组列为卡尼阶 *Sangqiaothyris elliptica-Lobothyris robinsoni* 组合中的组成分子之一；*Oxycolpella* cf. *rectimarginata* 的原型种，曾被赵金科（1980）列为喜马拉雅区卡尼阶 *Neoretzia tibetensis-Oxycolpella oxycolpos-Sangiaothyris elliptica* 组合的组成分子等，因此我们将该组合带定为卡尼晚期—诺利期的组合带。其层位大致同双壳类 *Indopecten-Palaeocardita* 组合带相当。

（三）孢粉生物地层单位

测区上三叠统地层中目前所获孢粉化石很少，总的只见 7 属 1 种，出自若拉岗日群和藏夏河组，但放眼羌塘盆地西区，经我们对前人和新近成果的收集、整理，已发现有 41 属 25 种，主要来自土门格拉群含煤碎屑岩和细碎屑岩层中，其次在菊花山组的泥灰岩、泥质灰岩中也有所发现。此前对上三叠统孢粉生物地层单位很少有人涉及，我们在综合研究对比现有成果的基础上，建立了羌塘盆地西区上三叠统的一个孢粉生物地层单位，即 *Dictyophyllidites-Clathroidites* 组合带。

Dictyophyllidites-Clathroidites 组合带分布在蒂让碧错北剖面（DRP）第 11～15 层，发现孢粉类型较多，但每一属种的孢粉数量均不多，无法看出优势分子。该组合带的主要组成分子有 *Didtyophyllidites* sp.，*Clathroidites* cf. *papulosus*，*Cadargasporites granulatus*，*C. raticulatus*，*Lueckisporites ruttnari*，*Lycopodiacidites* cf. *rugulatus*，*Megamonoporites cacheutensis*，*O? . smundacidites wellemanii*，*O. elegans*，*Ovaliporis lunzensis*，*Psophosphaera bullulinaeformis*，*Pseudowalchia landessi*，*P. ovalis*，*Semiretisporis lycopodioides*，*Schizosporites* cf. *parvus*，*Taeniaesporites noviaulensis* 及 *Classopollis annulatus*，*C. monostriates* ，*C. paruns*，*Klukisporites variegatus*，*Assoretosporagyrata* 等。其中所列该组合带的 *Dictyophyllidites* 和*Clathroidies* cf. *papulosus* 两个属，是四川上三叠统须家河组地层中的重要分子和优势种群，并具有演化快，延续时间短的特征。还有 *Ca. granulatus*，*Ca. raticulatus*，*Lueckisporites ruttnavi*，*Lycodiacidites* cf. *rugulatus*，*Me. cacheutensis*，*O. luniensis*，*Pseudowalchia landessi*，*P. bullulinaeformis*，*S. lycopodiodes*，*I. novianlensis* 等，广见于四川、贵州、云南、湖北等地上三叠统的须家河组、火把冲组、一平浪组、武昌群下煤组，并与英国、瑞士、奥地利等晚三叠世的孢粉组合相似。所有这些都说明，*Dictyophyllichites-Clathroidites* 组合带是指示晚三叠世以诺利期为主，有可能跨瑞替期的一个孢粉组合带。

（四）珊瑚生物地层单位

珊瑚动物群在测区上三叠统地层中仍未见及，但就羌塘盆地西区而言，近年来有了较多的发现。据我们不完全的收集、整理，已发现 28 属、16 种，主要分布在土门格拉群和菊花山组地层中。此前尚无人对其作过生物地层单位的划分，现经我们分析、对比研究，拟新建一个生物地层单位，即 *Margarosmilia-Stylohphyllopsis-Volzeia* 组合带。

组成该组合带的主要分子有 *M. zieteni*（Klipstein），*M. zogangensis*，*Sylophylopsis* sp.，*Volzeia degeensis* Deng et Zhang，*V. chagyabensis* Deng et Zhang，*Margarophyllum decora* We，*Montliviltia narica*，*Myriophyllum munsteri* Xia et Liao，*Craspedophyllia cristata* Volz，*Pachythecopora pachytheca*，*Paromghalophyllia sparsa* Deng et Zhang，*Retiophyllia eudenticulata*（We），*Thamnasteria rectimellosa*，*Thecosmilia weberi* Vinassa et Regny，*T.* cf. *clathrata*，*T. eudenticulata*，*T. fenestrata* 等。其中 3 个代表属在区域上都只见于晚三叠世，*Margarosmilia* 更是中特提斯分布最广的属，在意大利北部的南提罗尔和帝汶的晚三叠世地层中均有见及；*Volzeia degeensis*，*V. chegabensis* 在川西、藏东上三叠统卡尼阶的曲嘎寺组、东达村组中比较常见，其他属种都是各地晚三叠世的常见属种。因此，该组合带可视为羌塘盆地西区晚三叠世卡尼期—诺利期的珊瑚生物地层单位。

（五）植物生物地层单位

三叠纪古植物化石在测区内发现较少，只在蒂让碧错北剖面中发现保存较好的 *Clathropteris meniscioides*，该属是我国南方晚三叠世—中侏罗世早期（$T_3-J_2^1$）植物群（*Dictyophyllum-Clathropteris*）

的代表分子，它也常出现于川西藏东和四川盆地须家河组（T_3^{2-3}）含煤地层中。在邻区发现保存较差的中国奇脉羊齿（*Hyrcanopteris sinensis*）、有节类似木贼（*Equsetites*）也属相同层位。由此可见，该植物群时代为晚三叠世诺利晚期—瑞替期。

三、侏罗纪生物地层及年代地层

测区侏罗纪古生物群比较丰富。据不完全统计有 14 个门类，243 属 577 种，分异度较高者仅有双壳类、腕足类和孢粉，双壳类有 74 属 212 种，腕足类有 23 属 117 种，孢粉 81 属 149 种，菊石 24 属 31 种，有孔虫 16 属 16 种，腹足 12 属 12 种，其他如珊瑚、层孔虫、海百合、水螅虫、介形虫、藻类、海胆及植物等，属种都在 10 以内，以其时代意义看来，只有双壳类、腕足类和菊石比较突出。众多的生物门类主要分布在布曲组、索瓦组、白龙冰河组，雀莫错组和夏里组相对较少，雪山组则显贫乏。

对于羌塘盆地西区侏罗系生物地层的研究，主要在 20 世纪 90 年代中期，以成都环资所，川碳中心和江汉石油勘探开发研究院等为代表的石油地质调查工程队，根据各自工作成果并结合东区资料，曾对双壳类、腕足类、菊石和孢粉等门类作过生物地层单位的划分。此前西藏区调队（1986）也对中侏罗统的双壳类、腕足类和上侏罗统的菊石作过生物地层单位的初步划分。此后赵政璋、李永铁、罗建宁等（2001）在总结 1994 年以来各石油地质调查工程队资料的基础上，从羌塘地区总体出发，也提出了生物地层单位的划分意见。我们在前人划分的基础上，加入近年来各相关单位取得的部分成果，着眼于羌塘盆地西区，对双壳类、腕足类、菊石、孢粉和珊瑚五大门类生物地层单位的划分作进一步探讨。

根据对测区生物组合分析，建立了双壳类、腕足类和孢粉生物地层单位 9 个（表 2-2-3），其中双壳类 4 个，腕足类 3 个，孢粉 2 个。

表 2-2-3　测区侏罗系生物地层单位一览表

<table>
<tr><th colspan="3">年代地层</th><th colspan="3">生　物　地　层</th></tr>
<tr><th>系</th><th>统</th><th>阶</th><th>双　壳　类</th><th>腕　足　类</th><th>孢　粉</th></tr>
<tr><td rowspan="6">侏罗系</td><td rowspan="3">上统</td><td>提塘阶</td><td></td><td rowspan="2"></td><td rowspan="3">Classopollis annulatus-Lygodium-sorites 组合带</td></tr>
<tr><td>基末里阶</td><td>Buchia blanfordiana-Inoperna perplicatus 组合带</td></tr>
<tr><td>牛津阶</td><td>Entolium xizangensis-Radulopecten fibrosus 组合带</td><td>Thurmanells robusta-Rutorhynchia bipticata 组合带</td></tr>
<tr><td rowspan="3">中统</td><td>卡洛夫阶</td><td>Chlamhys (Radulopectus) tipper-Bositra buchii 组合带</td><td></td><td rowspan="2">Cyathidites-Neoruistrickia-Minerisporitesri-chardsoni 组合带</td></tr>
<tr><td>巴通阶</td><td rowspan="2">Camptonectes (C.) laminatus-Liostrea bimanica 组合带</td><td>Burmirhynchia-Holcothyris 顶峰带</td></tr>
<tr><td>巴柔阶</td><td>Lacunarhynchia lungchiangensis-Monsardithyris trineata 组合带</td><td></td></tr>
</table>

（一）双壳类生物地层单位

双壳类动物群无论在图区还是在羌塘盆地西区，都是中、上侏罗统分异度最高的一个门类，在测区内据不完全统计共有 74 属 212 种，种群在 10 个以上的属有 *Astarte*，*Anisocardia*，*Camptonectes*，*Liostra*，种群在 5～10 个的属有 *Arcomytilum*，*Chlamys*，*Corbula*，*Entolium*，*Lopha*，*Plagiostoma*，*Pleuromya*，*Radulopecten*，*Tancredia* 等，其余均在 5 个以下。其主要产出层位是中侏罗统布曲组和上侏罗统索瓦组，次为夏里组、白龙冰河组，雀莫错组和雪山组则相对较少。

对该动物群生物地层单位的划分，主要有西藏区调队、川碳中心、江汉石油勘探开发研究院、成都环资所和赵政璋等。我们在研究前人成果的基础上，根据本次调查采集的大量古生物化石作了补充和修订，其划分沿革见表 2-2-4。建立了 4 个双壳类生物地层单位，现自下而上分述如下。

表 2-2-4 测区中、上侏罗统双壳类生物地层单位划分沿革表

年代地层			西藏区调队(1986)	川碳中心(1996)	江汉石油勘探开发研究院(1996)	成都环资所(1996)	赵政璋等(2001)	本项目(2005)
系	统	阶						
侏罗系	上统	提塘阶		*Camptonectes* (*C.*) *abscurus*-*Loevitrigonia gibbosa* 组合		*Buchia blanfordiana*-*Inoperna Sowerbyana* 组合带		*Buchia blanfordiana*-*Inoperna perplicatus* 组合带
		基末里阶		*Lopha gragea*-*Pereginocan chayunnanensis* 组合	*Myopholas multicostata*-*Radulopecten fibrosus*-*Gervillella aviculoides* 组合		*Myopholas multicostata*-*Radulope cten fibrosus*-*Gervillella aviculoides* 组合	
		牛津阶		*Radulopecten fibrosus*-*Myopholus multicostata* 组合		*Gervillella aviculoides*-*Entolium xizangensis* 组合带		*Entolium xizangensis*-*Radulopecten fibrosus* 组合带
	中统	卡洛夫阶	*Myopholas multicotata*-*Gerillella carentalis*-*Inoperna sowerbyana*-*Camptonectes*(*C.*) *lens* 组合	*Chlamhys* (*Radulopectus*) *tipper*-*Ch.* (*R.*) *vagans*-*Cercomya* 组合		*Bostra buchii* 顶峰带	*Meleagrinella bramburiensis*-*Pronoella triangularis* 组合	*Chlamhys* (*Radulopectus*) *tipper*-*Bostra buchii* 组合带
		巴通阶	*Lopha asellus*-*Liostrea bimanica*-*Camptonectes* (*C.*) *la-minates*-*Chlamys*(*Radulopect-us*) *vagans*-*Ch.* (*R.*) *tipperi*-*Modiolus inbricatus* 组合	*Chlamys*-*Liostrea*-*Camptonectes* 组合	*Camptonectes* (*C.*) *laminates*-*Homomya gibbosa*-*Liostrea bimanica* 组合	*Camptonectes* (*C.*) *laminatas*-*Ceratomys concertrica* 组合带	*Camptonectes laminates*-*Radulopecten vagans* 组合 *Eomiodon angulatus*-*Isognomon*(*Myt-iloperna*) *bathonicus* 组合	*Camptonectes* (*C.*) *laminatas*-*Liostrea bimanica* 组合带
		巴柔阶					*Anisocardia gibbosa*-*Camptonectes auritus* 组合	

1. *Camptonetes* (*C.*) *laminatus-Liostrea bimanica* 组合带

其组成分子主要有 *Camptonectes* (*C.*) *laminatus*, *C.* (*C.*) cf. *punctatus* (Sotoliczka), *C.* (*C.*) cf. *rugosus*, *C.* (*C.*) cf. *lens*, *C.* (*C.*) *yanshipingensis* Wen, *C.* (*C.*) *subrigidus*, *C.* (*C.*) *tipperi*, *Liostrea alimena* (d'Orbighy), *L. birmanica* (Reed), *L. eduliformis*, *Anisocardia* (*A.*) *triangularis* (Bean), *A.* (*Anitiquicyprina*) *trapezoidalis* Wen, *Arcomytilus* cf. *bathonicas*, *A. pectinatus* Sow, *Astarte elegans* Sowerby, *A. voltzii* Goldfuss, *Ceratomya concentrica* (Sowerby), *Chlamys* (*Radulopecten*) *baimaensis* Wen, *Ch.* (*Radulopecten*) *vagans* (Sow.), *Ch. matapwaensis* Cox, *Corbula kidugalloensis*, *Cuspidaria ibbetoni*, *Eligmus* cf. *rollandi* Douville, *Entolium* cf. *laevis*, *E. coneolum*, *Eopecten inaequstrica*, *Gervillella aviculoides*, *G.* cf. *siligua*, *G. qinghaiensis*, *Goniomya* cf. *trapezicostata* (Pusch), *Gryphaea balli*, *Homomya gibbosa* (Sowerby), *Lopha asellus namtuensis*, *L.* cf. *costata*, *L.* cf. *zadoensis*, *Meleagrinella bolingensis*, *Meleagrinella* cf. *braamburiensis* (Phillips), *Meleagrinella jiangmaiensis*, *Modiolus* cf. *imbricatus*, *M. imbricatus* (Sowerby), *Myopholas* cf. *manderaensis*, *Ostrea calceola* Zieten, *Parvamussium pumilum* (Lamarck), *Phaladomya socialis*, *Plagiostoma* cf. *biiniensis* Cox, *P.* cf. *chamoma*, *Pleuromya* cf. *dengurtatus*, *P. fengdengensis*, *P. subelongata* (d'Orbigny), *P. uniformis* (Sowerby), *Plicatula* cf. *cochlear* Stefanini, *Praeexogyra acuminata*, *Pronoella pindiroensis* Cox., *Protocardia* cf. *consobrina*, *P.* cf. *hepingxiangensis*, *P. qinghaiensis*, *P. stricklandi*, *Pseudolimea duplicata* (Sow.), *Pteroperna sidonia*, *Radulopecten shuanghuensis* Wen, *R. tipperi* (Cox) 等。本组合分子在羌塘盆地西区稳定地见于布曲组中，少数分子可上延至夏里组中，而 *Protocardia* cf. *hepingxiangensis*, *Protocardia stricklandi*, *Pleuromya fengdengensis* 等是目前在雀莫错组中见到的为数不多的双壳类。它们所在的层位中，常有典型巴通期最为特征的 *Burmirhynchia*, *Holcothyris* 等相伴生，同时也是西欧巴柔期—巴通期的常见分子。上述组合中本次调查时在兄弟泉采获 *Ostrea calceola* Zieten 一种也产于西藏北部托玛尔的中侏罗统中，而 *Goniomya cf. trapezicostata* (Pusch) 一种原产于东非中侏罗统中。据此，以其代表巴柔阶-巴通阶的双壳类组合。

2. *Chlamhys* (*Radulopectus*) *tipper-Bositra buchii* 组合带

本组合带共生分子主要有 *Chlamys* (*Radulopecten*) *tipperi*, *Ch.* (*Radulopecten*) *vagans*, *Ch. laevis*, *Bositra buchii*, *Anisocardia* (*A.*) *aversi*, *A.* (*A.*) *togtonheensis*, *A.* (*Anitiquicyprina*) *trapezoidalis* Wen, *Antiquicyprina* cf. *lowerana*, *Astarte elegans* Sowerby, *Bositra buchii* Roemer, *Camptonectes* (*C.*) *yongosus* Wen, *C.* (*C.*) cf. *lens*, *C.* (*C.*) cf. *yanshipingensis* Wen, *Costigervillia minima*, *Ctenidodium combazii*, *C.* cf. *uzbekistanica* Repman, *C. ibbetoni* (Morris), *Cyathidites minor*, *Cyprina* cf. *muciformis*, *Gervillella* cf. *siligua*, *G. qinghaiensis* Wen, *Granodiscus granulatus*, *Inoperna sowerbyana* (d'Orbigny), *Liostrea alimena* (d'Orbighy), *L. birmanica* (Reed), *Lopha* cf. *costata* (Sowerby), *L.* cf. *zadoensis*, *Mactromya* cf. *aequalis*, *M. qinghaiensis* Wen, *Mesosaccella* cf. *morrisi*, *M.* cf. *manderaensis*, *Myopholas multicostata* (Agassiz), *Neocyassina* (*Pressastarte*) cf. *calvertensis*, *Nicaniella* (*Trautscholdia*) *aitkeni*, *Opis arcuata*, *Plagiostoma amdoense* Wen, *P.* cf. *biiniensis* Cox, *Pleuromya fengdengensis* Chen, *P. uniformis* (Sowerby), *Pronoella putealis* Cox, *P. qinghaiensis*, *P. striata*, *P. stricklandi* (Morris et Lycett), *Pseudotrapezium cardiforme*, *Radulopecten vagans* (Sowerby), *Tancredia* (*T.*) cf. *axiniformis*, *T. similis*, *Thracia togtonheensis* Wen 等。上述组合分子的延限时间多在卡洛夫期到牛津期，但以卡洛夫期为主，其代表分子 Bositra buchii 在测区南部一带特别富集，几乎全为该属种，这一特征也见于俄罗斯、印度、东非、南美等地。本次调查时在测区东北部兄弟泉一带相当层位中还采获 *Protocardia* cf. *stricklandi*, *Gryphaea emiensis* Reed, *Liostrea acuminata* (Sow.), *Pseudolimea duplicata* (Sow.), *L.* cf. *blanfordi* Cox 等，鉴定时代均为中侏罗世，故将其作为代表中侏罗统卡洛夫阶的一个组合带。

3. *Entolium xizangensis-Radulopecten fibrosus* 组合带

本组合带主要共生分子有 *Entolium coneolum*，*E. demissum*，*E. disciforme*，*E. mangqinongensis*，*E. xizangensis*，*Radulopecten* cf. *baimaensis*，*R. xizangense*，*Anisocardia*（*A.*）*togtonheensis*，*A.*（*Anitiquicyprina*）*trapezoidalis*，*A.*（*Antiquicyprina*）*elongata*，*Antiquicyprina* cf. *elongata*，*Arcomytilus* cf. *bathonicus*，*A.* cf. *pectinatus*，*A. nyanrongensis*，*Astarte amdoensis*，*A.* cf. *subminima* Cox，*A.* cf. *togtonheensis*，*A. kenti*，*A. nermanni*，*A. togtonheensis* Wen，*Astartoides dingriensis* Wen，*A. gambaensis*，*Camptonectes*（*C.*）*yanshipingensis* Wen，*C.*（*C.*）*yongosus* Wen，*C.*（*C.*）cf. *lens*，*Ceratomya concentrica*（Sowerby），*C. striata*（Sowerby），*Chlamys*（*Radulopecten*）*gigantea*，*Corbula* cf. *fusiformis*，*C.* cf. *tanganyicensis*，*C. kailtaensis*，*Costigervillia crassicosta*，*Cucullaea clathrata*，*C.* cf. *meilleana*，*Eligmus* cf. *rollandi* Douville，*Entolium coneolum*，*E. corneolum minor* Lin，*E. demissum*，*Entolium disciforme*，*E. mangqinongensis*，*E. xizangensis*，*Gervillella aviculoides*，*G.* cf. *siligua*，*G. orientalis*，*G. qinghaiensis*，*Goniomya intersectans*（Smith），*Homomya* cf. *rahmuensis* Cox，*Homomya gibbosa*（Sowerby），*Inoceramus* cf. *utanoensis* Kobayashi，*Liostrea simplex*，*Lopha asellus namtuensis* Reed，*L.* cf. *costata*（Sowerby），*L.* cf. *tifoensis* Cox，*L.* cf. *zadoensis*，*Mactromya qinghaiensis* Wen，*Meleagrinella* cf. *braamburiensis*（Phillips），*Myopholas acuticostata*（Sowerby），*M. multicostata*（Agassiz），*Parainoceramus* cf. *lunaris*，*Phaladomya socialis qinghaiensis* Wen，*Plagiostoma* cf. *biiniensis* Cox，*P. channoni*（Cox），*P. subelongata*（d'Orbigny），*Pronoella* cf. *minima* Gou，*Protocardia* cf. *hepingxiangensis*，*P.* cf. *rahmuensis* Cox，*P. qinghaiensis*，*P. subtrigonia*，*Pseudotrapezium cardiforme*（Deshayes）等。本组合绝大多数见于牛津阶，其中 *Radulopecten fibrosus* 是各家一致列为牛津阶或牛津阶-基末里阶的代表分子，也见于英国 Corsllian 组中，是欧洲牛津阶的常见分子。*Entolium* 一属中所列各种，在整个羌塘盆地内多见于索瓦组中。本次调查时在地质路线上其相当层位中还采获 *Radulopecten vagans*（Sowerby），*Astarte spitiensis* Stoliczka，*Radulopecten tipperi*，*Pleuromya fengdengensis* Chen，*Phaladomya elegantula* Lin 等，鉴定时代多为晚侏罗世。据此，将其作为代表牛津阶的双壳类组合。

4. *Buchia blanfordiana-Inoperna perplicatus* 组合带

本组合带是由成都环资所（1996）所建的代表基末里期—提塘期早期的双壳类组合带，本次调查时在本图幅内相当层位所采获的双壳类化石总体面貌与其基本一致，故本书沿用这一组合带。主要共生分子有 *Buchia banfordiana*（Stoliczka），*Inoperna perplicatus*，*I. sowerbyana*（d'Orbigny），*Anisocardia*（*A.*）*minima*（Sow.），*A.*（*A.*）*minima*（Sow.），*A.*（*A.*）*triangularis*（Bean），*A.*（*A.*）*togtonheensis*，*Arcomytilus nyanrongensis*，*Astarte* cf. *huralensis*，*A.* cf. *weissermeli* Dietrich，*A. elegans*，*Buchia banfordiana*（Stoliczka），*Camptonectes matapwaensis*，*C.*（*C.*）*laminatus*（Sowerby），*C.*（*C.*）*qualicosta*，*Ceratomya concentrica*（Sowerby），*Chlamys*（*Radulopecten*）cf. *tipperi* Cox，*Ch.*（*Radulopecten*）*rushdoensis*，*Ch.*（*Radulopecten*）*vagans*（Sow.），*Corbula* cf. *eamesi* Cox，*C.* cf. *fusiformis*，*C.* cf. *mandawaensis*，*C.* cf. *tanganyicensis*，*C. didimtuensis*，*C. kailtaensis*，*C. kidugalloensis*，*Costigervillia crassicosta*，*Entolium mangqinongensis*，*Grammatodon* cf. *kenyanus*，*Inoperna perplicatus*，*Isocardia* cf. *nitida*，*Liostrea acuminata*，*L.* cf. *blanfordi* Cox，*Lopha gregarea*，*Mactromya qinghaiensis* Wen，*Modiolus* cf. *yunnanensis*，*Modiolus imbricatus*，*Myopholas* cf. *manderaensis* Cox，*M. multicostata*，*Neithea* cf. *amanoi*，*Nuculana*（*Praesacella*）*juriana* Cox，*Phaladomya socialis qinghaiensis* Wen，*Plagiostoma multicostata*（Für.），*Pleuromya calceiformis*，*P. uniformis*（Sowerby），*Plicatula* cf. *producta*，*Praeexogyra tumida*，*Protocardia* cf. *lamellosa* Fan，*P.* cf. *stricklandi*，*P. qinghaiensis*，*Pseudolimea duplicata*，*Pteria* cf. *tutcher*，*Quenstedtia dingriensis*，*Tancredia triangularis* 等。本组合带是上侏罗统基末里阶常见分子或重要分子组合，在测区内同菊石 *Virgatosphinctes*，*Aulacosphinctes* 等共生，将其作为基末里期到提塘期早期的双壳类组合。

（二）腕足类生物地层单位

腕足类动物群在图区内也相对较多，目前共发现有23属117种之多，产出层位以布曲组为主，夏里组、索瓦组、雀莫错组次之，少数种属见于白龙冰河组，而雪山组则未发现有腕足类生物出现。其中种群在10个以上的属有 *Burmirhynchia*，*Holcothyris*，*Kutchithyris*，5～10个的属有 *Avonothyris*，*Kalli-rhynchia*，*Tanggulerarella*，余者都在5个以下。

对于这个动物群生物地层单位的划分，与双壳类一样主要有西藏区调队（1986）、川碳中心（1996）、江汉石油勘探开发研究院（1996）、成都环资所（1996）和赵政璋等（2001）。我们在分析研究前人成果的基础上，加入部分近年来的新成果，着眼于羌塘盆地西区，进一步做了补充和修订。划分沿革列于表2-2-5。现将我们的划分意见分述如下。

1. *Lacumaerhymchia lungchiangensis-Monsardithyris trineata* 组合带

该组合带的组成分子主要有 *Lacumaerhymchia lungchiangensis*，*L.* cf. *lungchiangensis*，*L. vergisson-ensis Aleras*，*Monsardithyris trineata*，*Rhynchonelloidella trigonalis* Mair Wood，*R. proxima* Rache，*R. praecusor* Roche，*Wattonithyris circumdata*（Deslongchamps），*W. moquensis*，*Avonothyris distorta*，*Burmirhynchia asiatica* Buckman，*B.* cf. *quinguipliocata*，*B. gutta* Buckman，*B. lobata*，*B. shanensis* Buckman，*Holcothyris acuminata* Buckman，*H.* cf. *tanggulaica*，*H. golmudensis*，*H. tanggulaica*，*H. trigonaris* Buckman 等。其代表分子，*Lacumaerhymchia lungchiangensis* 见于藏南聂聂雄拉组上部，扎达波林优秀沟组下部，据史晓颖（1987）研究，可与法国中巴柔阶对比；*Monsardithyris trineata* 在藏南产出层位与前者相同，在英、法等国常见与阿林期和巴柔期分子共生。*Rhynchonelloidella* 在特提斯区常与中、晚巴柔期分子共生。*R. proxina* 在法国见于巴柔阶顶部。由此，我们将该组合带作为中侏罗统巴柔阶的腕足类生物地层单位。

2. *Burmirhynchia-Holcothyris* 顶峰带

该顶峰带的组成分子，主要由 *Burmirhynchia* 和 *Holcothyris* 两属的种群和与之伴生的、当前只见于中侏罗统布曲组的 *Tangqularella abbrevia* Shi，*T. feraxa* Shi，*T. sphenoides* Shi，*T. rotunda* Ching，Sun et Ye. *Arcomytilum bathonicus*（Morris et Lycett），*Avonothyris sogxianensis* Sun，*A. subpentagona* Ching，Sun et Ye，*A. gothonicus* Ching，Sun et Ye，*A. tibetica* Ching，Sun et Ye，*Gusarella mucleala* Ching，Sun et Ye，*Lotharingella spides* 等组成。*Burmirhynchia*，*Holcothyris* 两属，据我们的收集整理，在羌塘盆地西区发现的种群共47种（包括cf、aff.），占中、上侏罗统腕足类动物种群总合的35%。前者共有24种，其中23种在布曲组中都能见到，但 *B. gutta* Buckman 可下延到雀莫错组，*B. cuneata* Ching，Sun et Ye、*B. flanilis* Ching，Sun et Ye，*B. lujiangensis* Reed、*B. nierongensis* Ching，Sun et Ye 和 *B. trilobata* 可上延到夏里组和索瓦组，个别如 *B. cuneata* 在白冰河组也偶有所见；只见于布曲组的是 *B. altilis* Ching，Sun et Ye，*B. bpalaiensis* Buckman，*B. costata*（Reed），*B. hasipawensis*，*B. irragularis*，*B. obessi* Buckman，*B. ovalis* Buckman，*B.* aff. *Praestans* 等。后者共23种，在中侏罗统布曲组中都能见到，但其中 *Holcothyris suboralis* Duckman，*H. trigomaris* Buckman 可下延到雀莫错组，*H. tenuis* Ching，Sun et Ye，*H. golmudensis* Ching，Sun et Ye，*H. tanggulaica* Ching，Sun et Ye，*H. trigomaris* Buckman 和 *H.*（*Pinguis*）var. *longisulcata* Reed，*H.*（*P.*）var. *olivaeformis* Reed 可上延到索瓦组，只见于布曲组的是 *H. brveseptata*，*H. cooperi*，*H. curvita*，*H. depressa*，*H. flexa* Buckman，*H.* cf. *lujiangensis* Reed，*H. macra* Buckman，*H. pinguis* Reed，*H. undulata* 等。这两属分布广泛，从我国的青海、西藏、云南到缅甸禅邦、泰国呵叻，在阿富汗、巴基斯坦、索马里、法国、摩洛哥、阿尔及利亚以及英国等地中侏罗世中期地层中都能见到，其时代多定为巴通期。但从上述我们对其在羌塘盆地西区产出层位的分析中可见，该两属的时代并不只限于巴通期，应该是始于巴柔期，繁盛在巴通期，上延到牛津期—基末里期，可能绝灭于提塘期，这点可以由与之共生的上侏罗统菊石动物群所佐证。但在中侏罗世巴通期达到顶盛时期，也是

表 2-2-5 测区中、上侏罗统腕足类生物地层单位划分沿革表

年代地层			西藏区调队(1986)	川碳中心(1996)	江汉石油勘探开发研究院(1996)	成都环资所(1996)	赵政璋等(2001)	本项目(2005)
系	统	阶						
侏罗系	上统	提塘阶		*Wottonithyris zodaensis-Kutchithyris pygmae* 组合				
		基末里阶		*Cymatorhynchia-Rhynchonelloiella-Turkmenithyris* 组合	*Monticlarella-Rutorhynchia* 组合		*Lacunosella rhombica-Meschiaalata* 组合	
		牛津阶		*Thurmanella rotunda-Rutorhynchia jieshanensis* 组合	*Lacunosella trilobatiformis-Pentithiris vulgaris* 组合 *Septaliphoria speptentrionalis-Thurmanella acuticosta* 组合	*Thurmanella rotunda-Rutorhynchia bipticata* 组合带	*Rutorhynchia jieshanensis* 组合	*Thurmanella rotunda-Rutorhynchia bipticata* 组合带
	中统	卡洛夫阶	*Thurmanella rotunda-Kutchithyris deqinensis* 组合			*Burmirhynchia-Holcothyris kutchithyris* 顶峰带	*Dzhangirhnnchia kokdzharensis-Dorsoplicathyris pentagonalis* 组合	
		巴通阶	*Burmirhynchia-Holcothris* 组合	*Burmirhynchia-Holcothyris-Tanggularella* 组合	*Pseudotubithyris-Tanggularella* 组合 *Burmirhynchia-Holcothyris* 组合	*Tanggularella-Avonothyris subpentagona* 组合带	*Burmirhynchia-Holcothyris* 组合	*Buromirhynchia-Holcothyris* 顶峰带
		巴柔阶					*Cymatorhynchia densecosta-Monsardithyris ventricosa* 组合 *Pthyctorhynchia duogecoensis-Tubithyris tibetica* 组合	*Lacunarhynchia lungchiangensis-Monsardithyris trineata* 组合带

客观存在的事实。因此，我们锁定其时代为中侏罗世巴通期。

3. *Thurmannella robusta-Rutorhynchia biplicata* 组合带

本组合带见于索瓦组，组成分子除代表属种外，还见有 *Thurmanella pentaptyca*，*T. rotunta*，*Rutorhynchia jieshanensis*，*R. quadplicata*，*Avonothyris distorta*，*A. lohringensis*，*Burmirhynchia luchungensis*，*B. altilis*，*B. asiatica*，*B. cuneata*，*B. flabilis*，*B. lobata*，*B. nyainrongensis*，*B. quinquiplicata*，*B. shanensis* Buckman，*B. trilobata*，*Carainirhynchia rossica*，*Dorsoplicathyris pentagonalis*，*Epithyris oxonica*，*E. perbellus*，*Holcothyris golmudensis*，*H. tanggulaica*，*H. tenuis*，*Homaliarhynchia minuta*，*Kallirhynchia pygmae*，*Kutchithyris anongensis*，*K. dengqensis*，*K. pygmae*，*K. tibetica*，*Lacunosella rhombica*，*Lobothyris moquensis*，*Moquellina arcuata*，*Pseudoglossothyris nana* Buckman，*Rhynchonelloidea proxima*，*Septaliphoria compta*，*S. pulchra*，*Somalirhynchia moravica*，*Wattomithyris pygmae*，*Lacunosella trilobatiformos*，*L. trilobata*，*L. rhombica* 等，上述腕足类组合分子，在测区内目前多见于晚侏罗统牛津阶，有少数分子下延至卡洛夫阶。其中 *Rutorhynchia* 是晚侏罗世才出现的属，所列各种主要来自索瓦组各条剖面，也见于喀喇昆仑地区红其拉甫组。*Lacumosella trilobatiformis* 曾被史晓颖等（1991）作为北羌塘盆地牛津阶的代表分子之一，*L. rhombica* 曾被赵政璋等（2001）列为牛津晚期-基末里期的腕足类组合的领头分子，也是喀喇昆仑地区红其拉甫组 *L. xinjiangensis-Torquirhynchia karavorumensis* 组合中的重要分子。在地质路线上其相当层位中还采获 *Kallirhynchia robusta*，*K. namtuensis*（Buchman），*Kutchithyris tibetica*，*Sogxianthyris trigonus* 等，鉴定时代均为晚侏罗世，而 *Kallirhynchia* 一属在欧洲也出现于晚侏罗世。由此，我们将该组合带视为上侏罗统牛津阶的腕足类生物地层单位。

（三）孢粉生物地层单位

在测区侏罗纪地层内前人和本次调查采获的孢粉十分丰富，共发现有 81 属 149 种之多。其中裸子类植物孢粉 20 属 60 种，蕨类孢子 61 属 89 种。经不同的学者分析鉴定，以 *Classopollis* 占优势。前人采集的大量孢粉化石，为建立测区侏罗系孢粉生物地层单位提供了良好素材。我们在总结前人成果的基础上（表 2-2-6），经过补充和修订，建立了两个孢粉生物组合带。

表 2-2-6 羌塘盆地西区侏罗系孢粉生物地层单位划分沿革表

年代地层			川碳中心（1996）	成都环资所（QT96YZ—01）（1996）	本项目（2005）
系	统	阶			
侏罗系	上统	提塘阶	*Classopollis-klukisporites* 组合	*Classoporillis-klukosporites* 组合带	*Classopollia annulatus-Lygodiumsorites* 组合带
		基末里阶			
		牛津阶			
	中统	卡洛夫阶	*Classopollis-Osmundacidites* 组合	*Classopollis-Cyathidites-Neoraistrickia* 组合带	*Cyathidites-Neoraistrickia-Minerisporites richardsoni* 组合带
		巴通阶			
		巴柔阶			

1. *Cyathidites-Neoraistrickia-Minerisporites richardsoni* 组合带

该组合带主要见于独雪山剖面的布曲组和那底岗日剖面布曲组中部和夏里组。其主要组成分子有大孢子 *Minerisporites richardsoni*，*M.* spp. *M.* sp. nov，*Pesillitriletes phyllicus*，*Aneuletes* sp. 和少量 *Trileites* sp. 等。*M. richardsoni* 最早见于英国中侏罗统，后在波兰、德国和我国的同期地层中均有发现；*P. phyllicus* 广泛分布于国内外的中侏罗统，但在波兰、丹麦上侏罗统中也有发现，蕨类植物孢子中的 *Cyathidites* 在布曲组和夏里组中都是常见而主要出现的分子，在独雪山布曲组中含量最高可达 11%，次有 *Neoraistrickia*，*Punctatisporites*，*Boculatisporites*，*Canbaculatisporites*，*Klukisporites* 及

Osmundacidites 等。裸子植物花粉中 *Classopolis* 占压倒多数，在独雪山剖面布曲组中，最高含量达 70%～80%，在那底岗日剖面的布曲组中部到夏里组上部，所占比例达 75%～95%，其主要种群有 *C. atmulatus*, *C. classoides*, *C. major*, *C. parvus*, *C. triangulus*, *C. tristriatus* 等，次有 *Cycadspetes* 及少量 *Caytompolle nites*, *Chasmatosmato sporites*, *Eucomidites* 等。其中的 *Classopollis* 是侏罗纪到早白垩世都比较繁盛的一个属，单独出现在地层中很难判定其所在地层的确切时代。*Neoraistrickia* 数量虽少，但还未见在上侏罗统中出现。因此，我们以此组合带作为中侏罗统的一个孢粉生物地层单位。

2. *Classopollis annulatus-Lygodiumsprites* 组合带

该组合带主要见于那底岗日剖面上侏罗统索瓦组—雪山组下部，以裸子植物花粉占绝对优势，含量达 80.2%～96.4%，而蕨类植物孢子只占 3.2%～19.8%。在裸子植物花粉中 *Classopollis* 含量最高 47.1%～94.4%，主要种群是 *C. annulatus*, *C. monostriatus*, *C. multistriatus*, *C. qiyungulus*, *C. torosus*，次有 *Chasmatosporites*, *Cycadopiotes*，还偶见 *Pristinuspollenites* 等。其中 *C. annulatus* 是开始出现在中侏罗世，繁盛于晚侏罗世，衰落于早白垩世的一个属种。蕨类孢子以出现 *Lygodiumsporites*, *Concavissimisporites*, *Ischyosporites*, *Pristinuspollenites* 为特征，而区别于中侏罗世孢粉生物地层单位，也见有上延的 *Klukisporites*。含量较高者为 *Lyathidites*，次有 *Stereisporites*, *Osmundacidites*, *Lygodiumsporites* 是晚侏世才开始出现的属，前人列为上侏罗统代表分子的 *klukisporites* 延续时间较长，在剖面中从布曲组到雪山组都有它的存在。因此，我们将该组合带作为上侏罗统的一个孢粉生物地层单位。

四、白垩纪生物组合及年代地层

阿布山组出露面积小，仅见于双湖西阿布山一带。截至目前在阿布山组中共发现植物、孢粉、藻类和腹足类 4 个门类的化石。植物 *Cupressinocladus* sp., *Dicotylophyllum*? sp., *Equisetites* sp.；孢粉 *Classopollis annulates*, *Ginkgoretectina* sp., *Multicellaeporites* sp., *Salviniaspora* sp., *Ilexpollenites* sp., *Taxodiaceaepollenites* sp., *Lycopodiumsporites* sp., *Composteipollenites* sp., *Tsugaepollenites* sp., *Araucriacites* sp., *Biretisporites* sp., *Classopollis* sp., *Cicatricosisporites* sp., *Cycadopites* sp., *Densosporites* sp., *Deltoidospora* sp., *Extratriporopollenites* sp., *Monosulcites* sp., *Psophosphera grandis*, *Pterisisporites* sp., *Schizaeoisporites* sp., *Tricolporopollenites* sp., *Undulatisporites* sp., *Welwitchiapites* sp., *Laevigatosporites* sp., *Ephedripites* sp., *Chasmatosporites minor*, *Pseudopicea variabiliformis*, *Pinuspollenites* sp., *Triporopollenites*；藻类 *Concentricystis* sp.；腹足类 *Viviparus* sp.。

这一生物组合中孢粉 *Classopollis* sp. 占绝对优势，数量达 92%～97%。这一特征与世界各地侏罗系—白垩系孢粉组合特征一致。在我国这一属繁盛于晚侏罗世—白垩纪。由于 *Extratriporopollenites* sp., *Tricolporopollenites* sp., *Triporopollenites* 等裸子植物花粉的存在而排除了本套地层属晚侏罗世的可能。而这类花粉类型单调，数量稀少又有别于晚白垩世多类型被子植物孢粉组合特征，同时 *Classopollis* 在晚白垩世数量大量减少，与本组合大不相同，因此排除有属晚白垩世的可能。结合古地磁研究成果（朱同兴等，1996），可以认定本套地层为下白垩统凡兰吟阶—欧特里阶（图 2-2-7）。

五、新生代生物组合及年代地层

测区内新生界包括古近系康托组、唢呐湖组和鱼鳞山组。截至目前，仅获少量化石。

康托组中曾采有双壳类 *Sphaerium* aff. *nitidum*, *Sphaerium* sp.，介形虫 *Ostracoda* sp., *Sinocypris funingensis*, *Eucypris* sp., *Cyprois* sp., *Candona*? sp.，藻类 *Lychnothamnus subeiensis*, *Characeae* sp.，孢粉 *Abietineaepollenites microalatus* cf. *major*（大型单束松粉），*A. microalatus* cf. *minor*（小型单束松粉），*Alnipollenites verus*（桤木粉），*Aluns* sp., *Amicroalatus* cf. *mafor*（大型单束桦粉），*Araucariacites* sp., *Betulaceoipollenites prominens*（显环拟桦粉），*B.* sp., *Caryapollenites*（山核桃粉），*Caryophyllidites*（石竹粉），*Cedripites*（雪松粉），*Celtispollenmites*（朴粉），*Che-*

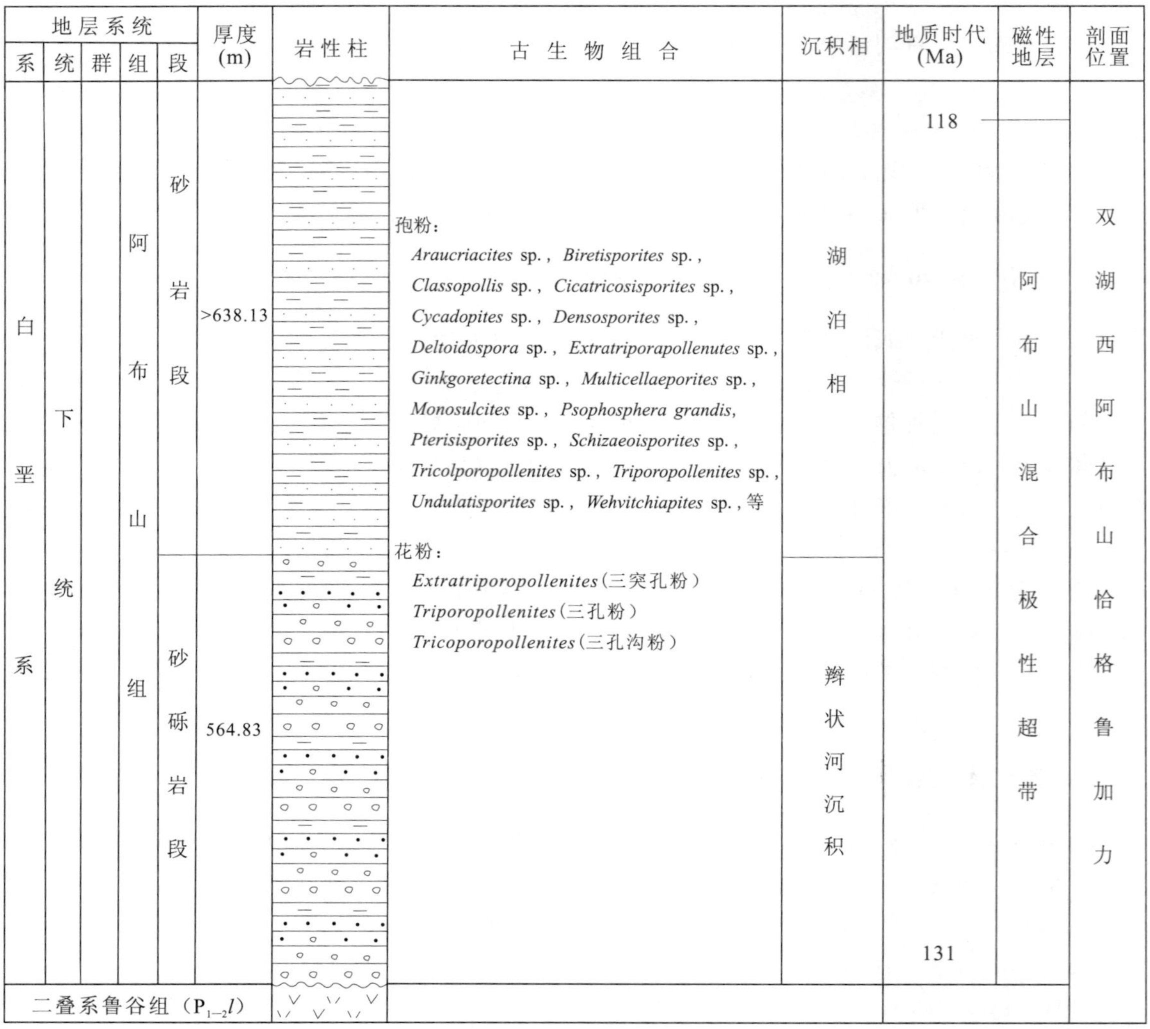

图 2-2-7　阿布山白垩系剖面多重地层划分与对比综合柱状图

nopodiopllis kochioides（地肤型藜粉），C. minor（小藜粉），Chenopodipollis multiporatas（繁孔藜粉），Classopollis sp.，Compositae（菊科），Convolnus（旋花科），Corylus sp.，Engelhardtidites（黄杞粉），Ephedripites fushunensis（抚顺麻黄粉），Euphorbiacites（大戟粉），Fupingopollenites（伏平粉），Graminidites（禾木粉），Ephedripites（麻黄粉），Labitricolpites（唇形三沟粉），Liliacidites（百合粉），Liquidambarpollenites sp.（枫香粉），Lonicerapollis（忍冬粉），Magnastriatites（粗肋粉），Meliaceoidites（楝粉），Momipites cf. coryloids（拟榛粉），Multicecellaeqporites sp.，Nitrariadites（拟白刺粉），Osmundacidites（紫萁孢），Persicarioipollis sp.，Piceaepollenites sp.（云杉粉），P. tobolicus，Pinuspollenites（松粉），Podcarpidites（罗汉松粉），Polyopdiaceaesporites hardti（哈氏水龙骨单缝孢），Polypodiaceaesporites cf. major（大型双束桦粉），Polypodiisporites favus（巢状瘤纹水龙骨单缝孢），Polypodiisporites（拟水龙骨孢），Psophosphera sp.，Pterocarya sp.，Qinghaipollis（青海粉），Quercoidites（栎粉），Quercus sp.，Randiapollis（鸡爪勒粉），Retitricolpites（网纹三沟粉），Rutaceoipollenites（云香粉），Salixipollenites（柳粉），Scabiosapollis（山萝卜粉），Taxodiaceaepollenites sp.，Taxodiaceaepollenites（落羽杉科粉），Tricolpites（三沟粉），Tricolpollenites（三孔沟粉），Triporopollenites（三孔粉），Tsugaepollenites sp.（铁杉粉未定种），Tubulifloridites（管花菊粉），Ulmipollenites minor（小榆粉），Ulmipollenites miocaenicus（中新世榆粉），Ulmipollenites sp.（榆粉未定种），Ulmipollenites stillatus（点皱榆粉），Ulmipollenites（榆粉）。

康托组由于化石相对稀少，对其时代众说纷纭。中石油青藏项目经理部（1996）综合研究报告依据其在阿布山剖面中采获的蕨类植物孢子 *Onychium* sp.，裸子植物花粉 *Pinus* sp.，*Cupressaceae*；木本被子植物花粉 *Betula* sp.，*Pterocarya* sp.，*Almus* sp.，*Corylus* sp.，*Quercus* sp.，*Fagus* sp.；草本被子植物花粉 *Gramineae*，*Chenopodiaceae* 等，以喜温的木本被子植物为主，代表温暖而湿润的气候，而将其定为新近纪中新世。但在玛尔果茶卡剖面（吴瑞忠等，1986）采获有腹足类 *Gosavia humberiti*，*Physa* sp.，*Teinostoma zongpuense*，*Arrhoges* sp. 和介形虫 *Sinocypris funingensis*，*Eucypris* sp.，*Cyprois* sp.，*Candona*? sp.，*Candoniella*? sp. 等，将其时代定至古近纪中、晚期。江汉石油管理勘探开发研究院（1998）依据在测区中东部雀姆东达剖面采获孢粉而将其时代定至古近纪渐新世。可见，康托组虽然在整个羌塘盆地内出露较多，但由于其总体为一套河流-山麓相沉积，化石稀少，其时代存在很大争论。

本次调查时，在测区北部多处见到古近纪中、晚期鱼鳞山组火山岩不整合于唢呐湖组之上。而测区内唢呐湖组又不整合于康托组之上，再结合在康托组中所发现的孢粉生物组合，推定康托组时代应为古近纪始新世。

唢呐湖组为一套河流-湖泊相沉积，化石非常稀少，仅在双湖北剖面发现木本植物花粉 *Betula* sp.（桦属），*Alnus* sp.（桤木属），*Auercus* sp.（栎属），*Carpinus* sp.（鹅耳枥属），Sapindaceae（无患子科），草本植物花粉 Gramineae（禾本科），*Artemisia* sp.（蒿属），Chenopodiaeeae（藜科），Caryophyllaceae（石竹科）等。由于与下伏始新统康托组、上覆始新统-渐新统鱼鳞山组均呈不整合接触，故其时代只能定至始新世中、晚期。鱼鳞山组火山岩样品（在图幅北部跃进口附近和美日切错地区）同位素年龄在 32.6～42.6Ma 之间，其地质年代为古近纪始新世—渐新世。

第三节　层序地层

一、层序地层划分与描述

（一）三叠系层序地层划分与描述

测区三叠系土门格拉群主要出露在图幅南东蒂让碧错、多涌、孔纳木索阿日一带，地层走向近东西向展布。现以双湖特别区蒂让碧错北上三叠统土门格拉群剖面为代表，阐述三叠系野外露头层序地层的划分。

在上三叠统土门格拉群剖面上共识别出 3 个三级层序、1 个超层序（二级层序）。层序划分详见表 2-3-1、图 2-3-1。

表 2-3-1　测区上三叠统层序地层划分表

系	统	群	层号	厚度（m）	沉积相	边界类型	体系域	Sq	Ss	Ms
三叠系	上统	土门格拉群	24～26	233.10	决口扇	Sb_2	HST	3	1	1
			17～23	192.62	天然堤		TST			
			16	5.98	分支水道		SMST			
			11～15	82.37	分流间湾	Sb_2	HST	2		
			8～10	220.62	席状砂		TST			
			3～7	480.01	砂坝、席状砂	Sb_2	HST	1		
			2	314.68	滨外沉积		LST			

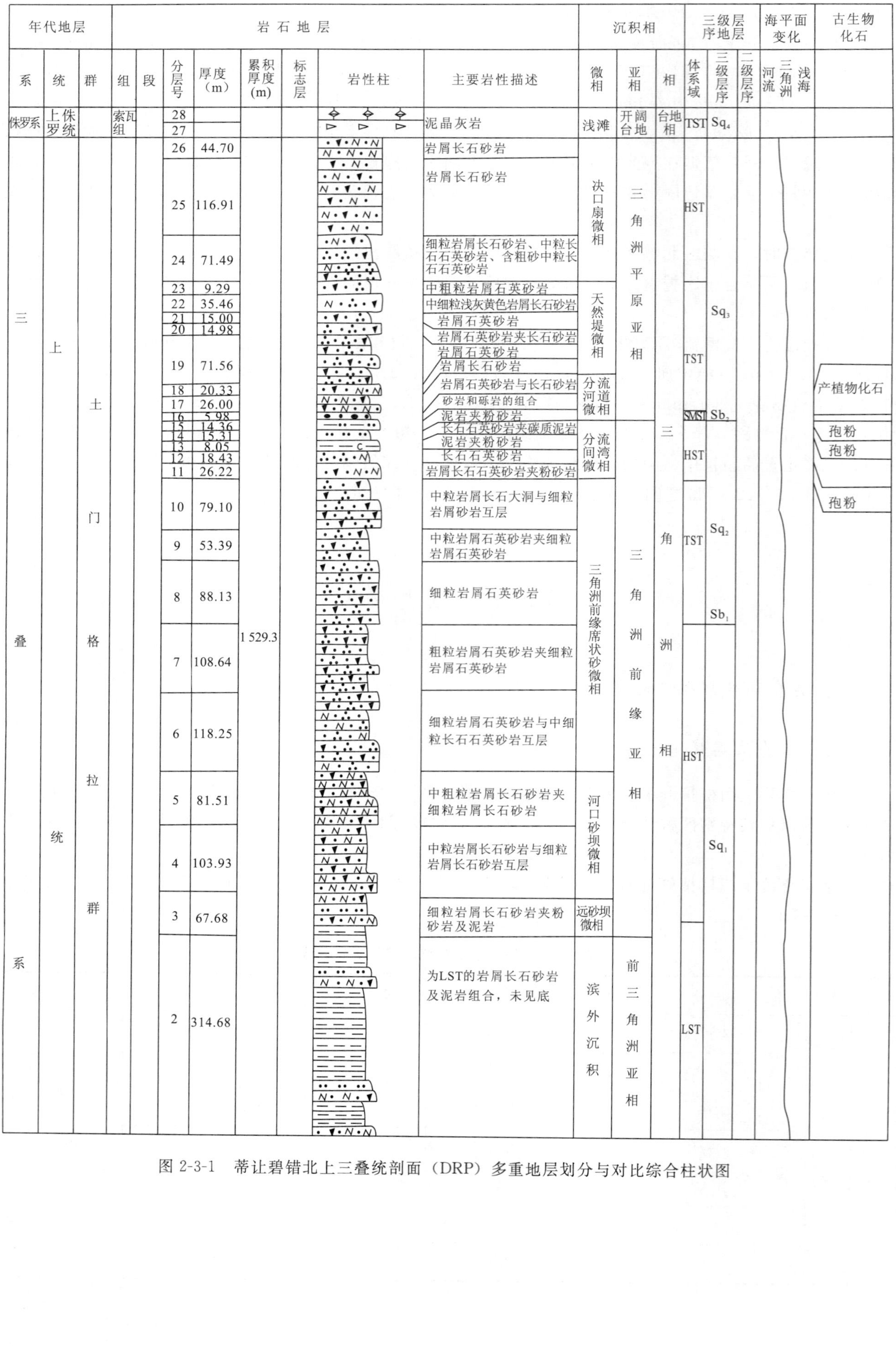

图 2-3-1　蒂让碧错北上三叠统剖面（DRP）多重地层划分与对比综合柱状图

1. Sq_1 层序

底界面：该层序底部被古近系地层覆盖，未见底，层序发育不全，界面性质不明。

海进体系域（LST）：位于土门格拉群下部，厚约 314.68m，为灰色泥质粉砂岩、深灰色薄层状泥岩、灰色钙质泥岩夹灰色中-薄层状细粒岩屑砂岩、灰色细砂岩、长石石英砂岩等。砂岩平行层理发育，泥岩水平层理发育，含较多植物碎片，以滨外沉积为主，由前三角洲相泥岩、粉砂质泥岩组成向上变深的退积型沉积序列。

高位体系域（HST）：厚约 480.01m，以灰色薄-中-厚层状细粒长石石英砂岩、灰色中-厚层状中细粒岩屑砂岩为主，少量灰色泥岩、粉砂质泥岩、灰色中-薄层状泥质粉砂岩，偶夹细砾岩。砂、泥岩常构成韵律，泥岩水平层理极发育，含少量植物碎片，砂岩平行层理发育，总体上为大陆坡相细碎屑岩沉积。由三角洲相泥岩-粉砂岩-细砂岩-中粗粒砂岩组成若干向上变浅的准层序组，具有加积-进积型叠置地层结构。

2. Sq_2 层序

底界面：Ⅱ型层序界面，主要表现为岩相结构转换面。界面之下为粗粒岩屑石英砂岩夹细粒岩屑石英砂岩，界面之上为细粒岩屑石英砂岩。由于初始海泛面（TS）快速向岸上超，致使 TS 与底界面重合，故缺乏 SMST 沉积。

海侵体系域（TST）：厚 220.62m，岩性以灰色薄-中-厚层状细粒岩屑石英砂岩为主，夹少量灰色泥岩、粉砂质泥岩、灰褐色中-厚层状细粒岩屑砂岩、薄层状粉砂岩，砂岩平行层理发育。岩层中细砂岩、泥岩构成韵律，并见由细砂岩、粉砂岩、粉砂质泥岩构成的正粒序，具有向上变细、海水变深的退积型沉积序列。

高位体系域（HST）：厚 82.37m，以灰色薄-中层状细粒长石石英砂岩、灰色中层状中细粒岩屑砂岩为主，少量灰色泥岩、粉砂质泥岩、灰色中-薄层状泥质粉砂岩，偶夹细砾岩。砂、泥岩常构成韵律，泥岩水平层理极发育，含少量植物碎片，砂岩平行层理发育，总体上为三角洲相分流间湾沉积。在地层垂向上明显变厚、变粗，并夹含砾细砂岩层，逆粒序韵律结构明显，具典型的进积叠置特征。

3. Sq_3 层序

底界面：Ⅱ型层序界面。该底界面之上发育 SMST 沉积体，底界面有侵蚀冲刷，但没有暴露出水面，因此地层上下为整合型接触关系。

陆棚边缘体系域（SMST）：厚 5.98m，由浅海三角洲顶积层水下平原相分支水道砂砾岩组成。

野外可识别 1 个砂砾岩-砂岩向上变细的准层序，加积型叠置结构明显。

海侵体系域（TST）：厚 192.62m，岩性以灰色薄-中-厚层状细粒岩屑石英砂岩为主，夹少量灰色泥岩、灰褐色中-厚层状细粒岩屑砂岩、粉砂岩，砂岩平行层理、交错层理较发育。岩层中细砂岩、泥岩构成韵律，并见由细砂岩、粉砂岩、粉砂质泥岩构成的正粒序，具有向上变细、海水变深的退积型沉积序列。岩屑砂岩中含植物碎片，为最高海平面（最大可容空间）时的凝缩层沉积。

高位体系域（HST）：厚 233.1m，以灰色中-厚层状细粒长石石英砂岩、灰色中层状中细粒岩屑砂岩为主，少量灰色泥岩、粉砂质泥岩、灰色中-薄层状泥质粉砂岩，偶夹细砾岩。砂、泥岩常构成韵律，砂岩平行层理发育，总体上为三角洲相决口扇沉积。在地层垂向上明显变厚、变粗，并夹含砾细砂岩层，逆粒序韵律结构明显，具典型的进积叠置特征。

（二）侏罗系-下白垩统层序地层划分与描述

测区侏罗系分布广泛，中、上侏罗统发育齐全、露头良好，可在羌塘盆地内广泛对比。现以测区内阿木岗日剖面、兄弟泉剖面、东湖剖面及托纳木藏布剖面为代表，阐述野外露头层序地层的划分。侏罗系—下白垩统共识别出 9 个三级层序（Sq1～9），构成 2 个超层序（Ss）和 1 个巨层序（Ms）。层序划分及沉积相、厚度等详见表 2-3-2。

1. Sq_1 层序

层序底界为Ⅰ型层序界面，界面之上为雀莫错组紫红色粗碎屑岩段，之下为二叠系鲁谷组火山岩，两者呈角度不整合接触。在区域上表现为一明显的超覆不整合，在测区西部菊花山一带，与下伏下侏罗统那底岗日组呈平行不整合接触，而在盆地东部，则多与下伏地层呈角度不整合接触。具河流回春、陆上暴露侵蚀及深切河谷充填，为一典型的Ⅰ型层序界面。自下而上识别出低水位体系域（LST）、海侵体系域（TST）和高水位体系域（HST）。

低水位体系域（LST）：位于雀莫错组底部，厚约 202.61m。由河流相紫红色砾岩、含砾粗砂岩、粗砂岩夹少量泥岩组成，发育大型斜层理。

表 2-3-2　测区侏罗系层序地层及沉积相划分表

系	统	群	组	层　号	厚度（m）	沉积相（亚相）	界面类型	体系域	Sq	Ss	剖面
下白垩统			雪山组	TNP55～77	1 932.79	三角洲平原-河流相	Sb_2	HST	9	Ss_2	托纳木藏布剖面
				TNP30～54	651.08	前三角洲-三角洲前缘		TST			
侏罗系	上统	雁石坪群	白龙冰河组	DHP33～39	>140.84	三角洲相	Sb_2	HST	8		东湖剖面
				DHP16～32	500.27	局限台地		TST			
				DHP14～15	195.82	泻湖-三角洲	Sb_2	HST	7		
				DHP10～13	200.90	局限台地		TST			
			索瓦组	DHP1～9	231.62	局限台地、点礁					
				XDP46～48	>139.51	浅滩-蒸发台地		SMST			兄弟泉剖面
	中统		夏里组	XDP34～45	422.70	三角洲前缘	Sb_2	HST	6	Ss_1	
				XDP33	87.70	局限台地		TST			
				XDP28～32	395.56	三角洲前缘	Sb_2	HST	5		
				XDP16～27	442.19	局限台地		TST			
				XDP6～15	>464.47	泻湖-三角洲前缘		SMST			
			布曲组	XDP1～5	>220.06	蒸发台地	Sb_2	HST	4		
				AMP54～60	335.88	局限台地、浅滩					阿木岗日剖面
				AMP52～53	68.83	局限台地		TST			
				AMP49～51	133.20	浅滩	Sb_2	HST	3		
				AMP42～48	707.94	局限台地		TST			
			雀莫错组	AMP39～41	363.67	泻湖	Sb_2	HST	2		
				AMP31～38	336.47	局限台地、浅滩		TST			
				AMP21～30	690.02	三角洲前缘-平原亚相	Sb_1	HST	1		
				AMP18～20	93.35	前三角洲		TST			
				AMP3～17	202.61	河流相		LST			

海侵体系域（TST）：厚约 93.35m。由前三角洲相泥岩夹少量粉砂岩、泥质粉砂岩、粉砂质泥岩组成，水平层理发育。地层垂向叠覆具明显的退积型地层结构，表现为向上水体加深、结构变细的沉积旋回。

高水位体系域（HST）：厚约690.02m。由三角洲前缘-三角洲平原相砂岩、粉砂岩、泥岩夹少量含砾粗砂岩透镜体组成，广泛发育各类型交错层理，地层垂向序列具明显的加积型地层结构。

体系域结构显示TST<<HST，考虑到三角洲前缘堆积速度大，其时间周期TST与HST大致相等。

2. Sq_2 层序

层序底界为Ⅱ型层序界面，界面之上为雀莫错组灰岩段浅滩相亮晶鲕粒灰岩，界面之下为三角洲相泥岩、粉砂质泥岩，为一沉积相结构转换面，自下而上识别出海侵体系域（TST）和高水位体系域（HST），缺失陆棚边缘体系域。

海侵体系域（TST）：位于雀莫错组灰岩段，厚约336.47m。由3个浅滩相-局限台地相旋回组成，地层垂向叠覆具加积-退积型地层结构，表现为向上水体加深。

高水位体系域（HST）：位于雀莫错组泥岩段，厚约363.67m。由泻湖相杂色含膏泥岩、粉砂质泥岩、泥质粉砂岩夹少量泥晶灰岩及石膏层组成，加积型地层结构明显。

3. Sq_3 层序

层序底界为Ⅱ型层序界面，界面之上为布曲组生物碎屑浅滩相灰岩，界面之下为雀莫错组泥岩段泻湖相泥岩、粉砂质泥岩，为一沉积相结构转换面，自下而上识别出海侵体系域（TST）和高水位体系域（HST）。

海侵体系域（TST）：位于布曲组底部，厚约707.94m。由3个浅滩-局限台地相准层序叠覆而成，即由生物碎屑灰岩（生屑鲕粒灰岩）-泥晶灰岩组成的3个旋回性退积型准层序构成，水体表现为向上加深的趋势。

高水位体系域（HST）：位于布曲组中部，厚约133.20m。由浅滩相鲕粒灰岩、泥灰岩夹少量泥岩及石膏层组成，具明显的进积型地层结构。

4. Sq_4 层序

层序底界为Ⅱ型层序界面，界面之上为布曲组局限台地相泥晶灰岩，界面之下为浅滩相鲕粒灰岩，为一沉积相结构转换面，自下而上识别出海侵体系域（TST）和高水位体系域（HST）。

海侵体系域（TST）：位于布曲组中部，厚约68.83m。由台盆相-局限台地相泥灰岩、碳酸盐化褐锰矿、泥晶灰岩、泥晶球粒灰岩组成。地层垂向叠覆具加积型地层结构。

高水位体系域（HST）：位于布曲组上部，厚度>556m。由局限台地相、浅滩相及蒸发台地相灰岩、角砾状灰岩、含膏泥灰岩夹石膏层组成，局部夹厚度不大的风暴介壳灰岩。地层垂向叠覆具加积-进积型地层结构，显示向水体有变浅趋势。体系域结构显示TST<<HST。

5. Sq_5 层序

层序底界为Ⅱ型层序界面，界面之上为夏里组底部泻湖相泥页岩夹石膏层，之下为布曲组蒸发台地相角砾状灰岩夹石膏层，为一沉积相结构转换面，自下而上识别出陆棚边缘体系域、海侵体系域和高水位体系域。

陆棚边缘体系域（SMST）：位于夏里组下含膏细碎屑岩段，厚约464.47m。由泻湖-三角洲相杂色泥岩、页岩夹石膏层及少量细砂岩、石英粉砂岩组成，向上石膏层逐渐减少，泥岩增多，具加积型地层结构。

海侵体系域（TST）：位于夏里组灰岩段，厚约442.19m。由局限台地相泥晶球粒灰岩、泥晶灰岩、生物碎屑灰岩夹细粒长石石英砂岩组成，具明显退积型准层序。

高水位体系域（HST）：位于夏里组上含膏细碎屑岩段下部，厚约395.56m。由三角洲前缘相的砂、泥岩韵律式沉积组成，向上砂岩厚度增大，砂泥比增大，地层垂向叠覆具明显的加积-进积型地层结构。体系域结构显示TST>HST。

6. Sq_6 层序

层序底界为Ⅱ型层序界面，界面之上为夏里组上含膏细碎屑岩段中部局限台地相灰岩，界面之下为三角洲相砂岩、泥岩，为一沉积结构转换面，自下而上可识别出海侵体系域和高水位体系域。

海侵体系域（TST）：位于夏里组上含膏细碎屑岩段中部，厚约 87.7m。由局限台地相泥晶球粒灰岩夹少量泥质粉砂岩组成，地层垂向叠覆具退积型地层结构。

高水位体系域（HST）：位于夏里组上含膏细碎屑岩段中、上部，厚约 422.70m。由三角洲前缘相泥岩、砂岩组成向上变粗的韵律式沉积组成，向上砂泥比增大，可识别出较为明显的进积型准层序。体系域结构显示 TST＞＞HST。

7. Sq_7 层序

层序底界为Ⅱ型层序界面，为中、上侏罗统之间的界面，界面之上为索瓦组灰岩或巨厚层状石膏，界面之下为夏里组顶部三角洲相砂、泥岩，自下而上识别出陆棚边缘体系域、海侵体系域和高水位体系域。

陆棚边缘体系域（SMST）：位于索瓦组底部，厚约 139.51m。由浅滩-蒸发台地相亮晶鲕粒灰岩、生物碎屑灰岩、介壳灰岩及厚度较大的巨厚层状石膏组成。地层垂向叠覆具明显的进积型地层结构，代表海平面相对缓慢下降期间的沉积。

海侵体系域（TST）：位于索瓦组中、上部及白龙冰河组下部，厚约 432.52m。由局限台地相、生物礁相泥晶灰岩、砂屑灰岩夹海绵障积礁灰岩组成。礁灰岩中压溶缝合线十分发育。地层垂向叠覆具加积型地层结构。

高水位体系域（HST）：位于白龙冰河组中部，厚约 195.82m。由泻湖相泥岩夹泥灰岩、三角洲前缘相泥岩夹钙质粉砂岩组成，总体向上变粗，砂岩厚度增大，具进积型地层结构特征。体系域结构显示 TST＞＞HST。

8. Sq_8 层序

层序底界为Ⅱ型层序界面，界面之上为局限台地相泥晶灰岩，界面之下为三角洲相砂、泥岩，为一沉积相结构转换面，自下而上识别出海侵体系域和高水位体系域。

海侵体系域（TST）：位于白龙冰河组中部，厚约 500.27m。由局限台地相泥晶灰岩、含生物碎屑泥晶灰岩夹少量钙质细砂岩、粉砂质泥岩等组成，灰岩方解石脉发育。

高水位体系域（HST）：位于白龙冰河组中、上部，厚约 140.84m。由三角洲相泥岩、钙质粉砂岩、粉砂质泥岩夹钙质泥岩及细砂岩组成。向上沉积粒度变粗，逐渐过渡为三角洲前缘相粉砂岩、泥岩韵律式沉积，砂岩厚度增大，具明显的进积型地层结构。体系域结构显示 TST＞＞HST。

9. Sq_9 层序

层序底界为Ⅱ型层序界面，界面之上为前三角洲相杂色泥页岩，之下为风暴亮晶介壳灰岩，为一沉积相结构转换面，自下而上识别出海侵体系域和高水位体系域。

海侵体系域（TST）：位于雪山组底部，厚约 651.08m。由前三角洲相杂色薄层状泥岩夹少量粉砂质泥岩、粉砂岩及薄层状细砂岩组成，地层垂向叠覆具退积型地层结构。

高水位体系域（HST）：位于雪山组杂色泥岩段上部，厚约 1 932.79m。由三角洲平原-河流相紫红色粗砂岩、含砾粗砂岩、砾岩组成，总体构成向上明显变粗的沉积序列，具进积型地层结构。体系域结构为特征 TST＜＜HST。

（三）层序地层特征与海平面变化

1. 三叠系层序地层特征与海平面变化

（1）测区三叠系不太发育，土门格拉群共识别出 3 个三级层序，三级层序的平均周期为 7.4Ma。其中 Sq_1 层序底部被断层错失，未见底，层序发育不全，界面性质不明；Sq_2 层序为Ⅱ型层序，但缺失底部体系域（SMST）。Sq_3 层序较完整，属Ⅱ型层序。

（2）层序体系域厚度表明，Sq_1 层序的体系域厚度结构为 TST＜HST，显示出海平面处于不断下降过程中，在层序初期虽有小幅度海侵，但被随之而来的大幅度海退作用所覆盖。Sq_2 层序底部缺失陆棚边缘体系域（SMST）沉积，致使初始海泛面（ffs）和海侵体系域（TST）准层序组直接叠覆于层序底界面之上。海侵体系域（TST）沉积物厚度大于高位体系域（HST）沉积物厚度，表明海平面变化具有持续缓慢海侵、快速海退的特点。Sq_3 层序体系域厚度结构显示 TST≌HST，表明海平面变化总体上处于一种高频振荡时期，在海侵-海退结构样式和海平面变化曲线上，表现为相互交替，沉积环境变化不大。

（3）晚三叠世始终处于浅海三角洲沉积背景，海平面升降值相当。在更大级别层序划分上，海平面总体呈上升趋势。在三角洲沉积体系背景下，沉积物不仅粒度粗，成分成熟度和结构成熟度高，而且地层厚度大，表明其沉积环境和构造背景发生了很大变化。

2. 侏罗系-下白垩统层序地层与海平面变化

（1）测区侏罗系—下白垩统为连续的海相沉积，共识别出 1 个巨层序、2 个超层序和 9 个三级层序，三级层序平均周期为 4.4Ma。三级层序除 Sq_1 为Ⅰ型层序外，其余均为Ⅱ型层序。本次研究所选择的 4 条剖面，露头相对较好，层序界面较为明显，但由于实测剖面比例尺多为 1∶5 000，可能会影响某些三级层序的识别与划分。通过地质填图，我们力争在空间上建立各体系域的三维模型来弥补这一缺憾。

（2）除 Sq_1、Sq_5、Sq_7 层序发育低水位体系域或陆棚边缘体系域外，其余三级层序底部均缺失陆棚边缘体系域沉积，致使初始海泛面和海侵体系域准层序组直接超覆于层序底界面之上。

（3）体系域厚度结构表明，中侏罗世早期的三级层序 Sq_1，TST＜＜HST，表明测区在中侏罗世海侵初期不久，发生过一次较为明显的海退事件。在巴通期（沉积布曲组）早期的三级层序 Sq_3，TST＞＞HST，表明在巴通期早期测区经历了一次大规模的海侵。至巴通期中期，整个盆地海侵范围达到最大。之后，自巴通期晚期直至牛津期，测区总体为一海退序列沉积。在牛津期的三级层序 Sq_7，TST＞＞HST，表明在牛津期测区又经历了一次规模较大的海侵。之后测区再也没有像上述两次规模的海侵出现，所形成的三级层序也多表现出 TST＜＜HST 的厚度结构特征。至贝里阿斯期，测区开始出现明显的海退，沉积物多以海陆过渡沉积为主，在吐错北雪山组地层中发现了分支河流相砾岩层沉积。

（4）通过与全球海平面对比，测区中侏罗世巴柔期—晚侏罗世基末里期海平面变化与全球海平面变化曲线非常接近，这表明测区层序的形成主要受全球海平面变化的影响。而在早侏罗世提塘期—早白垩世贝里阿斯期，测区海平面变化曲线与全球海平面变化曲线不一致，表明测区该时期已发生自南向北的造陆事件，北羌塘盆地进入残留海盆的发展史，盆地内水域与广海隔绝，表现在该时期所产古生物化石以淡水生物为主。至早白垩世贝里阿斯期末，海水全部退出北羌塘盆地，结束了测区海相地层的沉积。

二、层序时空变化

在羌塘盆地尤其是北羌塘盆地内，侏罗纪海相沉积岩出露良好，地层层位发育齐全，岩石地层和生物地层研究程度相对较高，基本建立了北羌塘盆地侏罗系岩石地层和生物地层系统。

本次调查建立层序地层等时格架主要是通过层序界面的确认，初始海泛面和最大海泛面在被动大陆边缘也具有极大的等时性，因而通过上述 3 个关键界面的综合标定，辅以体系域空间叠置关系，可以实现层序地层格架的建立（图 2-3-2）。据此确定了北羌塘盆地侏罗系共有 9 个三级层序和 2 个超层序及 1 个巨层序。

北羌塘盆地侏罗系 9 个三级层序中，由于地层剖面在沉积盆地中所处的位置不同，层序界面的等时性价值各不相同，其中 5 个层序界面特征明显，野外具有良好的识别与对比标志，可视为特征性等时地层格架界面（表 2-3-3）。

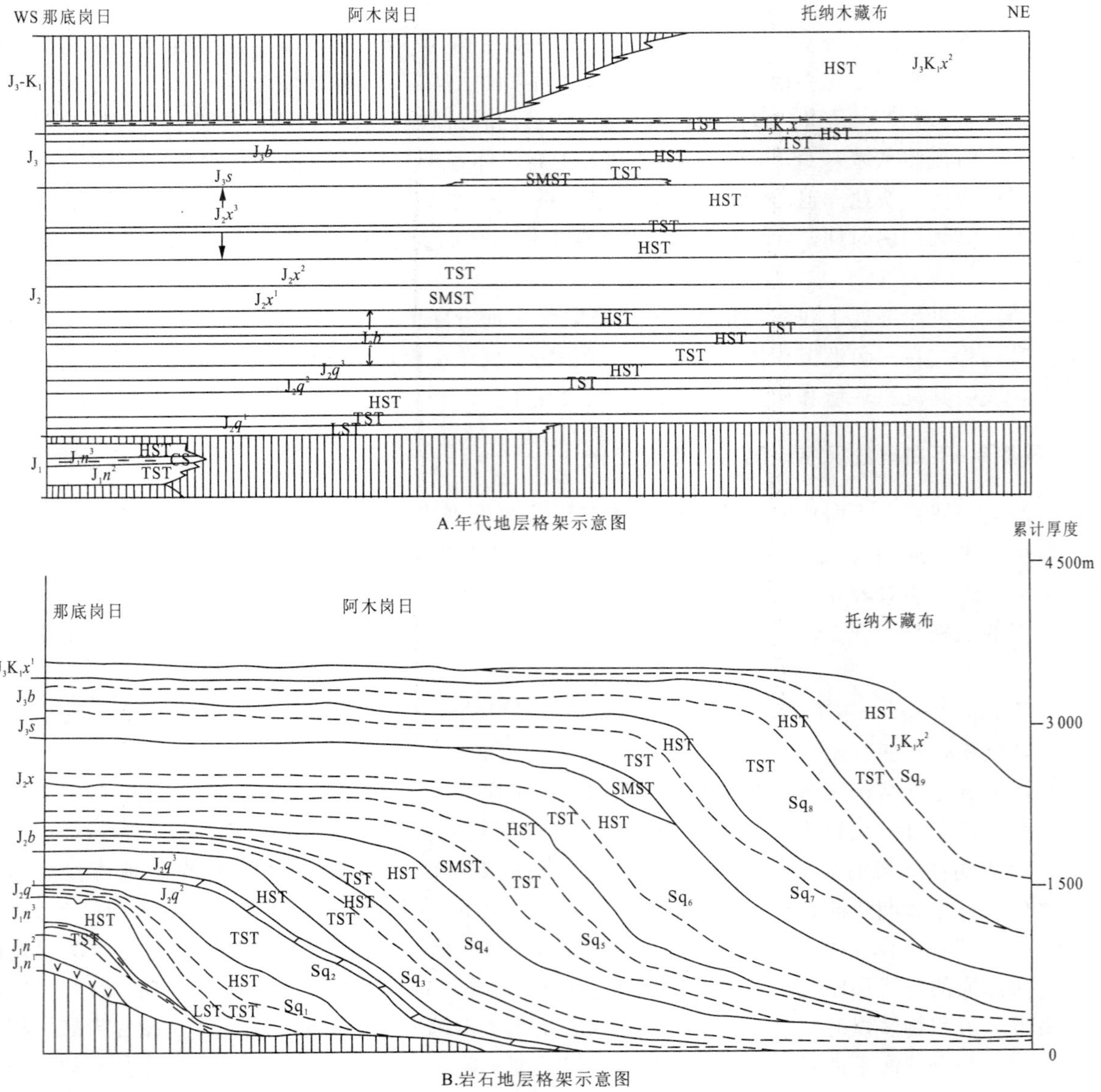

图 2-3-2　羌塘盆地西区地层格架示意图

表 2-3-3　北羌塘盆地侏罗系特征性等时地层格架界面

序号	等时地层格架界面	野外可识别的标志性沉积物
1	$J_3K_1x^1/J_3b$	三角洲相灰绿色中-薄层状细砂岩/浅滩相亮晶介壳灰岩接触界面
2	J_3s/J_2x^3	浅滩相中层状亮晶鲕粒灰岩/三角洲相杂色页岩接触界面
3	J_2x^1/J_2b	三角洲相钙质粉砂岩/台地相泥晶球粒灰岩接触界面
4	J_2b/J_2q^3	浅滩相生物碎屑灰岩/泻湖相含膏粉砂质泥岩接触界面
5	J_2q^2/J_2q^1	浅滩相鲕粒灰岩/三角洲平原相紫红色泥岩接触界面

第四节　几个重要地层及地质界线的讨论

一、侏罗系中统与上统界线问题

测区侏罗系中统与上统的界线划分存在着较大分歧。在我国，海相侏罗系生物地层的划分和对比研究，目前进行得较少，研究成果尚不成熟。对于上侏罗统和中侏罗统的界线划分，无论是利用双壳类、腕足类或是菊石生物地层带，还是其单门类典型分子演化，均难以进行。

1. 沉积地层的连续性

本次调查时在图幅东北部兄弟泉剖面、阿木查跃剖面及图幅西部那底岗日剖面进行了详细实测和观察，测区内夏里组与索瓦组为明显的整合接触。索瓦组内生物化石相对丰富，前人曾做过大量细致而翔实的生物地层划分对比工作。本次调查建立了代表牛津阶的双壳类 *Entolium xizangensis-Radulopecten fibrosus* 组合带和腕足类 *Thurmanella rotunda-Rutorhynchia bipticata* 组合带，已将索瓦组时代定格为晚侏罗世牛津期。同时在相当于夏里组层位中建立了代表卡洛夫阶的双壳类 *Chamhys* (*Radulopectus*) *tipper-Bostra buchii* 组合带。这说明在羌塘盆地内，侏罗系中统与上统无论在岩石地层还是在生物地层上均是连续的。

2. 磁性地层与同位素年代学的研究

由于夏里组上部为一套细碎屑岩沉积，生物化石相对较少，这为图幅内侏罗系中统与上统界线的确定带来了一定的困难。成都环资所朱同兴（1996）在图幅西部那底岗日剖面进行过详细的磁性地层研究，认为侏罗系中统与上统的界线并不是索瓦组与下伏夏里组之间的界线，而是位于夏里组上含膏细碎屑岩下部，也就是说夏里组是一个跨越侏罗系中统与上统的岩石地层单位。同时川碳中心（1996）曾在夏里组中获得 4 个 ESR 年龄数据，其值在 147～176Ma 之间，大致变化于中侏罗世巴柔期至晚侏罗世牛津期范围内，这一结果也支持了磁性地层的研究成果。

3. 处理意见

运用磁性地层研究确定的测区内侏罗系中统与上统的界线位于夏里组上含膏细碎屑岩段下部层位，为钙质泥岩与下伏厚度很小的鸟眼状云质灰岩之间的界线。这一界线仅见于那底岗日剖面一处，而在盆地大范围内无法进行有效的对比和追索，况且磁性地层研究尚存在一定的不确切性，故本次调查时暂将侏罗系中统与上统的界线置于夏里组与索瓦组之间。

二、雪山组的时代问题

雪山组在羌塘盆地内表现为一套三角洲-河流相陆源碎屑岩建造，由于其中所含生物化石非常稀少，故对其地质时代长期以来存在较大分歧。对侏罗系、白垩系界线生物地层的划分意见，目前国际地质学界将其界线划在以菊石 *Berriasella jacobi* 和 *Berriasella grandis* 为代表的两个化石带之间。但截至目前尚未在羌塘盆地内采到这两个化石带的首要分子，因此对测区内侏罗系、白垩系的界线也就无法确切地划定。

1. 沉积地层的连续性

本次调查对羌塘盆地西区那底岗日剖面、托纳木藏布剖面、长湖剖面进行了详细的实测和观察研究，雪山组与下伏白龙冰河组为明显的整合接触。两者之间的界线以灰岩的结束和大套碎屑岩的出现为标志。在雪山组内部，底部主要为三角洲相砂、泥岩，向上逐渐向海陆交互相及陆相沉积过渡，且表现为越往盆地北部，陆相地层厚度愈大的特点。在整个羌塘盆地内雪山组未见顶。

2. 问题讨论

以往对雪山组时代的认识主要存在早白垩世（蒋忠惕，1983）、晚侏罗世（成都环资所，1996）、晚侏罗世—早白垩世等，对其时代的认定，主要靠采集到的很少的化石断定。中石油青藏项目经理部在羌塘盆地北部多格错仁一带雪山组层位中采获的时代意义较大的化石有介形虫 *Darwinula changxinensis*，*D. giganimpudica*，*D. impudica*，*D. conttracta*，*D. oblonga*，轮藻 *Aclistochara hongguensis*，孢粉 *Classopollis* sp.，*Impardesispora apierrucata* 等，据此将雪山组时代定为晚侏罗世—早白垩世，但对侏罗系与白垩系的确切界线仍无法划分。本次调查时在盆地北部发现雪山组存在明显的两分性。下部杂色泥岩段由灰黄、灰绿、灰色细碎屑岩构成，上部紫红色砂岩段由灰紫色、紫红色粗碎屑岩构成，两者之间色调差异十分明显，这说明在此期间存在着一次明显的古气候变化。另外，对羌塘盆地上侏罗统—下白垩统的划分对比十分混乱，并存在着白龙冰河组与雪山组为同期异相沉积的观点（王剑、谭富文等，2004）。由此可以看出，无论是对雪山组的时代还是侏罗系与白垩系之间的界线都不能准确定位，还有待进一步的研究。

三、康托组、唢呐湖组的时代问题

前人将康托组、唢呐湖组的时代多定至新近纪，但多依据上、下层位关系及少量的微古生物化石。对康托组和唢呐湖组上、下叠置关系尚存在疑问（王剑、谭富文等，2004）。本次调研时充分收集前人资料，通过对测区内阿布山剖面、东湖南剖面的观察，认为两者为上、下接触关系。

本次调查时在测区北部跃进口剖面发现始新世-渐新世鱼鳞山组火山岩与下伏唢呐湖组呈明显的角度不整合接触，而这一不整合面之上火山岩同位素年龄集中在32.6～39Ma之间，当属古近纪始新世—渐新世。据此，其下伏唢呐湖组时代便只能是古近纪。再结合邻区康托组、唢呐湖组中所发现的轮藻及介形虫生物化石，将康托组、唢呐湖组时代厘定为始新世。

四、鱼鳞山组的时代问题

图区北部广泛出露的一套碱性高钾火山岩，前人曾将其划分为早白垩世美日切错组（西藏区调队，1986）和晚新世石坪顶组（成都环资所，1997）。在图幅北部跃进口附近，成都环资所曾采获 K－Ar 法同位素年龄值分别为 32.6±0.8Ma 和 33.9±0.8Ma，已对其归属新近纪提出质疑，但因受当时工作性质所限，暂将其时代定至晚新世石坪顶组。本次调查时也在同一地点附近采获 K－Ar 法同位素年龄值 35.9±1.0Ma、39.0±0.5Ma、42.9±0.9Ma 等，对原美日切错组也进行了详细的剖面测制，得到的 K－Ar法同位素年龄值为 33.1 Ma 和 38.5Ma，Ar－Ar 法同位素年龄值为 42.6±0.9Ma。通过对比发现，前人所命名美日切错组与测区北部大片分布的鱼鳞山组火山岩在岩石学、岩石化学及同位素年龄等方面基本一致。据此，将图区北部一带火山岩统一对比为古近纪始新世-渐新世鱼鳞山组，代表北羌塘地区一套古近纪火山岩岩石组合。西藏区调队（1986）在美日切错地区采获的一件 106Ma 的 K－Ar 同位素年龄值可能是有问题的，本书不予采纳。

第三章　岩浆岩

测区岩浆岩总体不发育，主要分布于双湖构造混杂带北部刑陇法陇、阿鄂日岗日一带，北东部美日切错、劳日特、普若岗日东北缘等地区。岩浆岩出露面积约 60km²，占调查区总面积的 0.4%。时代为华力西期、燕山期及喜山期，隶属于双湖构造岩浆带和北羌塘构造岩浆带，经历了二叠纪、晚三叠世—早侏罗世和古近纪始新世 3 个大的岩浆活动期。侵入岩岩石类型相对简单，主要为花岗闪长岩、二长花岗岩、二长花岗斑岩等。岩体的空间分布受区域构造控制明显，多呈岩株状产出，其长轴方向多为北西-南东向，与区域构造线方向一致（图 3-1-1）。

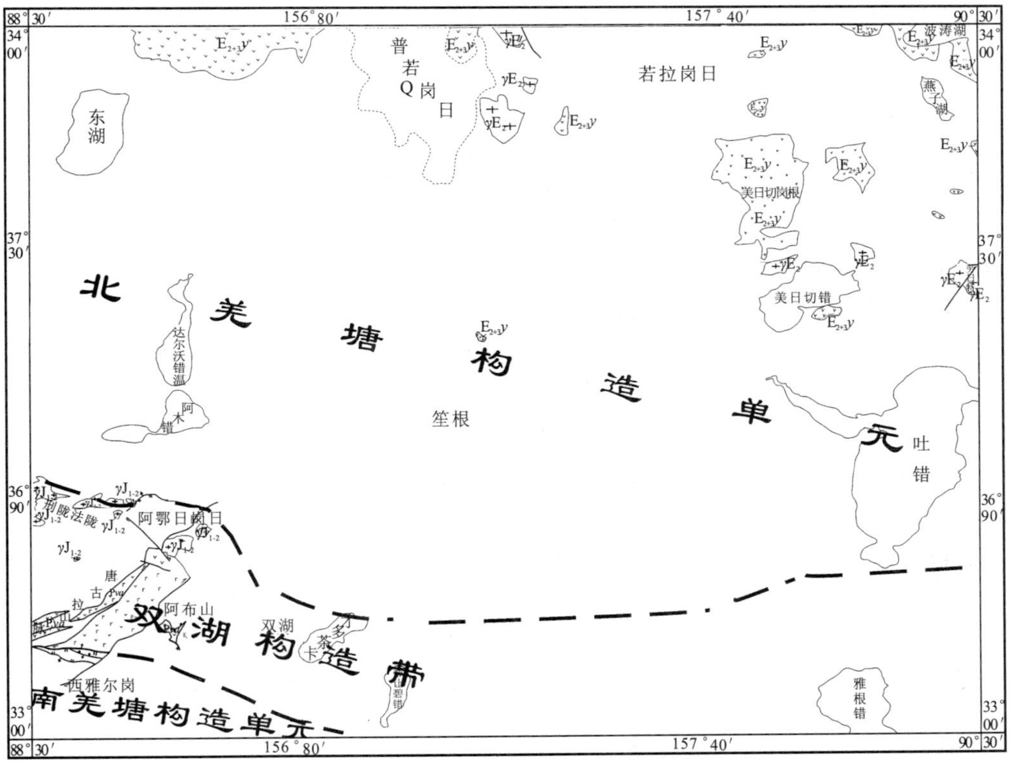

图 3-1-1　测区岩浆岩分布图

测区火山岩主要分布于双湖构造混杂带晚古生代地层以及北羌塘地区新生代地层中。岩石类型较为齐全，从基性到酸性火山岩均有出露。按岩石矿物成分、结构、构造，可分为火山熔岩（为主）、火山碎屑岩和次火山岩（次之）三大类，其中以火山熔岩尤为发育。

测区火山岩在不同时代或同一时代的不同地段的岩性、产状、发育程度及分布特点均存在一定差异，但其喷发类型多以中心式喷发和裂隙式喷发为主。区内中新生代火山岩均与特提斯洋的演化关系密切。前奥陶纪中基性火山岩可能与区内更早的裂解和聚敛造山相关；二叠纪火山岩为裂谷构造条件下的产物，火山作用方式以喷溢和爆发为主；古近纪火山岩为拉分构造条件下的产物，喷发旋回（韵律）发育，分带性明显，火山作用方式以复式喷发-喷溢为主。

第一节　侵入岩

一、基性-超基性侵入岩

基性、超基性侵入岩在测区内很不发育，主要分布在齐陇乌如上游的朝窝玛、玛日钦垅畦一带，属双湖构造岩浆带。

（一）区域分布及产出特征

基性-超基性岩体规模较小，出露面积一般在0.05～0.5km^2左右。主要分布在测区南西角的双湖构造混杂岩带上，均侵位于前奥陶系齐陇乌如岩组、阿木岗岩组变质地层和二叠纪构造混杂岩中，呈小型岩床、岩脉或透镜状产出，平面上呈细长椭圆形或脉状，延长方向与围岩走向一致。岩石类型有橄榄辉石岩、角闪辉石岩、辉长岩等。这些小岩体均遭受了不同程度的变质作用，片理方向与围岩一致。由于岩石密度大，结构坚硬，并且含较多的磁铁矿矿物（10%以上），因此常常在地形上形成山脊、山梁或独立山峰。

（二）岩石学特征

朝窝玛橄榄辉石岩体宽300m，长约1.5km。岩石中矿物晶体粒度3～5mm，矿物组成为橄榄石10%～15%、辉石70%，其余为磁铁矿等副矿物。侵入体围岩为石英云母片岩，岩石后期变质作用明显，变质程度明显加深，出现变质矿物石榴石。其中橄榄石大部分为绿色纤维状蛇纹石交代，辉石亦有纤闪石化、绿泥石化现象。岩石具片理化，方向与围岩片理方向一致。

朝窝玛南侧西雅尔岗主脊一带的角闪辉石岩，斜方辉石粒度2mm，含量40%，褐色角闪石粒度为1～2mm，含量20%，方解石粒度1.5mm，含量5%，磁铁矿含量约20%～35%，少量磷灰石。该岩石透闪石化、绿泥化明显，出现大量的次生纤细针柱状透闪石及片状绿泥石矿物，含量分别为20%和5%。岩石中辉石及角闪石较小粒度的颗粒均被透闪石及绿泥石完全置代，而大颗粒的辉石与角闪石，其边缘被透闪石及绿泥石矿物置代，造成边缘轮廓不清，呈刺状似边状结构。

玛日钦垅畦的蛇纹石化辉石橄榄岩，呈脉状产出，脉宽10余米，延伸约200m，基本沿变质岩的片理面侵位于二叠系围岩中。岩石矿物粒径2～3mm，个别达5mm，矿物组成为蛇纹石63%、普通辉石10%、黑云母16%、滑石2%、磁铁矿等7%、方解石2%。蛇纹石全是由橄榄石蚀变而成，仍保留橄榄石的自形颗粒外形，辉石为自形柱状颗粒，沿解理、裂隙面次闪石化较为强烈。

（三）岩石化学特征与地球化学特征

1. 岩石化学特征

双湖构造岩浆带基性-超基性岩岩石化学特征见表3-1-1。从表中可看出，岩石SiO_2含量40.32%～50.48%，全铁含量8.3%～14.71%，m/f值介于0.29～1.59，应属（富）铁质超基性-基性岩。Mg/（Mg+Fe)多为0.22～0.61，MgO/（FeO+0.9Fe_2O_3）比值多小于2.5，Na_2O含量在0.13%～4.63%之间，K_2O含量在0.08%～2.05%之间，$Na_2O>K_2O$，Na_2O+K_2O平均4%。随岩性的基性成分减弱，m/f比值减小明显，MgO/（FeO+0.9Fe_2O_3）、Mg/（Mg+Fe）也有这种变化趋势，而Na_2O+K_2O变化不明显。

2. 地球化学特征

双湖构造岩浆带基性-超基性岩地球化学中稀土元素特征见表3-1-2、图3-1-2，微量元素特征见表3-1-3、图3-1-3。各超基性-基性侵入体稀土元素特征均较相近，稀土配分曲线多为右倾的平坦型，稀

表 3-1-1 测区侵入岩岩石化学数据及主要特征参数表

构造单元	样品代号	岩石名称	岩石化学数据(10^{-2})													主要参数						
			SiO_2	TiO_2	Al_2O_3	Fe_2O_3	FeO	MnO	MgO	CaO	Na_2O	K_2O	P_2O_5	烧失	Σ	镁铁比值	里特曼	Mg/(Mg+Fe)	K_2O+Na_2O	R/S	m/f	$MgO/(FeO+0.9Fe_2O_3)$
双湖构造岩浆岩带	D7023GS1	蚀变辉绿岩	50.48	1.63	12.94	3.29	5.51	0.01	6.05	9.20	4.63	0.44	0.25	4.07	98.50	0.69	3.44	0.36	5.07	1.03	0.56	0.71
	D5030GS1	蚀变角闪岩	46.96	1.43	15.39	3.99	5.91	0.02	7.44	8.90	2.47	2.05	0.31	4.24	99.11	0.75	5.16	0.38	4.52	1.18	0.61	0.78
	D7026GS1	辉绿辉长岩	45.86	3.80	11.88	7.88	6.93	0.03	5.20	8.15	3.59	0.72	0.73	3.05	97.82	0.35	6.50	0.22	4.31	1.16	0.29	0.37
	AKP0GS1	辉长岩	41.98	3.30	8.44	9.63	4.23	0.23	14.34	11.36	0.82	0.18	1.28	3.65	99.44	1.02	−0.98	0.46	1.00	1.40	0.85	1.11
	D5038GS1	黑云母橄榄岩	40.56	2.04	3.52	7.59	5.25	0.02	24.55	4.13	0.13	0.34	0.29	10.62	99.03	1.91	−0.09	0.61	0.47	1.42	1.59	2.03
	D5289GS1	辉石橄榄岩	40.32	2.08	4.76	7.66	5.70	0.21	23.40	6.68	0.16	0.08	0.29	7.67	99.01	1.72	−0.02	0.59	0.24	1.50	1.43	1.86
	样品代号	岩石名称	SiO_2	TiO_2	Al_2O_3	Fe_2O_3	FeO	MnO	MgO	CaO	Na_2O	K_2O	P_2O_5	烧失	Σ	固结指数	里特曼	碱指数	长英指数	镁铁指数	铝饱和度	碱度率
	* C383	花岗斑岩	76.81	0.05	11.21	0.30	1.17	0.03	0.52	0.81	2.35	5.75	0.06	0.03	99.09	5.15	1.94	72.26	90.91	73.87	1.26	5.13
	+阿木岗日 Ba222	黑云母花岗岩	69.91	0.36	14.78	0.14	2.31	0.06	1.51	1.24	3.41	4.23	0.16		98.11	13.02	2.17	51.69	86.04	61.87	1.66	2.82
	D3001GS1	花岗闪长岩	68.32	0.37	15.14	0.70	1.84	0.06	1.82	2.19	2.99	4.67	0.13	1.38	99.61	15.14	2.32	50.59	77.77	58.26	1.54	2.58
	D5099GS1	花岗闪长斑岩	67.84	0.24	5.62	2.06	0.52	0.18	1.47	9.97	1.49	1.26	0.01	9.04	99.70	21.62	0.30	48.93	21.62	63.70	0.44	1.43
	D5102GS1	二长花岗岩	65.02	0.46	14.93	1.61	2.74	0.09	2.52	2.85	2.17	4.22	0.13	2.32	99.06	19.00	1.85	42.80	69.16	63.32	1.62	2.12
	D6013GS1	石英闪长岩	63.02	0.45	14.81	3.37	2.01	0.01	3.50	3.94	2.23	3.83	0.25	1.58	99.00	23.43	1.83	40.92	60.60	60.59	1.48	1.96
	D7028GS1	闪长玢岩	57.19	1.25	16.39	4.70	2.86	0.02	3.85	4.82	2.95	3.31	0.36	1.30	99.00	21.79	2.76	38.19	56.50	66.26	1.48	1.84
北羌塘构造岩浆岩带	×CH4031-1A	二长花岗岩	71.86	0.32	15.20	0.48	0.79	0.01	0.19	0.23	0.69	7.09	0.10	1.88	98.84	2.06	2.10	51.18	97.13	86.99	1.90	3.03
	×CH4031-3A	二长花岗岩	69.81	0.36	14.89	1.98	1.19	0.08	0.62	1.84	3.48	4.32	0.19	0.73	99.49	5.35	2.27	52.38	80.91	83.64	1.54	2.75
	×G1560Hx1	二长花岗斑岩	68.60	0.34	14.13	2.03	1.16	0.14	0.90	2.16	3.35	4.66	0.09	1.91	99.47	7.44	2.51	56.69	78.76	78.00	1.39	2.93
	×G1567Hx1	二长花岗斑岩	68.60	0.37	14.01	1.90	1.90	0.07	1.11	2.35	3.36	4.19	0.10	1.65	99.61	8.91	2.23	53.89	76.26	77.39	1.42	2.71
	×G1025Hx1	石英二长闪长玢岩	63.90	0.65	14.21	3.98	1.28	0.14	1.90	4.13	2.90	4.86	0.15	1.75	99.85	12.73	2.88	54.61	65.26	73.46	1.20	2.47

注:带“*”样品引自达尔沃错温幅石油报告;带“+”样品引自西雅幅石油报告;带“×”样品引自赤布张错幅报告(下同)

表 3-1-2　测区侵入岩稀土元素含量及主要特征参数表

构造单元	样品代号	岩石名称	稀土元素丰度(10^{-6})																主要参数		
			La	Ce	Pr	Nd	Sm	Eu	Gd	Tb	Dy	Ho	Er	Tm	Yb	Lu	Y	ΣREE	LREE/HREE	Eu异常	Ce异常
双湖构造岩浆岩带	D7023GS1	蚀变辉绿岩	11.70	27.0	3.66	16.9	4.66	1.47	4.80	0.85	5.37	1.07	2.84	0.41	2.47	0.35	25.2	108.75	1.51	0.94	0.99
	D5030GS1	蚀变角闪岩	14.90	30.7	3.96	17.2	4.16	1.57	4.25	0.71	4.43	0.88	2.50	0.34	2.08	0.33	21.2	109.21	1.97	1.13	0.94
	D7026GS1	辉绿辉长岩	35.40	79.4	10.50	46.9	10.90	4.03	9.89	1.55	8.72	1.60	4.14	0.53	3.11	0.44	37.2	254.31	2.79	1.17	0.98
	AKP0GS1	辉长岩	55.40	119.0	15.20	63.4	12.20	3.47	9.24	1.27	6.66	1.12	2.68	0.32	1.86	0.25	25.0	317.07	5.55	0.96	0.97
	D5038GS1	黑云母橄榄岩	26.90	57.5	7.08	30.0	5.80	1.56	3.80	0.56	2.90	0.49	1.20	0.14	0.86	0.11	11.2	150.10	6.06	0.96	0.98
	D5289GS1	辉石橄榄岩	24.30	51.4	7.05	28.9	5.84	1.67	4.57	0.71	3.48	0.59	1.74	0.19	1.19	0.16	17.1	148.89	4.01	0.95	0.93
	* C383	花岗斑岩	32.44	89.66	9.17	18.8	4.62	0.78	3.64	0.85	3.38	0.78	2.21	0.44	1.95	0.30	29.0	198.16	3.65	0.56	1.23
	D3001GS1	花岗闪长岩	31.40	61.70	6.89	25.7	4.96	1.03	3.69	0.61	3.44	0.62	1.74	0.24	1.57	0.23	15.8	159.62	4.71	0.71	0.97
	D5099GS1	花岗闪长斑岩	17.20	33.80	4.36	17.5	3.83	0.79	3.12	0.53	2.80	0.50	1.55	0.20	1.30	0.20	15.7	103.38	2.99	0.68	0.92
	D5102GS1	二长花岗岩	41.50	74.4	8.73	31.2	5.71	1.28	5.33	0.73	3.78	0.73	2.48	0.31	2.17	0.33	22.0	200.68	4.30	0.70	0.90
	D6013GS1	石英闪长岩	31.80	60.70	6.92	26.1	4.95	1.13	4.15	0.68	4.06	0.83	2.41	0.34	2.16	0.34	20.2	166.77	3.74	0.74	0.94
	D7028GS1	闪长玢岩	46.20	98.90	11.50	45.6	8.91	1.72	7.00	1.03	6.09	1.23	3.43	0.50	3.37	0.52	31.8	267.80	3.87	0.64	1.01
北羌塘构造岩浆岩带	×CH4031－1A	二长花岗岩	62.80	97.10	9.12	36.4	5.33	1.08	3.08	0.51	2.31	0.47	1.34	0.21	1.41	0.19	11.1	232.00	10.27	0.75	0.87
	×CH4031－3A	二长花岗岩	95.90	133.0	13.00	49.3	7.11	1.46	4.70	0.81	3.36	0.65	1.86	0.28	1.74	0.22	14.3	328.00	10.74	0.73	0.79
	×G1560Hx1	二长花岗岩	78.50	148.00		47.0	6.81	1.26		0.47					1.70	0.26		284.00	115.70	0.98	1.45
	×G1025Hx1	石英二长闪长玢岩	93.10	170.00		58.4	8.84	1.90		0.60					1.79	0.25		335.00	125.80	1.14	1.40

表 3-1-3　测区侵入岩微量元素含量及主要特征参数表

构造单元	样品代号	岩石名称	微量元素丰度(10^{-6})																	主要参数				
			Cr	Ni	Co	Sc	V	W	Rb	Cs	Ba	Sr	Li	Ta	Nb	Hf	Zr	F	Th	Rb/Sr	Zr/Hf	Ba/Sr	Rb/Cs	Rb/Li
双湖构造岩浆岩带	D7023GS1	蚀变辉绿岩	293	137	59.4	30.9	0.10	0.05	9.37	0.60	142.0	163	27.6	0.56	8.31	3.42	139	1.03	1.33	0.06	40.64	0.87	15.62	0.34
	D5030GS1	蚀变角闪岩	249	130	35	28.9	0.16	0.02	51.70	1.14	783.0	529	25.2	0.75	11.4	2.61	107	1.26	2.09	0.10	41.00	1.48	45.35	2.05
	D7026GS1	辉绿辉长岩	5	4.34	35.6	18.3	0.16	0.03	10.60	14.50	88.7	408	10.9	2.39	33.9	6.81	265	1.69	3.51	0.03	38.91	0.22	0.73	0.97
	AKP0GS1	辉长岩	842	601	71	20.8	0.16	0.06	6.15	0.49	39.2	259	12.2	3.38	48.1	9.54	398	2.75	4.49	0.02	41.72	0.15	12.55	0.50
	D5038GS1	黑云母橄榄岩	1 690	1 112	103	14.5	0.32	0.04	11.90	2.27	156.0	165	15.8	1.60	21.0	4.61	186	1.33	2.73	0.07	40.35	0.95	5.24	0.75
	D5289GS1	辉石橄榄岩	1 729	1 385	105	21.1			4.48	6.03	28.8	76.9	41.5	1.46	21.2	4.46	213	1.02	2.78	0.06	47.76	0.37	0.74	0.11
	样品代号	岩石名称	Cr	Ni	Co	Sc	Cd	Bi	Rb	Cs	Ba	Sr	Li	Ta	Nb	Hf	Zr	Be	Th	Rb/Sr	Zr/Hf	Ba/Sr	Rb/Cs	Rb/Li
	* C383	花岗斑岩	177.7	2.90	4.60				200.1		600.6	95.3							21.60	2.10		6.30		
	D3001GS1	花岗闪长岩	33.30	15.80	23.20	6.80	0.03	0.40	267.0	28.2	501.0	181.0	84.30	1.55	10.20	4.35	153.00	7.14	17.30	1.48	35.17	2.77	9.47	3.17
	D5099GS1	花岗闪长斑岩	26.10	40.50	11.40	8.58	0.04	37.50	1.53	244.0	90.1	11.7	0.40	6.15	1.79	79.8	0.94	4.31	0.50	0.42	44.58	2.71	24.50	3.21
	D5102GS1	二长花岗岩	55.10	14.40	12.10	15.50	0.14	176.00	16.2	890.0	319.0	21.6	1.13	12.10	4.61	178.0	3.43	22.40	1.20	0.55	38.61	2.79	10.90	8.15
	D6013GS1	石英闪长岩	64.10	15.80	16.00	16.90	0.09	0.07	169.0	23.0	635.0	339.0	30.80	1.06	9.83	3.61	124.0	2.93	17.50	0.50	34.35	1.87	7.35	5.49
	D7028GS1	闪长玢岩	21.60	6.45	15.40	19.60	0.06	0.23	182.0	20.1	914.0	294.0	47.80	1.53	18.00	4.76	169.0	3.42	23.80	0.62	35.50	3.11	9.05	3.81
北羌塘构造岩浆岩带	样品代号	岩石名称	Cr	Ni	Co	Sc	Rb	Cs	Ba	Sr	Li	Ta	Nb	Hf	Zr	Be	Th	U		Rb/Sr	U/Th	Zr/Hf	Ba/Sr	Rb/Li
	×CH4031-1A	二长花岗岩	9	4.40		2.8	324		2 570	690	22.8	0.58	14.2	5.3	182	4.0	28.4	5.16		0.47	0.18	34.34	3.72	14.21
	×CH4031-3A	二长花岗岩	12	8.25	5.05	4.1	171		1 475	885	31.4	1.84	16.0	5.46	195	4.4	26.0	5.33		0.19	0.21	35.71	1.67	5.45
	×G1560Hx1	二长花岗岩	169		4.0	4.2	205	12.5	1 612	1 240		1.40		8.60	310		31.1	8.70		0.17	0.28	36.05	1.30	
	×G1025Hx1	石英二长闪长玢岩	215		14.3	9.2	172	10.3	2 394	2 035		1.50		7.70	351		32.6	6.70		0.08	0.21	45.58	1.18	

土总量在（103.38～317.07）$\times 10^{-6}$之间，含量与同类岩相比较低或相近，稀土比值在1.51～6.06之间，轻重稀土分馏不明显，多为弱正Eu异常。这些特征反映有一定的分异作用，但分异程度较低，可能是地幔岩的低度部分熔融。从微量元素蛛网图（图3-1-3）中可看出，Ba、Sr、Y亏损，Rb、Th、Ce、Zr、Ta等富集，属强不相容元素富集型的分配型式，且Nb具正异常，反映大陆裂谷构造环境。

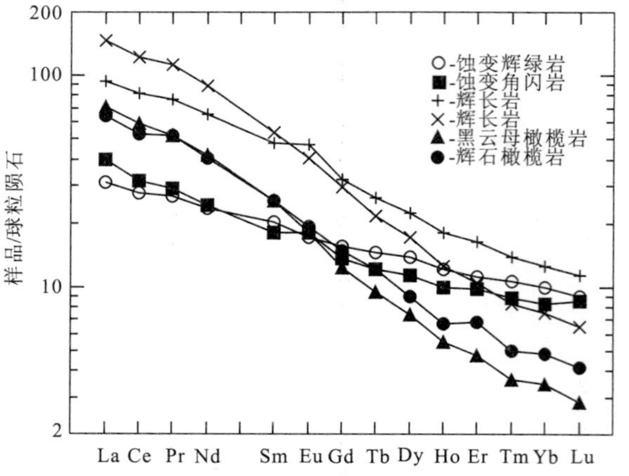

图3-1-2　基性-超基性岩稀土元素球粒陨石标准化图式

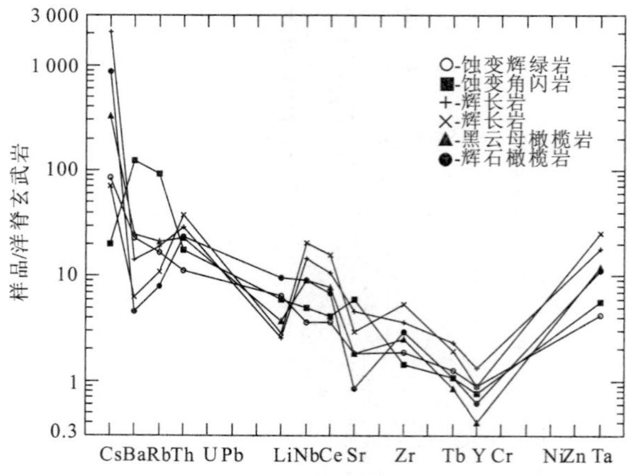

图3-1-3　基性-超基性岩微量元素洋脊玄武岩蛛网图

（四）侵位时代分析

这些超基性-基性侵入体因最晚侵位于二叠系地层中，其形成时代可能为海西晚期。

二、中酸性侵入岩

中酸性侵入岩在测区不发育，主要分布于图区南西部刑陇法陇、阿鄂日东一带，也见于图区北东部美日切错、劳日特、普若岗日东北缘一带，侵位时代为燕山期和喜山期。岩石类型较为简单，主要为花岗闪长岩、二长花岗岩、二长花岗斑岩等。岩体的空间分布受构造控制明显，呈岩株状产出，其长轴方向多为北西-南东向，与区域构造线方向一致。

（一）双湖构造岩浆岩带

1. 时空分布及产出特征

双湖构造岩浆带侵入体分布于齐陇乌如、刑陇法陇及阿鄂日东一带，总面积约35km²，呈椭圆状、不规则状的小型岩株产出。沿区域断裂侵位于前奥陶系齐陇乌如岩组和阿木岗岩组以及二叠系鲁谷岩组之中，部分地段被中侏罗统雀莫错组和古近系康托组或唢呐湖组不整合覆盖。

2. 岩石学特征

双湖构造岩浆岩带中酸性侵入岩岩石类型复杂，主要有闪长玢岩、石英闪长岩、花岗闪长岩、花岗闪长斑岩、二长花岗岩、黑云母花岗岩和花岗斑岩等。

1）闪长玢岩

呈北西向脉状产于齐陇乌如一带，侵位于前奥陶系变质岩和花岗闪长岩体中，出露面积不足0.1km²，其形成时代应晚于花岗闪长岩。

岩石呈灰黑—黑色，斑状结构，斑晶为角闪石、斜长石、黑云母。斑晶含量为32.5%，基质含量为67.5%。角闪石呈自形-半自形晶柱状体，柱长可达3mm，横切面呈菱形，具两组完全解理，具绿色（Ng、Nm）和淡黄绿色（Np）多色性，其中含有斜长石的包裹体，部分角闪石沿边部有较强的绿泥石化，含量8.5%。黑云母为片状，具褐红色（Nm、Ng）-褐黄色（Np）多色性，部分黑云母有绿泥石化，含量3.75%。斜长石呈自形-半自形板状，粒径0.5mm左右，见聚片双晶和环带构造，大部分斜长石斑晶都有较强的绢云母化，环带边部发育没有蚀变的酸性斜长石亮边，含量2%。基质由微晶角闪石、黑云母和斜长石构成，粒度小于0.1mm。

2）石英闪长岩

主要分布于齐陇乌如、刑陇法陇一带，大多呈小包体产于花岗闪长岩中。岩石主要由黑云母、斜长石和少量石英组成。黑云母为片状，具一组极完全解理和明显的多色性，Nm为深褐色，Np为黄色，云母片长可达0.7mm，分布均匀，无定向性，含量10%左右。斜长石呈自形-半自形板状，粒度约1mm；绢云母化较强，大部分具有环带构造，中心强绢云母化，边部出现亮边带；分布均匀，含量为73.5%左右。角闪石呈半自形-自形柱状，横切面呈菱形，具两组斜交的完全解理，具绿色（Ng）-淡黄绿色（Np）多色性，有轻微的绿泥石化，含量12.5%。石英为他形粒状，粒度2mm左右，含量4%。

石英闪长岩侵入于变质岩中，同时又作为花岗闪长岩的包体产出，说明该类岩石侵入早于花岗闪长岩。

3）花岗闪长岩

出露面积较大，主要出露于齐陇乌如、刑陇法陇一带，野外均呈大小不等的岩株、岩枝状。

岩石呈灰色—灰白色，半自形中、细粒结构，块状构造。石英呈他形粒状，粒度一般在0.5～4.5mm之间，分布较均匀，含量18%～20%。黑云母为片状，发育一组极完全解理，具褐-深褐色（Nm）和淡黄-淡褐色（Np）多色性，在岩石中分布不均匀，有时与角闪石一起集中呈暗色斑点，含量3%～5%。角闪石半自形柱状，柱长可达5～6.5mm，横切面呈不完全的菱形，具两组斜交的完全解理，具绿-暗绿色（Nm）-绿色（Ng）和淡绿-淡黄绿色（Np）多色性，在岩石中分布不均匀，含量3%～5%。斜长石为半自形板状或他形粒状，含量50%～65%，粒度多在1～4.5mm之间，具明显的聚片双晶和环带构造，由于较强的绢云母化作用，使多数具环带构造的斜长石出现约0.02mm宽的酸性斜长石亮边。钾长石呈半自形板状或他形粒状，粒度在1～3.5mm之间，可见卡氏双晶，含量3%～5%。副矿物见锆石、电气石和磷灰石、榍石等。岩石中的暗色矿物含量一般在15%左右，但其中的黑云母和角闪石的含量常呈此长彼消的变化。

花岗闪长岩中常含深灰-黑灰色大小不等的呈椭圆状和透镜状产出的细粒石英闪长岩包体，以及各类变质岩捕虏体（图3-1-4）。最大的变质岩捕虏体长度可达数十米，小的只有几厘米。这些变质岩捕虏体的边部常见硅化作用。花岗闪长岩常侵位于斜长角闪岩、云母片岩和大理岩等变质岩中（图3-1-5）。

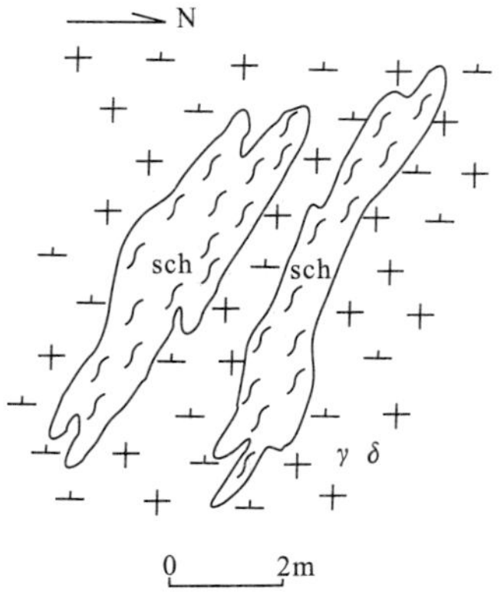

图3-1-4　齐陇乌如花岗闪长岩中的捕虏体

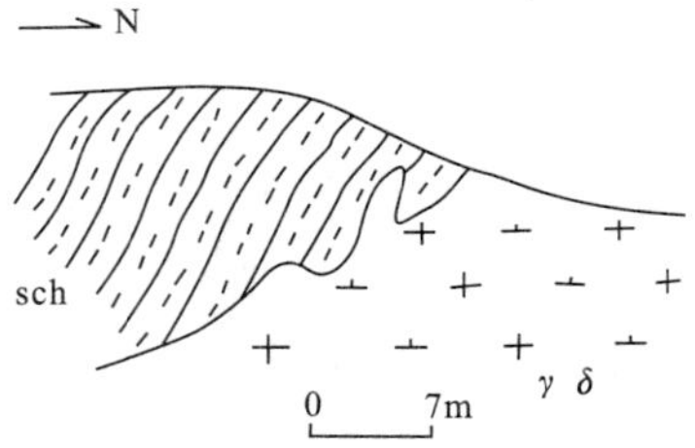

图3-1-5　齐陇乌如花岗闪长岩侵位于前奥陶系齐陇乌如岩组黑云母片岩之中

4）花岗闪长斑岩

呈岩株状、岩脉状沿裂隙侵入花岗闪长岩岩体中，出露面积较小。岩石呈灰色、淡红色，斑状结构，块状构造。斑晶矿物主要为石英、斜长石、角闪石和少量黑云母、钾长石，含量40%左右。基质由微粒斜长石、石英及角闪石等组成，含量约60%，常因铁染和蚀变而显淡红色。石英多呈他形粒状，粒度0.5～2.5mm，部分石英斑晶呈浑圆状并具溶蚀结构。斜长石呈半自形板状，粒度2～4mm，含量18%～25%，具较强的绢云母化，边部常出现窄的亮边，见聚片双晶。角闪石呈半自形粒状，横切面呈菱形并可见两组斜交的完全解理，具绿色（Ng、Nm）和淡黄绿色（Np）多色性，局部有绿泥石和绿帘石化，含量8%～12%。

花岗闪长斑岩中常有大小不等的花岗闪长岩捕虏体（图3-1-6），两者界线清楚，无蚀变现象。此外还见大小不等的斜长角闪岩、石英岩、云母片岩等捕虏体，两者均为侵入接触关系。

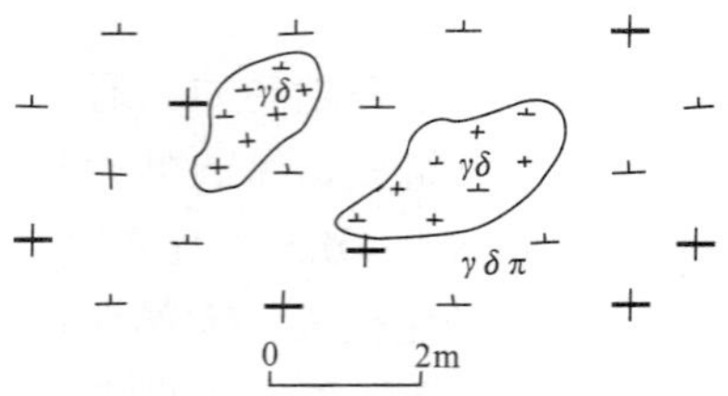

图3-1-6　花岗闪长斑岩中的花岗闪长岩捕虏体

花岗闪长斑岩侵入于花岗闪长岩中，在花岗闪长斑岩的内接触带见有不甚清楚的片状构造，片理产状与岩体产状平行，向岩体内部片理不清楚并逐渐消失。

5）黑云母花岗岩

主要分布在阿木岗日雪山西坡，出露面积约7.5km^2，主要岩性为黑云母花岗岩，部分地方为二长花岗岩，均呈岩株状产出。

岩石呈灰色—灰白色，肉红色，中-细粒花岗结构，块状构造，岩体边部见明显的片麻状构造。岩石中石英呈他形粒状，粒度1mm左右，分布较均匀，含量约26.5%。黑云母呈片状，分布较均匀，具深褐色（Nm）-褐黄色（Np）多色性，含量5%左右。斜长石呈半自形板状，粒度在2mm左右，可见清楚的聚片双晶，有不同程度的绢云母化，少数斜长石呈钾长石的包体产出，含量27.5%。钾长石半自形板状，粒度多在1.5～4.5mm之间，含量41%，表面均有不同程度的高岭土化，少数钾长石可见卡氏双晶。副矿物以锆石、磷灰石、电气石为主，但含量极少。

该岩体侵入于变质岩及花岗闪长岩中，其中还含有变质岩的捕虏体，其上被古近系康托组紫红色砾岩不整合覆盖。

6）花岗斑岩

岩石呈红褐色，肉红色，斑状结构，块状构造，呈小岩株状产出。斑晶矿物为石英、钾长石、斜长石、黑云母，占19%。基质占81%左右。石英为不规则的粒状、浑圆状，粒径在2～3mm之间，分布均匀，常具溶蚀结构，含量5%。正长石呈不规则的半自形板状，粒径4mm左右，具明显的卡氏双晶，表面有轻微的高岭土化，含量5%。斜长石半自形板状，粒径在1～2mm之间，具卡钠联合双晶和钠长石双晶，表面多已绢云母化但不太均匀，含量8%。黑云母片状，具红褐色（Nm、Ng）-淡黄褐色（Np）多色性，零星分布，含量1%左右。基质由微粒的石英和长石组成，颗粒难于分辨。

花岗斑岩中含有花岗闪长岩的捕虏体，并侵入变质岩、闪长玢岩、花岗闪长斑岩、黑云母花岗岩中，其侵入时间晚于黑云母花岗岩。

3. 岩石化学及地球化学特征

1）岩石化学特征

双湖构造岩浆岩带中酸性侵入岩岩石化学成分及主要参数见表3-1-1，其标准矿物含量及主要参数见表3-1-4。从表中可以清楚地看出，从闪长玢岩→花岗闪长岩→花岗岩→花岗斑岩，SiO_2由57.19%→76.81%，呈快速递增趋势，MgO和CaO含量逐渐降低，而碱质（Na_2O和K_2O）逐渐升高。标准矿物石英由12.52→38.43，分异指数（DI）由58.08→92.82，斜长石排号（NO）由32.43→4.53，固结指数（SI）由37.01→1.45，长英指数（FL）由41.25→93.58，镁铁指数（MF）由47.27→89.34，碱度率（AR）由1.55→5.13。上述矿物含量及各参数规律性的变化，显示岩浆分异作用明显。

从（$Fe^{3+}+Fe^{2+}$）-（Na+K）-Mg原子质量百分比图（图3-1-7）中可看出，演化线指向Na+K端元。在An-Ab-Or图解（图3-1-8）中，演化线由An向Ab-Or端元演化。上述图解反映出岩浆分异向富钾、富钠方向演化。

2）地球化学特征

双湖构造岩浆岩带中酸性侵入岩稀土元素地球化学特征及主要参数见表3-1-2，稀土配分型式见图3-1-9。稀土含量与花岗岩类平均含量相近或偏低。稀土配分型式均呈轻稀土富集型，而重稀土相对亏损，具有明显的负铕异常，显示出了中酸性岩浆岩的稀土元素配分特点。

微量元素地球化学特征及主要参数见表3-1-3，微量元素比值蛛网图见图3-1-10。微量元素Rb、Sr

表 3-1-4 测区侵入岩 CIPW 标准矿物及特征对比表

构造单元	样品代号	岩石名称	CIPW 标准矿物(10^{-2})										岩石化学参数		
			Q	C	Or	Ab	An	Di	Hy	Mt	Il	Ap	结晶指数	分异指数	长石排号
双湖构造岩浆岩带	* C383	花岗斑岩	38.43	0	34.33	20.05	3.04	0.56	2.92	0.44	0.10	0.13	4.01	92.82	7.05
	+ 阿木岗日 GS222	黑云母花岗岩	28.27	2.72	25.50	29.38	5.32	0	7.55	0.21	0.70	0.36	8.46	83.15	8.30
	D3001GS1	花岗闪长岩	25.39	1.47	28.12	25.73	10.29	0	6.97	1.03	0.72	0.29	8.72	79.23	16.66
	D5099GS1	花岗闪长斑岩	52.76	0	8.22	13.89	5.42	8.76	0	1.73	0.50	0.03	10.99	74.87	16.33
	D5102GS1	二长花岗岩	26.15	1.93	25.80	18.96	13.84	0	9.71	2.41	0.90	0.29	13.03	70.91	26.74
	D6013GS1	石英闪长岩	22.85	0.36	23.25	19.35	18.57	0	9.17	5.02	0.88	0.56	15.06	65.45	32.43
	D7028GS1	闪长玢岩	12.52	0	20.04	25.52	22.16	0.13	9.79	5.78	2.43	0.80	18.13	58.08	30.27
北羌塘构造岩浆岩带	× CH4031－1A	二长花岗岩	41.18	6.36	43.25	6.01	0.57		1.05	0.72	0.63	0.23	2.39	90.45	4.53
	× CH4031－3A	二长花岗岩	28.98	1.55	25.87	29.78	8.12		1.67	2.91	0.69	0.42	5.27	84.63	12.00
	× G1560Hx1	二长花岗岩	26.23		28.25	29.02	9.95	0.39	2.28	3.02	0.66	0.20	6.35	83.50	14.63
	× G1567Hx1	二长花岗岩	26.57		25.30	28.99	10.95	0.29	4.15	2.81	0.72	0.22	7.97	80.86	15.89
	× G1025Hx1	石英二长闪长玢岩	19.28		29.30	24.98	11.57	6.55	1.81	2.75	1.26	0.33	12.37	73.57	18.80

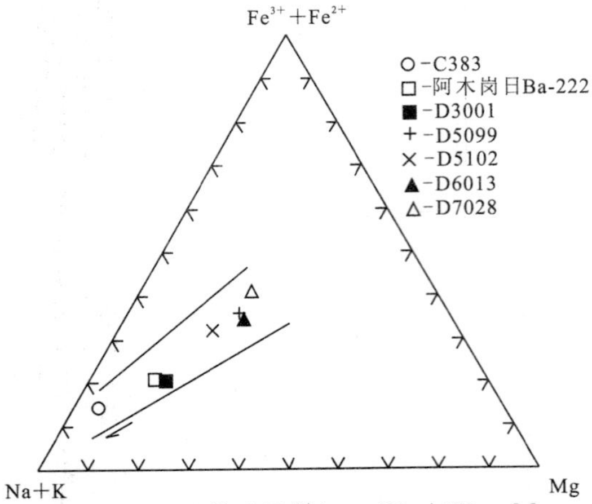

图 3-1-7　$(Fe^{3+}+Fe^{2+})-(Na+K)-Mg$ 原子质量百分比图

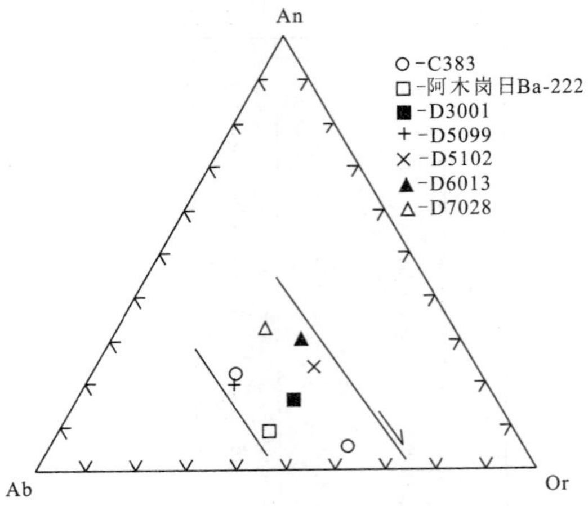

图 3-1-8　An-Ab-Or 图解

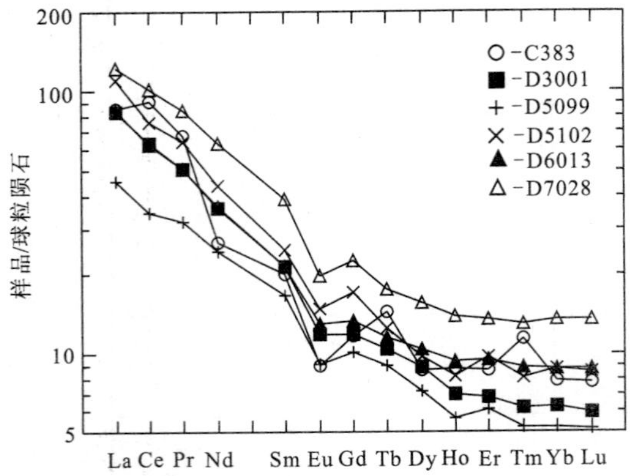

图 3-1-9　双湖构造岩浆带中酸性侵入岩稀土元素球粒陨石标准化图式

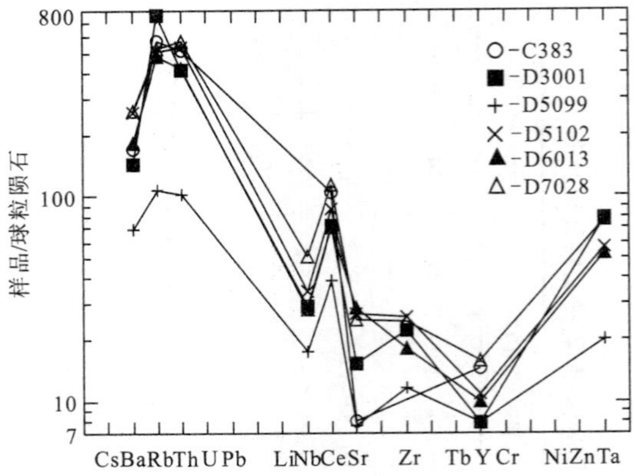

图 3-1-10　双湖构造岩浆带中酸性侵入岩微量元素汤式蛛网图

含量均略低于同类岩性的平均含量，个别样品 Rb 含量略高于同类岩性的平均值。Ba、Ni、V 含量与同类岩性平均值相比较低些。Co 含量均较高，但花岗岩类的含量与平均含量相当。B、Cr、Th 的含量多数高于同类岩石的平均含量，最高的可高出平均含量的 7 倍。Rb/Sr 由 0.39→4.63，随 DI 增加，Rb/Sr呈上升趋势，演化趋势明显。

4. 岩浆演化及侵位时代探讨

1）侵入顺序

双湖构造带岩浆岩岩石类型较多。据岩浆岩之间的侵入、穿切关系，以及各类侵入岩岩体内部包体、捕虏体特征，可以确定各类侵入岩的侵入顺序。

（1）石英闪长岩：此类岩石与花岗闪长岩之间呈渐变过渡关系，从而说明石英闪长岩形成早于花岗闪长岩，是该区最早期的侵入体。

（2）花岗闪长岩：此类岩石中含有变质岩捕虏体和细粒石英闪长岩的同源包体，这证明花岗闪长岩的侵入作用晚于石英闪长岩。同时花岗闪长岩又作为包体存在于花岗闪长斑岩中，并且被闪长玢岩、花岗闪长斑岩等穿切，说明花岗闪长岩的形成早于这些岩石。

（3）闪长玢岩：此类岩石侵入花岗闪长岩，而其本身又被花岗闪长斑岩和花岗细晶岩脉穿切。其形成晚于花岗闪长岩，而早于花岗闪长斑岩等。

（4）花岗闪长斑岩：此类岩石中见有花岗闪长岩的捕虏体，同时也侵入于花岗闪长岩中，而又被黑云母花岗岩侵入，这些事实证明花岗闪长斑岩侵入时间在花岗闪长岩之后，而在黑云母花岗岩之前。

（5）黑云母花岗岩：黑云母花岗岩侵入于花岗闪长岩和花岗闪长斑岩中（图 3-1-11），说明其形成晚于花岗闪长斑岩。

（6）花岗斑岩：该岩石侵入于闪长玢岩和花岗闪长斑岩、黑云母花岗岩中（图 3-1-12），其侵入晚于黑云母花岗岩。

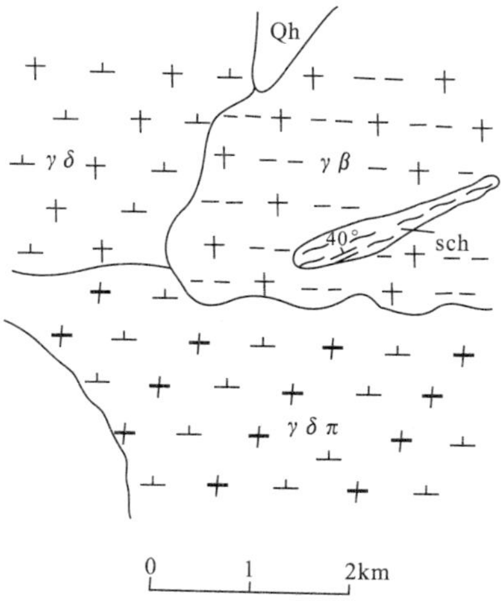

图 3-1-11　黑云母花岗岩侵入花岗闪长岩和花岗闪长斑岩的平面示意图

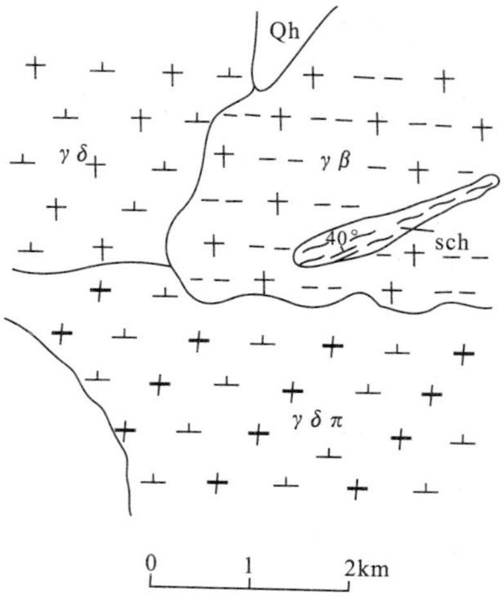

图 3-1-12　花岗斑岩呈脉状

上述分析表明，该构造岩浆带中的各类岩石侵入是有一定顺序的，从早到晚依次为：石英闪长岩—花岗闪长岩—闪长玢岩—花岗闪长斑岩—黑云母花岗岩—花岗斑岩。

2）岩浆演化

（1）成分演化序列：带内各种侵入岩在成分上的演化比较明显。从矿物成分上看，由早期的石英闪长岩到晚期的花岗斑岩，暗色矿物呈逐渐减少的趋势，角闪石由 12.5%→4.67%→无，黑云母由 10%→5%→1%；浅色矿物石英呈增加的趋势，由 4%→19.8%→26.5%；斜长石呈由多到少的变化，由 73.5%→59.3%→27.5%；钾长石呈逐渐增加的趋势，由无→4.67%→41%。从化学成分上看，由石英闪长岩到花岗（斑）岩，SiO_2 含量由 56.95%连续变化至 76.81%，碱质含量由 4.55%连续变化至 8.1%，铁、镁则由 10.69%降至 1.72%，CaO 由 6.48%降至 0.81%，显示了岩石化学成分上的连续变化。

（2）结构上的演化则相对较简单，各类岩石均由中细粒花岗结构演化为斑状结构。

（3）根据成分和结构演化特点以及各类侵入岩地质特征，可将该带侵入岩划分出 3 个演化序列。

石英闪长岩-闪长玢岩序列：该序列是该构造岩浆带岩浆作用早期演化的产物，两者从成分和结构上均有着密切的成因联系，是同种岩浆不同环境下的产物。

花岗闪长岩-花岗闪长斑岩序列：该序列是该构造岩浆带岩浆作用中期演化的产物，结构上的变化反映了它们形成环境的变化。

黑云母花岗岩-花岗斑岩序列：该序列是该构造岩浆带岩浆作用晚期演化的结果，其结构上的变化同样反映了它们形成环境的改变。

从上述 3 个序列岩浆演化的特点，以及它们成分上演化的连续性和规律性看，3 个序列均具有同源岩浆演化特点，它们是同源岩浆演化不同阶段的产物。

3）侵位时代讨论

通过剖面测制及路线地质调查，中酸性侵入岩岩体广泛侵位于前奥陶系齐陇乌如岩组变质岩中。采获的黑云母闪长玢岩 Ar - Ar 同位素年龄值为（189±2）Ma，前人在该区亦获 K - Ar 年龄值为 160.5Ma，因此其侵位时代应为早中侏罗世。

4）找矿信息

在齐陇乌如、刑陇法陇、恰格勒拉一带，中酸性侵入岩岩体与围岩的外接触带中有明显的铜矿化现象，常见孔雀石、铜蓝等浸染分布于硅化的致密型岩石中。同时在流经该岩体的小溪下游亦多次发现含高品位的孔雀石、铜蓝的巨砾及含铜矿等金属硫化物的硅化岩体，矿化显示浸染状，推测岩体接触带附近有存在铜矿的可能性。

在刑陇法陇附近，岩体与构造片岩接触处数百米内围岩变质程度明显加深，但岩体本身变质不明显。岩体与大理岩接触带则发育矽卡岩化现象，可能有矽卡岩型矿化点或矿床存在。

5. 构造环境判别及侵位机制

在以洋脊花岗岩（ORG）为标准的不同类型花岗岩分布形式图（图 3-1-13）中，该岩浆带与同碰撞花岗岩相似。在深成岩 R_1-R_2 构造环境判别图解（图 3-1-14）中，闪长玢岩、石英闪长岩、花岗闪长岩落入消减的活动板块边缘花岗岩区，花岗闪长斑岩投影于造山晚期花岗岩范围，花岗岩投影于同造山-同碰撞花岗岩区内，花岗斑岩投影于造山后花岗岩区内。在 Rb-（Y+Nb）和 Nb-Y 图解（图 3-1-15）上，较早侵入的闪长玢岩、石英闪长岩均反映出火山弧花岗岩特征，而较晚侵入的花岗闪长岩、花岗岩等则反映出同碰撞花岗岩的特征。与带内构造环境发展以及岩浆岩野外地质特征所确定的侵入顺序相比较，三者基本一致，特别是与双湖构造混杂岩带的地质发展历史相符合，证明双湖构造岩浆带的形成与板块碰撞和造山运动有着密切的关系。

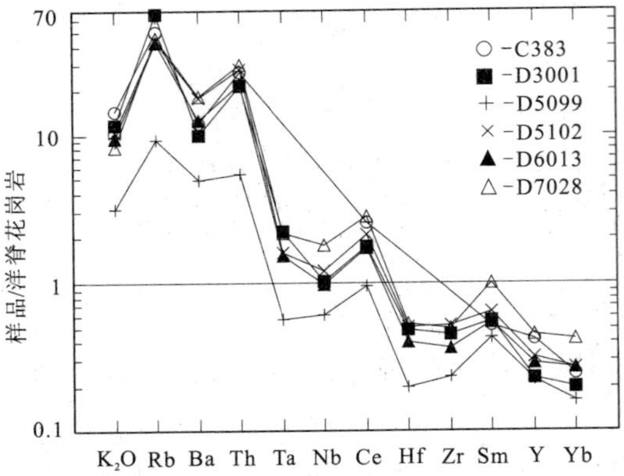

图 3-1-13　以洋脊花岗岩为标准的不同类型花岗岩分布形式图

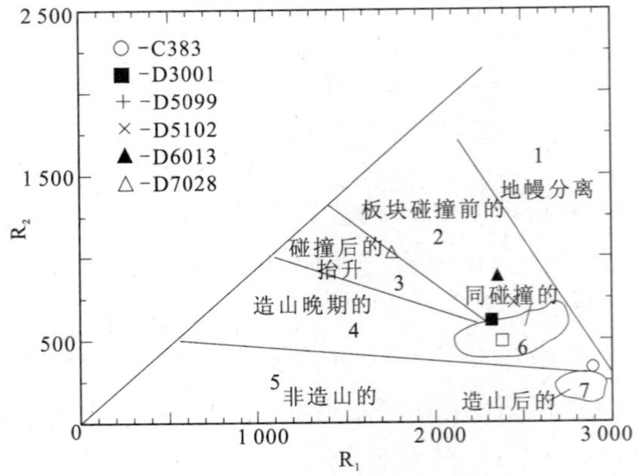

图 3-1-14　深成岩 R_1-R_2 构造环境判别图
（据 R. A. Batchelor 等，1985）

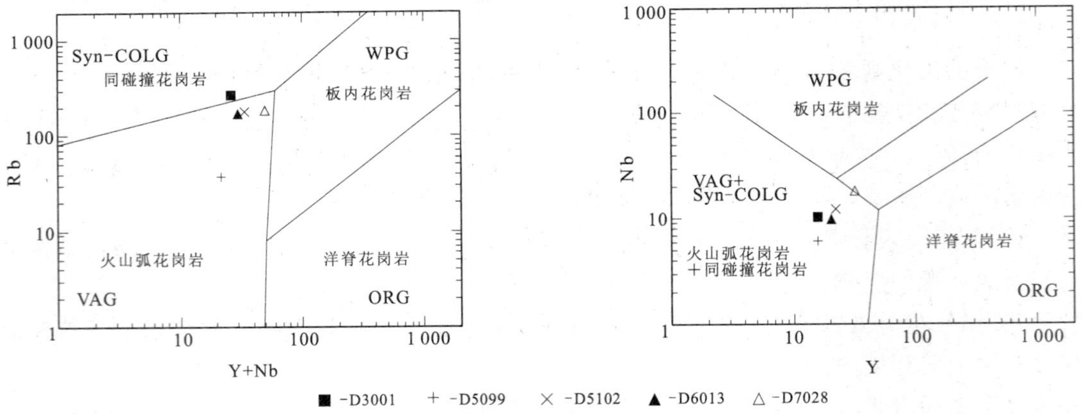

图 3-1-15　不同构造环境花岗岩的 Rb-（Y+Nb）和 Nb-Y 图解
（据 Pearce 等，1984）

侵位机制讨论：野外详细地质调查和室内岩相学研究表明，双湖构造岩浆带虽然岩性复杂，但结构和成分上的演化规律均较明显，其侵位机制大致可分为 3 类。

1）顶蚀式侵位

该种侵位机制代表性的岩体是花岗闪长岩岩株。野外调查表明，该岩石侵入于变质岩中，内接触带除粒度稍细外，暗色的片柱状矿物并无定向构造，岩体中常见有各类变质岩的捕虏体，捕虏体大小不一。这种侵入作用一方面使变质岩片理沿岩体边界塌落，同时又使近接触带的部分变质岩被吞蚀掉，多处见到变质岩的岩片呈残留顶盖状覆于花岗闪长岩之上（图 3-1-16）。这种现象一方面说明岩体的侵位深度较浅，同时又证明了该岩体是由顶蚀式侵位作用而形成的。

2）气球膨胀式侵位

这种机制表现在花岗闪长斑岩、花岗岩、花岗斑岩的侵位方式上。花岗闪长斑岩和花岗岩岩株与围岩的内接触带附近，见有弱的片麻理，此种片麻理与其接触界面平行排列，边部清楚，向岩体中心则逐渐消失。花岗闪长斑岩由暗色的角闪石、黑云母斑晶定向构成侵位叶理（图 3-1-17），这种侵位叶理沿接触带分布，且随接触带的弯曲而弯曲。而花岗斑岩则由石英和钾长石斑晶定向排列构成了侵位叶理。这些叶理的形成可能是由气球膨胀式侵位机制所造成的。

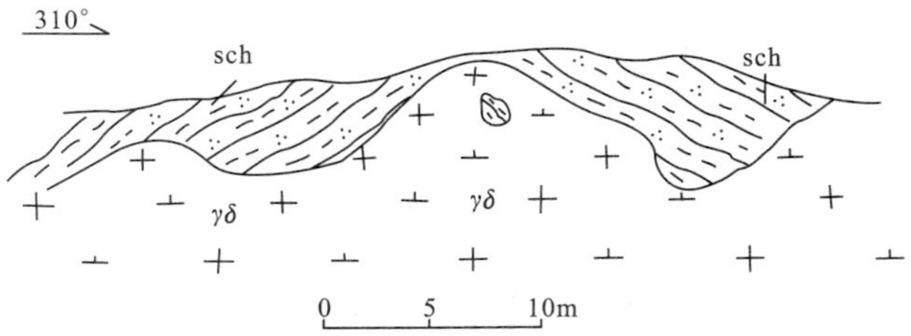

图 3-1-16 花岗闪长岩对黑云片岩的顶蚀作用

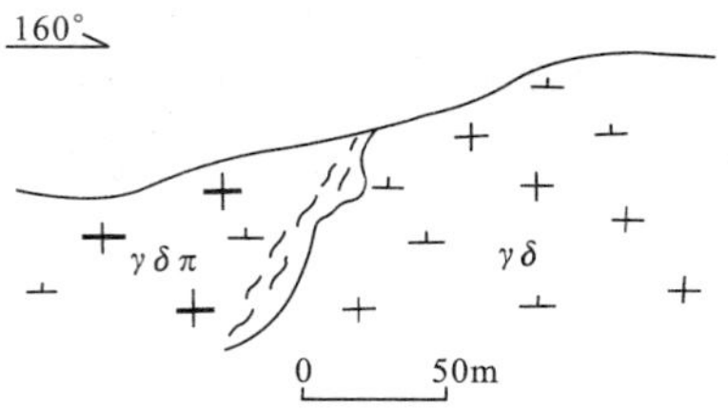

图 3-1-17 花岗闪长斑岩侵入花岗闪长岩其边部形成侵位叶理

3）裂隙充填式侵位机制

这种侵位机制主要表现在闪长玢岩、花岗细晶岩脉等脉状岩石的侵位方式上。这些脉岩展布方向多为近东西向和北西向，与区域上的断裂带平行。闪长玢岩则明显沿北西向断裂分布，说明这些脉岩是沿断裂侵位的，属裂隙充填式的侵位机制。

（二）北羌塘构造岩浆岩带

1. 区域分布与岩石学特征

北羌塘构造岩浆岩带中酸性侵入岩分布于劳日特、美日切错以及普若岗日东部一带，出露总面积约 $45km^2$，呈椭圆形、近圆形岩株产出。侵位的最新地层为晚侏罗世-早白垩世雪山组。

1）普若岗日二长花岗岩岩体

位于普若岗日大冰川东侧。岩体呈不规则椭圆状，出露面积约 21 km^2，呈岩株状产出。侵入最新地层为上侏罗统白龙冰河组。岩体边部见围岩捕虏体，围岩具轻微的烘烤和褪色现象，由岩体派生的脉枝叉状插入围岩中。局部地段接触界面平缓外倾，且围岩地层走向具绕岩体呈环状分布的趋势。

岩体无明显岩相分带，岩性较为稳定，岩石类型简单，为二长花岗岩。岩石呈灰白色，风化色为浅黄灰色，斑状构造，基质具显微花岗结构。斑晶主要为自形板状斜长石（28%）和钾长石（20%）、石英（8%）。斜长石自形板状，为更中长石（An32），具环带构造。钾长石斑晶为透长石，二轴晶负光性，光轴角很小，负突起。基质由板柱状和微粒状斜长石（18%）、钾长石（10%）、石英（13%）组成。暗色矿物大部分为黑云母，少量角闪石。石英呈他形晶分布在较自形的斜长石所组成的空隙中，副矿物中磷灰石、锆石及榍石均为自形晶。

岩体与上侏罗统白龙冰河组之间呈侵入接触关系（图 3-1-18），沿接触带灰岩变质为大理岩，见热液型方解石脉，岩体具细粒化带，岩石蚀变矿化明显，具硅化、黄铁矿化、黄铜矿化等，部分岩石表面可见孔雀石，矿化见于接触内带。岩体接触面产状大多与围岩产状一致，以向外倾为主，是剥蚀程度不深的标志之一，仅局部接触界面陡立或倾向于岩体内部。

该岩体岩石多较新鲜，在二长花岗岩岩体北东侧断层两侧附近有明显构造破碎、片理化及粘土化现象，局部地段见球状风化。未发现任何包体、捕虏体或后期脉岩产出，这一方面说明岩体时代较新，另一方面表明该岩体为典型的岩浆成因。此外岩石中斑晶粒度较大，指示了岩浆形成深度可能不大，温度偏低，粘度大而活动能力较弱，并以晶粥状上侵，这也是造成其成分、结构分异不明显，接触变质作用微弱以及包体、捕虏体、脉岩极不发育的重要原因。

2）美日切错石英二长闪长玢岩岩体

位于美日切错北西侧及北东侧，被美日切错湖分隔为两个小岩株。北西侧岩株呈不规则斜歪“人”字形出露，面积约 $10km^2$，其西侧和南侧分别被第四系堆积物和湖水掩盖，北侧与上侏罗统白龙冰河组碳酸盐岩夹碎屑岩地层呈明显侵入接触关系（图 3-1-19），其南东侧被古近系火山岩不整合覆盖。

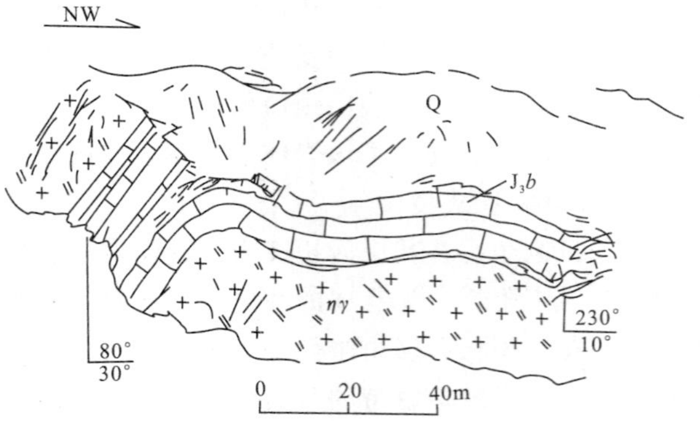

图 3-1-18　$\eta\gamma$ 与 J_3b 灰岩呈侵入接触关系素描

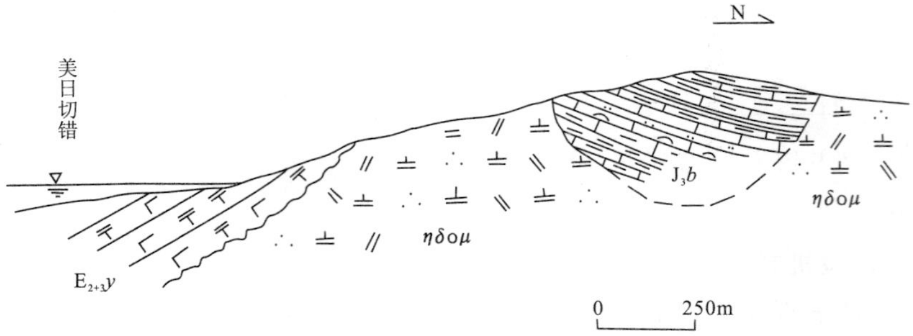

图 3-1-19　石英二长闪长玢岩与围岩接触关系示意图

整个岩体岩性较为稳定，无明显分带现象。主要岩性为石英二长闪长玢岩，岩石呈浅灰色，蚀变后浅绿灰色，风化面可呈黄灰、紫灰色。斑状结构，块状构造。斑晶约占 20%，斑晶成分主要为宽板状中长石（20%～25%，An46），柱状普通辉石（8%～10%），次为褐色鳞片状黑云母（6%～8%），偶有角闪石和紫苏辉石斑晶。斑晶粒径多在 2～5mm，并常见熔蚀结构，黑云母斑晶尚可见到暗化边结构。基质多为隐晶-微晶质结构，粒度≤0.5mm，主要由斜长石（40%）、钾长石（20%）及石英组成，副矿物磷灰石、磁铁矿和榍石等不均匀分布于基质中。

岩体局部发育节理构造，但未见有任何脉岩产出，包体或捕虏体也极少见到。围岩见重结晶和角岩化等接触交代变质现象。据岩石结构特点和所含黑云母斑晶的暗化现象推断，该岩体具有明显的超浅成或次火山岩相特点。

3）劳日特二长花岗斑岩岩体

位于劳日特错南，岩体呈不规则椭圆状，向东延出图外（图 3-1-20），出露面积 14.2 km^2，呈小岩株状产出，侵入最新地层为上侏罗统白龙冰河组（图 3-1-21），岩体边部见围岩捕虏体，具轻微的烘烤和褪色现象，由岩体派生的脉枝叉状插入围岩中。围岩地层走向有绕岩体呈环状分布之势，南西侧围岩中的褶皱轴线也大体与岩体边界平行并呈外凸的弧形展布。

岩体接触面产状大多陡立，岩体无明显岩相分带，岩性较为稳定，岩石类型简单，为黑云母二长花岗斑岩。岩石呈灰白色，风化色为浅褐灰色，花岗结构，斑状构造。斑晶主要为自形板状斜长石（25%），少量钾长石（3%）、石英（5%）、黑云母（5%）及角闪石（2%）。斜长石自形板状，为更中长石（An32），具环带构造。钾长石斑晶为透长石，二轴晶负光性，光轴角很小，负突起。角闪石斑晶为普通角闪石，已全部碳酸盐化，未见残晶。基质由斜长石（15%）、钾长石（15%）、石英（20%）及显微文象石英、长石（10%）组成。基质中斜长石和钾长石为板柱状和微粒状，暗色矿物大部分为黑云母，并均已绿泥石化，石英他形分布在较自形的斜长石所组成的空隙中。显微文象石英、长石有时呈放射状，形成假球粒，有时分布在石英斑晶周围。副矿物中磷灰石、锆石及榍石均为自形晶，部分副矿物

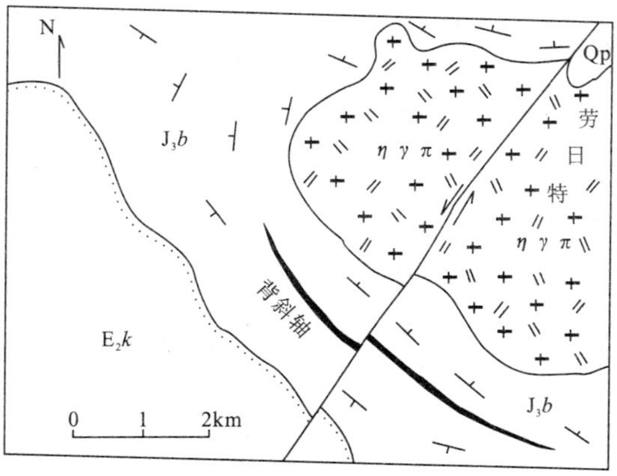

图 3-1-20 劳日特岩体平面示意图

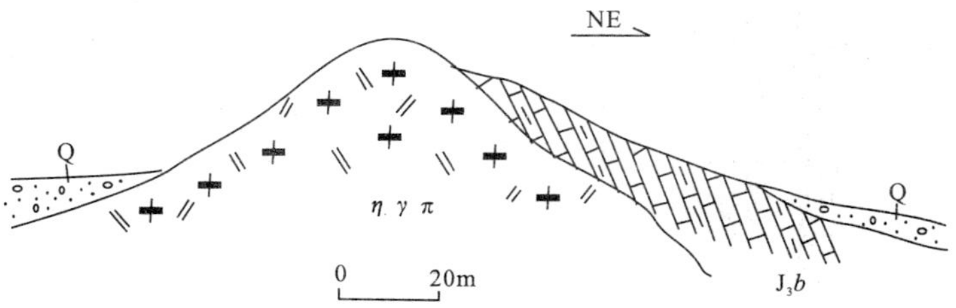

图 3-1-21 二长花岗斑岩与 J_3b 侵入接触关系

分布在黑云母斑晶和角闪石斑晶中。

2. 岩石化学与地球化学特征

1）岩石化学特征

北羌塘构造岩浆岩带岩石化学成分及主要特征参数见表 3-1-1，标准矿物含量及主要参数见表 3-1-4。从石英二长闪长玢岩—二长花岗岩—二长花岗斑岩，SiO_2 由 63.90%→69.81%→71.86%缓慢递增，MgO 和 CaO 含量逐渐降低，而碱质（Na_2O 和 K_2O）含量变化不大。标准矿物石英由 19.28→28.98→41.18，分异指数（DI）由73.57→84.63→90.45，斜长石排号（NO）由 18.80→12.00→4.53，固结指数（SI）由 12.73→5.35→2.06，长英指数（FL）由 65.26→80.91→99.65，镁铁指数（MF）由 73.46→83.64→86.99，碱度率（AR）由 2.47→2.75→3.03。上述矿物含量及各种参数规律性的变化，显示岩浆分异作用明显。

在（$Fe^{3+}+Fe^{2+}$）-（Na+K）-Mg 原子质量百分比图（图 3-1-22）中，演化线指向 Na+K 端元。在 An-Ab-Or 图解（图 3-1-23）中，演化线由 An 向 Ab-Or 端元演化，上述图解均反映出岩浆分异向富钾、富钠方向演化。

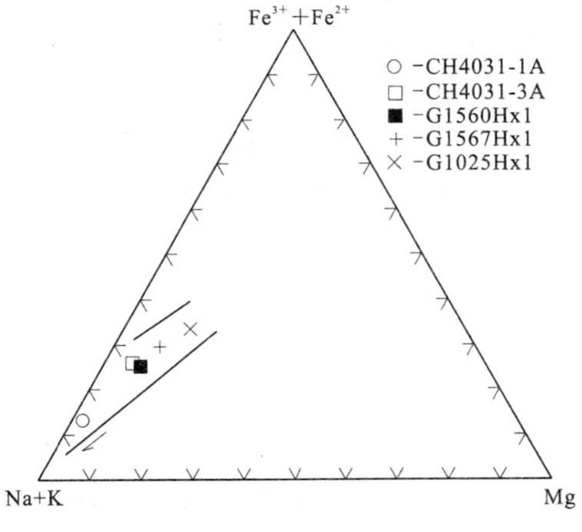

图 3-1-22 （$Fe^{3+}+Fe^{2+}$）-（Na+K）-Mg 原子质量百分比图

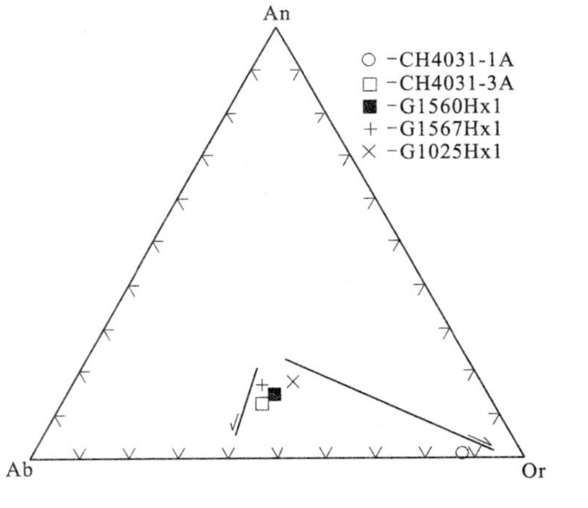

图 3-1-23 An-Ab-Or 图解

2）地球化学特征

北羌塘构造岩浆岩带中酸性侵入岩稀土元素地球化学特征及主要参数见表 3-1-2，其稀土配分型式见图 3-1-24。从表、图中可以看出，稀土总量偏低并具总体减少的趋势，主要稀土元素的含量与同类花岗岩类平均含量相近或偏低。带内岩浆岩的稀土元素配分型式均呈轻稀土富集型，而重稀土相对亏损，具有轻微的负铕异常，充分显示出中酸性岩浆岩的稀土元素配分特点。

微量元素地球化学特征及主要参数见表 3-1-3，其微量元素比值蛛网图见图 3-1-25。从表、图中可以看出，中酸性岩浆岩微量元素 Rb、Sr 含量均略低于同类岩性的平均含量，个别样品 Rb 含量略高于同类岩性的平均值。Ba、Ni 含量与同类岩性平均值相比较低些。主要参数 Rb/Sr 由 0.08→0.19→0.47，随 DI 增加，Rb/Sr 呈上升趋势，演化趋势明显。

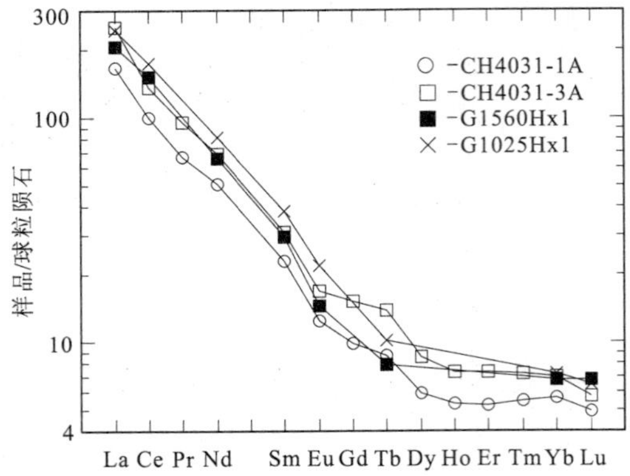

图 3-1-24　北羌塘构造岩浆带中酸性侵入岩稀土元素球粒陨石标准化图式

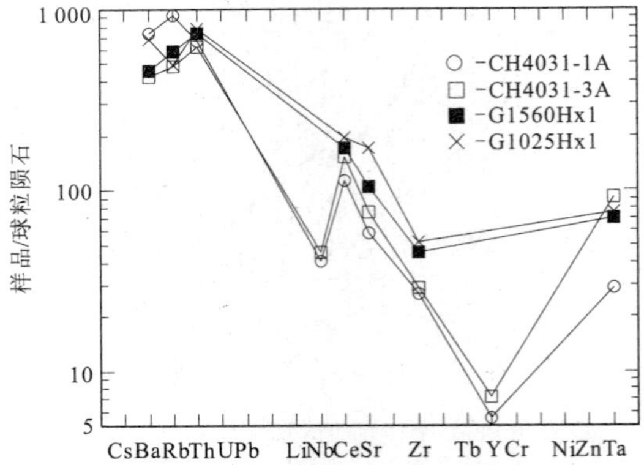

图 3-1-25　北羌塘构造岩浆带中酸性侵入岩微量元素汤式蛛网图

3. 岩相及侵位时代探讨

从地质图上可以看出，北羌塘中部发育一条北西向构造岩浆岩带，北西-南东向延伸约 60km，宽可达 10km。详细的野外地质调查和室内岩相学研究表明，该构造岩浆带在岩性和构造上较为简单。

普若岗日二长花岗岩岩体与上侏罗统白龙冰河组之间呈侵入接触关系，边部见围岩捕虏体具轻微的烘烤和褪色现象，南西侧围岩中的褶皱轴线也大体与岩体边界平行并呈外凸的弧形展布，表现出与岩体侵位有关的同期变形特征，也反映了该岩体具有气球膨胀或被动就位的动力机制。

劳日特二长花岗斑岩岩体接触面产状大多与围岩产状一致，以向外倾为主，倾角 35°～60°不等，仅局部接触界面陡立或倾向于岩体内部。岩体无明显岩相分带，岩性较为稳定，岩石类型简单。

美日切错石英二长闪长玢岩岩体中局部发育节理构造，但未见有任何脉岩产出，包体或捕虏体也极少见到。据岩石结构特点和所含黑云母斑晶的暗化现象推断，该岩体具有明显的超浅成或次火山相性质。

从上述 3 个岩体岩浆演化的特点，以及它们成分上演化的连续性和规律性看，3 个岩体均具有同源岩浆演化特点，它们是同源岩浆演化不同阶段的产物。通过路线调查，3 个岩体均侵位于晚侏罗世地层中。

4. 构造环境判别及侵位机制讨论

1）构造环境判别

在以洋脊花岗岩（ORG）为标准的不同类型花岗岩分布形式图（图 3-1-26）中，该岩浆带与同碰撞花岗岩相似。在 R_1-R_2 图解（图 3-1-27）中，石英二长闪长玢岩落入碰撞后的花岗岩区，二长花岗斑岩绝大多数投影于同碰撞花岗岩区，少量二长花岗斑岩投影于造山晚期-造山后的花岗岩区内。在 Rb－（Y＋Nb）和 Nb－Y 图解（图 3-1-28）中，二长花岗斑岩等反映出同碰撞花岗岩-火山弧花岗岩的特征。

2）侵位机制讨论

野外地质调查和室内岩相学研究表明，北羌塘构造岩浆岩带侵入岩虽然岩性简单，但结构和成分演化规律明显，侵位机制主要为气球膨胀就位。

这种机制主要表现在二长花岗斑岩的侵位方式上。二长花岗斑岩与围岩的内接触带附近，见有弱的片麻理，此种片麻理与其接触界面平行排列，边部清楚，向岩体中心则逐渐消失。二长花岗斑岩由暗色

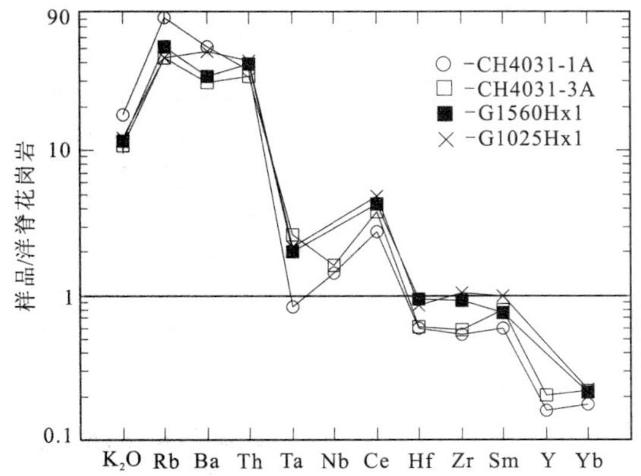

图 3-1-26　以洋脊花岗岩为标准的不同类型花岗岩分布形式图

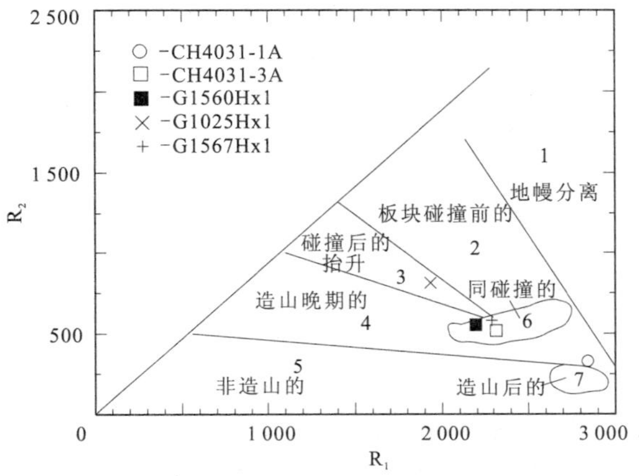

图 3-1-27　深成岩 R_1-R_2 构造环境判别图

（据 R. A. Batchelor 等，1985）

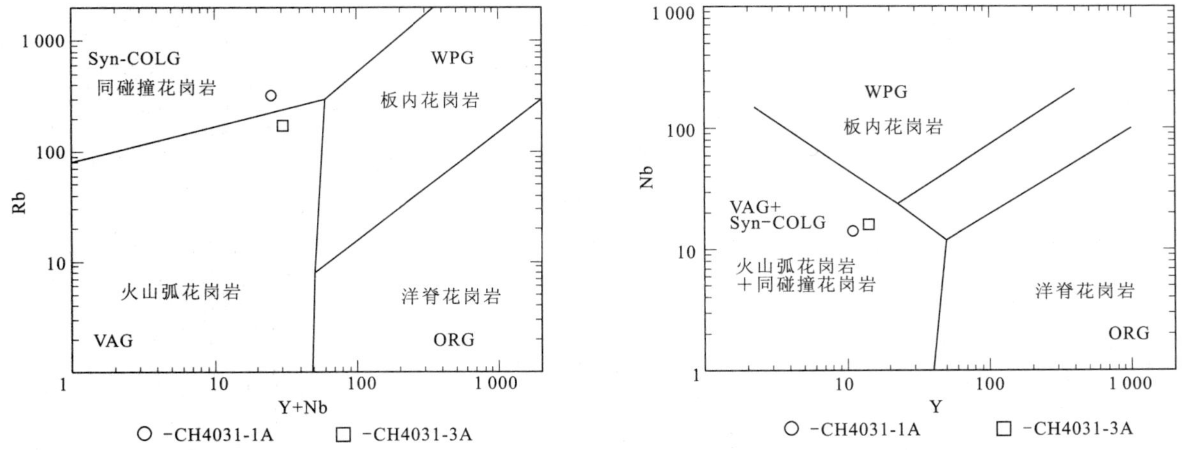

图 3-1-28　不同构造环境花岗岩的 Rb－（Y＋Nb）和 Nb－Y 图解

（据 Pearce 等，1984）

的角闪石、黑云母斑晶定向构成侵位片理，这种侵位片理沿接触带分布，且随接触带的弯曲而弯曲，二长花岗斑岩则由石英和钾长石等斑晶定向排列构成了侵位片理。这些片理的形成可能是由气球膨胀式侵位机制所造成的。

第二节　脉岩

受填图比例尺限制，测区内脉岩总体不发育。双湖构造岩浆岩带有少量基性辉绿岩脉、辉绿玢岩脉和酸性花岗斑岩脉、花岗细晶岩脉等；在北羌塘构造岩浆带脉岩出露更少，只见一条玄武粗安玢岩岩脉。

一、基性岩脉

测区内基性岩脉主要为辉绿岩脉和辉绿玢岩脉，零星出露在双湖构造岩浆杂岩带北西部。基性岩脉走向多为北西、北东向，与前奥陶系变质岩主体片理和二叠系构造混杂岩的主体构造面理产状一致。岩脉规模宽几米到几十米，长几十米至几百米不等。

（1）蚀变辉绿岩：呈深灰绿色，块状构造，斑状结构。斑晶主要为暗色矿物（20%）和斜长石（25%）。由于岩石发生蚀变，暗色矿物多为角闪石和黑云母，且已碳酸盐化和绿泥石化，斜长石自形-半自形板状，大多具环带，部分已绢云母化。基质为微晶-隐晶或交织结构，以斜长石、石英为主。

(2) 辉绿玢岩：灰绿色，斑状结构，基质间粒结构，块状构造。斑晶由斜长石（4%）、辉石（5%）等组成，大小1～4mm。基质由斜长石（50%）、辉石（20%）、绿泥石（10%）等组成，斜长石微晶自形板条状，为基性斜长石，无规律排列，其间隙中充填着辉石、绿泥石等矿物，辉石多已蚀变成绿泥石。

二、酸性岩脉

1. 花岗斑岩脉-花岗细晶岩脉

该类岩石呈脉状产于双湖构造岩浆带。脉体宽度较小，一般都小于100m，多数在十几米至几十米之间，甚至只有数米。岩石呈灰白色、肉红色，半自形细粒结构，块状构造，粒度均匀，常发育垂直脉体的节理，脉岩的延伸方向为北西和北东向。花岗细晶岩脉见于侵入体内部，呈不规则脉状产出，与岩体有明显的界限，并穿插和支解岩体，具晚期沿节理贯入特征，脉宽0.5～3m不等，分布规律性差，推测为岩浆分异晚期的产物。该类岩石一般呈脉状侵入于其他岩浆岩中。

2. 玄武粗安玢岩脉

该岩脉位于托纳木勒玛天包河流南侧雪山组地层中，呈近南北向侵入，与地层走向及主构造线方向近于直交（图3-2-1）。脉体产状陡立，略向东倾，接触面产状为97°∠88°，脉体宽2～5m不等，南北断续延伸800m左右。

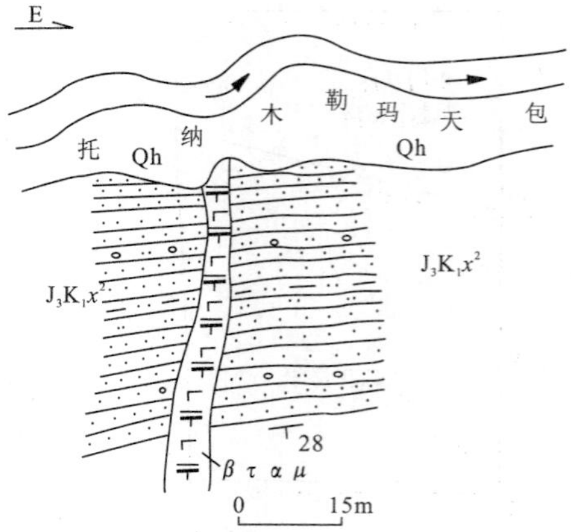

图3-2-1　玄武粗安玢岩岩脉平面产状示意图

脉岩十分新鲜，呈灰—深灰色，块状构造，边部具流线构造和气孔构造。气孔呈不太规则的拉长状定向分布，大小约1～6mm，部分气孔中有少量方解石、沸石充填物。岩石具斑状结构，斑晶主要为角闪石和斜长石，少量片状黑云母，斑晶与拉长气孔多平行于脉壁排布并近于直立，反映岩浆自下而上的运移特征。岩石基质为微晶—隐晶或交织结构，由边缘向中心，基质结晶程度增高。

根据岩石总体色率、斑晶成分等，确定其为中性脉岩，成分与本区古近系鱼鳞山组玄武粗安质火山岩十分类似，加之含有玻璃质并具有气孔状构造，故应为与火山活动有关的超浅成脉状次火山岩，定名为角闪玄武粗安玢岩。

第三节　火山岩

测区火山岩集中分布于双湖构造混杂岩带及北羌塘地区。火山岩岩石类型齐全，基性-酸性火山岩均有出露。按岩石结构和构造分为火山熔岩（为主）和火山碎屑岩两大类。按层位分为前奥陶系、二叠系和古近系等3个层位。

一、前奥陶系基性火山岩

（一）岩石学特征

1. 产出特征

前奥陶系基性火山岩产于恪格勒拉及西雅尔岗等地齐陇乌如岩组和阿木岗岩组中，分布较为局限。火山岩多呈夹层产于二云片岩、大理岩中，厚约数米。野外观察和室内鉴定认为：岩性主要为黑云角闪片岩、斜长角闪岩和糜棱岩化长英质角闪片岩，原岩应为基性火山岩，可能属于羌塘变质褶皱基底岩系。

2. 岩石类型特征

（1）斜长角闪岩：柱粒状变晶结构，块状构造。岩石主体由普通角闪石组成（80%～85%），其次为长英质矿物（斜长石较多，石英较少）。角闪石为半自形柱状，杂乱排列，多为变晶状，常包裹有石英，大的角闪石中包裹有小的角闪石晶体。以斜长石为主的长英质矿物分布于角闪石的粒间间隙中。

（2）黑云角闪片岩：岩石具鳞片柱状变晶结构，片状构造，主要由普通角闪石（75%）、黑云母（10%）、石英（10%）、斜长石（<5%）组成。普通角闪石呈半自形柱状，柱体基本具定向特征，呈平行排列，个别大的晶体呈透镜状。黑云母呈细叶片状定向排列，与角闪石柱体相一致，分布于角闪石晶体之间的间隙中。石英为他形粒状，亦分布于角闪石的空隙之中。

（3）长英质角闪片岩：岩石具柱粒状变晶结构，片状构造，由普通角闪石（75%～80%）和长英质矿物（20%～25%）组成。角闪石多为半自形长柱状变晶，常包裹有细粒状石英，其晶体的长轴定向明显。长英质矿物呈他形粒状分布于角闪石粒间间隙中，亦显定向特征。

（二）地球化学特征

1. 岩石化学特征

前奥陶系火山岩岩石化学成分及主要特征参数见表 3-3-1。SiO_2含量 37.68%～48.78%，TiO_2含量 0.77%～4.22%，Al_2O_3含量 12.91%～15.73%，富钛、高铝铁，显示洋脊火山岩特点，N_2O+K_2O 含量 1.31%～4.36%，且 $K_2O>Na_2O$，DI＝13.64～29.35，岩石类型属于玄武岩-安山质玄武岩，组合指数 $\sigma\leqslant3.3$，属钙碱性系列。

在 SiO_2-（Na_2O+K_2O）图解中（图 3-3-1），落入碱玄岩和玄武岩区。上述岩石类型的判别是假设变质过程为一等化学的封闭系统，但实际上往往受后期变质作用的叠加影响而原岩恢复较为困难。火山岩通过变质改造为斜长角闪岩-角闪片岩，乃至退变为石英片岩，在区域变质岩区是常见的。若在上述岩石中变质改造较弱的情况下，其判别仍有意义，它指示了原岩至少有一部分可能是高钾的钙碱性玄武岩。根据野外观察，认为斜长角闪片岩在变形变质过程中存在明显的物质交代（局部具矽卡岩化），部分斜长角闪岩变质为角闪片岩，并被后期的糜棱岩化作用所改造，使长英质矿物呈条带状析出。

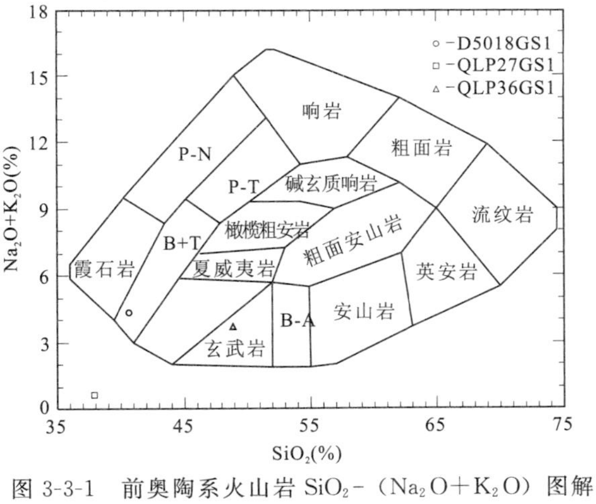

图 3-3-1　前奥陶系火山岩 SiO_2-（Na_2O+K_2O）图解

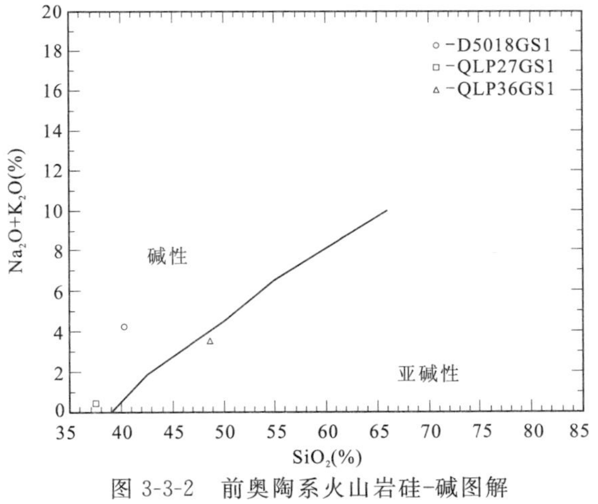

图 3-3-2　前奥陶系火山岩硅-碱图解

在应用较广的硅-碱图解中（图 3-3-2），齐陇乌如岩组火山岩以碱性系列为主；在 AFM 图解中（图 3-3-3），既有拉斑玄武岩性质，又有钙碱性系列的性质；在 SiO_2-FeO_t/MgO 图解中（图 3-3-4），显示拉斑玄武岩性质；在（FeO_t+TiO_2）-Al_2O_3-MgO 图解中（图 3-3-5），齐陇乌如岩组火山岩显示高铁拉斑玄武岩的性质。

2. 稀土及微量元素特征

前奥陶系火山岩稀土元素丰度及主要参数见表 3-3-2。稀土总量$\sum$REE＝（120.42～435.47）$\times10^{-6}$，

表 3-3-1　测区火山岩岩石化学数据表

层位	样品编号	岩石名称	岩石化学数据(10^{-2})													岩石化学指数							
			SiO_2	TiO_2	Al_2O_3	Fe_2O_3	FeO	MnO	MgO	CaO	Na_2O	K_2O	P_2O_5	烧失	Σ	σ	SI	FL	MF	A/NCK	AR	NO	DI
$E_{2+3}y^2$	D5075GS2	玻基斑状玄武岩	58.42	0.60	13.44	0.34	4.44	1.820	3.96	6.47	2.80	3.87	0.42	3.31	99.89	2.89	25.70	50.76	54.69	1.02	2.01	21.07	56.08
$E_{2+3}y^2$	D5094GS1	玻基玄武岩	58.58	0.77	13.81	2.84	2.12	0.008	4.54	6.38	2.67	4.28	0.51	2.62	99.13	3.10	27.60	52.14	52.21	1.04	2.05	22.38	60.75
$E_{2+3}y^2$	D5076GS3	辉石安山岩	64.5	0.58	15.05	3.08	0.56	0.005	2.54	4.33	3.67	4.11	0.34	0.96	99.73	2.82	18.19	64.24	58.90	1.24	2.34	16.67	73.22
$E_{2+3}y^2$	D6437GS1	黑云母辉石安山岩	58.53	0.96	15.19	6.09		0.060	4.04	5.30	2.90	4.71	0.08	1.51	99.37	3.73	22.77	58.95	60.12	1.18	2.18	22.78	62.61
$E_{2+3}y^2$	D6441GS1	辉石安山岩	63.15	0.77	14.12	5.74		0.09	4.35	4.17	2.48	4.85	0.03	0.12	99.87	2.67	24.97	63.74	56.89	1.23	2.34	23.70	66.22
$E_{2+3}y^2$	YJP26GS1	辉石粗面安山岩	61.02	0.56	14.78	3.16	1.32	0.049	2.87	5.98	3.37	3.95	1.00	1.91	99.97	2.97	19.56	55.04	60.95	1.11	2.09	19.15	67.13
$E_{2+3}y^2$	D6409GS2	粗面安山岩	59.32	1.07	16.63	7.32		0.07	2.74	5.76	3.79	2.40	0.04	1.17	100.30	2.35	16.86	51.80	72.76	1.39	1.76	24.90	60.05
$E_{2+3}y^2$	YJP8GS1	辉石粗面岩	62.72	0.77	14.29	3.25	1.27	0.048	3.18	4.98	3.15	3.91	1.26	1.16	99.99	2.53	21.54	58.64	58.70	1.19	2.16	19.94	68.64
$E_{2+3}y^2$	YJP22GS1	辉石粗面岩	61.10	0.73	14.52	2.91	1.63	0.056	3.71	5.13	3.36	4.08	0.93	0.94	99.10	3.06	23.65	59.19	55.03	1.16	2.22	17.98	67.17
$E_{2+3}y^2$	YJP21GS1	流纹质英安岩	71.48	0.26	13.94	0.98	0.56	0.044	0.30	2.26	3.51	4.82	0.15	0.74	99.04	2.44	2.95	78.66	83.70	1.32	3.12	11.88	87.95
$E_{2+3}y^2$	D5075GS1	流纹质晶屑凝灰岩	62.34	0.64	15.01	3.58	0.58	0.007	3.36	5.32	3.28	3.77	0.44	0.90	99.23	2.57	23.06	56.99	55.32	1.21	2.06	21.36	66.56
$E_{2+3}y^1$	D6103GS1	玻基安山岩	63.22	0.70	15.09	3.51	0.85	0.030	3.68	4.25	3.71	3.74	0.20	1.06	100.00	2.74	23.76	63.68	54.23	1.29	2.25	17.64	68.82
$E_{2+3}y^1$	D7653GS1	玻基安山岩	68.32	0.320	11.74	3.59	2.35	0.32	0.79	1.32	1.81	5.35	0.18	3.67	99.76	2.02	5.69	84.43	88.26	1.38	3.43	15.23	83.32
$E_{2+3}y^1$	D6444GS1	辉石角闪玻基安山岩	61.42	0.73	15.59	4.25	1.26	0.045	2.97	4.79	3.66	3.58	0.33	1.14	99.77	2.85	18.89	60.18	64.98	1.30	2.10	20.03	66.97
$E_{2+3}y^1$	D6453GS1	玻基安山岩	64.06	0.50	14.65	3.16	1.12	0.049	2.22	3.27	2.53	4.40	0.31	2.56	98.83	2.28	16.53	67.94	65.85	1.44	2.26	25.21	73.10
$E_{2+3}y^1$	MRP24GS1	玻基安山岩	61.52	0.84	14.80	3.42	1.98	0.077	3.16	4.70	3.01	4.26	0.48	1.39	99.64	2.85	19.96	60.74	63.08	1.24	2.19	21.88	67.30
$E_{2+3}y^1$	MRP27GS1	黑云母安山岩	63.68	0.66	14.44	3.44	1.67	0.067	2.53	3.87	2.80	4.40	0.44	1.52	99.52	2.51	17.05	65.04	66.88	1.30	2.30	22.56	71.33
$E_{2+3}y^1$	MRP15GS1	辉石安山岩	64.54	0.06	14.90	2.03	1.67	0.068	2.42	4.02	3.22	4.60	0.28	1.46	99.27	2.84	17.36	66.05	60.46	1.26	2.41	18.76	73.32
$E_{2+3}y^1$	YJP4GS1	辉石粗面安山岩	62.04	0.80	14.35	2.79	1.71	0.080	3.25	5.08	3.35	3.81	1.17	1.53	99.96	2.69	21.80	58.50	58.06	1.17	2.17	18.47	68.32
$E_{2+3}y^1$	YJP1GS1	辉石粗面岩	63.66	0.72	14.00	2.26	1.88	0.078	3.59	4.20	3.10	3.90	0.88	1.77	100.00	2.37	24.37	62.50	53.56	1.25	2.25	19.54	69.43
$E_{2+3}y^1$	MRP1GS1	英安岩	66.30	0.52	14.81	2.44	1.29	0.051	1.80	3.16	2.86	4.34	0.29	1.50	99.36	2.22	14.14	69.50	67.45	1.43	2.34	22.44	75.80
$E_{2+3}y^1$	MRP5GS1	英安岩	70.76	0.50	12.93	3.30		0.040	1.69	2.56	2.16	3.45	0.05	1.79	99.23	1.13	15.94	68.67	66.13	1.58	2.14	25.37	77.77
$E_{2+3}y^1$	MRP9GS1	辉石英安岩	63.94	0.58	15.29	3.54	0.86	0.045	1.74	4.12	3.60	4.32	0.11	1.54	99.69	3.00	12.38	65.78	71.66	1.27	2.38	17.33	74.21

续表 3-3-1

层位	样品编号	岩石名称	岩石化学数据(10^{-2})													岩石化学指数							
			SiO_2	TiO_2	Al_2O_3	Fe_2O_3	FeO	MnO	MgO	CaO	Na_2O	K_2O	P_2O_5	烧失	Σ	σ	SI	FL	MF	A/NCK	AR	NO	DI
$P_{1-2}l$	D5028GS1	变玄武岩	43.12	3.34	11.13	5.34	6.54	0.240	11.11	10.27	2.41	0.82	0.49	4.28	99.09	86.94	42.37	23.93	51.67	0.82	1.36	30.35	26.24
$P_{1-2}l$	D5029GS1	变玄武岩	42.54	6.46	8.17	6.52	7.00	0.022	9.36	12.24	1.92	1.10	0.87	2.82	99.02	−19.83	36.14	19.79	59.09	0.54	1.35	24.28	23.63
$P_{1-2}l$	D5030GS1	变玄武岩	46.96	1.43	15.39	3.99	5.91	0.017	7.44	8.90	2.47	2.05	0.31	4.24	99.11	5.16	34.03	33.68	57.09	1.15	1.46	37.27	34.79
$P_{1-2}l$	D5038GS1	变安山岩	40.56	2.035	3.52	7.59	5.25	0.015	24.55	4.13	0.13	0.34	0.29	10.62	99.03	−0.09	64.84	10.22	34.34	0.77	1.13	78.49	3.51
$P_{1-2}l$	D6035GS2	变玄武岩	48.16	1.50	11.25	7.54	2.07	0.012	4.58	12.25	5.04	0.30	0.17	6.31	99.18	5.53	23.45	30.36	67.72	0.64	1.59	7.77	48.76
$P_{1-2}l$	D7022GS1	杏仁状玄武岩	42.34	5.18	8.85	4.32	8.49	0.015	11.15	8.56	2.25	1.18	0.68	5.04	98.06	−17.80	40.71	28.61	53.46	0.74	1.49	21.70	27.94
$P_{1-2}l$	D7023GS1	变玄武岩	50.48	1.63	12.94	3.29	5.51	0.014	6.05	9.20	4.63	0.44	0.25	4.07	98.5	3.44	30.37	35.53	59.26	0.91	1.59	14.43	44.20
$P_{1-2}l$	D7027GS1	变玄武岩	47.82	1.01	17.93	2.77	5.53	0.015	8.68	11.69	1.38	1.77	0.10	3.14	101.80	2.06	43.12	21.23	48.88	1.21	1.24	61.61	22.43
$P_{1-2}l$	D7039GS1	变含辉斑玄武岩	48.64	3.36	13.05	11.79	2.04	0.014	3.38	2.53	1.16	9.48	0.69	2.87	99.00	20.07	12.14	80.79	80.36	0.99	5.31	10.60	48.53
$P_{1-2}l$	AKP0GS1	蚀变玄武岩	41.98	3.30	8.44	9.63	4.23	0.23	14.34	11.36	0.82	0.18	1.28	3.65	99.44	−0.98	49.11	8.09	49.15	0.68	1.11	57.57	8.77
$P_{1-2}l$	SZP1GS1	蚀变玄武岩	46.68	1.62	11.18	5.78	3.29	0.14	8.17	8.46	2.82	0.48	0.34	10.05	99.01	2.96	39.78	28.06	52.61	0.95	1.40	25.60	34.52
$P_{1-2}l$	SZP13GS1	伊丁石玄武岩	51.26	1.67	11.06	3.78	4.87	0.18	5.33	12.08	2.37	2.77	0.45	3.42	99.24	3.20	27.88	29.85	61.87	0.64	1.57	22.04	41.06
$P_{1-2}l$	D9166GS3	蚀变玻基玄武岩	38.1	2.90	9.61	6.71	1.01	0.23	2.67	17.58	3.94	0.38	0.52	15.61	99.26	−3.81	18.15	19.73	74.30	0.44	1.38	10.00	45.56
$P_{1-2}l$	CDP1GS1	变玄武岩	45.91	2.52	13.03	9.22	2.28	0.14	6.94	11.86	2.67	1.73	0.33	3.47	100.1	6.65	30.39	27.06	62.36	0.80	1.43	33.21	32.03
$P_{1-2}l$	JDP13GS1	杏仁状变玄武岩	49.08	3.65	10.97	2.92	7.50	0.16	8.05	7.92	3.63	1.38	0.60	3.17	99.03	4.13	34.28	38.75	56.42	0.85	1.72	13.46	40.52
$P_{1-2}l$	SZP6GS1	杏仁状粗面岩	50.96	1.67	12.81	6.93	2.75	0.14	7.81	6.92	5.17	0.056	0.38	3.73	99.33	3.43	34.38	43.03	55.35	1.05	1.72	11.69	46.06
$P_{1-2}l$	AMP2GS1	蚀变英安岩	64.18	0.57	14.25	2.20	1.94	0.081	3.03	1.48	2.14	5.80	0.52	3.38	99.57	2.98	20.05	84.29	57.74	1.51	3.04	10.60	78.07
$P_{1-2}l$	D7052GS1	绿泥石硅质岩	92.44	0.006	2.48	0.96	0.40	0.026	0.99	0.12	0.16	0.45	0.05	1.84	99.92	0.01	33.45	83.56	57.87	3.40	1.61	10.10	93.99
$P_{1-2}l$	D7052GS2	含碳硅质岩	95.20	0.031	1.59	0.10	0.55	0.006	0.12	0.18	0.081	0.14	0.10	2.10	100.2	0.00	12.11	55.11	84.42	3.97	1.29	18.13	96.83
$P_{1-2}l$	D7058GS1	硅质岩	91.80	0.013	0.00	0.77	0.00	0.006	0.30	3.68	0.03	0.026	0.11	3.04	99.78	0.00	26.64	1.50	71.96	0.00	1.03		93.91
AnO*q*	D5018GS1	变玄武岩	40.46	4.22	12.91	5.33	4.39	0.20	5.78	12.68	0.74	3.62	0.69	8.06	99.08	−7.48	29.10	25.59	62.71	0.76	1.41		24.59
AnO*q*	QLP27GS1	阳起绿帘片岩	37.68	0.77	15.73	11.51	1.27	0.10	2.92	21.44	0.16	0.45	0.86	7.20	100.1	−0.07	17.90	2.77	81.40	0.71	1.03	93.77	13.64
AnO*q*	QLP36GS1	长英质角闪片岩	48.78	1.68	13.22	4.02	6.62	0.19	7.98	10.56	2.70	0.97	0.57	1.92	99.21	2.33	35.80	25.79	57.14	0.93	1.36	31.57	29.35

表 3-3-2　测区火山岩稀土元素含量及主要参数表

层位	样品编号	岩石名称	稀土元素丰度(10^{-6})															主要参数				
			La	Ce	Pr	Nd	Sm	Eu	Gd	Tb	Dy	Ho	Er	Tm	Yb	Lu	稀土总量	稀土比值	Eu异常	(La/Yb)n	(Ce/Yb)n	(La/Sm)n
$E_{2+3}y^2$	D5075GS2	玻基斑状玄武岩	76.9	138	15	55	8.0	2.3	4.8	0.7	3.1	0.6	1.6	0.2	1.3	0.2	320.86	11.31	1.05	39.28	27.04	6.05
$E_{2+3}y^2$	D5094GS1	玻基玄武岩	87.7	156	17	63	9.3	2.3	5.6	0.7	3.3	0.6	1.6	0.2	1.2	0.2	363.45	11.91	0.92	48.87	33.35	5.96
$E_{2+3}y^2$	D5076GS3	辉石安山岩	68.3	120	13	45	6.8	1.7	4.0	0.5	2.5	0.5	1.2	0.2	0.9	0.1	275.36	12.62	0.92	50.05	33.74	6.36
$E_{2+3}y^2$	D6437GS1	辉石安山岩	66.5	106	11	39	5.8	1.9	3.3	0.5	2.4	0.4	1.0	0.1	1.0	0.2	250.57	11.59	1.18	43.95	26.88	7.19
$E_{2+3}y^2$	D6441GS1	辉石安山岩	49.4	86	8.3	28	4.1	1.0	2.5	0.4	2.0	0.4	1.0	0.2	1.1	0.2	194.22	9.85	0.86	30.84	20.55	7.54
$E_{2+3}y^2$	YJP26GS1	辉石粗面安山岩	80.3	146	16	59	8.6	2.2	5.3	0.6	3.1	0.5	1.4	0.2	1.2	0.2	337.30	12.24	0.92	47.08	32.84	5.85
$E_{2+3}y^2$	D6409GS2	粗面安山岩	30.5	62	5.7	21	3.6	1.4	2.5	0.4	1.9	0.3	0.9	0.1	0.9	0.1	140.63	7.51	1.35	22.77	17.85	5.39
$E_{2+3}y^2$	YJP8GS1	辉石粗面岩	82.7	149	16	60	9.0	2.1	4.9	0.7	3.1	0.5	1.5	0.2	1.2	0.2	346.02	12.02	0.87	46.85	32.39	5.80
$E_{2+3}y^2$	YJP22GS1	辉石粗面岩	84.1	152	17	59	8.9	2.2	4.9	0.6	3.2	0.5	1.5	0.2	1.1	0.2	348.39	12.67	0.92	49.96	34.64	5.92
$E_{2+3}y^2$	YJP21GS1	流纹质英安岩	71.6	125	13	43	6.1	1.3	3.6	0.5	2.7	0.5	1.5	0.2	1.4	0.2	283.78	10.95	0.75	35.49	23.77	7.41
$E_{2+3}y^2$	D5075GS1	流纹质凝灰岩	78.2	142	15	55	8.2	2.2	5.0	0.6	3.1	0.5	1.4	0.2	1.2	0.2	327.12	11.63	0.97	44.68	31.13	6.03
$E_{2+3}y^1$	D6103GS1	玻基安山岩	80.0	135	16	54	7.8	2.1	7.6	0.7	2.8	0.5	1.8	0.2	1.1	0.2	323.20	10.03	0.83	49.94	32.33	6.45
$E_{2+3}y^1$	D7653GS1	玻基安山岩	54.6	89	10	34	4.9	1.4	5.0	0.5	2.0	0.4	1.4	0.2	1.1	0.2	217.24	8.49	0.87	33.46	21.00	7.08
$E_{2+3}y^1$	D6444GS1	辉石玻基安山岩	68.6	118	14	49	7.2	2.3	7.1	0.7	3.0	0.5	1.8	0.2	1.2	0.2	286.95	9.23	0.98	39.87	26.31	5.99
$E_{2+3}y^1$	D6453GS1	玻基安山岩	91.6	154	18	62	9.1	2.8	8.9	0.9	3.7	0.7	2.5	0.3	1.8	0.3	375.91	8.67	0.93	34.50	22.25	6.35
$E_{2+3}y^1$	MRP24GS1	玻基安山岩	104.0	177	20	69	9.8	2.7	9.5	1.0	3.7	0.7	2.5	0.2	1.7	0.3	421.66	9.81	0.86	41.99	27.42	6.66
$E_{2+3}y^1$	MRP27GS1	黑云母安山岩	101.0	160	19	64	9.2	2.7	9.2	0.9	3.7	0.6	2.4	0.2	1.7	0.2	393.81	9.47	0.89	40.77	24.78	6.91
$E_{2+3}y^1$	MRP15GS1	辉石安山岩	102.0	170	18	59	8.1	2.3	8.6	0.8	2.8	0.5	1.9	0.2	1.3	0.2	390.21	11.65	0.84	52.90	33.83	7.96
$E_{2+3}y^1$	YJP4GS1	辉石粗面安山岩	86.2	156	17	62	8.7	2.1	5.0	0.7	3.2	0.6	1.5	0.2	1.2	0.2	358.08	12.54	0.89	49.67	34.49	6.20
$E_{2+3}y^1$	YJP1GS1	辉石粗面岩	74.5	136	15	52	8.1	1.8	5.0	0.7	3.4	0.6	1.7	0.2	1.4	0.2	315.55	10.01	0.82	35.62	24.95	5.82
$E_{2+3}y^1$	MRP1GS1	英安岩	113.0	170	20	66	8.7	2.5	9.4	0.9	3.2	0.6	2.2	0.2	1.6	0.2	415.04	10.93	0.85	49.15	28.37	8.16
$E_{2+3}y^1$	MRP5GS1	英安岩	63.4	107	12	38	4.7	1.3	2.7	0.4	1.9	0.3	0.9	0.1	0.8	0.1	242.01	13.64	0.98	50.83	32.91	8.43
$E_{2+3}y^1$	MRP9GS1	辉石英安岩	103.0	168	19	63	8.5	2.5	9.2	0.8	3.0	0.5	2.0	0.2	1.3	0.2	396.61	11.06	0.87	51.82	32.43	7.63

续表 3-3-2

层位	样品编号	岩石名称	稀土元素丰度(10^{-6})															主要参数				
			La	Ce	Pr	Nd	Sm	Eu	Gd	Tb	Dy	Ho	Er	Tm	Yb	Lu	稀土总量	稀土比值	Eu 异常	(La/Yb)n	(Ce/Yb)n	(La/Sm)n
$P_{1-2}l$	D5028GS1	变玄武岩	32.6	70	8.9	39.0	8.5	2.8	7.6	1.2	6.4	1.1	2.8	0.4	1.9	0.3	208.78	3.37	1.03	11.39	9.34	2.40
$P_{1-2}l$	D5029GS1	变玄武岩	74.9	168	22.0	94.0	18.0	5.3	14	1.9	9.6	1.6	3.9	0.5	2.6	0.4	452.03	5.47	0.97	19.35	16.65	2.57
$P_{1-2}l$	D5030GS1	变玄武岩	14.9	31	4.0	17.0	4.2	1.6	4.3	0.7	4.4	0.9	2.5	0.3	2.1	0.3	109.21	1.97	1.13	4.83	3.82	2.25
$P_{1-2}l$	D5038GS1	变安山岩	26.9	58	7.1	30.0	5.8	1.6	3.8	0.6	2.9	0.5	1.2	0.1	0.9	0.1	150.1	6.06	0.96	21.09	17.29	2.92
$P_{1-2}l$	D6035GS2	变玄武岩	9.18	22	3.1	14.0	4.0	1.3	4.1	0.7	4.0	0.8	2.1	0.3	1.8	0.3	87.32	1.65	1.01	3.48	3.26	1.45
$P_{1-2}l$	D7022GS1	杏仁状玄武岩	77.7	173	22.0	88.0	16.0	4.8	12.0	1.7	9.0	1.5	3.8	0.5	2.7	0.4	447.61	5.74	1.00	19.26	16.45	2.98
$P_{1-2}l$	D7023GS1	变玄武岩	11.7	27	3.7	17.0	4.7	1.5	4.8	0.9	5.4	1.1	2.8	0.4	2.5	0.4	108.75	1.51	0.94	3.19	2.83	1.58
$P_{1-2}l$	D7027GS1	变玄武岩	5.02	12	1.7	9.3	3.0	1.2	3.8	0.7	4.7	1.0	2.6	0.4	2.1	0.3	70.52	0.85	1.09	1.62	1.50	1.04
$P_{1-2}l$	D7039GS1	变含辉斑玄武岩	84.1	173	21.0	82.0	16.0	4.1	11.0	1.7	9.1	1.6	4.1	0.5	3.1	0.4	447.97	5.58	0.91	18.17	14.34	3.39
$P_{1-2}l$	AKP0GS1	蚀变玄武岩	55.4	119	15.0	63.0	12.0	3.5	9.2	1.3	6.7	1.1	2.7	0.3	1.9	0.3	317.07	5.55	0.96	20.08	16.55	2.86
$P_{1-2}l$	SZP1GS1	蚀变玄武岩	13.9	32	4.2	19.0	4.6	1.5	4.7	0.8	4.8	0.9	2.7	0.4	2.1	0.3	114.79	1.87	0.99	4.57	4.01	1.90
$P_{1-2}l$	SZP13GS1	杏仁状玄武岩	14.2	31	4.2	19.0	4.8	1.5	4.7	0.8	4.5	0.9	2.4	0.3	1.8	0.3	112.82	1.96	0.95	5.20	4.39	1.87
$P_{1-2}l$	D9166GS3	蚀变玻基玄武岩	54	106	14.0	52.0	9.8	2.3	8.0	1.2	5.5	1.0	3.1	0.3	2.3	0.3	287.32	4.86	0.79	16.18	12.19	3.48
$P_{1-2}l$	CDP1GS1	变玄武岩	31.9	58	7.1	28.0	6.1	1.9	5.4	0.9	4.9	0.9	2.6	0.3	1.9	0.3	175.46	3.12	1.02	11.44	7.99	3.31
$P_{1-2}l$	JDP13GS1	变杏仁状玄武岩	77.3	150	19.0	71.0	13.0	3.2	11.0	1.4	6.4	1.1	3.5	0.4	2.3	0.3	390.67	5.84	0.81	22.27	16.58	3.83
$P_{1-2}l$	SZP6GS1	杏仁状粗面岩	9.98	24	3.4	16.0	4.2	1.5	4.5	0.8	4.7	0.9	2.5	0.3	1.9	0.3	95.93	1.58	1.05	3.49	3.20	1.51
$P_{1-2}l$	AMP2GS1	蚀变英安岩	33.9	82	8.2	31.0	6.1	1.1	4.7	0.7	4.1	0.8	2.3	0.3	2.0	0.3	198.86	4.50	0.62	11.20	10.45	3.48
$P_{1-2}l$	D7052GS1	绿泥石硅质岩	6.35	14	1.6	6.3	1.2	0.3	1.0	0.2	0.9	0.2	0.5	0.1	0.5	0.1	37.77	3.88	0.79	9.31	8.10	3.39
$P_{1-2}l$	D7052GS2	含碳硅质岩	2.65	4.2	0.7	2.6	0.6	0.2	0.6	0.1	0.6	0.1	0.3	0.1	0.3	0.1	15.97	2.13	0.77	5.25	3.21	2.73
$P_{1-2}l$	D7058GS1	硅质岩	1	2	0.3	1.1	0.3	0.1	0.3	0.0	0.2	0.0	0.1	0.0	0.1	0.0	6.82	2.17	0.81	7.49	5.63	2.33
AnO*q*	D5018GS1	变玄武岩	76	170	21.0	86.0	16.0	4.3	11.0	1.6	8.5	1.5	3.7	0.5	2.7	0.4	435.47	5.89	0.95	19.05	16.29	3.10
AnO*q*	QLP27GS1	阳起绿帘片岩	52	104	12.0	44.0	9.0	2.1	7.6	1.2	7.4	1.5	4.2	0.6	3.7	0.6	286.49	3.50	0.77	9.44	7.27	3.64
AnO*q*	QLP36GS1	长英质角闪片岩	12	28	3.7	17.0	4.7	1.6	5.3	0.9	6.2	1.3	3.9	0.5	3.4	0.5	120.42	1.24	0.98	2.42	2.15	1.62

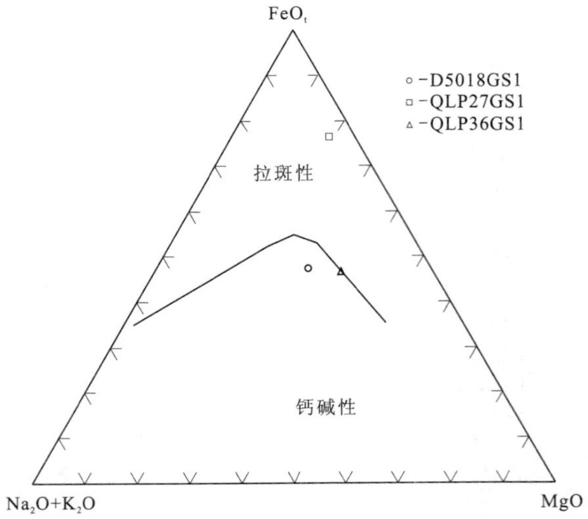

图 3-3-3　前奥陶系火山岩 AFM 图解

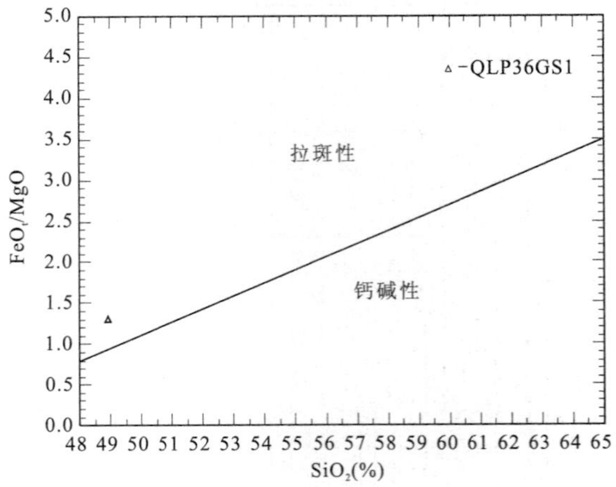

图 3-3-4　前奥陶系火山岩 SiO_2-FeO_t/MgO 图解

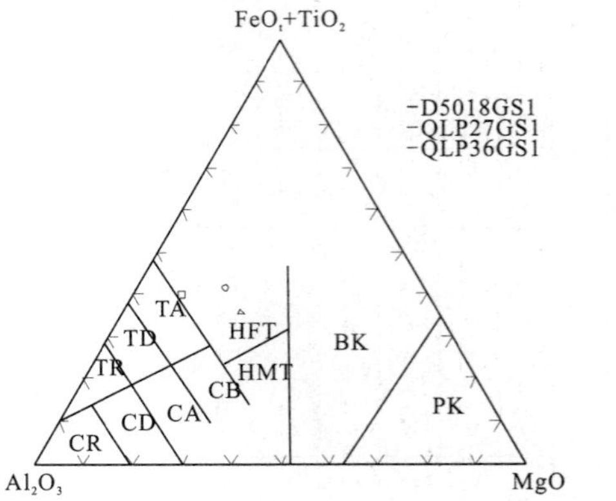

图 3-3-5　火山岩（FeO_t+TiO_2）$-Al_2O_3-MgO$ 图解

$\sum Ce/\sum Y=1.24\sim5.89$，轻稀土富集明显，$\delta Eu=0.77\sim0.98$，具弱负 Eu 异常，$(La/Yb)n=2.42\sim19.05$，$(Ce/Yb)n=2.15\sim16.29$，$(La/Sm)n=1.62\sim3.64$，轻稀土分馏明显。齐陇乌如岩组火山岩稀土元素球粒陨石标准化图式见（图 3-3-6），曲线为右倾-弱平坦型，稀土配分曲线与 P－MORB 和 T－MORB 型稀土配分曲线相似，说明其玄武质岩浆来源于 P－MORB 和 T－MORB 型地幔。

前奥陶系火山岩微量元素含量及主要参数见表 3-3-3。火山岩微量元素与 MORB 标准值相比，不相容元素 Rb、Sr、Ba、Th、Ce 强烈富集，而 Ta、Nb 、Zr 等弱富集。在微量元素 N-MORB 比值蛛网图（图 3-3-7）上，表现为 Rb、Ba、Th 大离子元素强烈富集，Sr、Ta、Nb、Ce、Zr、Hf、Sm、Y、Yb 弱富集，而 Sc、Cr 亏损，Nb－Ta 槽不明显，表明受地壳混染作用的影响，具大陆裂谷火山岩特有的“大隆起”分配型式，显示大陆裂谷火山岩特性。

与不同构造环境的玄武岩特征参数值（表 3-3-4）相比较，测区齐陇乌如岩组玄武岩的 $Hf/Th=1.18$，显示 WPB、T-MORB、P-MORB 的特征；$Zr/Y=8.83$，显示 CABC 的特征；$Zr/Nb=11.97$，显示 P-MORB 的特征；$Th/Nb=0.51$，$Nb/La=0.7$，显示 ARCB 的特征。以上分析表明，齐陇乌如岩组基性火山岩地球化学组成显示出大陆边缘钙碱性火山岩的特性。

（三）构造环境分析

不活泼元素，尤其是稀土元素和微量元素往往可以指示变质岩原岩的一些地球化学特征。据镜下判别及野外宏观资料，初步判断上述岩石的原岩可能为基性-中基性火山岩系，故采用玄武岩的一些判别图解，用于上述岩石的构造环境判别。

在 lgCr-lgTi 图解（图 3-3-8）上，齐陇乌如岩组样品主要显示洋底玄武岩性质，个别具有低钾拉斑玄武岩性质；在 $TiO_2-10MnO-10P_2O_5$ 图解（图 3-3-9）上，样品显示洋岛碱性玄武岩的特性；在 $MgO-Al_2O_3-FeO_t$ 图解（图 3-3-10）中，样品落入岛弧扩张中心与大洋岛弧环境；在 Th－Hf/3－Ta 图解（图 3-3-11）和 Th－Hf/3－Nb/16 图解（图 3-3-12）上，样品落入洋中脊和火山弧玄武岩区。

表 3-3-3　测区火山岩微量元素含量及主要参数表

层位	样品编号	岩石名称	微量元素丰度(10^{-6})																主要参数					
			Cr	Ni	Co	Sc	Cs	Rb	Ba	Sr	Li	Ta	Nb	Hf	Zr	Be	Th	Y	Rb/Sr	Hf/Th	Zr/Y	Zr/Nb	Th/Nb	Nb/La
$E_{2+3}y^2$	D5075GS2	玻基斑状玄武岩	127	87.4	39.5	7.84	5.06	135	3 829	1 196	10.4	0.59	9.4	6.08	246	3.22	23.3	13.6	0.11	0.26	18.09	26.17	2.48	0.12
$E_{2+3}y^2$	D5094GS1	玻基玄武岩	169	96.4	20.5	9.29	6.15	149	1 688	1 319	10.9	0.79	11.4	6.20	253	3.35	28.7	14.8	0.11	0.22	17.09	22.19	2.52	0.13
$E_{2+3}y^2$	D5076GS3	辉石安山岩	90.4	49.8	15.6	6.63	6.12	161	1 453	986	22.4	0.72	10.2	5.53	212	3.21	28.1	10.4	0.16	0.20	20.38	20.78	2.75	0.15
$E_{2+3}y^2$	D6437GS1	黑云辉石安山岩	188	111	19	14.7	0.89	108	3 648	2 827		0.94	16.3	6.31	302		23.0	11.0	0.04	0.27	27.45	18.53	1.41	0.25
$E_{2+3}y^2$	D6441GS1	辉石安山岩	158	58.9	17.2	13.6	4.30	154	2 757	1 770		0.93	14.0	4.49	185		20.5	10.3	0.09	0.22	17.96	13.21	1.46	0.28
$E_{2+3}y^2$	YJP26GS1	辉石粗面安山岩	157	86.4	18.2	9.92	4.01	134	1 708	1 307	16.6	0.22	10.1	5.85	237	2.82	22.3	13.1	0.10	0.26	18.09	23.47	2.21	0.13
$E_{2+3}y^2$	D6409GS2	粗面安山岩	139	73.6	17.6	14.3	0.73	44.3	1 339	1 259		0.51	7.62	5.10	223		9.5	9.34	0.04	0.54	23.88	29.27	1.25	0.25
$E_{2+3}y^2$	YJP8GS1	辉石粗面岩	154	79.6	18.0	9.92	4.09	138	1 797	1 309	14.5	0.72	11.7	6.08	246	2.90	22.4	14.3	0.11	0.27	17.20	21.03	1.91	0.14
$E_{2+3}y^2$	YJP22GS1	辉石粗面岩	140	80.9	20.1	9.55	3.61	127	1 726	1 309	15.1	0.70	11.1	6.15	240	3.04	21.9	13.3	0.10	0.28	18.11	21.62	1.97	0.13
$E_{2+3}y^2$	YJP21GS1	流纹质英安岩	5.83	2.98	5.18	2.81	6.29	168	1 443	620	23.8	0.87	12.6	6.49	243	3.58	25.5	13.1	0.27	0.25	18.55	19.29	2.02	0.18
$E_{2+3}y^2$	D5075GS1	流纹质晶屑凝灰岩	140	82	21.8	9.49	3.39	140	1 705	1 255	18.1	0.68	10.3	5.93	237	3.01	24.3	13.6	0.11	0.24	17.43	23.01	2.36	0.13
$E_{2+3}y^1$	D6103GS1	玻基安山岩	102	79.4	12.4	11.00	2.88	123	1 620	1 266	13.6	0.63	11.7	6.69	286	2.89	22.6	14.5	0.10	0.30	19.72	24.44	1.93	0.15
$E_{2+3}y^1$	D7653GS1	玻基安山岩	34.1	24.5	7.0	7.04	1.87	148	1 406	743	4.84	0.69	10.0	3.73	152	2.93	17.8	12.2	0.20	0.21	12.46	15.2	1.78	0.18
$E_{2+3}y^1$	D6444GS1	辉石玻基安山岩	98.6	96.2	16.0	10.9	2.91	116	2 486	1 296	13.6	0.58	10.1	5.28	23	2.67	18.1	13.6	0.09	0.29	1.691	2.277	1.79	0.15
$E_{2+3}y^1$	D6453GS1	玻基安山岩	75.4	41.6	12.4	8.51	6.17	150	2 174	1 225	39.1	1.07	16.0	6.89	286	4.31	27.2	19.9	0.12	0.25	14.37	17.88	1.70	0.17
$E_{2+3}y^1$	MRP24GS1	玻基安山岩	110.0	38.0	13.3	12.8	5.1	134	2 468	1 711	17.3	0.98	15.1	7.00	309	4.33	26.7	19.6	0.08	0.26	15.77	20.46	1.77	0.15
$E_{2+3}y^1$	MRP27GS1	黑云母安山岩	88.0	29.1	10.9	11.2	4.69	151	2 300	1 413	10.8	1.07	16.4	7.03	300	4.62	30.8	18.6	0.11	0.23	16.13	18.29	1.88	0.16
$E_{2+3}y^1$	MRP15GS1	辉石安山岩	80.2	38.4	15.1	9.89	8.42	183	2 245	1 370	15.2	1.19	17.6	6.74	290	4.77	37.9	14.5	0.13	0.18	20.00	16.48	2.15	0.17
$E_{2+3}y^1$	YJP4GS1	辉石粗面安山岩	140.0	81.2	18.6	8.74	4.98	136	1 943	1 279	14.2	1.5	12.4	6.13	242	2.77	22.9	14	0.11	0.27	17.29	19.52	1.85	0.14
$E_{2+3}y^1$	YJP1GS1	辉石粗面岩	154	80.8	21.5	8.89	10.20	154	1 551	1 047	12.9	1.67	12.5	6.23	248	2.94	20.4	15.5	0.15	0.31	16.00	19.84	1.63	0.17
$E_{2+3}y^1$	MRP1GS1	英安岩	49.4	25.5	11.1	9.33	3.58	136	2 185	1 438	15.3	0.92	14.1	6.80	294	3.78	23.4	16.5	0.09	0.29	17.82	20.85	1.66	0.12
$E_{2+3}y^1$	MRP5GS1	英安岩	42.7	15.2	5.5	7.50	1.44	79	1 848	1 459		0.61	9.54	2.10	76		16.1	9.25	0.05	0.13	8.216	7.966	1.69	0.15
$E_{2+3}y^1$	MRP9GS1	辉石英安岩	84.8	44.1	11.7	9.65	4.36	168	2 278	1 385	25.9	1.21	17.6	6.75	290	4.42	36.9	15.6	0.12	0.18	18.59	16.48	2.10	0.17

续表 3-3-3

层位	样品编号	岩石名称	微量元素丰度(10^{-6})																主要参数					
			Cr	Ni	Co	Sc	Cs	Rb	Ba	Sr	Li	Ta	Nb	Hf	Zr	Be	Th	Y	Rb/Sr	Hf/Th	Zr/Y	Zr/Nb	Th/Nb	Nb/La
$P_{1-2}l$	D5028GS1	变玄武岩	603	271	59.9	24.8	1.26	18.6	375	401	18.5	2.37	35.2	6.19	253	1.91	4.1	26.2	0.05	1.51	9.656	7.188	0.12	1.08
$P_{1-2}l$	D5029GS1	变玄武岩	467	290	67.8	24.4	0.68	26.3	280	538	10.5	4.65	65.4	13.4	554	2.95	7.56	35.6	0.05	1.77	15.56	8.471	0.12	0.87
$P_{1-2}l$	D5030GS1	变玄武岩	249	130	35.0	28.9	1.14	51.7	783	529	25.2	0.75	11.4	2.61	107	1.26	2.09	21.2		1.25	5.047	9.386	0.18	0.77
$P_{1-2}l$	D5038GS1	变安山岩	1 690	1 112	103.0	14.5	2.27	11.9	156	165	15.8	1.60	21.0	4.61	186	1.33	2.73	11.2	0.07	1.69	16.61	8.857	0.13	0.78
$P_{1-2}l$	D6035GS2	变玄武岩	403	149	32.7	26.7	2.92	8.11	59.4	196	7.79	0.50	8.01	2.75	107	0.62	1.47	18.9	0.04	1.87	5.661	13.36	0.18	0.87
$P_{1-2}l$	D7022GS1	杏仁状玄武岩	199	196	69.3	20.4	3.48	42.4	194	212	15.4	5.46	77.3	12.4	503	2.55	10.3	35.0	0.20	1.20	14.37	6.507	0.13	0.99
$P_{1-2}l$	D7023GS1	变玄武岩	293	137	59.4	30.9	0.60	9.37	142	163	27.6	0.56	8.31	3.42	139	1.03	1.33	25.2	0.06	2.57	5.516	16.73	0.16	0.71
$P_{1-2}l$	D7027GS1	变玄武岩	339	114	29.3	29.2	7.58	72.1	378	332	54.6	0.22	3.71	1.53	51.5	0.43	0.58	22.6	0.22	2.64	2.279	13.88	0.16	0.74
$P_{1-2}l$	D7039GS1	变含辉斑玄武岩	57.3	26	25.0	14.9	13.7	131	1 291	378	13.7	4.08	59.9	12.6	507	3.62	11.9	36.3	0.35	1.06	13.97	8.464	0.20	0.71
$P_{1-2}l$	AKP0GS1	蚀变玄武岩	842	601	71.0	20.8	0.49	6.15	39.2	259	12.2	3.38	48.1	9.54	398	2.75	4.49	25.0	0.02	2.12	15.92	8.274	0.09	0.87
$P_{1-2}l$	SZP1GS1	蚀变玄武岩	480	315	47.5	22.2	4.71	13.0	166.0	342	41.8	1.35	8.86	3.43	125	1.02	2.72	23.4	0.04	1.26	5.342	14.11	0.31	0.64
$P_{1-2}l$	SZP13GS1	伊丁石玄武岩	65.6	74	32.5	20.7	1.92	39.5	97.8	74.8	5.05	1.56	11.8	3.64	144	0.96	2.63	22.5	0.53	1.38	6.400	12.20	0.22	0.83
$P_{1-2}l$	D9166GS3	蚀变玻基玄武岩	94.8	70.7	38.3	18.3	0.59	9.38	45.3	314	20.8	2.86	42.9	8.00	368	1.18	8.29	27.3	0.03	0.97	13.48	8.578	0.19	0.79
$P_{1-2}l$	CDP1GS1	变玄武岩	398	146	36.9	23.2	1.53	34.7	381	274	27.2	1.94	34.7	3.71	155	1.57	3.86	25.5	0.13	0.96	6.078	4.467	0.11	1.09
$P_{1-2}l$	JDP13GS1	变杏仁状玄武岩	447	213	51.1	26.5	2.65	43.1	405	447	12.9	3.53	53.7	10.4	434	3.69	11.2	31.0	0.10	0.93	14.000	8.082	0.21	0.69
$P_{1-2}l$	SZP6GS1	杏仁状粗面岩	398	140	36.1	27.9	3.23	1.42	56	328	21.1	1.17	8.61	2.99	109	0.72	1.23	21.3	0.00	2.43	5.117	12.66	0.14	0.86
$P_{1-2}l$	AMP2GS1	蚀变英安岩	46.9	14.3	14.5	13.1	30.8	229	1 380	152	37.7	2.00	12.1	4.84	182	2.00	17.70	20.8	1.51	0.27	8.750	15.04	1.46	0.36
$P_{1-2}l$	D7052GS1	绿泥石硅质岩	8.89	16.4	28.7	2.19	1.19	16.9	180	21.9	36.8	0.50	1.11	0.55	24.7	0.50	1.20	4.32	0.77	0.46	5.718	22.25	1.08	0.17
$P_{1-2}l$	D7052GS2	含碳硅质岩	30.3	25.2	44.1	1.08	0.48	4.72	174	44.8	9.94	0.05	0.26	0.30	16	0.19	0.45	2.93	0.11	0.67	5.461	61.54	1.73	0.10
$P_{1-2}l$	D7058GS1	硅质岩	10.7	7.33	5.74	0.71	0.70	2.28	76.8	39.5	14.6	0.05	0.24	0.17	7.46	0.23	0.20	1.36	0.06	0.85	5.485	31.08	0.83	0.24
AnO*q*	D5018GS1	变玄武岩	199	90.2	49.6	18.7	8.01	110.00	452.0	458	18.0	4.48	64.0	12.50	501	3.00	12.40	33.10	0.24	1.01	15.140	7.828	0.19	0.84
AnO*q*	QLP27GS1	阳起绿帘片岩	83.3	23.6	1.66	12.2	0.51	9.56	96.4	666	17.9	1.35	16.1	7.03	267	0.83	19.20	36.90	0.01	0.37	7.236	16.58	1.19	0.31
AnO*q*	QLP36GS1	长英质角闪片岩	328	140	37.2	32.2	3.32	29.90	203.0	222	14.1	0.73	11.4	3.52	131	0.83	1.62	31.80	0.13	2.17	4.119	11.49	0.14	0.95

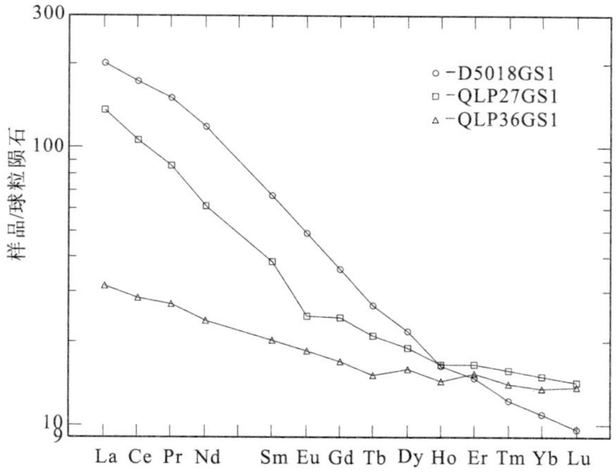

图 3-3-6　齐陇乌如岩组稀土元素球粒陨石标准化图式

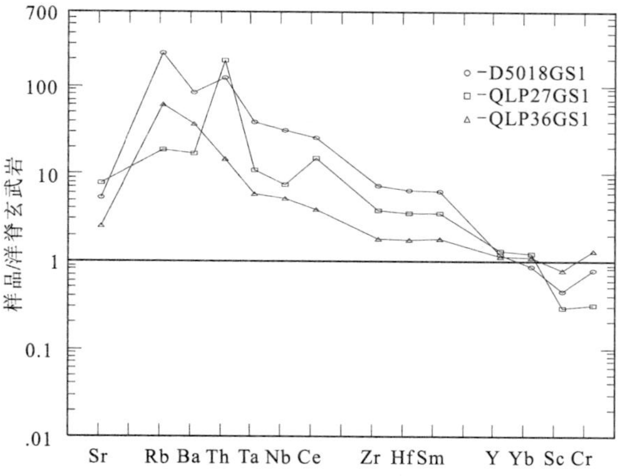

图 3-3-7　齐陇乌如岩组微量元素洋脊玄武岩比值蛛网图

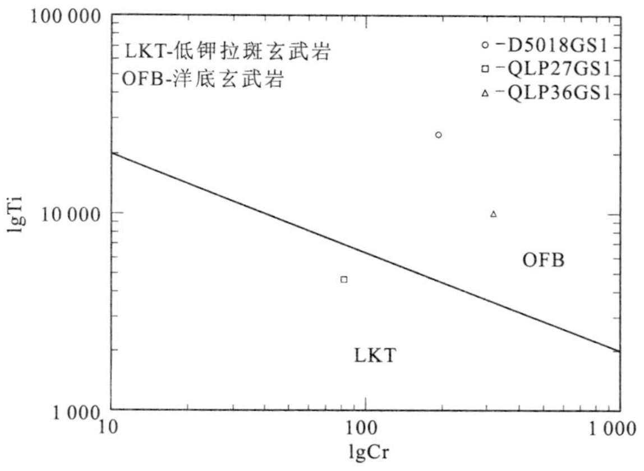

图 3-3-8　前奥陶系火山岩 lgCr－lgTi 图解

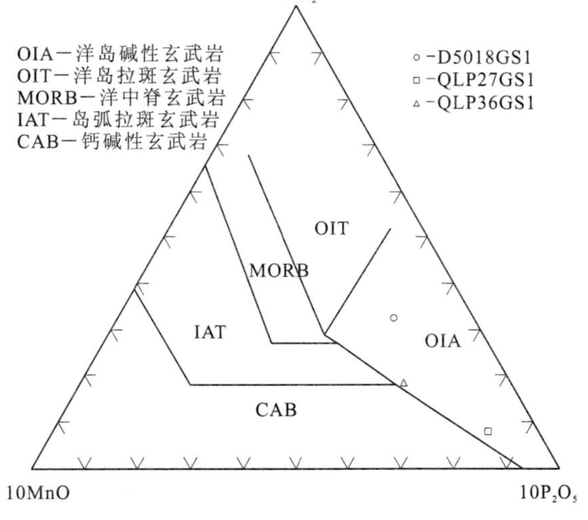

图 3-3-9　TiO_2－10MnO－$10P_2O_5$图解

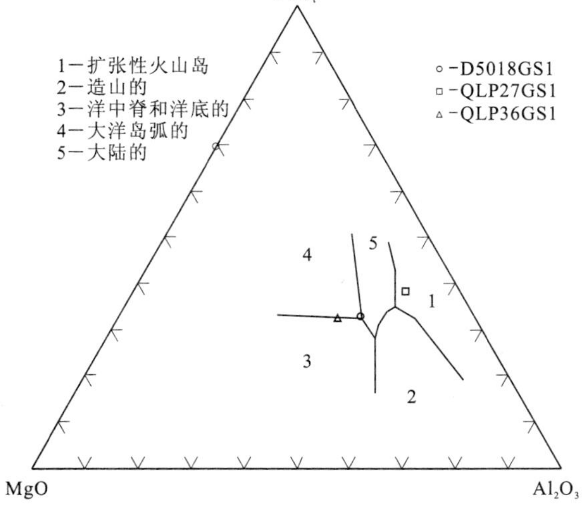

图 3-3-10　MgO－Al_2O_3－FeO_t 图解

表 3-3-4　不同构造环境玄武岩特征参数值

参数化值	WPB、T-MORB、P-MORB	ARCB、N-MORB	齐陇乌如岩组玄武岩	鲁谷岩组玄武岩
Hf/Th	<8	≥8	1.18	1.38
参数化值	IAB、CABI	CABC	齐陇乌如岩组玄武岩	鲁谷岩组玄武岩
Zr/Y	<3	>3	8.83	9.60
参数化值	P-MORB	N-MORB、T-MORB	齐陇乌如岩组玄武岩	鲁谷岩组玄武岩
Zr/Nb	<18	≥18	11.97	9.68
参数化值	N-MORB	ARCB	齐陇乌如岩组玄武岩	鲁谷岩组玄武岩
Th/Nb	≤0.07	>0.07	0.51	0.22
Nb/La	>0.8	≤0.8	0.7	0.83

注：WPB 为板内玄武岩；N-MORB 为标准型洋中脊玄武岩；P-MORB 为富集型洋中脊玄武岩；T-MORB 为过渡型洋中脊玄武岩；ARCB 为碰撞型弧区玄武岩，包括岛弧玄武岩（IAB)、岛弧钙碱性玄武岩（CABI）和钙碱性玄武岩（CAB)；CABC 为大陆边缘钙碱性玄武岩

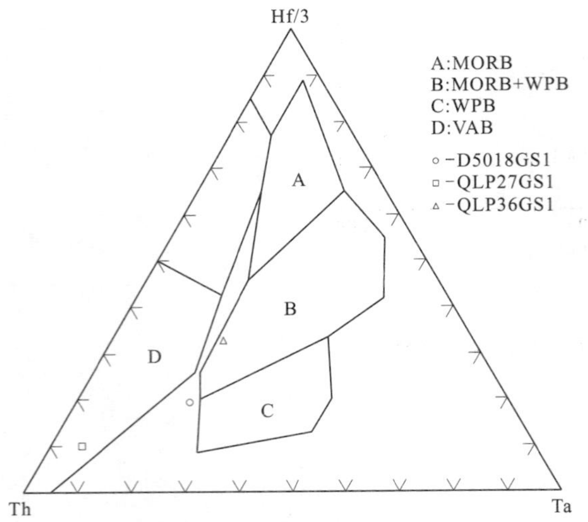

图 3-3-11　前奥陶系火山岩 Th－Hf/3－Ta 图解

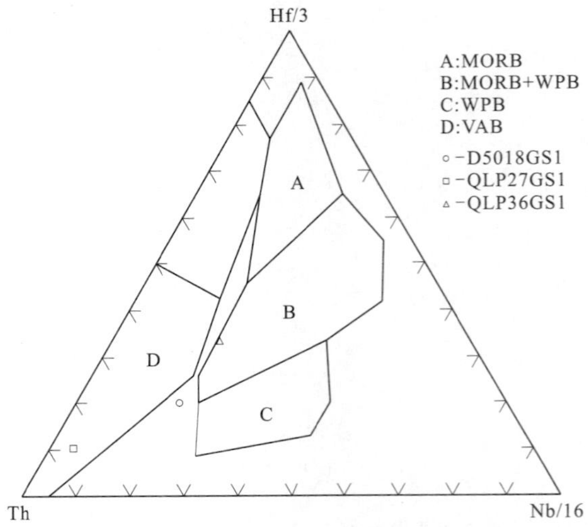

图 3-3-12　前奥陶系火山岩 Th－Hf/3－Nb/16 图解

二、二叠系火山岩

（一）岩石学特征

1. 产出特征及赋存状态

二叠系火山岩主要赋存于双湖构造混杂岩带内，在恰格勒拉呈穹状产出，在山字形山一带呈长条状、断块状产出。火山岩地质体内构造变形变质作用强烈，在强应变带还见蓝片岩、榴灰岩等高压变质矿物岩石组合。

二叠系基性火山岩以玄武质熔岩为主，在阿木岗日北部见酸性石英角斑岩。玄武岩中普遍发育杏仁状构造，夹层（灰岩）中含䗴类、珊瑚、腕足类化石，硅质岩夹层中产长兴阶放射虫化石组合。

2. 岩石学特征

二叠系火山岩包括以下几种岩石类型组合。

(1) 块状玄武岩：岩石呈灰绿色球粒结构，玻基微晶交织结构，具块状-杏仁状构造，岩石由基质(88%)、火山玻璃(1%)、沸石(7%)及碳酸岩(4%)组成，斑晶成分为火山玻璃和沸石，粒径在0.1～0.3mm之间，多构成杏仁体。基质由针状微晶、微晶辉石集合体、微团块状斜长石集合体构成，微晶辉石主要为普通辉石，少量紫苏辉石、古铜辉石，微晶长石与微晶辉石集合体组成放射状“星团”集群，出现在火山玻璃之中。

(2) 蚀变玄武岩：岩石呈灰绿色，变余斑状结构，基质具变余交织结构，块状构造，主要由基性斜长石(钠黝帘石化)(4%)、暗色矿物(绿泥石化)斑晶(6%)和基质(94%)及少量的白钛石、金属矿物(褐铁矿)等组成。斜长石斑晶呈自形长板状外形，卡氏双晶较明显，聚片双晶不发育，黝帘石化明显，暗色矿物均已蚀变生成绿泥石，取代了辉石而呈现短粒状假相外形，斑晶不均匀分布于基质中。岩石基质由斜长石和暗色矿物组成，斜长石呈自形长板状外形，钠黝帘石化显著，分布杂乱，暗色矿物蚀变为绿泥石鳞片充填在斜长石格架中，构成变余交织结构，局部充填有白云石微粒不均匀取代绿泥石。

(3) 杏仁状粗面岩：岩石呈浅灰绿色，玻璃结构，玻基微晶结构，杏仁状构造，由正长石(15%～20%)、透长石(3%～8%)、辉石(5%～10%)、火山玻璃(3%～9%)及基质火山玻璃(47%～53%)组成。正长石、透长石呈半自形-自形板条状，具卡氏双晶。辉石呈半自形粒状晶；火山玻璃多呈杏仁状-不规则状产出，成分以富含SiO_2的酸性玻璃为主，其内部具针状长石、辉石残晶。

(4) 玄武质珍珠岩：岩石呈灰绿色，似斑状结构，基质呈玻基微晶结构，珍珠构造，主要由斜长石、条纹长石(25%)，碳酸岩(5%～10%)、沸石(3%～7%)、火山玻璃(20%)及基质(34%～38%)组成。长石呈板柱状自形-半自形晶，隐见双晶带，绢云母化强烈。火山玻璃以赤铁质为主，呈不规则团块状、条块状产出。基质由火山玻璃、针状长石微晶构成，多呈不规则状、杏仁状、球粒状、同心圆状产出，使岩石断口具有珍珠大小的球状或椭圆状集合体外貌，构成花边状珍珠构造。

(5) 杏仁状伊丁石玄武岩：岩石呈浅灰绿色，主要由辉石(15%)、斜长石(30%)、正长石、透闪石(8%)、伊丁石(4%～8%)和火山玻璃(42%)组成，岩石具微斑状结构，基质呈玻基交织结构，间粒结构、间隐结构，杏仁状构造。辉石呈自形柱状晶，边部具反应边。长石呈自形-半自形板状晶，斜长石见及钠长双晶带，正长石具卡氏双晶。基质以不规则状火山玻璃为主体，岩石中复合杏仁体发育，外环多为伊丁石，向内则为阳起石、正长石、辉石等杏仁体。

(二) 火山岩相特征

1. 火山岩相划分

二叠系火山岩相划分为爆发相、喷溢相。

(1) 爆发相：由强烈爆发所生成的不同粒径的火山碎屑岩组成，以碎屑流堆积为主。火山角砾多以刚性(不规则棱角状)为主，塑性形态的角砾和集块次之。在恰格勒拉、山字形山等地均见及。

(2) 喷溢相：火山喷溢作用形成玄武质熔岩为主，熔岩一般形成规模不等的岩流。规模大小不等，一般厚几十米，长数百米。岩石以块状构造为主，少数可见流动构造，局部为杏仁状构造。

2. 火山喷发韵律及旋回特征

二叠系火山岩可划分为6个喷发韵律(图3-3-13)。火山韵律表现为基性火山岩浆喷溢→间歇沉积①→基性火山岩浆喷溢②→基性火山岩浆爆发→基性火山岩浆喷溢→中性火山岩浆喷溢③→基性火山岩浆爆发→基性火山岩浆喷溢④→基性火山岩浆爆发→基性火山岩浆喷溢→间歇沉积⑤→基性火山岩浆喷溢→间歇沉积⑥的作用过程。

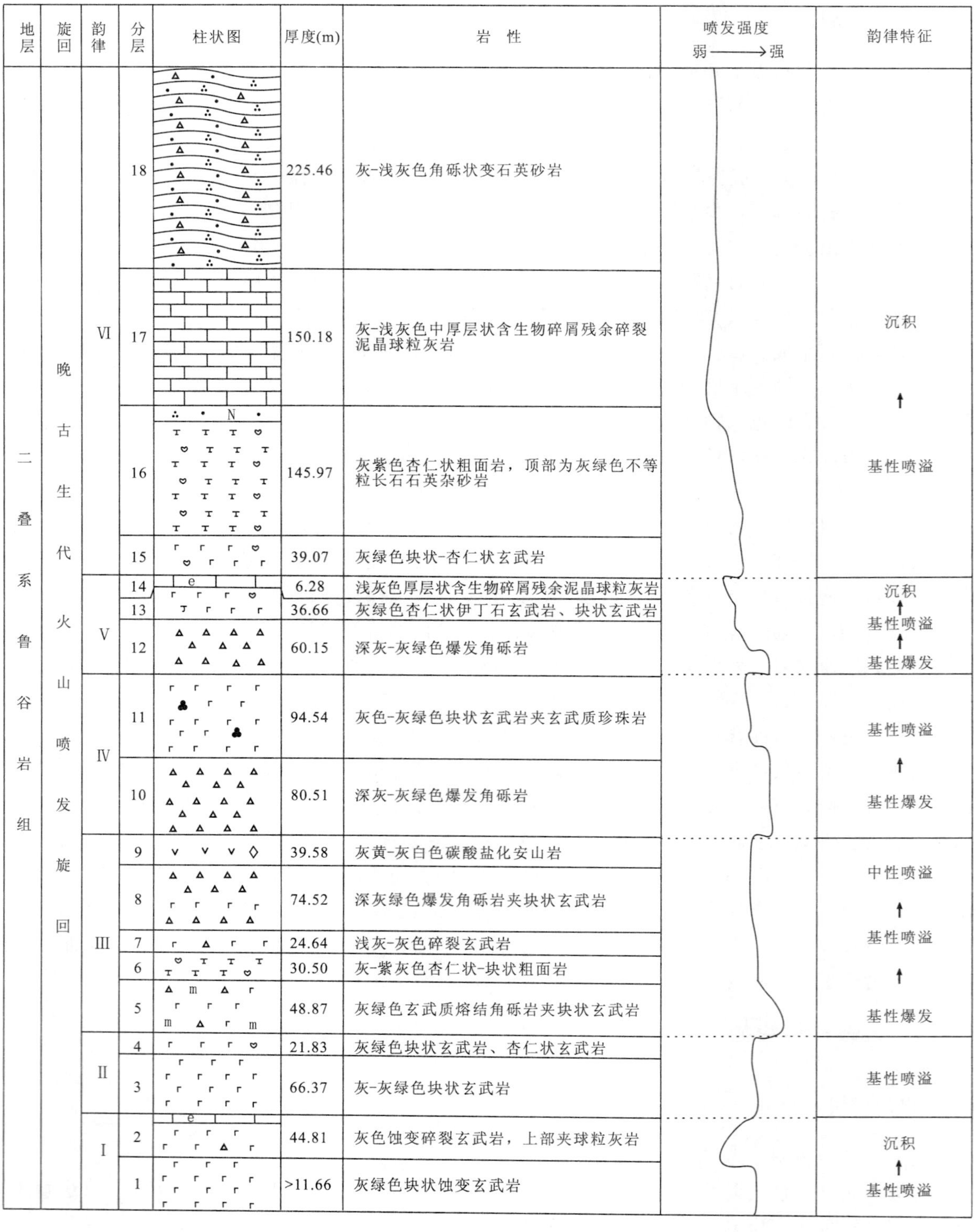

图 3-3-13　二叠系鲁谷岩组火山岩喷发韵律及旋回划分柱状图

（三）地球化学特征

1. 岩石化学特征

二叠系基性火山岩岩石化学成分见表 3-3-1。SiO_2 含量 37.0%～51.59%，TiO_2 含量 1.01%～6.46%，Al_2O_3 含量 7.89%～17.9%，FeO_t 含量 8.30%～13.96%，富钛、高铝铁显示洋脊火山岩特点，N_2O+K_2O 含量 1.0%～10.64%，且 $K_2O>Na_2O$，DI=12.87～48.76，组合指数既有钙碱性又有

碱性系列特性。阿木岗日地区 1 件英安岩样品的 SiO_2 含量 64.2%，TiO_2 含量 0.57%，Al_2O_3 含量 14.3%，FeO_t 含量 4.14%，低钛、高铝显示岛弧火山岩的特点，N_2O+K_2O 含量 7.94，DI＝78.07，属英安岩的范围，组合指数 $\sigma=3.0$，属钙碱性系列。二叠系鲁谷岩组火山岩基性组分较为发育，上部见少量酸性火山岩，中间缺失 SiO_2 含量 52%～64%的中性火山岩，显示出不完整的双峰式火山岩特点。

在 SiO_2－（Na_2O+K_2O）图解（图 3-3-14）中，二叠系火山岩样品落入玄武岩和苦橄玄武岩区；在硅-碱图解（图 3-3-15）中，样品大多落入碱性系列区；在 A－F－M 图解（图 3-3-16）中，既有拉斑玄武岩，又有钙碱性玄武岩性质；在火山岩 SiO_2－FeO_t/MgO 图解（图 3-3-17）中，显示拉斑玄武岩性质；在（FeO_t+TiO_2）－（Al_2O_3－MgO）图解（图 3-3-18）中，鲁谷岩组火山岩显示富铁、富铝拉斑玄武岩性质。

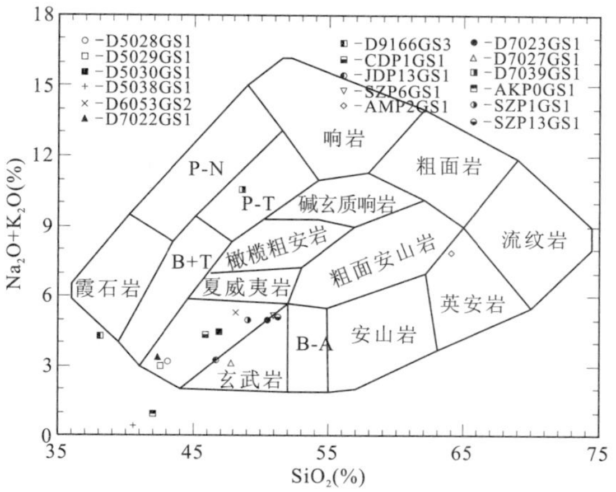

图 3-3-14　鲁谷岩组火山岩 SiO_2－（Na_2O+K_2O）图解

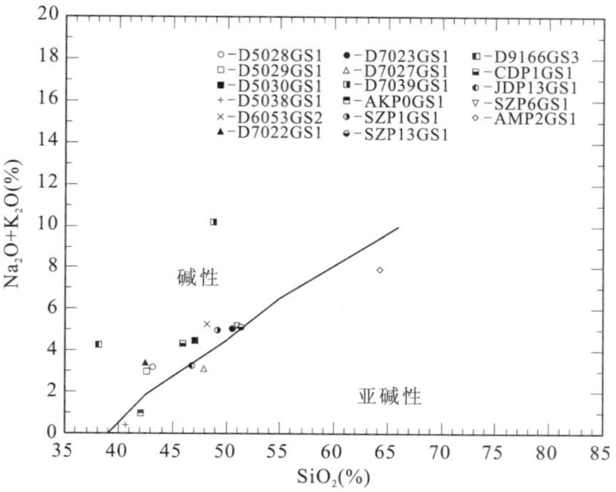

图 3-3-15　鲁谷岩组火山岩硅-碱图解

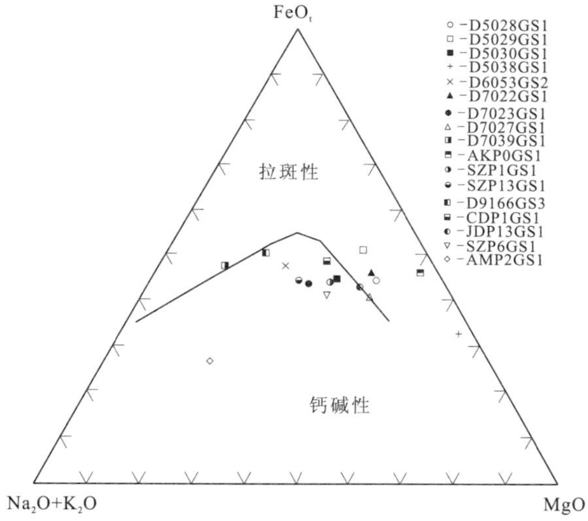

图 3-3-16　鲁谷岩组火山岩 A－F－M 图解

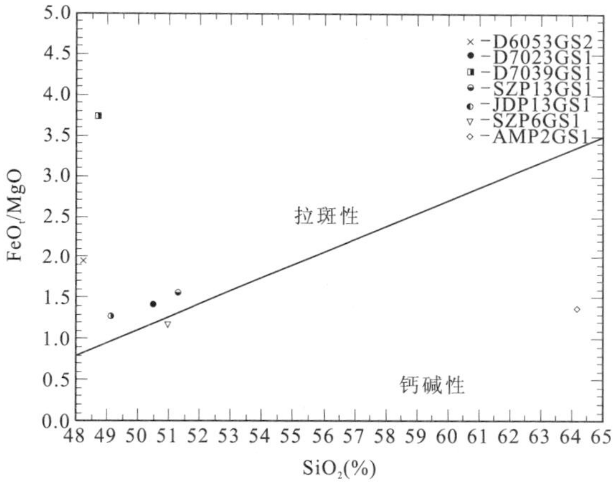

图 3-3-17　鲁谷岩组火山岩 SiO_2－FeO_t/MgO 图解

2. 稀土及微量元素特征

二叠系火山岩稀土元素含量及主要参数见表 3-3-2。从表中可以看出，∑REE＝（70.52～447.97）$\times10^{-6}$，∑Ce/∑Y＝0.85～6.32，轻稀土富集明显，$(La/Yb)_n$＝1.62～26.12，$(Ce/Yb)_n$＝1.50～19.34，$(La/Sm)_n$＝1.04～3.87，轻稀土分馏明显，δEu＝0.62～1.13，具弱的负 Eu 异常，表明岩浆源在岩浆房中斜长石的分离结晶作用较弱。稀土元素球粒陨石标准化图式见图 3-3-19，曲线总体为右倾型，轻稀土富集明显，其稀土配分曲线介于 P－MORB 及 T－MORB 稀土配分曲线之间。

二叠系火山岩微量元素含量及主要参数见表 3-3-3。与 MORB 标准值相比，不相容元素 Rb、Sr、Ba、Th、Ce 强烈富集，而 Ta、Nb 等微弱富集，在微量元素 N－MORB 比值蛛网图（图 3-3-20）上，表现为 Rb、Ba、Th 大离子元素强烈富集，Sr、Ta、Nb、Ce、Zr、Hf、Sm 弱富集，而 Y、Yb、Sc、

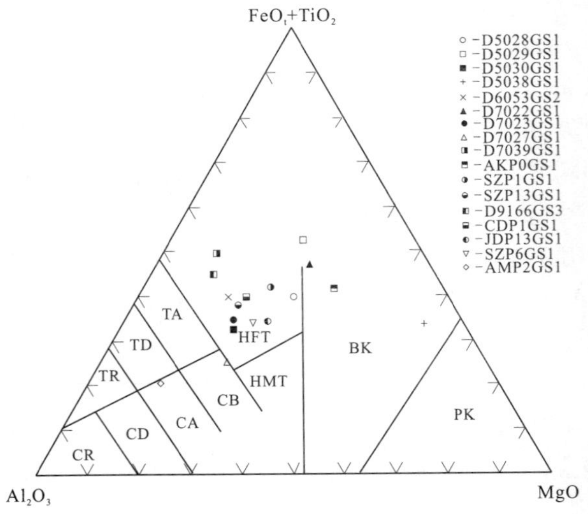

图 3-3-18　$(FeO_t+TiO_2)-Al_2O_3-MgO$ 图解

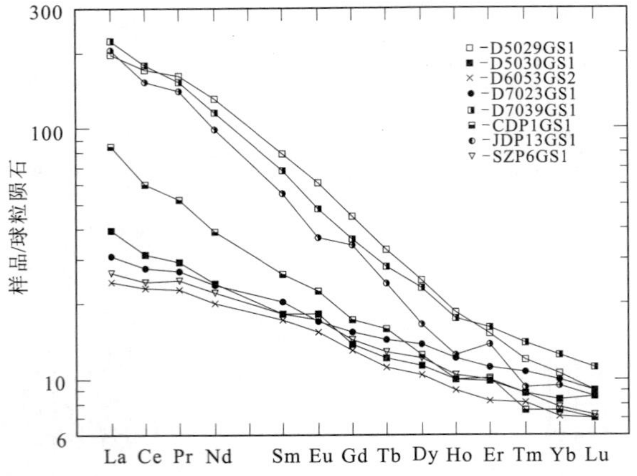

图 3-3-19　鲁谷岩组火山岩稀土元素球粒陨石标准化图

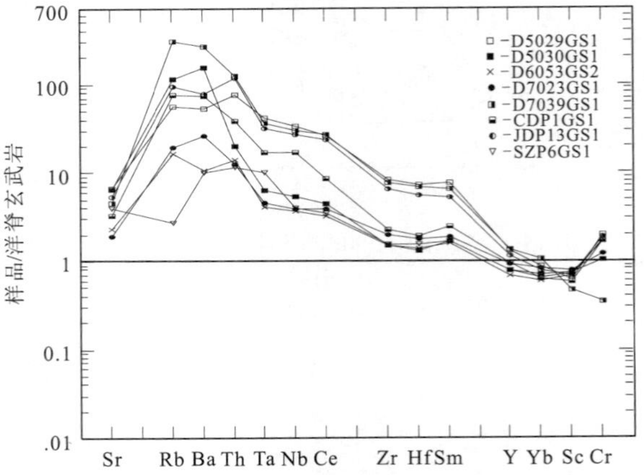

图 3-3-20　鲁谷岩组火山岩微量元素洋脊玄武岩比值蛛网图

Cr 亏损，Nb－Ta 槽不明显，表明受地壳混染作用的影响，具大陆裂谷火山岩特性。

在其他特征参数值中（参见表 3-3-4），鲁谷岩组火山岩 Hf/Th＝1.38，显示出 WPB、T－MORB、P－MORB 特征；Zr/Y＝9.60，显示 CABC 的特征；Zr/Nb＝9.68，显示 P－MORB 的特征；Th/Nb＝0.22，显示 ARCB 的特性；Nb/La＝0.83，显示 N－MORB 的特征。综合以上分析，二叠系鲁谷岩组火山岩地球化学特征显示出裂谷火山岩性质。

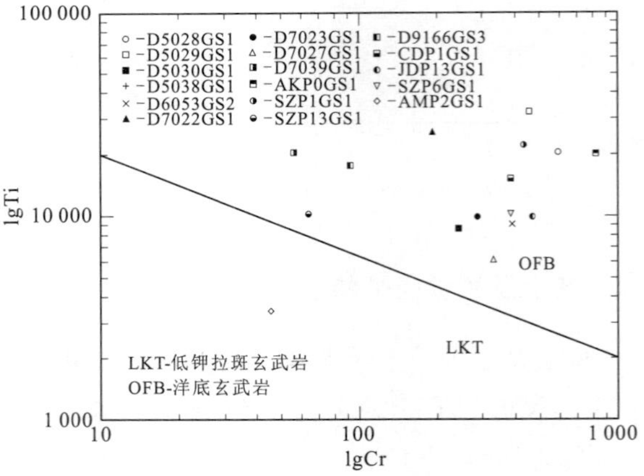

图 3-3-21　鲁谷岩组火山岩 lgCr－lgTi 图解

（四）构造环境分析

在 lgCr－lgTi 图解（图 3-3-21）中，二叠系鲁谷岩组样品显示洋底玄武岩性质；在 TiO_2－10MnO－$10P_2O_5$ 图解（图 3-3-22）上，显示洋岛碱性玄武岩和洋中脊玄武岩的特性；在 MgO－Al_2O_3－FeO_t 图解（图 3-3-23）中，样品落入洋中脊及大洋岛弧构造环境；在 Th－Hf/3－Ta 图解（3-3-24）和 Th－Hf/3－Nb/16 图解（图 3-3-25）上，样品均落入洋中脊和火山弧玄武岩区，显示岛弧火山岩和洋脊火山岩的双重性质。

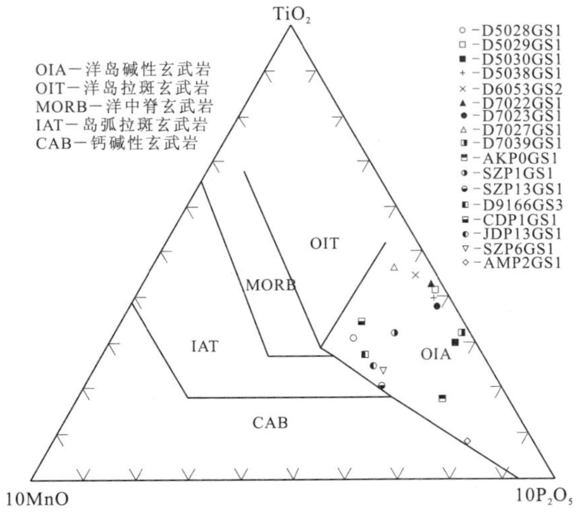

图 3-3-22　TiO_2－10MnO－$10P_2O_5$图解

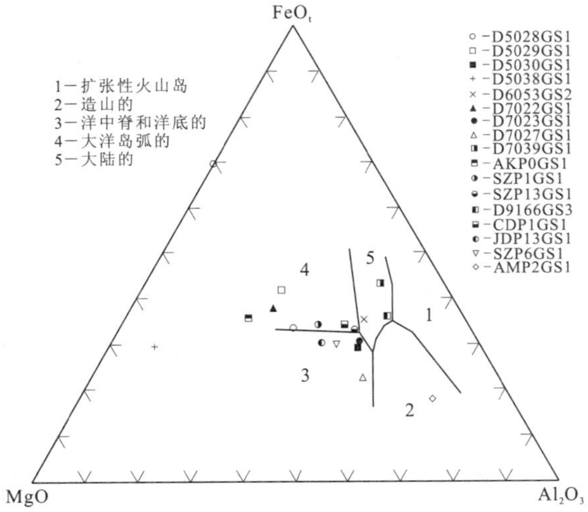

图 3-3-23　MgO－Al_2O_3－FeO_t 图解

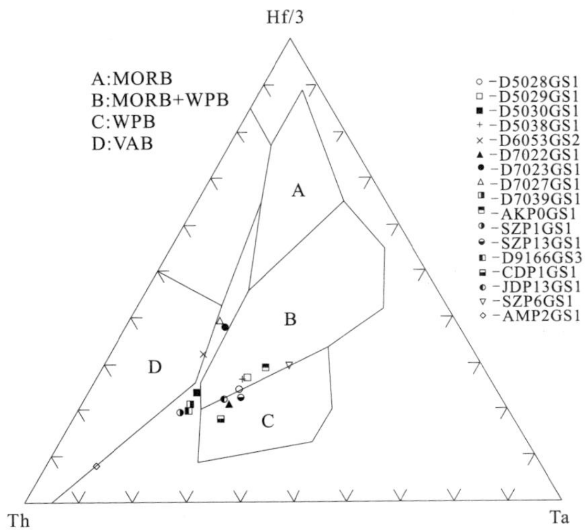

图 3-3-24　鲁谷岩组火山岩 Th－Hf/3－Ta 图解

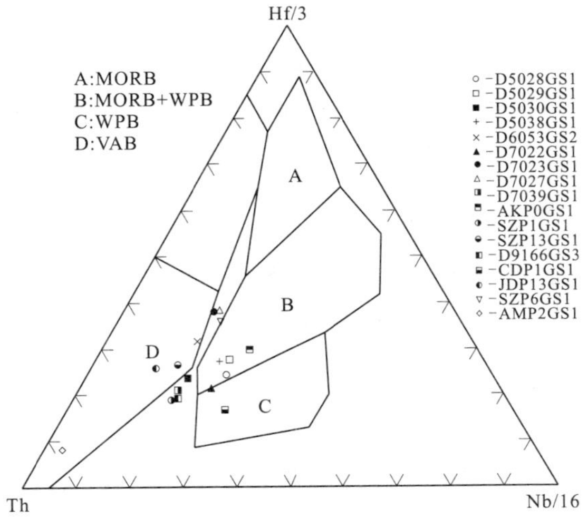

图 3-3-25　鲁谷岩组火山岩 Th－Hf/3－Nb/16 图解

三、二叠系硅质岩地球化学特征与构造环境

1. 岩石化学特征

硅质岩的岩石化学组成不仅能够用于硅质岩的硅质来源研究，而且也是研究和分析沉积盆地及古地理位置的重要指标。鲁谷岩组硅质岩的岩石化学特征见表 3-3-1。样品的 SiO_2含量为 92.44%～95.2%，均高于普通硅质岩 SiO_2的含量，其 Al_2O_3含量为 1.59%～2.48%，均在纯硅质岩范围之内。Fe、Mn、Al 等主要元素的含量对于区分热液成因硅质岩与生物成因硅质岩具有重要意义。硅质岩中 Fe、Mn 的富集主要与热液的参与有关，而 Al 的富集则与陆源物质的介入有关。Bostrom 等提出，海相沉积中 Al/（Al＋Fe＋Mn）值是衡量沉积物中热液沉积物含量的标志，这个比值随着沉积物中热液沉积物的减少而增加。Adachi 等、Yamamoto 等指出这个比值在 0.01（纯热液成因）到 0.06（纯生物成因）之间变化。测区晚古生代硅质岩的这个比值为 0.04，表明为生物成因。

MnO/TiO 比值可作为判断硅质来源及沉积盆地古地理位置的重要指标，其中 Mn 常作为来自大洋深部物质的标志，离陆较近的大陆坡和陆缘海沉积的硅质岩的 MnO/TiO 比值偏低，一般均小于 0.5，而开阔大洋中的硅质沉积物的比值为 0.5～3.5。表 3-3-1 中所列硅质岩的 MnO/TiO 比值在 0.19～4.06

之间，其值变化大。

2. 微量元素特征

微量元素中的某些元素是判别硅质岩成因的有效指标。从 Murray 等发表的微量元素资料看，洋中脊和大洋盆地硅质岩的 w（V）/w（Y）明显高于大陆边缘硅质岩。鲁谷岩组中的硅质岩微量元素分析结果见表 3-3-2。

3. 稀土元素特征

硅质岩的稀土元素特征，特别是其中的 $w(\mathrm{Ce})/w(\mathrm{Ce}^*)$ 值以及用北美页岩平均值(NASC)标准化的 $w(\mathrm{La})_n/w(\mathrm{Ce})_n$ 值，可用来有效地判别硅质岩的形成环境。洋中脊附近硅质岩的 $w(\mathrm{Ce})/w(\mathrm{Ce}^*)$ 为 0.3±0.13，$w(\mathrm{La})_n/w(\mathrm{Ce})_n$=3.5；大洋盆地硅质岩的 $w(\mathrm{Ce})/w(\mathrm{Ce}^*)$ 为 1.09±0.25，$w(\mathrm{La})_n/w(\mathrm{Ce})_n$ 为 1.0～2.5；大陆边缘硅质岩的 $w(\mathrm{Ce})/w(\mathrm{Ce}^*)$ 为 1.09±0.25，$w(\mathrm{La})_n/w(\mathrm{Ce})_n$ 为 0.5～1.5。鲁谷岩组硅质岩的稀土元素配分模式(图 3-3-26)出现了 Ce 异常，$w(\mathrm{La})_n/w(\mathrm{Ce})_n$ 为 0.44，与洋中脊附近的硅质岩相似。

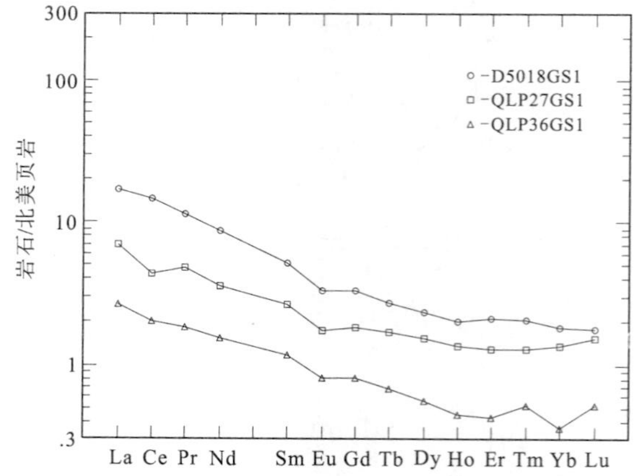

图 3-3-26　硅质岩稀土元素配分曲线

四、古近系火山岩

本次区调将古近系鱼鳞山组火山岩由下向上划为鱼鳞山组下段和鱼鳞山组上段。上、下段之间以侵蚀不整合接触，至少代表了古近纪发育两个火山演化旋回。

（一）岩石学特征

1. 产出特征及赋存状态

鱼鳞山组火山岩主要分布于测区北部跃进拉、普若岗日东、美日切错和燕子湖等地区，多呈点状、面状分布，向北延伸至多格错仁地区。岩性主要为中酸性、碱性火山岩，岩石类型极其复杂。前人认为该套火山岩为美日切错组和石坪顶组，本次工作发现该套火山岩内部存在一角度不整合界面，界面之上发育粗碎屑沉积，并在其碎屑岩中首次采获孢粉化石：*Cyclophorusisporites* cf. *microuerrucus*（细瘤石韦孢，比较种），其时代归于渐新世。据此不整合界面，将古近系鱼鳞山组中酸性火山岩划分为上、下两段。

2. 岩石学特征

（1）杏仁状玄武岩：岩石呈灰黑色，斑状结构，基质呈玻璃微晶交织结构，杏仁状构造。岩石主要由辉石（10%）、斜长石（4%）、条纹长石（10%）、火山玻璃（25%）和基质（>50%）组成。辉石主要为普通辉石、紫苏辉石、古铜辉石，普通辉石具反应边，反应边由细粒磁铁矿、易变辉石、鳞石英组成。斜长石具环带构造，其边缘仅轻微地被基质熔蚀，条纹长石呈柱状晶体，更长石嵌晶呈细线状，钠长石嵌晶呈宽带状。基质以火山玻璃为主，熔结了针状正长石、板条状条纹长石，部分不规则状硅质火山玻璃在岩石形成之时占据了一定空间，熔融了部分基质。

（2）粗面岩：岩石呈灰色，斑状结构、火山玻璃结构，块状构造，主要由纤闪石（15%）、辉石（15%）、长石（30%）、基质（40%）组成。深色矿物为钙-镁系列透辉石及铁-镁古铜辉石，夹少量铅-钙-铁-镁系列易变辉石，其边缘均被基质熔蚀。斜长石具清晰环带，略具钠黝帘石化，条纹长石和微斜长晶体完整，但具不同程度的熔蚀。基质多为火山玻璃和杏仁状玻屑。

(3) 玻基英安岩：岩石呈浅灰色，玻基斑状结构，块状构造。岩石由中长石（10%）、普通角闪石（5%）、石英（8%）、黑云母（7%）及中基性玻璃及岩屑组成。中长石具自形宽板状外形，环带构造较发育，聚片双晶不太发育，无明显蚀变。普通角闪石呈自形-半自形粒状外形。石英呈自形-半自形粒状，具熔蚀外形，呈港湾状波曲线状。黑云母呈长板状并具暗化边。岩石基质由玻璃质组成，局部具脱玻化，生成一些发状雏晶分散于玻璃基质中。

(4) 英安岩：岩石呈浅灰色，玻基斑状结构，块状构造。斑晶含量达45%，由中长石（25%）、黑云母（10%～15%）、石英（<5%）及少量角闪石组成。中长石具环带构造，少量更长石具细而密的钠长双晶纹，多呈半自形晶，边缘有熔蚀现象。黑云母斑晶呈叶片状，局部受应力作用常有揉皱、弯曲、甚至膝折现象，表明其岩浆有流动性。基质为红褐色中酸性玻璃质，裂纹发育，裂纹中见氧化铁。

(5) 黑云母安山岩：浅灰紫色，玻璃斑状结构，块状构造。斑晶含量大于40%，由中长石（20%），黑云母（主）、单斜辉石（次）（20%）构成。基质均为玻璃质（<60%）。中长石斑晶呈半自形晶，具环带构造，见卡钠双晶。暗色矿物以黑云母为主，自形片状，棕褐色，具定向性，局部具弯曲变形，显示流动构造。单斜辉石为透辉石，呈半自形柱状。基质呈浅粉红色，已具脱玻化而出现发状雏晶。

(6) 辉石粗面安山岩：岩石呈浅肉红色，斑状结构，块状构造。主要由辉石（5%）、纤闪石（5%）、斜长石（10%）、条纹长石（10%）、火山玻璃（5%）、基质（65%）组成。辉石以普通辉石为主，并具反应边特征，自形程度较高。纤闪石由辉石蚀变生成，并具辉石之假象。斜长石具有较清晰的环带构造，部分具双晶带，都不同程度地钠黝帘石化。条纹长石清楚，部分见熔融反应边。基质均由自形-半自形长板条状斜长石微晶和火山玻璃构成，反映为玻基微晶交织结构，火山玻璃结构。

(7) 角闪安山岩：岩石呈灰色，斑状结构，气孔-杏仁状构造。主要由普通角闪石（20%）、黑云母（<3%）、斜长石（10%）、条纹长石（10%）、石英（2%）、基质（55%）组成。普通角闪石呈自形-半自形长柱状晶体，大者达4mm，局部具暗化边。黑云母呈片状自形晶，局部受挤压具扭曲变形，弱绿泥石化。长石多为自形-半自形板柱状晶，斜长石具绢云母化，条纹长石边缘被基质熔蚀。石英呈他形粒状分布。基质由针状、板条状微粒长石及火山玻璃胶结在一起构成。

(8) 流纹质碎斑熔岩：岩石呈灰白色，碎斑状结构，块状构造。主要由钾长石（<3%）、斜长石（2%）、石英（3%）、基质（>90%）组成。副矿物见有磷灰石、锆石、电气石等，产于基质中。钾长石多呈自形-半自形板柱状晶，部分构成斑晶，环带构造较为模糊。条纹长石形成晚于正长石，并具基质熔融边缘。斜长石斑晶具清楚的环带构造。石英呈碎斑状，有的呈碎裂聚斑晶。基质多为微晶正长石、条纹长石、斜长石、石英等，以及团块碳酸岩、火山玻璃组成。

(9) 松脂岩：岩石呈灰白色，具松脂光泽，隐晶结构，块状构造，局部具条带状构造，主体为酸性玻璃质，成分不易分辨，具球粒结构，针状雏晶。

(10) 粗面质熔结凝灰岩：岩石呈灰色，凝灰结构，块状构造，主要由辉石、条纹长石、斜长石、岩屑及火山玻璃组成，各种晶屑、岩屑、玻屑都被玻屑胶结在一起，其辉石见及反应边和蚀变特征，长石矿物被玻屑所熔蚀。

（二）火山岩相特征

1. 火山岩相及火山机构

鱼鳞山组火山岩相总体以溢流相熔岩为主，局部发育喷发相。平面分布呈椭圆状，产状较为低缓。由于火山角砾分布局限，在测区未发现明显的火山机构。火山岩具较高的碱度，因此认为鱼鳞山组火山岩主要是裂隙式火山溢流作用的产物。从火山岩的分布及相对出露的高度及厚度等相关因素分析表明，火山口可能出露在剖面的北部，熔岩流具自北向南流动的特征。

2. 火山喷发韵律及旋回特征

古近系火山岩可划分为两个喷发亚旋回和12个喷发韵律。

第一喷发亚旋回：相当于鱼鳞山组下段（$E_{2+3}y^1$），可划分为9个喷发韵律（图3-3-27），总厚度1 726m。岩石类型由英安岩→辉石安山岩→安山岩→玻基安山岩→火山角砾岩组成。韵律总体表现为中性火山岩浆喷溢→中酸性火山岩浆喷溢→中性火山岩浆喷溢→中酸性火山岩浆喷溢多次交替的作用过程，反映火山活动随着结晶分异，岩浆逐渐向酸性过渡，粒度增大，气液含量增高，导致由喷溢相向喷发相转化，而整个火山活动则由中性火山岩-酸性火山岩一种亚旋回组成。

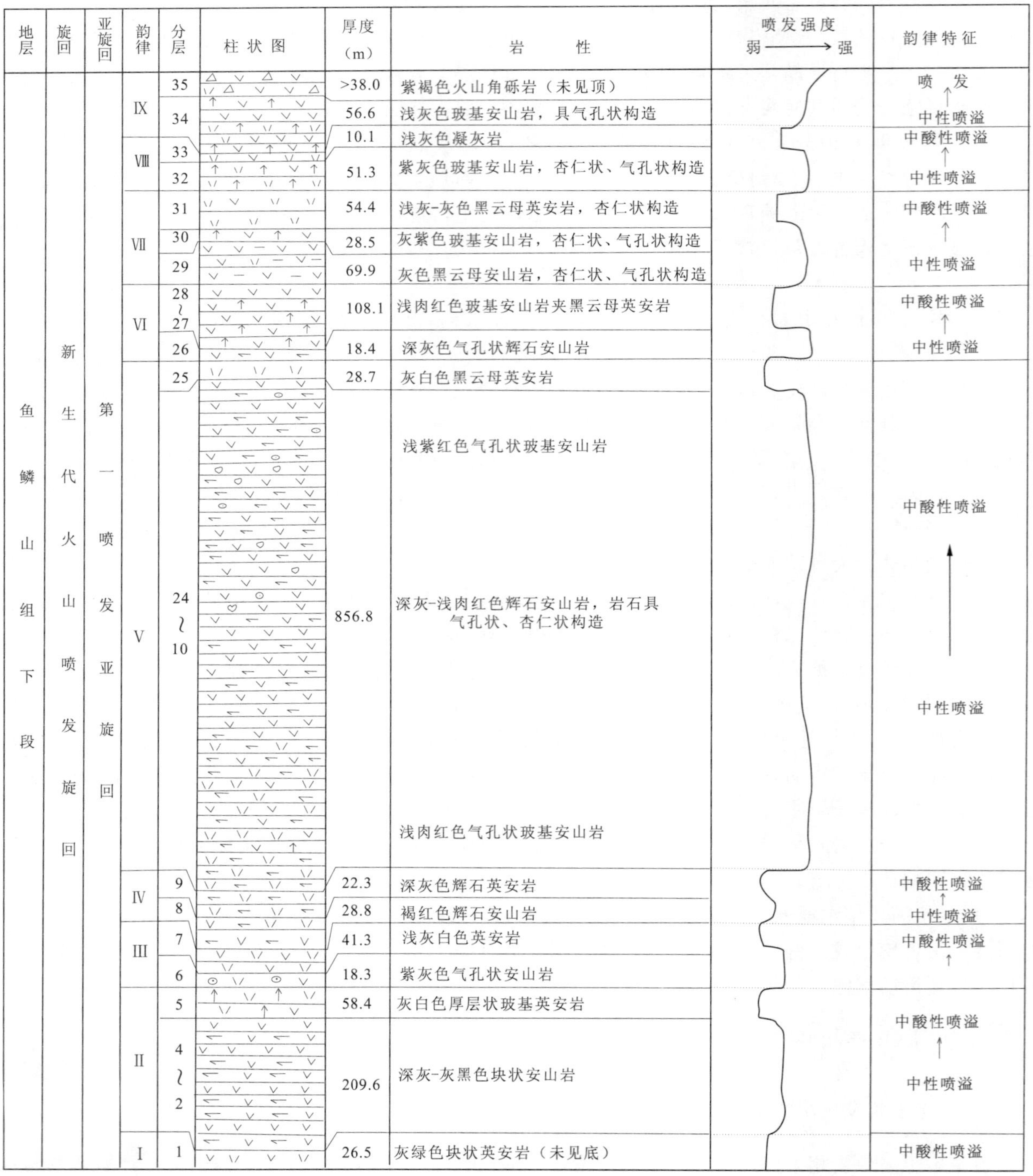

图3-3-27　美日切错地区古近系鱼鳞山组下段火山岩喷发韵律及旋回划分柱状图

第二喷发亚旋回：相当于鱼鳞山组上段（$E_{2+3}y^2$），可划分为3个喷发韵律（图3-3-28），总厚569.87m。岩石类型以辉石玄武岩、安山岩、粗面岩为主，次为粗面质凝灰岩和流纹质碎斑熔岩。韵律总体表现为中性火山岩浆喷溢→基性火山岩浆喷溢→中性火山岩浆喷溢→酸性火山岩浆喷溢→中性火山岩浆喷溢的作用过程。鱼鳞山组上段代表了始新世晚期的一次火山喷发活动，单个火山韵律表现为基性

-中性-酸性或由熔岩-凝灰质熔岩-凝灰岩的演化规律，反映了本次火山活动随着结晶分异，岩浆逐渐向酸性过渡，粒度增大，气液含量增高，导致由溢出相向喷发相转化。

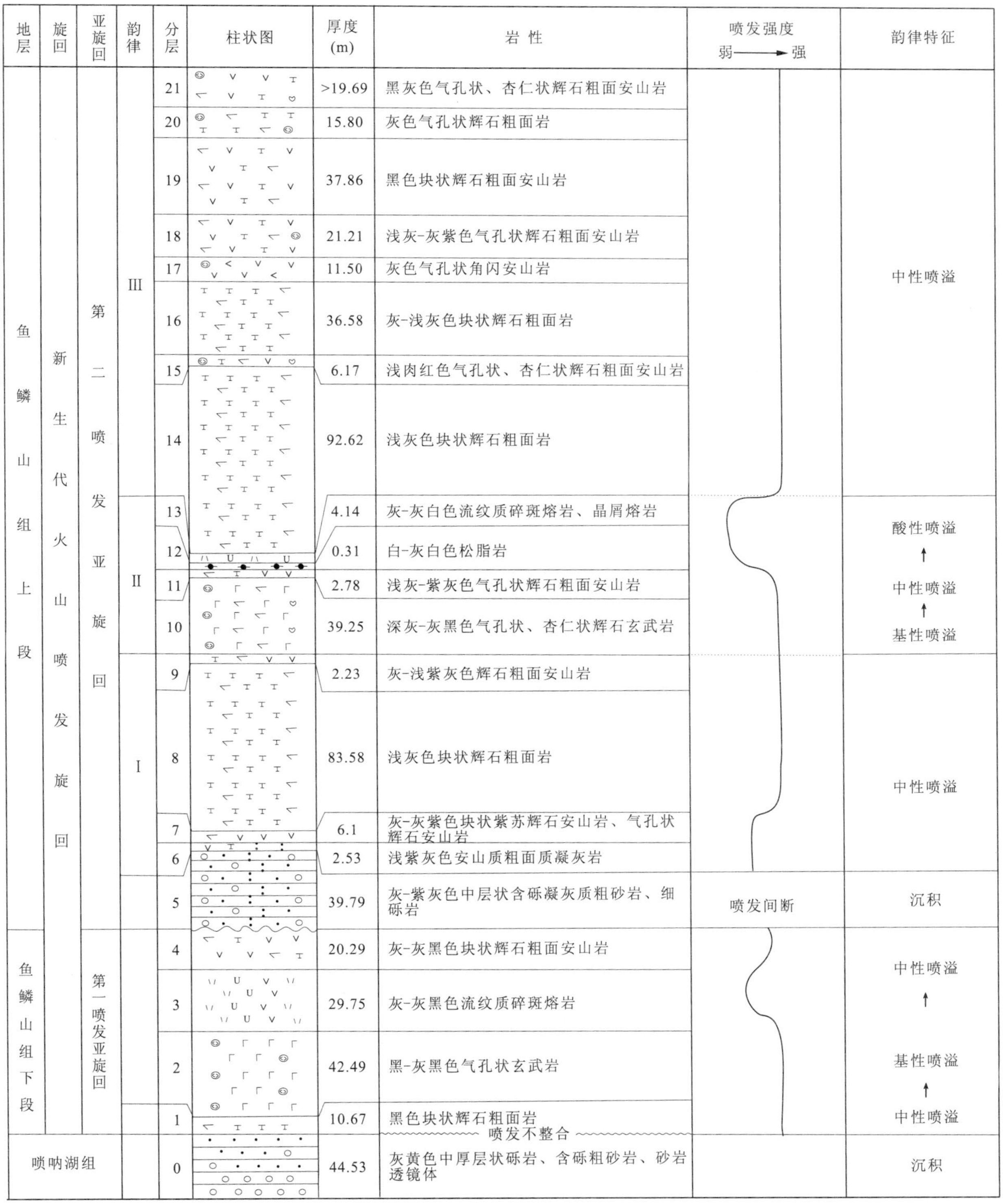

图 3-3-28　跃进拉地区古近系鱼鳞山组上段火山岩喷发韵律及旋回划分柱状图

（三）地球化学特征

1. 岩石化学特征

古近系火山岩岩石化学成分及主要参数见表 3-3-1。鱼鳞山组火山岩的 SiO_2 含量 56.2%～70.8%，

TiO_2含量 0.06%～0.84%，Al_2O_3含量 11.7%～15.6%，FeO_t 含量 9.30%～13.96%，属低钛、高铝铁火山岩，Na_2O+K_2O 含量 5.61%～10.08%，且 $K_2O>Na_2O$，DI＝66.97～84.46，属英安岩-流纹岩范围，组合指数 σ＝2.85，属钙碱性系列。

在 SiO_2-（Na_2O+K_2O）图解（图 3-3-29）中，鱼鳞山组样品落入粗面安山岩、英安岩及流纹岩区；在硅-碱图解（图 3-3-30）中，鱼鳞山组样品均落入亚碱性系列区；在 A－F－M 图解（图 3-3-31）中，鱼鳞山组火山岩均显示钙碱性系列性质；在火山岩 SiO_2－FeO_t/MgO 图解（图 3-3-32）中，鱼鳞山组火山岩均显示钙碱性系列性质；在（FeO_t+TiO_2）－Al_2O_3－MgO 图解（图 3-3-33）中，鱼鳞山组火山岩均显示富铝和钙碱性系列性质。

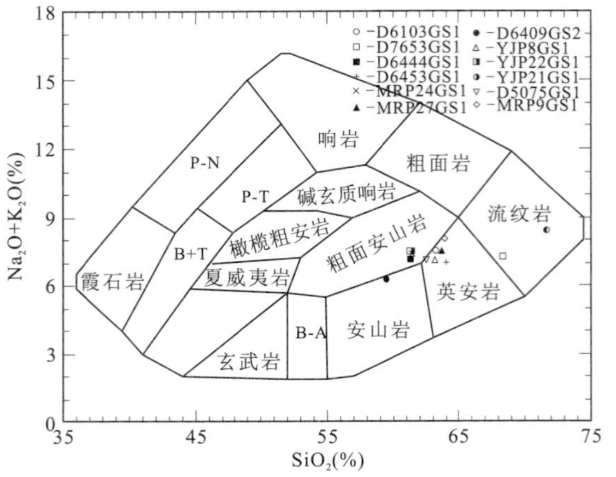

图 3-3-29　鱼鳞山组火山岩 SiO_2－（Na_2O+K_2O）图解

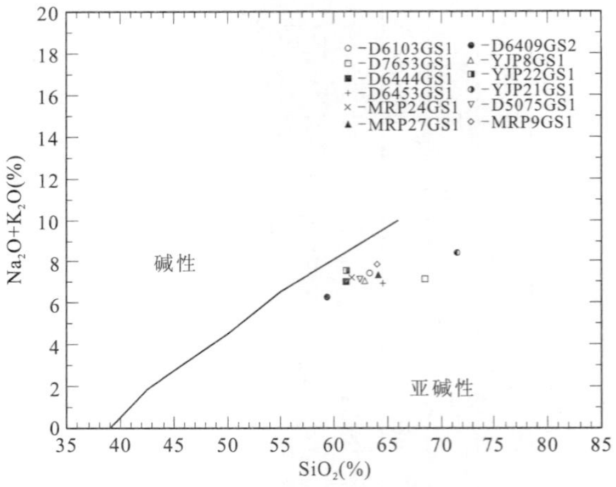

图 3-3-30　鱼鳞山组火山岩硅-碱图解

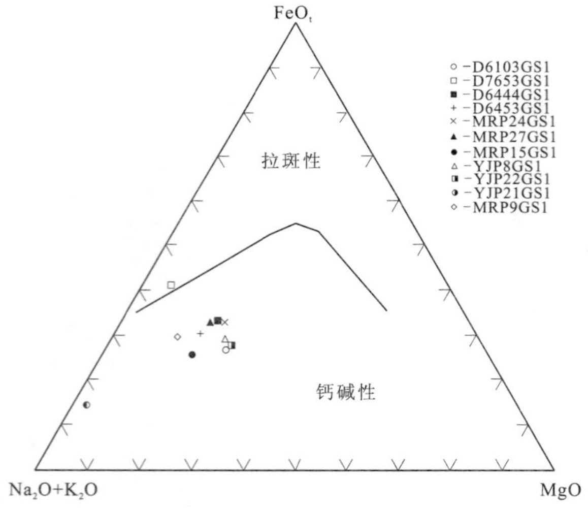

图 3-3-31　鱼鳞山组火山岩 A－F－M 图解

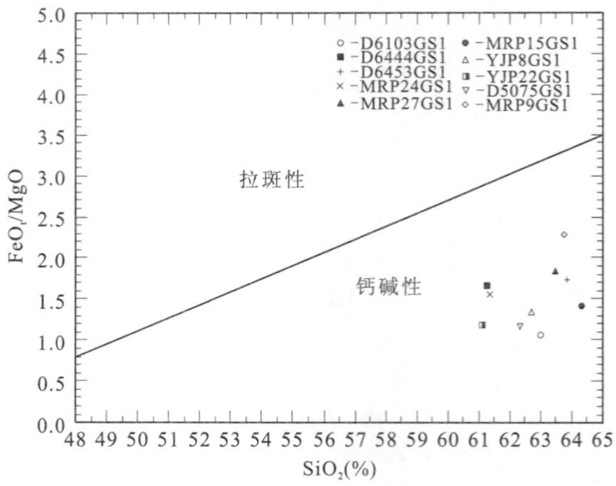

图 3-3-32　鱼鳞山组火山岩 SiO_2－FeO_t/MgO 图解

2. 稀土和微量元素特征

古近系火山岩稀土元素含量及主要参数见表 3-3-2。鱼鳞山组下段火山岩∑REE＝（217.24～421.66）$\times10^{-6}$，含量属中等偏高，大于下地壳平均值，其中辉石安山岩、粗面岩则与大陆拉斑玄武岩相接近；∑Ce/∑Y＝8.49～13.64，轻稀土富集明显；(La/Yb)n＝33.46～52.90，(Ce/Yb)n＝21.00～34.49，(La/Sm)n＝5.82～8.43，轻稀土分馏明显；δEu＝0.82～0.98，具弱的负 Eu 异常；在稀土元素球粒陨石标准图式（图 3-3-34）中，曲线形态均显示右倾型，轻稀土分异较重稀土分异显著。

鱼鳞山组上段火山岩∑REE＝（140.63～384.21）$\times10^{-6}$，含量属中等偏高；∑Ce/∑Y＝7.51～31.41，轻稀土富集明显；(La/Yb)n＝22.77～49.96，(Ce/ Yb)n＝17.85～34.64，(La/Sm)n＝5.15～

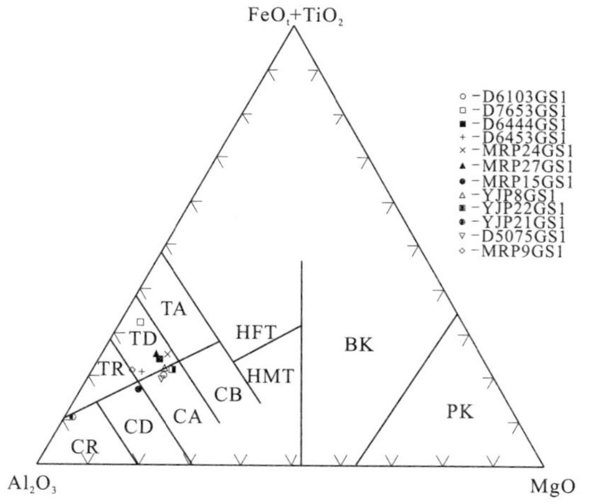

图 3-3-33　(FeO_t+TiO_2) - Al_2O_3 - MgO 图解

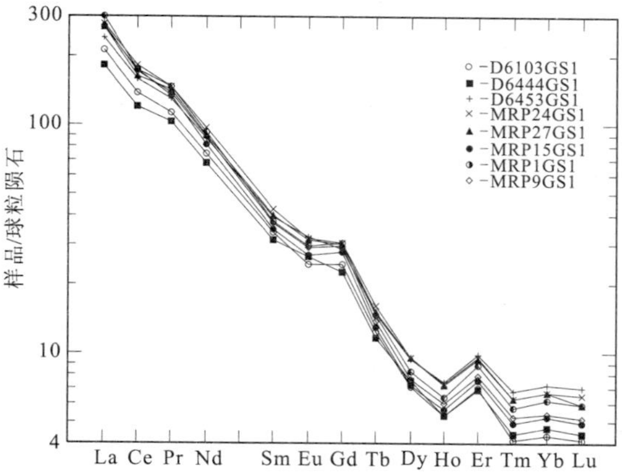

图 3-3-34　鱼鳞山组下段火山岩稀土元素球粒陨石标准化图式

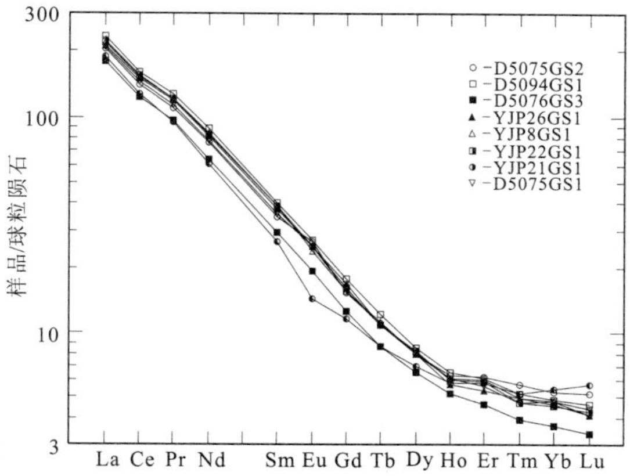

图 3-3-35　鱼鳞山组上段火山岩稀土元素球粒陨石标准化图式

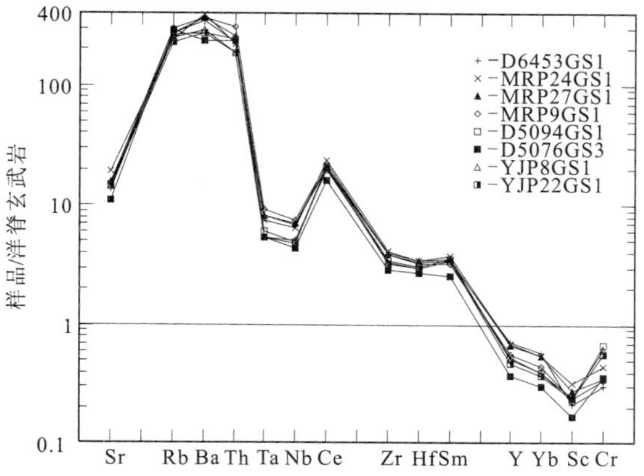

图 3-3-36　鱼鳞山组火山岩微量元素与洋脊玄武岩比值蛛网图

7.41，轻稀土分馏明显；δEu=0.75～1.35，负 Eu 异常不明显；在稀土元素球粒陨石标准化图式（图 3-3-35）中，曲线形态均显示右倾型，轻稀土较重稀土显著。

古近系火山岩微量元素含量及主要参数见表 3-3-3。鱼鳞山组火山岩微量元素与 MORB 标准值相比，不相容元素 Rb、Sr、Ba、Th、Ce 强烈富集，而 Ta、Nb 等微弱富集。在微量元素 N - MORB 比值蛛网图（图 3-3-36）上，表现为大离子元素 Rb、Ba、Th、Ce、Sm 强烈富集，Ta、Nb、Zr、Hf、Y、Yb、Sc、Cr 亏损，Nb - Ta 槽明显，具下地壳火山岩特有的“三隆起”分配型式。

在特征参数值表（表 3-3-5）中，鱼鳞山组火山岩 Hf/Th=0.24～0.25，显示板内火山岩特征；Zr/Y=14.31～17.59，Th/Nb=1.86～2.50，Nb/La=0.13～0.16，均显示出钙碱性火山岩的特征。

表 3-3-5　不同构造环境玄武岩特征参数值

参数化值	板内玄武岩	岛弧玄武岩	鱼鳞山组下段玄武岩	鱼鳞山组上段玄武岩
Hf/Th	<8	≥8	0.25	0.24
参数化值	弧玄武岩	大陆边缘钙碱性玄武岩	鱼鳞山组下段玄武岩	鱼鳞山组上段玄武岩
Zr/Y	<3	>3	14.31	17.59
参数化值	洋脊玄武岩	钙碱性玄武岩	鱼鳞山组下段玄武岩	鱼鳞山组上段玄武岩
Th/Nb	≤0.07	>0.07	1.86	2.50
Nb/La	>0.8	≤0.8	0.16	0.13

（四）构造环境分析

在 $TiO_2-10MnO-10P_2O_5$ 图解（图 3-3-37）上，鱼鳞山组样品显示碱性玄武岩的特性。在 $MgO-Al_2O_3-FeO_t$ 图解（图 3-3-38）中，鱼鳞山组样品落入活动大陆区，属裂谷断陷作用的产物。在 Th－Hf/3－Ta 图解（图 3-3-39）和 Th－Hf/3－Nb/16 图解（图 3-3-40）上，鱼鳞山组样品均落入火山弧玄武岩区。

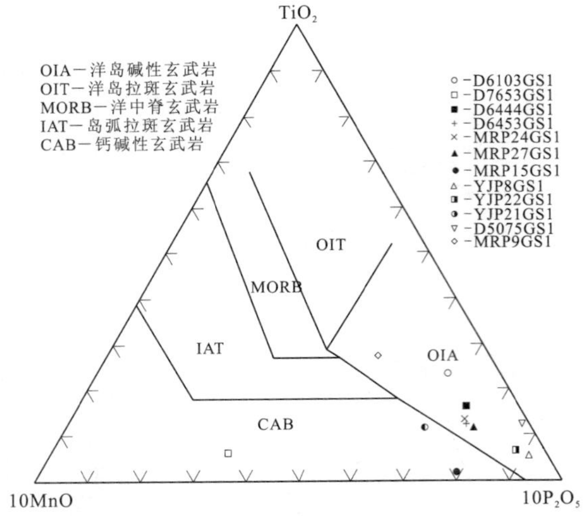

图 3-3-37　鱼鳞山组 $TiO_2-10MnO-10P_2O_5$ 图解

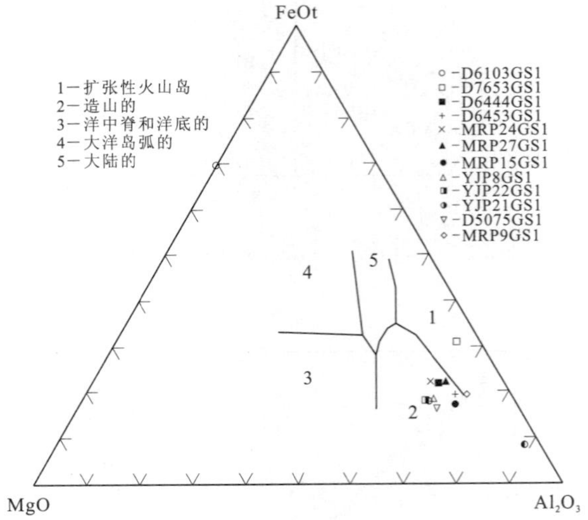

图 3-3-38　鱼鳞山组 $MgO-Al_2O_3-FeO_t$ 图解

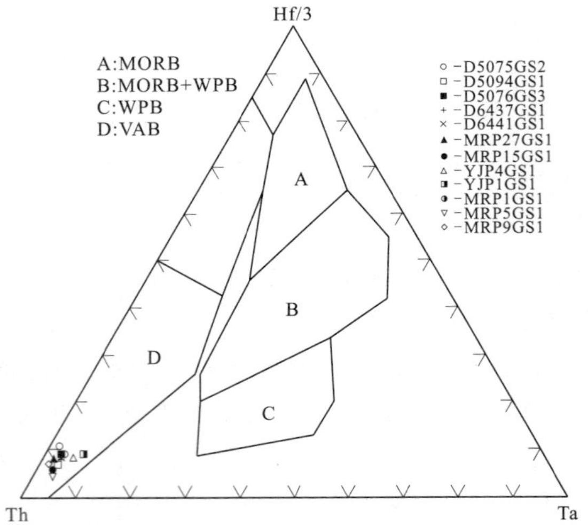

图 3-3-39　鱼鳞山组火山岩 Th－Hf/3－Ta 图解

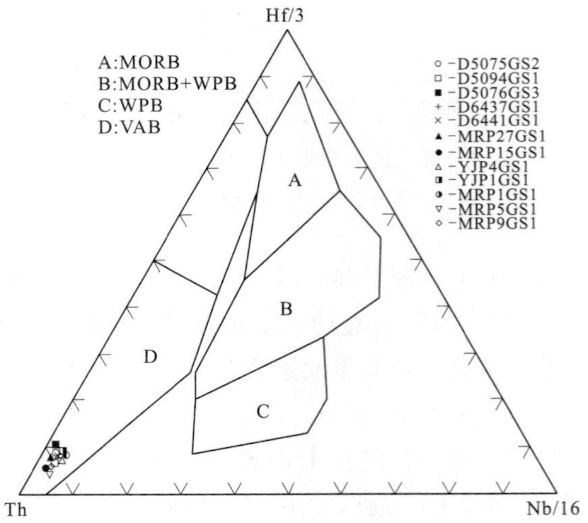

图 3-3-40　鱼鳞山组火山岩 Th－Hf/3－Nb/16 图解

古近系鱼鳞山组发育具有大陆造山带性质的钙碱性火山岩，其源岩为下地壳发生部分熔融形成的中酸性火山岩。由于大陆地壳相对较厚，岩浆上升速度缓慢，并在上升过程中与陆壳发生了强烈的混染，从而导致这套火山岩具有与火山弧相似的大离子元素含量。鱼鳞山组火山岩具较高的碱度和钾度，可能与青藏高原的隆升密切相关。

（五）喷发时代讨论

鱼鳞山组上段火山岩明显地角度不整合于鱼鳞山组下段火山岩之上，其底部发育底砾岩和砂岩层。本项目在凝灰质砂岩中首次采获 *Cyclophorusisporites* cf. *microverrucus*（细瘤石韦孢），其时代倾向于渐新世。此外，我们还在跃进拉北鱼鳞山组上段气孔状粗面安山岩中获得（43.0±0.9）Ma（Ar－Ar

法）全岩同位素年龄值。1997 年成都地矿所在开展 1∶10 万石油地质填图过程中，在跃进拉地区该套地层中共采获两组 K－Ar 同位素年龄值：(32.6±0.8) Ma 和 (33.9±0.8) Ma。本项目在美日切错地区获得 K－Ar 年龄数据 33.1 Ma 和 38.5Ma，在燕子湖地区获年龄数据 34.2 Ma，因此，本项目将鱼鳞山组火山岩喷发时代厘定为始新世—渐新世。

第四节　岩浆作用的时空演化规律

测区岩浆活动不太强烈，但具有活动期次多、阶段性强的特点，表现了岩浆演化过程与地壳演化过程的相关性和复杂性。总体来看，测区岩浆岩主要活动时期可划分为前加里东期、海西晚期-印支期、燕山早期和喜马拉雅期 4 个阶段。

一、前加里东期岩浆活动

区内已发现的分布于恰格勒拉、阿木岗日、齐陇乌如等地前奥陶纪变质中基性火山岩，就是这一时期火山活动的产物，至于其时空演化还有待于深入研究。

二、海西晚期-印支期岩浆活动

在古特提斯洋打开和闭合的地球动力背景下，羌塘地区形成了一系列逆冲构造和褶皱变形作用。在双湖构造带上产出的二叠纪构造混杂岩片以及蛇绿岩、基性-超基性岩脉、同碰撞陆壳重融型花岗岩体，晚三叠世火山喷发活动及火山-沉积作用，都是这一时期构造岩浆活动的产物。

三、燕山早期岩浆活动

侏罗纪早期，北羌塘与南羌塘陆块以及北羌塘陆块与昆仑陆块的强烈碰撞造山，导致早侏罗世岛弧型火山喷发活动及火山-沉积作用。在双湖构造带上发育的 K－Ar 法年龄值为 160.5Ma 和 Ar－Ar 法年龄年龄值为 189Ma 的同碰撞陆壳重融型（S 型）花岗岩体，就是这一时期构造岩浆活动的产物。

四、喜马拉雅期岩浆活动

从始新世开始到上新世，羌塘地区发生快速构造隆升作用，典型岩浆产物为古近系-新近系火山活动和火山喷发。测区分布于普若岗日、劳日特、美日切错一带的同位素年龄为 40.2Ma 的花岗岩和跃进拉、美日切错一带的同位素年龄为 43～32Ma 的鱼鳞山组火山岩，正是这期岩浆活动的产物。

第四章　变质岩与变质作用

第一节　变质作用类型、变质作用时期和变质单元的划分

测区变质岩主要分布在双湖构造混杂岩带阿木岗日、恰格勒拉、齐陇乌如以及才多茶卡、山字形山等地，出露面积约占测区基岩总面积的8%（图4-1-1）。变质地层有前奥陶系和二叠系。总体看，因变质岩原岩成分和变质条件差异较大，形成了纷繁多样的变质岩石类型。成因类型以区域变质和动力变质为主，局部叠加热接触变质。变质相为低绿片岩相至角闪岩相，以中低压相系为主，局部出露高压相系的蓝片岩。

一、变质作用类型的划分

根据大地构造环境、变质作用条件、特征变质矿物及矿物共生组合等特征，测区变质作用类型可分为区域动力热流变质作用、区域中高温变质作用、动力变质作用和接触变质作用，前两类属区域变质作用类型。

（一）区域动力热流变质作用

以出现递增变质带为特征，是由异常的区域热流值和构造应力共同作用的结果。根据距热源的远近，形成变质程度不同的多相递增变质带，普遍发育片理、片麻理及各种变晶结构。双湖构造带上的早中二叠世构造岩片及构造地层以及前奥陶系变质岩中均发育区域动力热流变质作用。

（二）区域中高温变质作用

前奥陶系阿木岗岩组和齐陇乌如岩组中发育的角闪黑云变粒岩、斜长角闪岩属中高温变质作用范围。中高温变质岩原岩建造以基性火山岩、硬砂岩为主，变质作用发生于泛非期。前奥陶系阿木岗岩组和齐陇乌如岩组中的一些变质岩系具有此类变质作用特征。

（三）动力变质作用

动力变质作用专指那种狭长带状展布的产生断层岩的作用。根据断裂构造层次，分为碎裂岩化作用（脆性）和糜棱岩化作用（韧性）。双湖构造变质带上的各岩组、各岩块之间的接触带上多发生动力变质作用。

（四）接触变质作用

接触变质作用出现于区内侵入体内外接触带中。接触变质带有不同宽度，一般数米到数百米，其形态与规模决定于侵入体的成分、产状、形态及围岩的性质，以变质重结晶为主，变形不明显。如在齐陇乌如花岗闪长岩侵入体接触带上可见到由灰岩接触变质形成的绿帘矽卡岩和大理岩。

（1）绿帘矽卡岩：呈黄绿色，块状构造。主要由绿帘石（80%）和透闪石-阳起石（10%）组成，含少量的方解石和石英。绿帘石呈自形-半自形柱状，透闪石-阳起石呈纤维状分布于绿帘石的间隙中。属于蚀变交代矽卡岩，由灰岩接触变质而成。

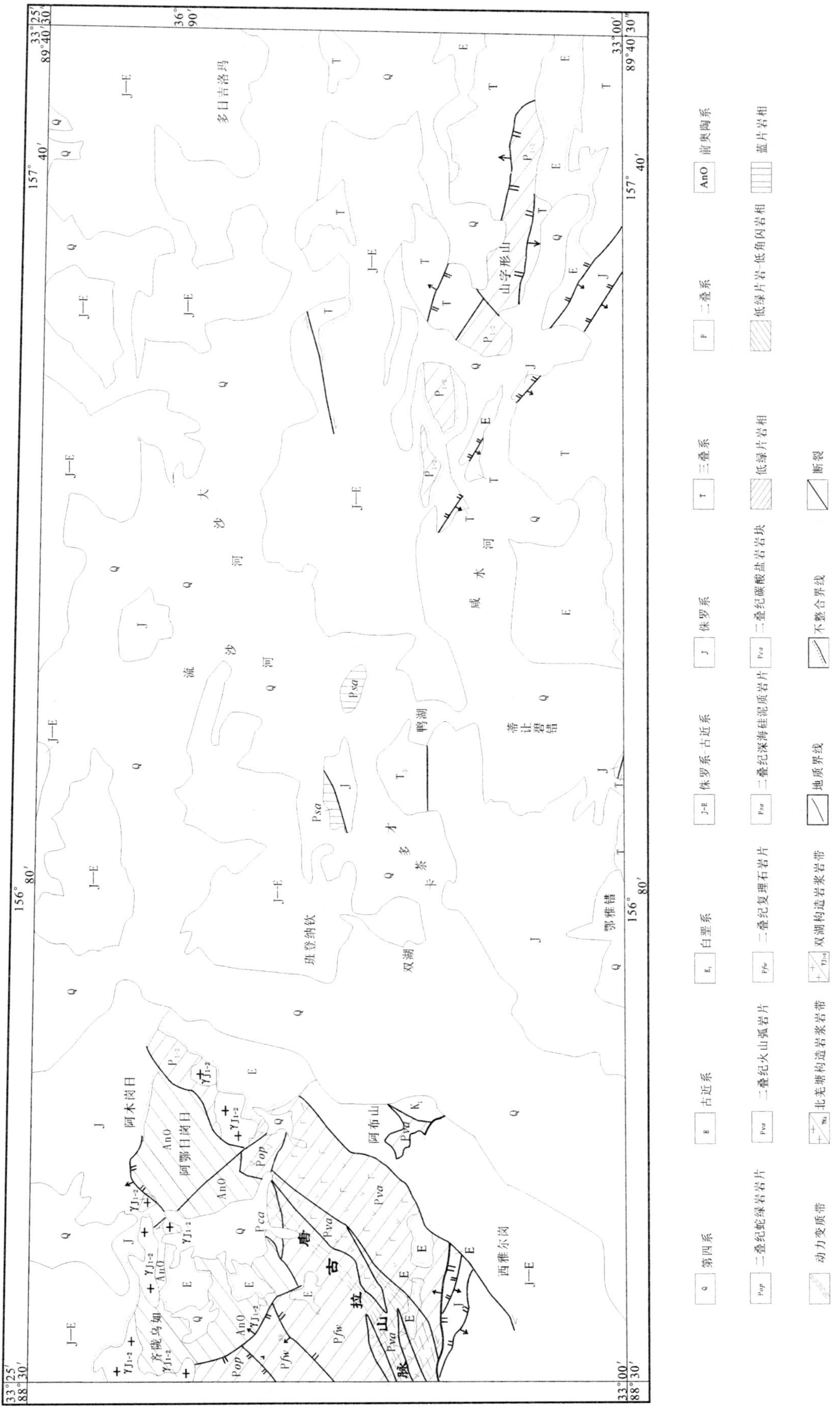

图4-1-1　测区变质岩分布图

（2）大理岩：白-灰白色，块状构造，粒状变晶结构。该岩石为灰岩经接触热变质形成，几乎全由方解石（95%）组成，少量绿帘石和石英。方解石为粒状变晶结构，其长轴定向。

二、变质作用时期的划分

变质期是变质作用由发生、发展至终结过程所经历的地质时期。测区岩系经历了多期变质作用。变质作用类型、变质相、相系及地层接触关系和可靠的同位素年龄资料是划分变质期的主要依据。据此测区可划分出泛非期和海西期两个变质期。

（一）泛非期

前奥陶系变质岩系为区域中高温变质的中高级变质岩系，以绿片岩-低角闪岩相岩石为主，变质程度明显地高于上古生界变质地层。目前区内惟一一个 Rb－Sr 同位素年龄值为（547.12±19.5）Ma（成都环资所，1995），时代反映泛非期变质年龄。

（二）海西期

该期变质以上古生界地层为主。在才多茶卡、山字形山、西雅等地形成绿片岩相岩石，而前奥陶系地层则形成低绿片岩相的退变质。西雅地区变质枕状玄武岩、斜长角闪岩的 Sm－Nd 同位素年龄值为（268.0±5.6）Ma（和钟铧，李才等，2000），（272±7）Ma（李才，2005），表明该套变质岩系的原岩应为中下二叠统。

三、变质地质单元的划分

测区变质岩仅分布在双湖构造带及东延位置上，研究程度极低。本项目通过大量的野外地质调查和室内综合研究，将测区变质岩划归羌塘变质地区双湖构造变质地带，并划分出 4 个变质岩带：阿木岗日-齐陇乌如变质岩带、西雅变质岩带、才多茶卡变质岩带、山字形山变质岩带。各变质岩带总体特征见表 4-1-1。

表 4-1-1　测区各变质岩带总体特征表

变质单元			变质期次	变质作用类型	变质带	变质矿物及共生组合	变形特征	变质相	变质相系	地层单位	大地构造环境	原岩建造
变质地区	变质地带	变质岩带										
羌塘变质地区	双湖构造变质地带	阿木岗日-齐陇乌如	泛非期	区域中高温变质	石榴石带、普通角闪石带	Gr+Ms+Qz+Pl Hb+Pl+Gr+Qz Cal+Qz	片理发育	低角闪岩相、绿片岩相	中压	AnO*q* AnO*a*	活动大陆边缘	基性火山岩-碎屑岩
		西雅	海西晚期	区域动力热流变质	绿泥石-绢云母带	Pl+Chl+Ep+Ser+Qz Chl+Ser+Qz+Pl Qz+Ser+Bit+Mu+Pl	片理发育	低绿片岩相	中压	AnO*q* AnO*a* Pop Pv 等	会聚型板块边缘	碎屑岩
		才多茶卡		低温高压变质	蓝闪石带	Gl+Ep+Qz	片理发育	蓝片岩相	高压	$P_{1-2}l$		基性火山岩
		山字形山		区域动力热流变质	黑云母带	Pl+Qz+Ep+Bit	片理不发育	低绿片岩相	中压	$P_{1-2}l$		基性火山岩-碎屑岩

第二节　区域中高温变质作用

前奥陶系齐陇乌如岩组和阿木岗岩组中的一些变质岩系具有区域中高温变质作用特征，岩石类型主要为一套黑云母角闪岩质变质岩，包括黑云斜长角闪岩、角闪黑云变粒岩、斜长角闪岩夹少量片岩、大理岩等。

一、主要变质岩石类型及特征

（一）主要变质岩石类型

1. 角闪岩类

1）黑云角闪片岩

岩石具鳞片状、柱状变晶结构，片状构造。由普通角闪石（75%～80%）、黑云母（10%）、长英质矿物（15%～25%）等组成。角闪石为半自形柱状变晶，其长轴定向排列结构明显。黑云母为细叶片状定向排列，与角闪石柱体方向一致。石英为细粒状，分布于角闪石之间的空隙中。斜长石多呈细长条状定向排列。

2）斜长角闪岩

岩石具粒状-柱粒状变晶结构，片状构造。主体由普通角闪石组成（75%～80%），其次为长英矿物，以斜长石为主（15%～20%），少量石英。角闪石为半自形长柱状变晶，定向排列，多色性为淡绿色-淡黄绿色，$Ng \wedge C=18°$，常包裹有石英。大的角闪石中包裹有小的角闪石晶体。以斜长石为主的长英矿物分布于角闪石粒间隙中。

3）石榴角闪片岩

岩石具柱、粒状结构，片状构造，由普通角闪石（65%）、石英（20%）、斜长石（10%）、石榴石（5%）组成。普通角闪石和斜长石多为半自形柱状，定向性良好。石英矿物和石榴石主要分布于角闪石和斜长石粒间隙中。

2. 片岩类

1）石榴二云片岩

粒状鳞片状变晶结构，片状构造。岩石由白云母（40%～45%）、黑云母（20%）、石英（20%）、斜长石（5%～10%）、石榴石（5%～10%）组成。云母呈长叶片状，定向排列，微有波浪起伏，构成岩石的片理。石榴石呈粒状变斑晶产出，粒度在1～4mm之间，多沿云母层集中分布，部分石榴石略有压扁拉长，裂纹较发育，常含有石英包裹体。

2）石榴红柱白云片岩

斑状变晶结构，基质为细粒粒状鳞片变晶结构，片状构造。石榴石（8%）为粒状，粒度约4mm，裂理发育，含较多的石英包裹体，有的变斑晶石榴石已绢云母化，但仍保留其晶形。红柱石（12%）呈不规则的柱状，可见两组近直交的解理，长轴方向多沿片理定向，少数晶体与片理斜交，其形成应早于岩石现存的片理。白云母（25%）片状，在岩石中定向排列构成片理，部分由石榴石蚀变形成的黑云母（10%）呈集合体状分布于石榴石的周围，常形成条带状或云母鱼状。

3. 大理岩类

1）白云母大理岩

具鳞片状粒状变晶结构。岩石由方解石（>90%）、白云母（<5%）、石英（<5%）组成。方解石为粒状变晶镶嵌状，其长轴定向。白云母呈细长叶片状，定向排列，断续出现组成条痕状，其延伸方向

与方解石长轴方向一致。

2）大理岩

岩石具粒状变晶结构，矿物成分较单一，基本上全由方解石组成（90%～95%），有时见少量透辉石和石英，有时见有白云母和绿泥石。方解石为长条状，镶嵌状连结，其长轴定向。有的薄片中还发育细粒透辉石、角闪石、石英及磷灰石等组成宽约3mm的条纹或条带状构造。

（二）岩石化学特征

对该类变质岩主要岩石进行了硅酸盐分析测试，其岩石化学特征见表4-2-1。从表中可看出，SiO_2含量为37.68%～48.78%，Al_2O_3含量13.22%～17.93%，全铁含量8.3%～12.78%，MgO含量2.92%～8.68%，CaO含量10.56%～21.44%，尼格里c/fm比值介于0.55～1.63，岩石属正常类型（alk＜al＜alk＋c）。

二、原岩建造及大地构造环境探讨

（一）原岩恢复及原岩建造

该类变质岩的岩石化学数据在［（al＋fm）－（c＋alk）］－Si图解中投入火山岩区（图4-2-1）；在MgO－CaO－FeO图解中投入到正斜长角闪岩和副斜长角闪岩的交汇区（图4-2-2）；在尼格里四面体图解中均落入火成岩区（图4-2-3）。故推测角闪岩类的原岩应为基性火山岩。通过原岩恢复综合分析，齐陇乌如岩组和阿木岗岩组原岩建造为碎屑岩-基性火山岩-碳酸盐岩-泥质岩组合，总体反映前奥陶纪沉积环境为活动的大陆边缘。

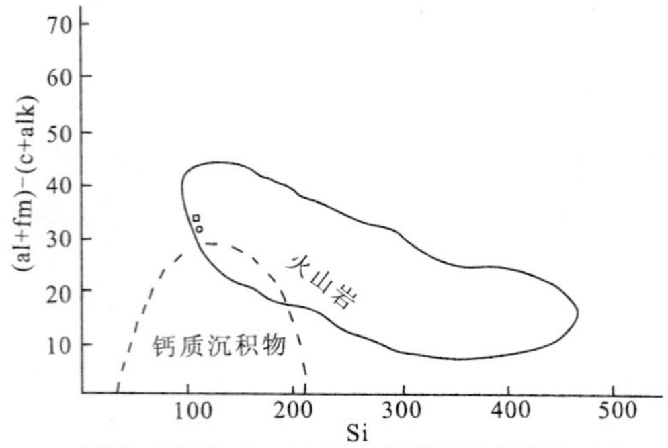

□-斜长角闪岩（D7027）○-长英质角闪片岩（QLP36）

图4-2-1　区域中高温变质岩[（al＋fm）-（c＋alk）]- Si图解

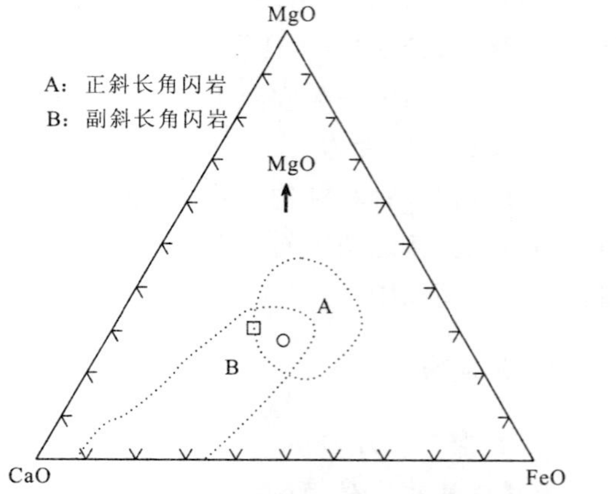

□-斜长角闪岩（D7027）○-长英质角闪片岩（QLP36）

图4-2-2　区域中高温变质岩MgO－CaO－FeO图解

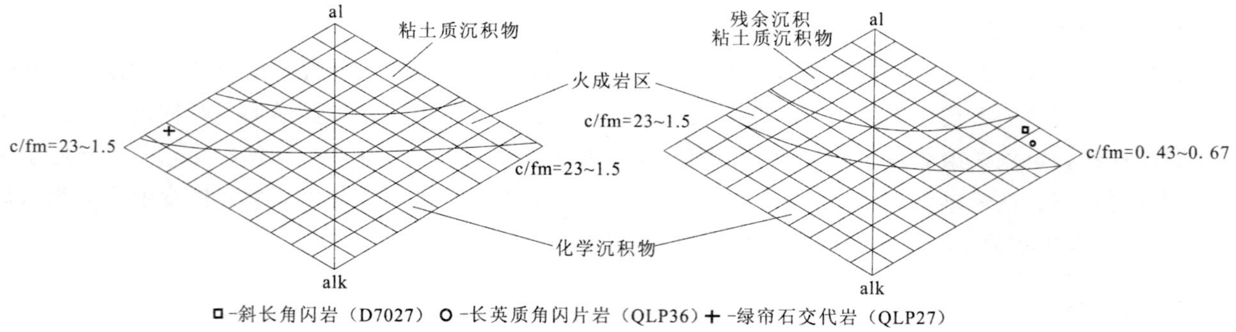

□-斜长角闪岩（D7027）○-长英质角闪片岩（QLP36）＋-绿帘石交代岩（QLP27）

图4-2-3　区域中高温变质岩尼格里四面体图解图

表 4-2-1　测区变质岩岩石化学数据及主要特征参数表

样品编号	层位	岩石名称	岩石化学分析结果(%)													尼格里参数						原岩类型
			SiO_2	TiO_2	Al_2O_3	Fe_2O_3	FeO	MnO	MgO	CaO	Na_2O	K_2O	P_2O_5	烧失	Σ	al	fm	c	alk	si	c/fm	
QLP36GS1	AnO	长英质角闪片岩	48.78	1.68	13.22	4.02	6.62	0.19	7.98	10.56	2.70	0.97	0.57	1.92	99.21	16.99	48.58	26.63	7.79	115.16	0.55	基性火山岩
D7027GS1	AnO	斜长角闪岩	47.82	1.01	17.93	2.77	5.53	0.02	8.68	11.69	1.38	1.77	0.10	3.14	101.84	23.34	43.37	27.72	5.57	105.57	0.64	基性火山岩
QLP27GS1	AnO	绿帘石交代岩	37.68	0.77	15.73	11.51	1.27	0.10	2.92	21.44	0.16	0.45	0.86	7.20	100.09	19.79	30.08	49.10	1.03	78.53	1.63	钙质沉积岩
D9168GS2	P	黑云阳起钠长片岩	49.90	3.40	10.80	5.78	7.10	0.18	7.24	7.64	3.76	1.12	0.52	2.72	100.10	15.90	53.00	20.36	10.78	124.30	0.38	基性火山岩
D4003GS1	P	蓝闪石片岩	49.10	1.92	11.80	8.98	4.24	0.15	6.13	8.89	3.41	1.14	0.54	3.20	99.49	17.40	48.70	23.84	10.04	122.60	0.49	基性火山岩
D9166GS1	P	绿泥斜黝帘石阳起片岩	46.20	3.28	8.40	8.24	5.72	0.16	10.50	7.38	1.82	1.11	0.61	5.97	99.46	11.70	63.50	18.91	5.87	110.30	0.29	基性火山岩
CDP1GS1	P	钠长绿帘阳起片岩	45.90	2.52	13.00	9.22	2.28	0.14	6.94	11.90	2.67	1.73	0.33	3.47	100.10	17.60	44.60	29.22	8.59	105.80	0.65	基性火山岩
D5285GS1	P	钠长阳起片岩	37.00	2.44	7.89	7.79	4.01	0.13	9.83	16.60	2.51	0.64	0.52	10.90	100.20	9.41	48.80	36.18	5.62	75.31	0.74	基性火山岩

（二）大地构造环境探讨

区域中高温变质岩主要岩石类型的稀土元素特征见表 4-2-2，微量元素特征见表 4-2-3。角闪岩类稀土元素特征主要为总量较低，介于（70.52～286.49）$\times10^{-6}$之间，铕异常不明显，稀土配分曲线近于平坦略显右倾斜特征，轻重稀土比值介于 0.85～3.50。微量元素地球化学特征表现在 Cs、Rb、Ta 强烈富集，Li、Th、Ce 选择性富集，Zr、Y 明显亏损。角闪岩类岩石在 Ti/100－Zr－3Y 变异图解（图 4-2-4）中落入钙碱性玄武岩、低钾拉斑玄武岩、洋底玄武岩区，在 Ti/100－Zr－Sr/2 变异图解（图 4-2-5）落入洋底玄武岩和岛弧玄武岩区，在 $10MnO-10P_2O_5-TiO_2$ 变异图解（图 4-2-6）中落入洋岛碱性玄武岩区，在 Zr/Y－Zr 变异图解（图 4-2-7）中落入板内和岛弧玄武岩区。综上所述，区域中高温角闪岩质岩石形成时的大地构造环境应该是比较活动的大陆边缘岛弧或与之有关的构造环境。

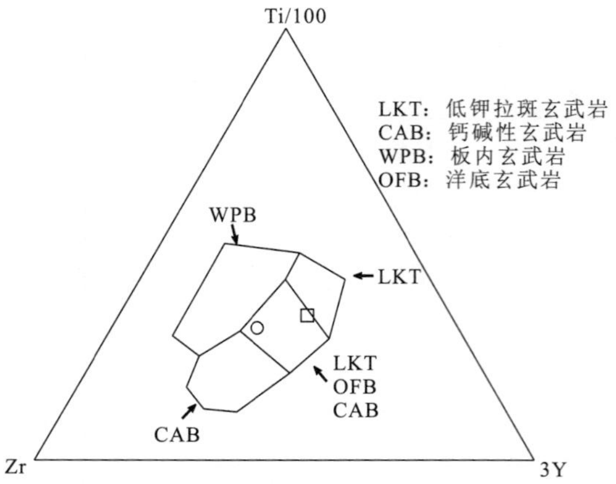

□-斜长角闪岩（D7027）○-长英质角闪片岩（QLP36）

图 4-2-4　Ti/100－Zr－3Y 变异图解

（据 Pearce 和 Cann，1973）

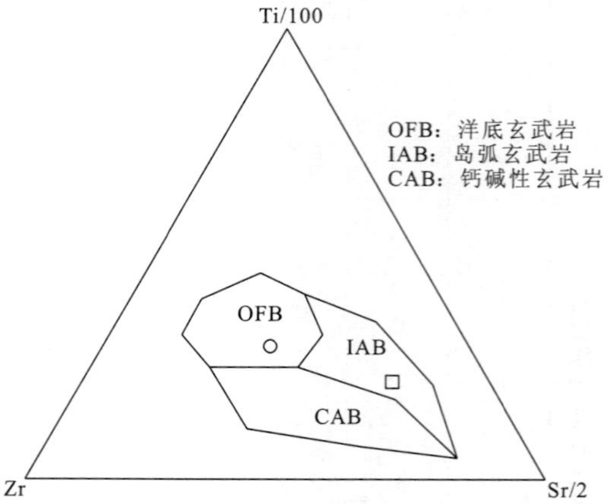

□-斜长角闪岩（D7027）○-长英质角闪片岩（QLP36）

图 4-2-5　Ti/100－Zr－Sr/2 变异图解

（据 Pearce 和 Cann，1973）

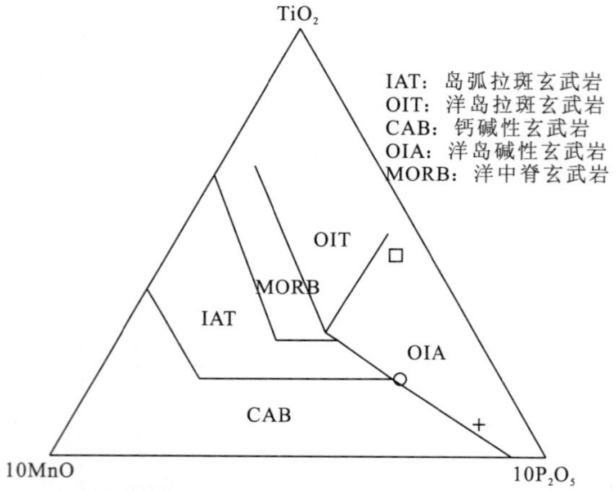

□-斜长角闪岩（D7027）＋-绿帘石交代岩（QLP27）
○-长英质角闪片岩（QLP36）

图 4-2-6　$10MnO-10P_2O_5-TiO_2$ 变异图解

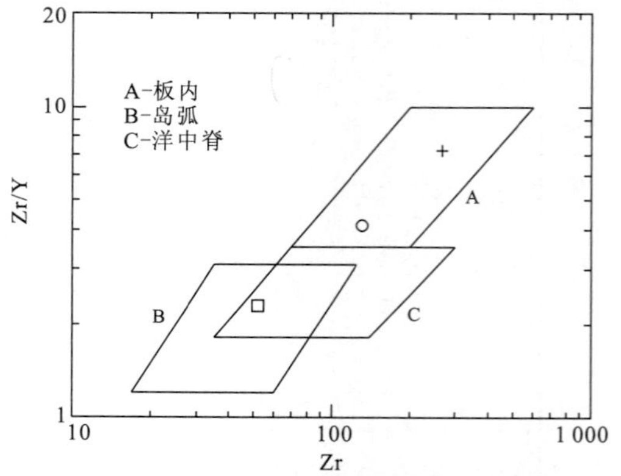

□-斜长角闪岩（D7027）＋-绿帘石交代岩（QLP27）
○-长英质角闪片岩（QLP36）

图 4-2-7　Zr/Y－Zr 变异图解

第三节　区域动力热流变质作用

双湖构造混杂岩带的一些构造变质岩块和下中二叠统鲁谷岩组中的一些变质岩具有区域动力热流变质作用特征。变质相以绿片岩相为主。变质岩石类型为板岩、千枚岩、云母片岩、绿片岩、阳起片岩、

表 4-2-2 区域中高温变质岩稀土元素含量及主要特征参数表

样品编号	层位	岩石名称	元素丰度值(10^{-6})																主要参数					
			La	Ce	Pr	Nd	Sm	Eu	Gd	Tb	Dy	Ho	Er	Tm	Yb	Lu	Y	稀土总量	稀土比值	Eu异常	Ce异常	(La/Yb)n	(Ce/Yb)n	(La/Sm)n
QLP36GS1	AnO	长英质角闪片岩	12.00	27.8	3.72	16.9	4.65	1.59	5.26	0.89	6.22	1.28	3.89	0.54	3.35	0.53	31.8	120.42	1.24	0.98	0.99	2.42	2.15	1.62
D7027GS1	AnO	斜长角闪岩	5.02	12.1	1.68	9.29	3.03	1.21	3.79	0.73	4.70	0.99	2.64	0.36	2.09	0.29	22.6	70.52	0.85	1.09	1.00	1.62	1.50	1.04
QLP27GS1	AnO	绿帘石交代岩	51.80	104.0	11.7	44.3	8.95	2.12	7.56	1.24	7.41	1.47	4.19	0.60	3.70	0.55	36.9	286.49	3.50	0.77	0.98	9.44	7.27	3.64
D9168GS2	P	黑云阳起钠长片岩	60.70	120.0	15.4	60.1	11.2	3.06	9.58	1.35	6.58	1.13	3.47	0.36	2.36	0.33	31.2	326.82	4.80	0.88	0.92	17.34	13.15	3.41
D4003GS1	P	蓝闪石片岩	45.00	82.1	10.2	39.1	8.38	2.57	7.04	1.12	5.39	0.89	2.62	0.27	1.76	0.24	25.7	232.38	4.16	1.00	0.89	17.24	12.07	3.38
D9166GS1	P	绿泥斜黝帘石阳起片岩	89.10	172.0	21.6	82.4	14.5	3.76	11.90	1.57	7.08	1.17	3.68	0.35	2.30	0.30	32.3	444.01	6.32	0.85	0.92	26.12	19.34	3.87
CDP1GS1	P	钠长绿帘阳起片岩	31.90	58.1	7.09	27.8	6.06	1.94	5.36	0.93	4.89	0.89	2.56	0.29	1.88	0.27	25.5	175.46	3.12	1.02	0.89	11.44	7.99	3.31
D5285GS1	P	钠长阳起片岩	35.30	71.2	9.72	40.0	8.52	2.49	6.70	1.08	5.48	0.91	2.65	0.27	1.75	0.23	26.8	213.10	3.65	0.97	0.91	13.60	10.52	2.61

表 4-2-3 区域中高温变质岩微量元素含量及主要特征参数表

样品编号	层位	岩石名称	元素丰度值(10^{-6})																	主要参数				
			Cr	Ni	Co	Sc	Cd	Bi	Rb	Cs	Ba	Sr	Li	Ta	Nb	Hf	Zr	Be	Th	Rb/Sr	Zr/Hf	Ba/Sr	Rb/Cs	Rb/Li
QLP36GS1	AnO	长英质角闪片岩	328	140	37.2	32.2	0.14	0.08	29.9	3.32	203	222	14.1	0.73	11.4	3.52	131	0.83	1.62	0.13	37.22	0.91	9.01	2.12
D7027GS1	AnO	斜长角闪岩	339	114	29.3	29.2	0.18	0.19	72.1	7.58	378	332	54.6	0.22	3.71	1.53	51.5	0.43	0.58	0.22	33.66	1.14	9.51	1.32
QLP27GS1	AnO	绿帘石交代岩	83.3	23.6	1.66	12.2	0.05	2.43	9.56	0.51	96.4	666	17.9	1.35	16.1	7.03	267	0.83	19.20	0.01	37.98	0.14	18.75	0.53
D9168GS2	P	黑云阳起钠长片岩	149	117	46.9	30.3	—	—	30.8	0.84	363	477	9.44	3.68	58.4	9.07	394	2.70	8.88	0.06	43.44	0.76	36.67	3.26
D4003GS1	P	蓝闪石片岩	389	184	48.6	19	—	—	24.2	1.49	280	306	50.5	3.24	53.5	6.36	296	2.42	6.26	0.08	46.54	0.92	16.24	0.48
D9166GS1	P	绿泥斜黝帘石阳起片岩	1 151	547	82.8	29.3	—	—	37.9	4.19	527	174	17.2	4.79	74.2	11.3	477	3.35	10.80	0.22	42.21	3.03	9.05	2.20
CDP1GS1	P	钠长绿帘阳起片岩	398	146	36.9	23.2	—	—	34.7	1.53	381	274	27.2	1.94	34.7	3.71	155	1.57	3.86	0.13	41.78	0.39	22.68	1.28
D5285GS1	P	钠长阳起片岩	624	325	52.9	23.3	—	—	14.9	0.28	148	409	13.1	2.25	33.7	6.37	293	1.73	3.62	0.04	46.00	0.36	53.21	1.14

大理岩等，空间上常常互层产出。原岩建造以基性火山岩和碎屑岩建造为主，以出现递增变质带为特征，形成变质程度不同的多相递增变质带，普遍发育片理构造及变晶结构。

一、主要变质岩石类型

1. 绢云片岩

灰色，鳞片变晶结构，片状构造，主要由绢-白云母（85%±）、石英+斜长石（15%±）组成，绢云母呈鳞片变晶结构，定向排列。

2. 绢云石英片岩

灰色，鳞片粒状变晶结构，片状构造，主要由石英（>55%）、绢云母（15%～25%）组成，少量绿泥石（<10%）、长石（<5%）和方解石（<3%）。变晶矿物颗粒一般在0.05～0.1mm之间。其中石英和长石为粒状变晶。绿泥石和绢云母为鳞片变晶，聚集成条带状呈定向分布，与沿长轴定向排列分布的石英、长石相间分布。

3. 黑云阳起钠长片岩

灰绿色，鳞片纤柱状变晶、变斑状结构，片状残缕构造，主要由有钠长石（42%）、阳起石（21%）、黑云母（12%）、斜黝帘石（10%）组成，少量绿泥石、方解石，副矿物为磁铁矿、榍石等。钠长石呈较大的变晶，次圆、椭圆及不规则状，并以长轴彼此相间定向排列。阳起石为纤柱状显微变晶颗粒，定向平行排列并绕钠长石变斑晶分布，使岩石具有片状构造。黑云母呈鳞片状集合体断续条状沿片理不均匀定向分布。绿帘石呈不规则状集合体零星分布。斜黝帘石微粒不均匀分布在阳起石集合体中。

4. 钠长阳起石片岩

粒状、纤状变晶结构，片状构造。主要由钠长石（21%）、阳起石（26%）、方解石（25%）组成，少量绿帘石、绿泥石和榍石等。阳起石呈纤柱状变晶集合体，定向排列，钠长石呈粒状变晶，不均匀分布在阳起石集合体的间隙中，绿泥石和绿帘石不均匀零星分布在钠长石和阳起石集合体中，后期方解石沿片理贯入，并强烈交代岩石。

5. 绿泥斜黝帘石阳起片岩

显微粒状、纤柱状变晶结构，片状构造。主要由阳起石（50%）、斜黝帘石（25%）、绿泥石（13%）组成，少量绢云母和钠长石。阳起石呈显微纤柱状微晶，定向平行排列，使岩石具片状构造。较多的斜黝帘石呈隐晶质微粒较均匀地分布在岩石中。绿泥石显微鳞片状集合体零星不均匀分布在阳起石间隙中，和阳起石一起定向分布。

二、岩石化学特征

该类变质岩岩石化学特征见表4-2-1。从表中可看出，SiO_2含量为36.98%～49.86%，Al_2O_3含量8.4%～13.03%，全铁含量11.5%～13.96%，MgO含量6.13%～10.53%，CaO含量7.38%～16.59%，尼格里c/fm比值介于0.29～0.74之间，岩石属正常类型（alk<al<alk+c）。

三、原岩建造及大地构造环境探讨

（一）原岩恢复及原岩建造

除绿片岩类岩石外，绝大部分原岩的组构及岩相学标志有所保留，如板岩类、千枚岩类、碳酸盐岩类等岩石可直接恢复原岩。对绿片岩类岩石主要通过岩石化学成分和地球化学特征的研究，结合岩层产状和岩石的共生组合及副矿物特征来进行原岩恢复。该类变质岩在［（al＋fm）－（c＋alk）］－Si图解中投入火山岩区、钙质及泥质沉积区（图4-3-1），岩石化学成分投到尼格里四面体图解中均落入火成岩区（图4-3-2），故这些变质岩的原岩应以基性火山岩为主。通过原岩恢复综合分析，原岩建造为碎屑岩-基性火山岩-碳酸盐岩-泥质岩组合，由于变质作用形成低绿片岩相的矿物组合，常保存较多的原岩组构。

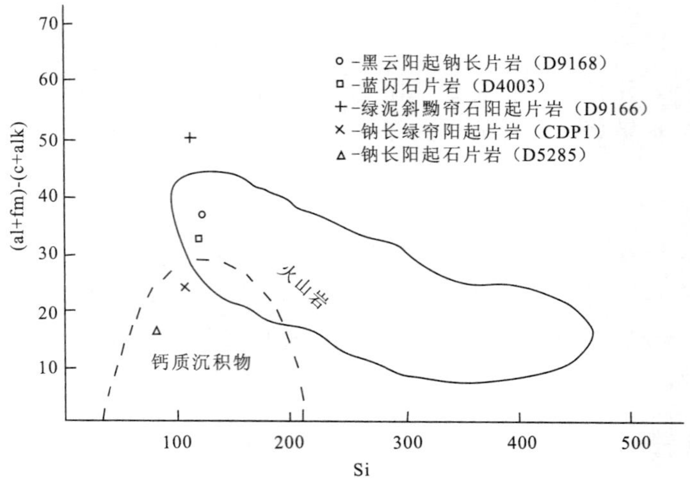

图4-3-1　［（al＋fm）－（c＋alk）］－Si图解

（据西蒙南，1953）

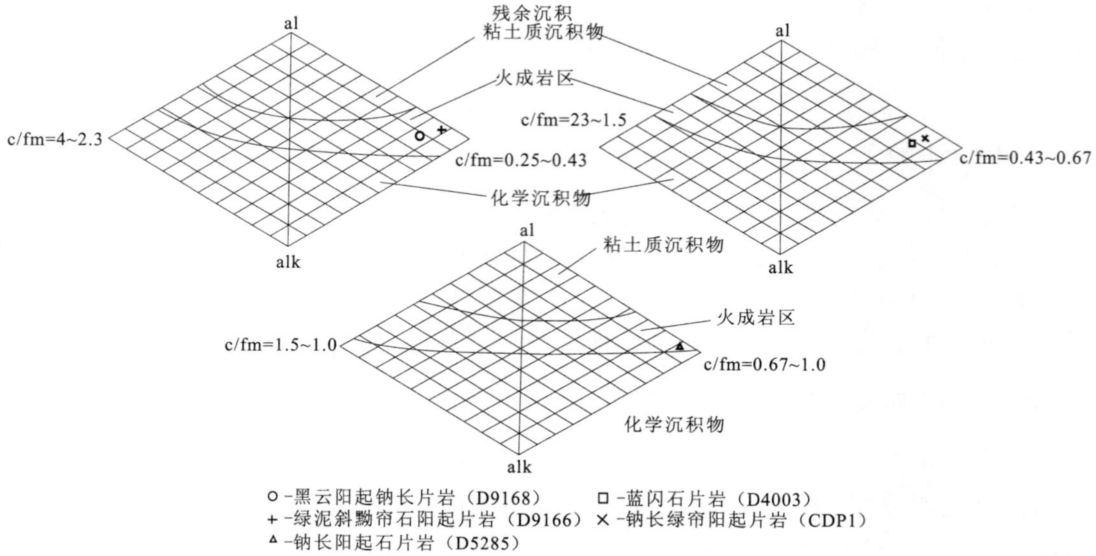

图4-3-2　尼格里四面体图解

（二）大地构造环境探讨

该类变质岩的岩石化学特征见表4-2-1，稀土元素特征见表4-2-2，微量元素特征见表4-2-3。该类变质岩利用Ti/100－Zr－Sr/2变异图解（图4-3-3）落入洋底玄武岩和钙碱性玄武岩区，在Ti/100－Zr－3Y变异图解（图4-3-4）中落入板内玄武岩区，在Zr/4－Y－2Nb变异图解（图4-3-5）中落入板内碱性玄武岩区，在10MnO－$10P_2O_5$－TiO_2变异图解（图4-3-6）中落入洋岛碱性玄武岩区。其稀土元素特征值变化范围小，轻稀土富集，无明显铕负异常，稀土配分曲线显右倾斜特征（图4-3-7），轻重稀土比值介于3.12～6.32，显示大陆岛弧-弧后盆地拉斑玄武岩稀土元素特征。经N型洋中脊玄武岩标准化后的微量元素地球化学型式图不是平坦型（图4-3-8），具体表现在Cs、Rb、Th、Nb、Ta强烈富集，Li、Sr、Y明显亏损，结合与之组合的沉积岩所占比例较大，并以杂砂岩-泥质岩-碳酸盐岩组合为特征，完

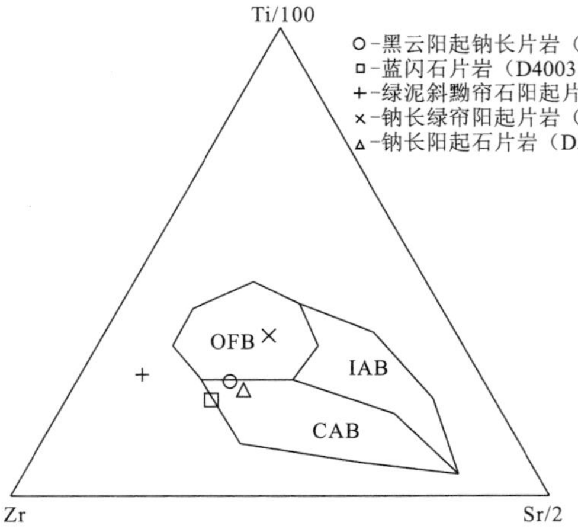

图 4-3-3　Ti/100 - Zr - Sr/2 变异图解

（据 Pearce 和 Cann，1973）

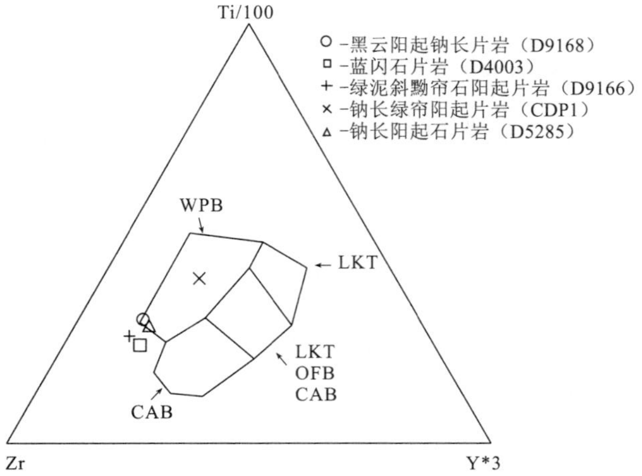

图 4-3-4　Ti/100 - Zr - 3Y 变异图解

（据 Pearce 和 Cann，1973）

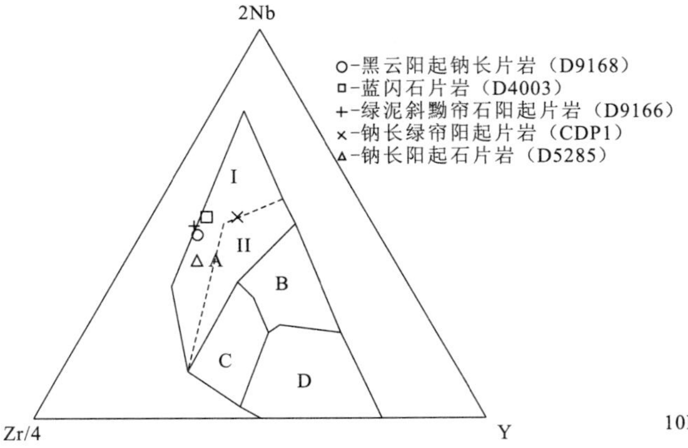

图 4-3-5　Zr/4 - Y - 2Nb 变异图解

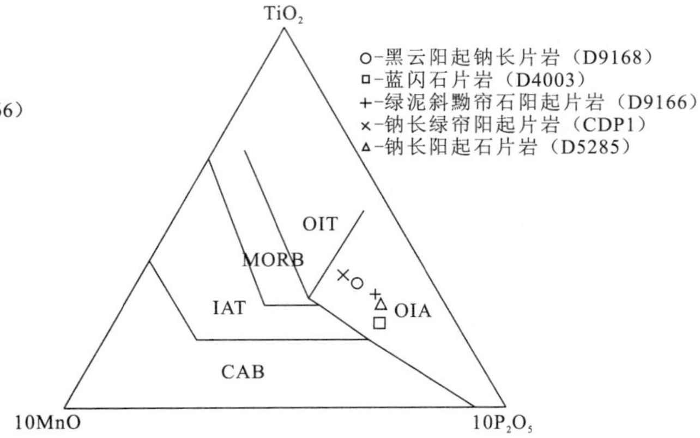

图 4-3-6　10MnO - $10P_2O_5$ - TiO_2 变异图解

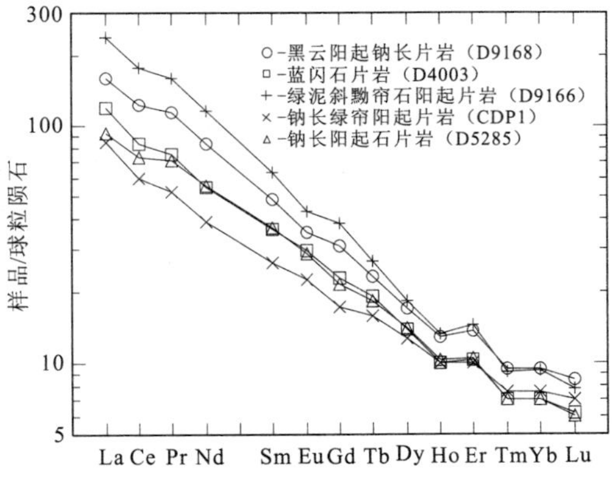

图 4-3-7　稀土元素球粒陨石标准化图式

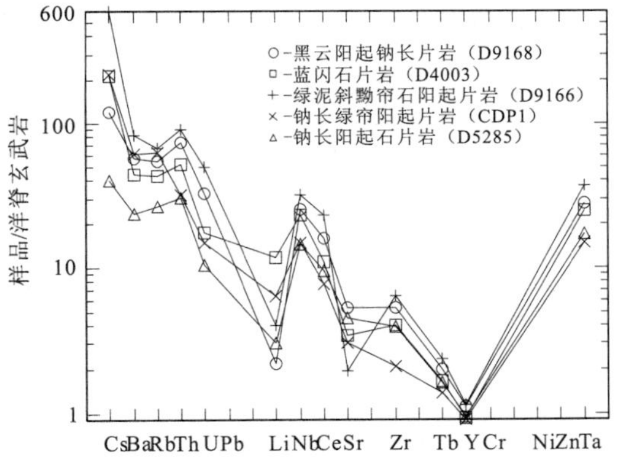

图 4-3-8　微量元素球粒陨石比值蛛网图

全可以排除洋中脊玄武岩。由此分析，基性火山岩形成于岛弧-弧后盆地的构造环境，其沉积岩石组合反映边缘海盆地的沉积建造特点。

四、变质相带

早中二叠世变质岩中变质矿物主要为绿泥石、绢云母、阳起石、绿帘石和石英等，局部有黑云母出现，其变质相为低绿片岩相。根据变质岩中出现的特征变质矿物和矿物共生组合，大体可划分两个变质带：绿泥石-绢云母带和黑云母带。

1. 绿泥石-绢云母带

出露于双湖构造混杂岩带二叠系复理石岩片、岛弧火山岩岩片和蛇绿岩岩片中，特征变质矿物为绢云母和绿泥石。绢云母和绿泥石一般呈细小的鳞片状和片状变晶，粒径0.02～0.04mm，定向排列组构明显，构成岩石的板状和千枚状构造和鳞片变晶结构。粒状矿物石英和长石呈他形变晶颗粒，粒径小于0.6mm，常有压扁和拉长现象，有时出现碎粒化，形成霏细长英质集合体，粒状矿物拉长方向与片状矿物排列方向一致。绿泥石-绢云母带主要变质矿物共生组合有：

（1）绿泥石＋绢云母＋石英（泥质板岩）；

（2）石英＋绢云母（粉砂质千枚岩）；

（3）绿泥石＋绢云母＋石英＋斜长石（变质砂岩）；

（4）斜长石＋绿泥石＋绿帘石＋绢云母（变玄武岩）。

2. 黑云母带

鲁谷岩组火山岩段以及齐陇乌如岩组二云石英片岩中出现的特征变质矿物——黑云母多呈鳞片状和小片状雏晶，粒径大于0.1mm。其分布特征和产出状态有以下几种情况：①呈细小鳞片状或片状变晶分布于千枚岩和片岩片理面中；②呈鳞片状出现于变质砂岩或变质火山碎屑岩填隙物中，并作定向排列；③呈细鳞片状出现于变质玄武岩的斜长石间隙或交代基质中的暗色矿物；④呈鳞片状集合体交代长石及其他矿物；⑤偶见沿岩石裂隙呈团块状或脉状产出。其主要变质矿物共生组合有：

（1）绢云母＋绿泥石＋石英＋黑云母（绢云千枚岩）；

（2）石英＋绿泥石＋绢云母＋黑云母＋斜长石（变质砂岩）；

（3）石英＋绢云母＋黑云母＋硬石膏＋斜长石（二云石英片岩）；

（4）绿帘石＋钠长石＋黑云母（变质中基性火山岩）；

（5）斜长石＋石英＋绿帘石＋黑云母（变质中基性火山岩）。

上述变质矿物组合均系中低温变质矿物，变质矿物主要为绢云母、白云母、绿泥石及少量石英，变质火山岩中变质矿物为阳起石、绿泥石、石英及少量绿帘石、方解石等。这些中低温变质矿物均表现出定向排列特征，局部形成变质分异条带，其展布方向与区域构造线一致。

五、退变质作用

早期形成的前奥陶纪变质岩系，在后期遭受了明显的区域性退变质作用。一些低温绿泥石、白云母（绢云母）、阳起石及褐色黑云母交代先前形成的石榴石、蓝闪石、角闪石等矿物，表现为石榴石的黑云母和绿泥石化，角（蓝）闪石的阳起石和绿帘石化，斜长石的绢云母化。其矿物组合为：黑云母＋白云母＋石英；绿泥石＋绿帘石＋石英。这些低温矿物在岩石中无定向排列，说明它们形成于相对静态环境中，其变质程度相当于低绿片岩相。

第四节　动力变质作用及韧性剪切带

一、高压动力变质作用

1. 蓝片岩的分布及地质特征

测区蓝片岩主要出露在双湖构造带东延的才多茶卡附近及齐陇乌如南早中二叠世构造岩片中。从才多茶卡二叠系蓝片岩产出构造剖面（图4-4-1）所控制的岩石组合分析认为，主要岩石类型包括灰绿色变基性火山岩夹绿帘钠闪石片岩、蓝片岩、大理岩等，构造改造叠加强烈，片理发育，局部具糜棱岩

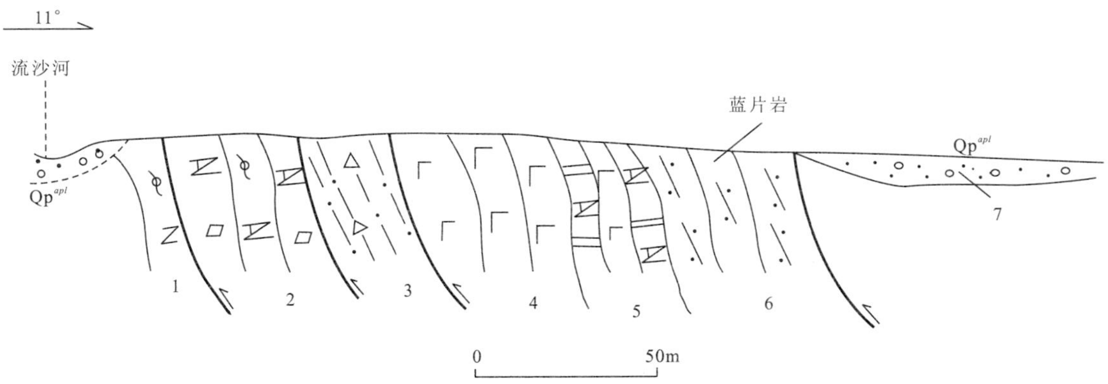

图 4-4-1　才多茶卡北蓝片岩产出构造剖面

1. 灰绿色块状-杏仁状变基性火山岩；2. 灰绿色绿帘钠长石方解片岩；3. 糜棱岩化构造碎裂带；4. 灰绿色变基性岩；5. 灰绿色含钠长石方解石大理岩夹灰绿色变基性岩；6. 灰绿色蓝闪石片岩；7. 第四系冲洪积物；

化，表现为构造混杂堆积，各岩性之间多为断层或构造面理相接触，并以断块产出。

2. 蓝片岩岩石学及蓝闪石矿物学特征

蓝片岩呈灰绿色，叶柱状、自形-半自形晶粒状结构，片状构造。主要矿物为蓝闪石（10%～30%）、阳起石或钠闪石（20%～30%）、绿帘石（20%～40%），以及白云母、斜长石等。蓝闪石呈叶柱状，大多晶体为细长柱状，最显著的特点是在单偏光镜下呈湖蓝色，长轴平行偏光方向时为深蓝色，干涉色为一级灰-紫，近于平行消光（$C\wedge Ng6°\sim10°$），Ng 为深天蓝色，Nm 为紫色，Np 为极淡的黄色，吸收公式为 Ng＞Nm＞Np。二轴晶负光性，光轴角变化大，一般为 45°，长柱状蓝闪石呈非常明显的定向排列组构。从蓝闪石矿物电子探针分析结果（表 4-4-1）得知，矿物类型主要为铁蓝闪石和蓝闪石。他形绿帘石等矿物充填于蓝闪石矿物之间，部分阳起石和绿帘石是由蓝闪石蚀变而来。

3. 变质作用与变质相

才多茶卡剖面 1～6 层构造变形变质较为强烈，构造变形以片理化为特征，局部具糜棱岩化，晚期有脆性断层的叠加。由于剖面 6 层内蓝闪石片岩的出现，在一定程度上说明了高压变质带的存在。

变质矿物组合有两类：主期为方解石＋蓝闪石＋钠长石；晚期为绿帘石＋绿泥石。其中主期为高压变质相，晚期为低绿片岩相条件下的退变质作用。

4. 蓝闪石矿物的年代学探讨

在蓝片岩中挑选出蓝闪石单矿物进行 Ar－Ar 法测年，获得坪年龄值为（209±4）Ma，该年龄值可能代表了二叠纪火山岩在经历了印支晚期高压动力变质作用后产生蓝闪石矿物的形成时代。

5. 大地构造意义

双湖蓝片岩带产出于纳若—恰格勒拉—才多茶卡一带，呈近东西向展布，与一系列近东西向的深大断裂走向一致。原岩建造为基性火山岩系，变质作用相当于高压蓝片岩带。

蓝片岩在区域上与蛇绿混杂岩块和构造混杂岩块伴生。据其地球化学特征、基性火山岩产出的构造环境，初步认定蓝片岩是洋壳（或大陆壳）俯冲构造环境的变质产物。古特提斯洋闭合之后，南羌塘陆块继续向北羌塘陆块之下俯冲，俯冲深度小于 10km，而且导致推覆构造发育，形成了不连续的蓝片岩块体组成的高压变质带。

利用蓝片岩的岩石化学分析数据和稀土、微量元素数据在 Ti/100－Zr－Sr/2 变异图解（图 4-3-3）上进行投影，结果落入钙碱性玄武岩区，在 $10MnO-10P_2O_5-TiO_2$ 变异图解（图 4-3-6）中落入洋岛碱性玄武岩区。其稀土元素特征值变化范围小，轻稀土富集，无明显铕负异常，稀土配分曲线显右倾斜特征（图 4-3-7）。经 N 型洋中脊玄武岩标准化后的微量元素地球化学型式图不是平坦型（图 4-3-8），具体表现为Cs、Rb、Th、Nb、Ta强烈富集，Li、Sr、Y明显亏损。由此分析，该蓝片岩形成于洋壳（或大陆壳）俯冲构造环境。

表 4-4-1 蓝片岩中蓝闪石类矿物化学分析数据（电子探针分析，%）

样品号	D4003DB1				
	2	4	5	6	9
Na_2O	6.987	6.736	7.223	7.131	6.747
MgO	8.941	8.862	9.159	8.696	8.985
Al_2O_3	6.663	7.580	6.618	6.641	7.596
SiO_2	54.753	54.414	55.713	55.377	54.988
K_2O	0	0.020	0	0	0
CaO	0.685	1.215	0.707	0.092	0.919
TiO_2	0.054	0.044	0.037	0	0.079
Cr_2O_3	0.234	0.387	0	0	0
MnO	0.028	0.120	0	0.101	0.201
FeO	16.559	16.232	16.394	18.016	15.929
NiO	0.124	0	0.142	0	0
总数	95.029	95.610	95.993	96.054	95.444
O－cat	23	23	23	23	23
Si	8.06	7.95	8.09	8.08	8.007
Mg	1.96	1.93	1.98	1.89	1.951
Fe^{2+}	2.04	1.99	1.99	2.20	1.940
Ca	0.10	0.19	0.11	0.01	0.143
Al^{VI}	0.87	0.84	0.90	0.89	0.933
Na	2.00	1.92	2.02	2.01	1.910
$Mg/(Mg+Fe^{2+})$	0.49	0.492	0.50	0.46	0.501
矿物名称	铁蓝闪石	铁蓝闪石	蓝闪石	铁蓝闪石	蓝闪石

二、韧性糜棱岩型动力变质作用

（一）分布及地质特征

糜棱岩是在地壳较深层次（10～30km）原岩经韧、塑性变形、动态重结晶和压熔等作用形成的一套具有特殊组构的岩石。测区糜棱岩出露较为局限，呈狭长带状分布于双湖构造混杂岩带的南北边界大型韧性剪切带中。韧性剪切带规模较大者多呈北西向延伸，构成前奥陶纪地层与二叠纪岩片或二叠纪岩片之间的构造边界。规模较小者走向北西或近东西，形成地质体内部的强变形域。糜棱岩宏观上具流动构造——叶理或线理；微观上矿物形成特有的显微构造，如石英的细粒化、丝带构造、带影状构造和压力影，长石的布丁构造、剥皮构造及云母鱼等。根据岩石重结晶作用的性质和强度、主要颗粒的大小以及基质的含量，可分为糜棱岩类、千糜岩、构造片岩类。

（二）岩石学及矿物学特征

1. 糜棱岩类

按糜棱岩化的强度、细粒化基质的含量可分为糜棱岩化岩、初糜棱岩和糜棱岩。按原岩类型可分为火山岩质糜棱岩、碎屑岩质糜棱岩、钙质糜棱岩等。

1）火山岩质糜棱岩

主要分布在前奥陶系和二叠系地层中，以糜棱岩化岩为主，主要有变质基性初糜棱岩、糜棱岩化绿帘绿泥阳起片岩、糜棱岩化黑云角闪片岩、糜棱岩化黑云阳起片岩等，典型岩石特征如下。

（1）变质基性糜棱岩：黑色，糜棱结构。岩石由透闪石（54%）、绿泥石（18%）及少量辉石、黑云母等组成。岩石在剪切应力作用下产生不太强烈错碎，形成一些眼球状、透镜状、纺锤状残斑或残块，显微破裂构造形成的各种与剪切应力相关的结构较为简单。在剪切应力作用下所形成的糜棱叶理和剪切条带叶理并不十分发育，岩石中的眼球状、透镜状残斑在持续拉伸作用下，残斑两端被拉断或被剪断，两端的空隙部位由残斑的破碎细粒及后期结晶沉淀物充填，形成两端逐渐尖灭的山羊须结构。其他如剪切阶步结构、晶内粒状结构均不发育，岩石受剪切应力作用较小，所剪切交角就比较大，约为34°～39°。

（2）糜棱岩化绿帘绿泥阳起片岩：实际上是糜棱岩和构造片岩的复合类型。岩石呈灰绿色，鳞片纤柱状变晶结构，片状构造，流动构造。岩石由阳起石、绿泥石、绿帘石、石英、斜长石等组成。其中石英、斜长石含量约25%，在岩石中显碎斑状，形状多为豆荚状，晶体较大，在0.2～0.7mm之间，在岩石中断断续续地定向排列。石英晶体中往往包嵌有绿帘石、阳起石等包裹体，包裹体排列方向与外界的绿泥石、阳起石、绿帘石以及石英、斜长石的排列方向一致。阳起石、绿泥石、绿帘石含量约75%，大小在0.05～0.1mm之间，呈似碎基状，三者往往聚集在一起，绕石英、斜长石呈流动定向分布。

2）碎屑岩质糜棱岩

岩石类型多样，主要有长英质糜棱岩、糜棱岩化黑云片岩、糜棱化绿泥绢云石英片岩等，典型岩石特征如下。

（1）长英质糜棱岩：灰色，糜棱结构，条带状构造。岩石由碎斑和碎基两部分组成。碎斑含量约25%，其成分主要为石英（15%）、斜长石（10%），碎斑大小在0.2～0.5mm之间。碎基含量约70%，其中长英质约占45%，而片状矿物白云母和绿泥石约占30%，以白云母为主。薄片观察岩石韧性变形特征强烈。在强应变域中，石英定向拉长，颗粒边缘多为圆滑的曲线状，彼此镶嵌在一起。弱应变域中，石英具细粒化和核幔构造。长石在细粒化的同时破碎旋转，形成“σ”形碎斑和多米诺骨牌、不对称压力影（影子区多为绿泥石）等，白云母片受强剪切作用形成云母鱼，定向分布的石英和暗色片状矿物构成流动构造的线理。

（2）糜棱化绿泥绢云石英片岩：属于糜棱岩和构造片岩的复合类型。岩石呈灰色，鳞片粒状变晶结构，片状构造，流动构造。岩石主要由石英、绿泥石、绢云母、斜长石等组成，在岩石中呈碎斑状的石英、斜长石含量约占15%，其中长石只占少数。碎斑大小不等，在0.2～1.5mm之间，形状多为长条状、豆荚状或透镜状，具波状消光和变形条带。碎斑晶体有被拉长、弯曲和边缘细粒化现象，沿长轴定向排列。在石英碎斑的两边有绿泥石、绢云母形成不对称的压力影现象，在石英和长石的碎斑中包嵌有绿泥石、绢云母或石英、长石细小的颗粒，这些细小颗粒的排列方向与碎斑及片状矿物的排列方向一致。呈粒状变晶的石英、长石含量约占60%，粒径多在0.1mm以上，沿长轴定向排列。鳞片状矿物分布成条带状、丝带状围绕碎斑呈流动定向分布。

（3）糜棱岩化黑云母片岩：也是糜棱岩和构造片岩的一种复合类型。岩石灰绿色，鳞片粒状变晶结构，糜棱状结构，片状构造。岩石主要由黑云母（60%）、石英（40%）组成。由于糜棱岩化作用，黑云母的叶片体被糜棱成粉晶状，残留下的为“云母鱼”状或残留叶片的边缘为黑云母粉晶。事实上，黑云母大多为粉晶状，组成条纹条带，石英为粒状变晶，粉晶状黑云母在石英间隙中定向排列，如辫子似地定向延伸。

3）钙质糜棱岩

主要分布在早中二叠世构造岩片以及双湖构造带南部主边界韧性剪切带中。岩石类型有透闪方解片糜岩、含碳质砂屑方解片糜岩、方解片糜岩等。典型岩石特征如下。

（1）透闪方解片糜岩：灰白—浅黄褐色，糜棱结构，片状构造。岩石由方解石（50%）、透闪石（30%）及少量褐铁矿、绿泥石、石英等组成。岩石剪切条带叶理较发育，糜棱叶理次之，眼球状、透镜状残块很少，部分地方可见残块两端被拉断，两端空隙部位由残块的破碎细粒或为后期结晶沉淀物充填形成逐渐尖灭的“山羊须”结构。另外发育的一种结构在岩石中也有所表现，残斑先发生一定程度的韧性变形，出现细颈之后，被拉断或被剪断，破碎细粒或韧性变形基质充填在细颈或断开部位，使糜棱叶理绕残块发育成石香肠结构。岩石中透闪石构成透镜体，方解石为褐铁矿浸染，沿剪切条带叶理和糜棱叶理分布。岩石的剪切交角为22°～28°。

（2）方解片糜岩：灰黄色，糜棱结构，片状构造。岩石由方解石（89%）及少量褐铁矿、石英、白云石、碳质组成。岩石在剪切应力作用下产生明显错碎，全部形成碎粒基质，没有残斑和岩石残块。线理较发育，糜棱叶理不明显，几乎消失，而是由褐铁矿、碳质的分布显示了剪切条带叶理和糜棱叶理。残块和残斑已消失，只有少数石英呈透镜状，剪切交角为28°～36°，表明剪切作用很明显，剪切条带叶理发育而糜棱叶理不发育，完全被线理取代成为片状构造。

2. 千糜岩类

测区仅见阳起绢云千糜岩。岩石主要由绢云母、绿泥石、阳起石和石英组成。绢云母、绿泥石矿物粒径小于0.01mm，呈显微鳞片状变晶，往往聚集成条带状沿长轴方向定向分布，并有扭曲、揉皱现象；阳起石粒径小于0.05mm，呈纤柱状，独自富集成条带。在上述各自聚集的纤状、鳞片状条带之间还夹有透镜状的石英颗粒。

3. 构造片岩类

广泛分布于双湖构造带边界断裂和各岩块之间，测区见有方解绿泥石构造片岩和石英片岩。

（1）方解绿泥石构造片岩：在二叠纪构造岩片之间的变形带中常见到。岩石呈鳞片粒状变晶结构，片状构造。变晶矿物主要为绿泥石、方解石，次为石英、长石、白云母。绿泥石为鳞片状，定向聚集成条带状，具波状消光；方解石为不规则粒状，定向分布形成2～4mm宽的同构造分泌脉；石英、长石与绿泥石相间排列组成明显的条纹带状构造。

（2）石英片岩：仅见于前奥陶系阿木岗岩组变形带中。岩石呈灰白色，鳞片粒状变晶结构，片状定向构造。主要组成矿物有：石英（>70%）、长石（<10%）、绢云母（<15%）、绿泥石（>5%），以及微量的石榴石、磁铁矿等。变晶矿物颗粒一般在0.1～0.5mm之间。其中石英和长石为粒状变晶，多被拉长成长条状，波状消光强烈，沿长轴定向排列，绢云母和绿泥石为鳞片状，且聚集成条带状、丝带状和长石、石英条带相间分布。该岩类原岩可能为石英砂岩。

（三）变质作用特征

糜棱岩类岩石沿韧性剪切带发育，韧性剪切带是测区双湖构造带内最重要的动力变质带。较早的韧性剪切带受后期构造变形改造而发生褶皱，形态多变，如发育于前奥陶纪早期的顺层韧性剪切带又被后期构造明显改造而发生褶皱。较新的韧性剪切带常呈线性构造，如发育于西雅北二叠纪构造岩片中的韧性剪切带、才多茶卡北部的韧性剪切带等。测区各韧性剪切带的时空分布、位态特征描述详见构造章节。

三、脆性碎裂岩型动力变质作用

（一）岩石类型及特征

脆性碎裂岩是在浅层次（0～10km）背景下，原岩经机械破碎作用而产生的脆性破坏产物，包括未固结的断层角砾、断层泥和固结的碎裂岩等。按主要颗粒粒径和碎基含量，将碎裂岩分为角砾岩类和粒化岩类两大类。

1. 角砾岩类

主要分布于北东向、北北西向张性、张扭性断层及部分压性断层中。常见构造角砾岩，沿断裂带分布，以原岩机械破碎，形成角砾状碎块为特征，具角砾状结构。角砾多呈尖棱角状或棱角状，大小混杂，排列紊乱，碎块间被次级碎屑、泥质、钙质等充填、胶结，但原岩成分、组构可辨。构造角砾岩的角砾大小、规模均受断块规模限制。

2. 粒化岩类

按主要颗粒粒径和碎基含量进一步划分为碎裂岩和断层泥。

1）碎裂岩

分布于脆性断裂带两侧，与围岩呈渐变过渡关系，具典型碎裂结构，原岩整体结构保存较好。能干性强的砂岩、玄武岩、花岗岩、灰岩等在压应力作用下，被裂隙切割为大小不等的不规则碎块，碎块间被碎基、泥质、钙质等磨碎物质充填。测区主要的碎裂岩有碎裂变玄武岩、碎裂硅质岩、碎裂石英闪长岩、碎裂斜长花岗岩等。

2）断层泥

主要分布于压性断层带内，由较弱的碳质页岩、泥岩、粉砂岩经挤压、高度粒化而形成的未固结的碎粉，呈膏泥状，矿物颗粒难以辨认，具强烈的碳化、褐铁矿化现象，部分高能干性的石英、硅质岩屑及砂岩呈大小不等的碎斑状混杂在其内。

（二）动力变质作用特征

动力变质作用主要沿断裂破碎带和韧性剪切带发育，形成一条线型变质岩带。碎裂岩类岩石沿脆性断裂破碎带发育，如在具正断层性质的张性、张扭性断裂带中，原岩受力后破碎成棱角状的碎块，并发生一定位移，后被碾碎成岩粉和次生的硅质、铁质和钙质胶结，测区北东向、北北西向张性、张扭性断层破碎带常见该类岩石；在具逆断层性质的压性、压扭性断裂带中，原岩受力后破碎成扁平状、次棱角状、次圆状的碎块，碎块常显定向排列的趋势，且从断裂带中心向两侧随着距离的增大，应力的递减，而形成碎斑、碎粉结构—碎裂结构—原岩的递变现象，该类岩石在测区逆冲推覆带中普遍发育。

第五节　变质变形序列及演化

一、变质变形序列

测区变质变形至少包括前奥陶纪基底变质变形序列和早中二叠世盖层变质变形序列。前奥陶纪基底变质变形以中深层次强塑性压扁及韧性剪切变形为主；早中二叠世变质变形较弱，以褶皱-断裂组合为主。中生代以来未发生变质，构造变形以褶皱-断裂为主导。

（一）基底变质变形特征

测区基底为前奥陶系阿木岗岩组和齐陇乌如岩组构成的褶皱变质基底，主要出露于双湖构造带内，其上被古生代-中新生代沉积盖层所覆盖。基底岩石以区域中高温变质为主，形成绿片岩-低角闪岩相变质类型。内部构造变形极为强烈，岩石变形以中深层次强塑性压扁及韧性剪切变形为主，构造面理置换强烈，岩层的原生层理 S_0 完全被构造面理 S_1 所置换，S_1 面理极为发育。仅在局部地区，在特殊岩性（大理岩、石英岩）以及火山岩和碎屑岩界面仍可看到原始层面的残余。水平剪切作用形成顺层掩卧褶皱、无根褶皱、S－C 组构及糜棱岩化作用发育，且经历了后期浅层次构造变质变形，发育纵弯褶皱和浅层次断裂作用的叠加。

（二）盖层变质变形特征

测区盖层由晚古生代鲁谷岩组低绿片岩相海相沉积盖层和中新生代未变质盖层组成，两者具有完全不同的变质变形特征。早中二叠世鲁谷岩组产出在双湖构造带上，岩石变质以区域动力热流变质作用为主，局部叠加有中高压动力变质作用，形成低绿片岩相，局部为蓝片岩相变质类型。构造层内部发育斜歪褶皱、同斜紧闭褶皱、尖棱褶皱，顺层面理发育，原生面理 S_0 部分被构造面理 S_1 所置换。褶皱规模一般较小，并在褶皱翼部形成强劈理化带，后期有浅层次宽缓褶皱和脆性断裂叠加。中生代以来的沉积盖层变形表现为以北西西向侏罗山式宽缓褶皱、北北西向和北北东向走滑断裂以及大规模的北西向逆冲推覆断裂活动为特征。

二、变质地质事件划分

野外调查和室内综合研究表明，区内变质岩石经历了两个阶段变质作用的演化，与变形作用的关系见表 4-5-1。

表 4-5-1　测区变质变形作用的划分

阶　段	变形作用	变质作用	备　注
泛非期	北西西向宽缓褶皱，发育轴面片理	绿片岩-低角闪岩相	变晶形成，变形滞后改造变晶
海西期	折劈理、破劈理	低绿片岩相	变质变形同时发生，但变形作用持续时间较长

三、变质变形演化阶段划分

1. 前奥陶纪

前奥陶纪地层的区域变质作用可能发生在泛非期或更早，变质体内发现了代表中高温变质相系的红柱石和堇青石变质矿物组合，没有出现指示高压变质相系的蓝闪石、硬玉和硬柱石，其相应的变质相为绿片岩相-低角闪岩相。因此，前奥陶纪出现的区域变质作用是在中高温变质相系内进行的。值得一提的是，这次区域变质作用形成的变质岩由于受后期变质作用的多次叠加，可能产生退变质作用和增变质作用。退变质作用使较高级的变质作用被较低级的变质作用所改造，较高温的矿物组合被较低温的矿物组合所代替；增变质作用的发生是因为燕山早期花岗岩侵入使周围变质岩由低级的绿片岩相矿物组合变为中级的低角闪岩相矿物组合。

2. 二叠纪

二叠纪变质岩系为低绿片岩相变质岩，岩石类型以板岩、石英片岩、变基性火山岩（绿片岩）、大理岩为主。二叠纪岩石变质程度明显低于前奥陶纪岩石。绿片岩中出现蓝闪石等高压变质矿物，表明二叠纪岩石受到过高压俯冲变质作用。根据蓝闪石同位素年龄数据推测，发生高压变质作用的时间为印支晚期。

第五章　地质构造

第一节　大地构造位置及次级构造单元划分

从板块构造的观点出发，测区大地构造位置属于东特提斯构造域羌塘-三江构造区（图 5-1-1）。测区北部发育北羌塘陆块，中部发育双湖构造混杂岩，南部发育南羌塘陆块（图 5-1-2）。

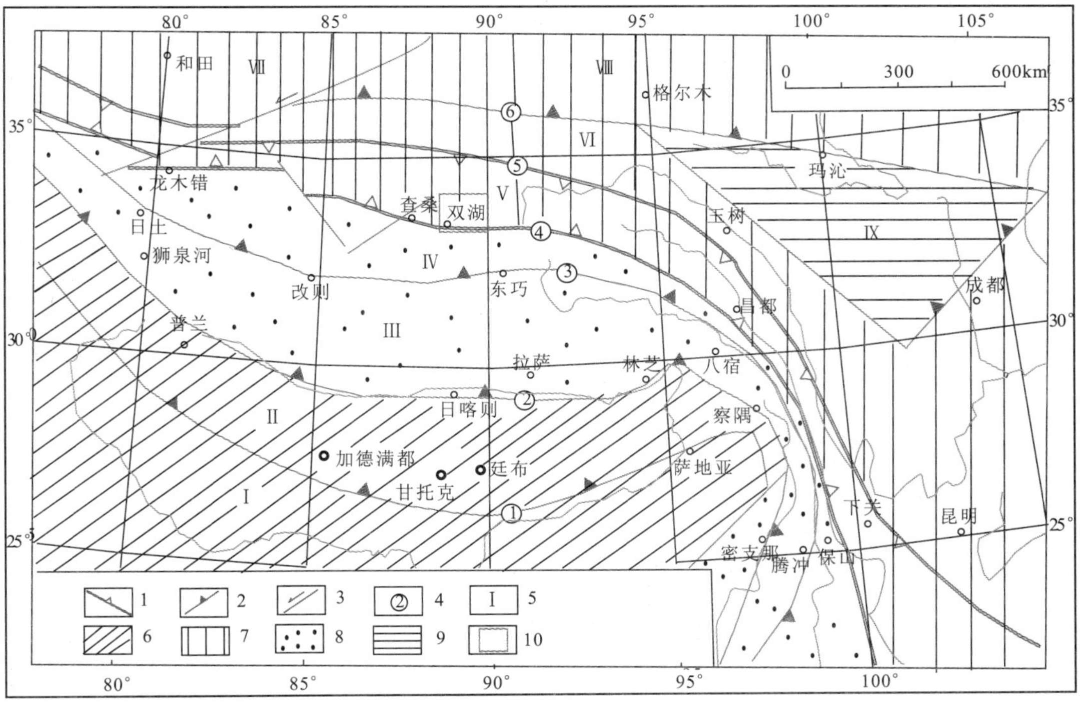

图 5-1-1　青藏高原及邻区古板块构造划分略图

1. 古特提斯缝合带；2. 新特提斯缝合带；3. 阿尔金走滑系；4. 缝合带编号；5. 板块编号；6. 冈瓦纳板块；7. 欧亚板块；8. 藏缅（基墨里）中间板块；9. 松潘-甘孜前陆盆地；10. 测区；①西瓦里克 A 型俯冲带；②雅鲁藏布江缝合带；③班公湖-怒江缝合带；④龙木错-双湖-澜沧江缝合带；⑤西金乌兰-金沙江缝合带；⑥昆仑-秦岭缝合带；Ⅰ. 印度板块；Ⅱ. 喜马拉雅板片；Ⅲ. 冈底斯-念青唐古拉-腾冲板片；Ⅳ. 羌南-保山板片；Ⅴ. 羌北-昌都板片；Ⅵ. 可可西里-松潘-甘孜板片；Ⅶ. 塔里木板块；Ⅷ. 柴达木板块

一、区域地质构造背景

在漫长的地质演化过程中，测区经历了多层次、多体制、多期次的构造变形，尤其是中侏罗世以前，经历了多期构造叠加置换，形成了较为复杂的构造变形样式。双湖构造混杂岩带在测区向东延伸，结构复杂，并且发育蓝闪石等高压变质带，其地质构造演化可追溯到前奥陶纪。根据地球动力学背景、岩浆活动、地质界面、沉积建造、变质作用和构造变形等综合分析，将测区地质发展演化阶段划分为：前奥陶纪变质基底形成、奥陶纪-石炭纪被动大陆边缘、二叠纪南部伸展-中部俯冲（双湖构造带）、早中三叠世局部伸展、晚三叠世-早侏罗世碰撞造山、中晚侏罗世-早白垩世前陆磨拉石、新生代后造山隆

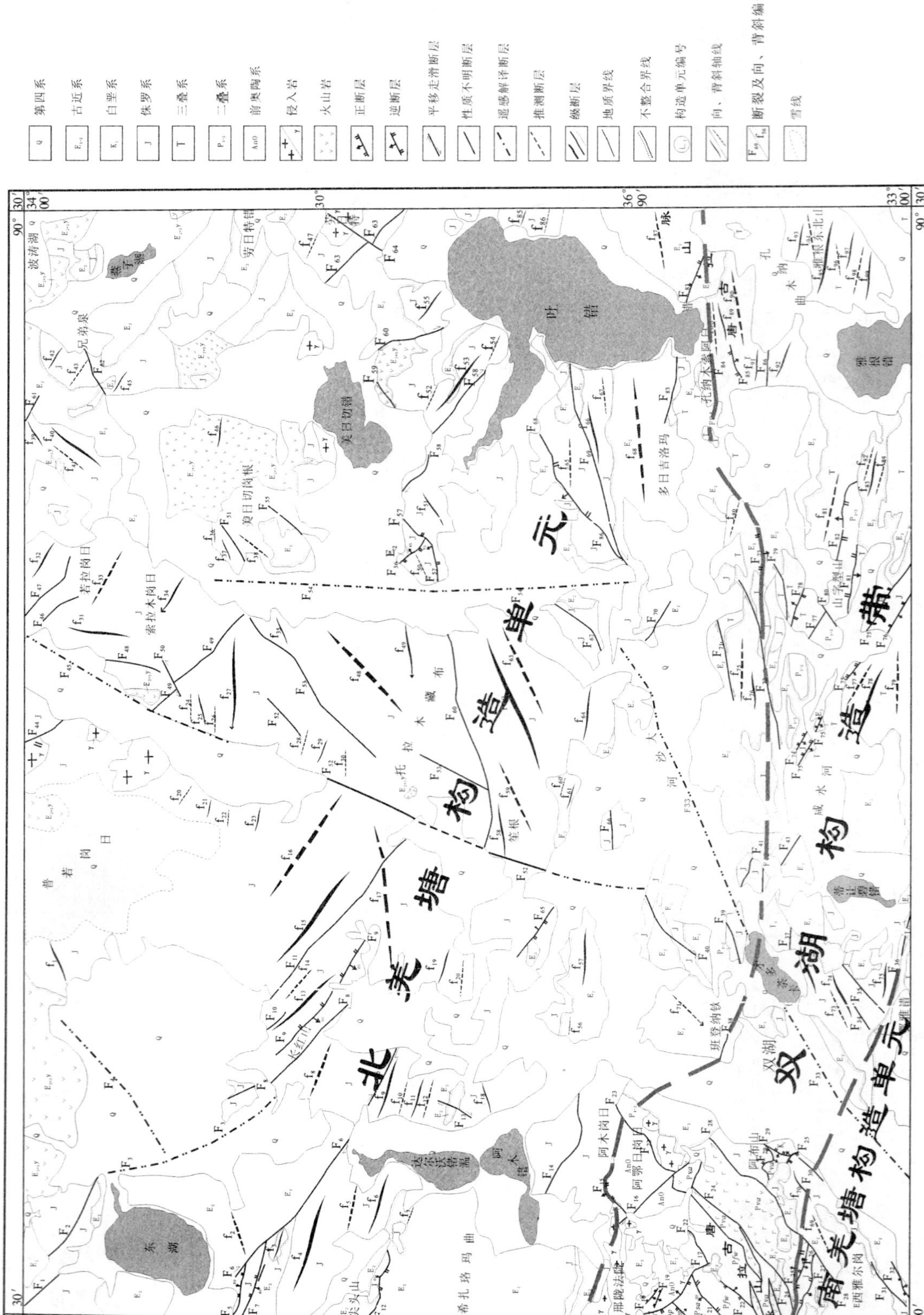

图5-1-2 测区构造纲要图

升共 7 个地质发展演化阶段。

二、深部地球物理信息

（一）重力异常特征

测区总体处于布格重力异常的低负值区域，习称羌塘复杂重力低带。沿查桑—双湖—唐古拉山口一线有一条近东西向的重力梯度带（相当于双湖构造混杂岩带），据此将区域重力场分为南北两部分（图 5-1-3）：北部重力场显示出为北西西走向，布格重力异常等值线较稀，常出现若干孤立的重力高、低异常区；南部重力场布格重力等值线较密，梯度大，重力异常带呈现近东西走向，重力高、低异常转换带的线性特征尤为突出，常与地表观察到的断裂带重合。

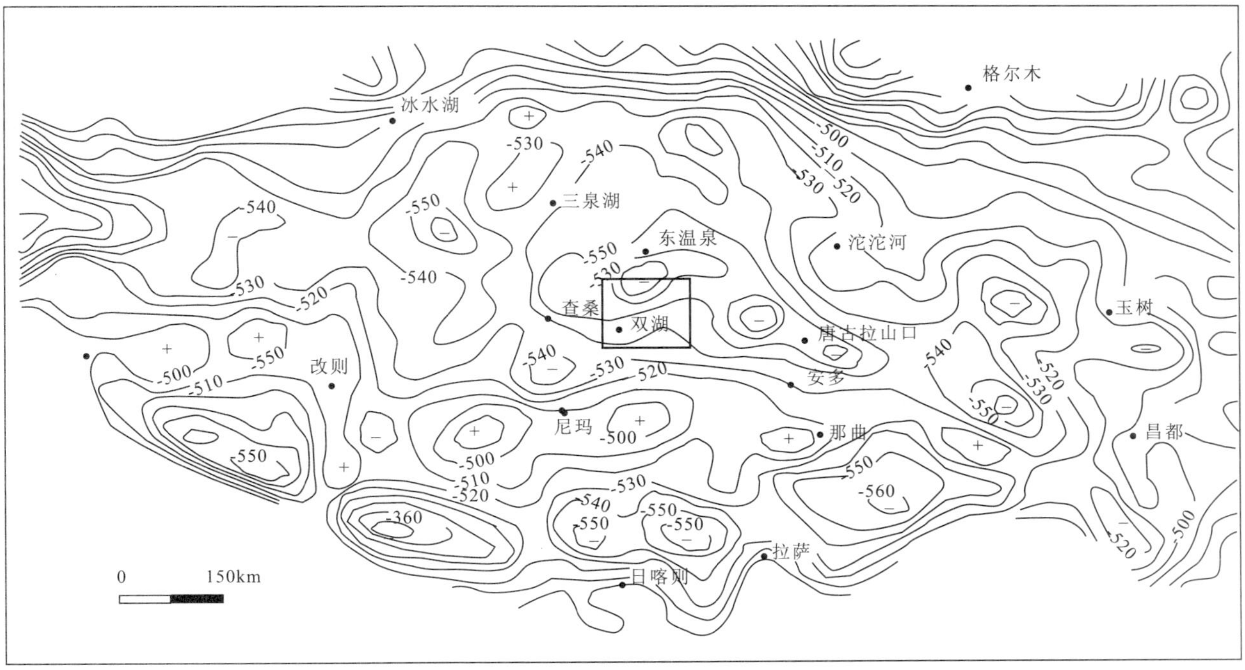

图 5-1-3　青藏高原深部重力异常图
（据赵政璋，2001）

（二）航磁异常特征

青藏高原总体上以其低弱的区域磁场背景与其北部的塔里木地块、东部的扬子陆块及南部的印度次大陆所展现的强度较大的宽缓正磁异常形成了鲜明的对比，显示了青藏高原与周缘地块不同的磁性及地质构造特征。羌塘地区磁场特征表现为区域性低磁异常带上叠加不同方向的团块状局部磁异常，强度一般为 60～200nT，推测该区平稳的负磁场是弱磁性基底岩石的反映，局部磁异常主要由区内不同时代花岗岩类岩石和火山岩引起。中部基底埋深较浅，一般为 0.5～2km；北部和南部较深，一般为 3～7km。在低弱的区域磁场背景上分布几条近东西向的磁异常带，区内以查桑、恰岗错磁异常突变接触带（汪忠民，2001）为界分割为两个不同的次级构造单元（图 5-1-4）。

南部具有明显的南北分带、东西分块和垂向分层的结构、构造特征；呈密集线状、正负相间展布，磁异常在±150nT 之间，变化极为强烈。东西向特高和极低正负磁异常带相间展布，磁异常水平梯度陡峻，可达 20～90nT/km，将航磁△T 向上延拓 2km、5km，此磁异常格局和特征仍十分清楚。显然，在其间存在规模较大、活动较强的近东西向断裂构造。与其南邻区为渐变过渡关系。该区磁异常水平梯度明显地呈北陡南缓。垂向分层明显，在地壳中上部至少有两个低阻层，所在的深度分别为 15±5km 和约 40km 之下。

北部磁场平静，磁异常变化弱，特征是在北西向平稳的弱区域背景（0～10nT）上叠加了5～15nT的串珠状异常，向上延拓2km后，异常基本消失。较强的异常均分布在玛尔果茶卡附近，呈北西向短轴状，异常强度为20～40nT。在地壳中上部有一个下部低阻层。

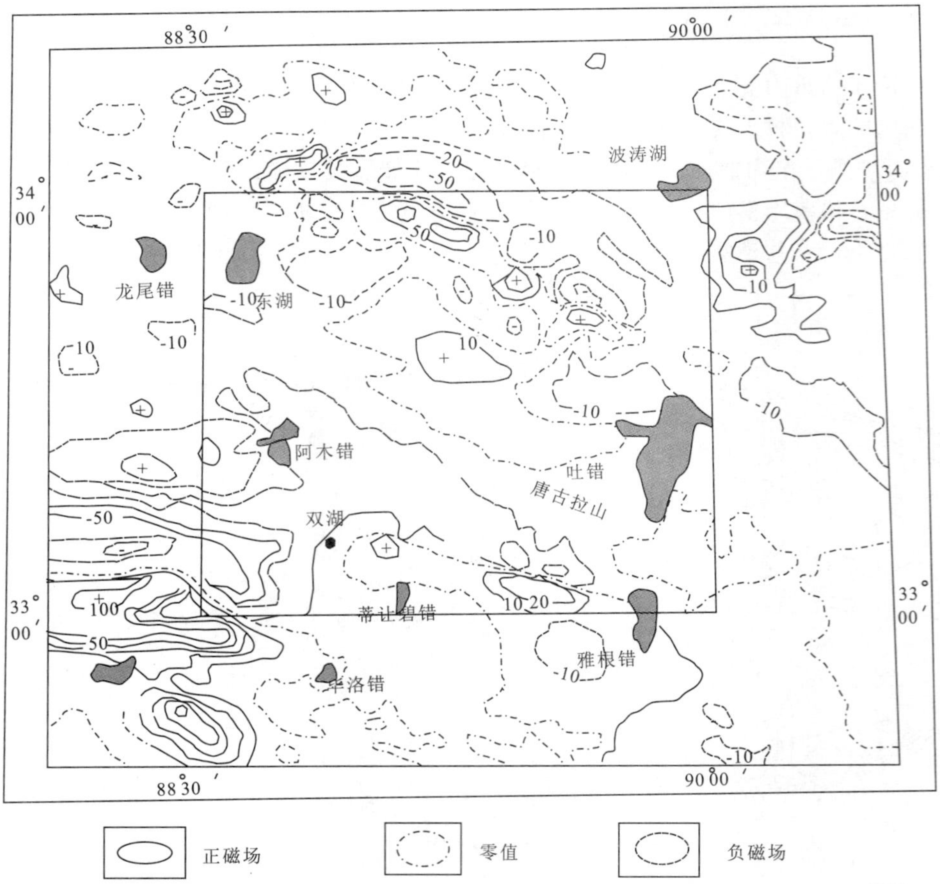

图 5-1-4　测区航磁△*T*平面等值线图

（据汪忠民，2001）

（三）大地电磁测深资料

1994—1998年间，中国石油天然气总公司青藏项目经理部在羌塘地区部署了以油气勘探为目的的12条大地电磁测深剖面（MT）（图5-1-5），其结果对于进一步认识羌塘地区的地壳结构、揭示高原腹地的隆升机制会带来启示（鲁兵，2003）。

基底结构特点主要表现在电性结构上。以玛尔果茶卡—双湖一线为界，南部基底电阻率显著高于北部。基底结构呈现区块分布的特点。南羌塘西部基底呈现整体厚大层块，与东部基底的碎小层块形成鲜明对比。北羌塘与南羌塘又呈现出较显著的差异。在北羌塘地区，无论西、中、东部MT剖面，均发育有壳内低阻层和极低阻异常柱，造成基底的明显不完整性，部分地段似存在壳下拆沉块体，发育有层位较高、MT反演可探测得到的壳幔混合层。综合MT剖面显示出北羌塘下地壳的壳下部分熔融特点较为明显。南羌塘地区下伏层出现两个壳内低阻层，第一层电阻率仅10～60Ω·m，在剖面中南段均有分布，深约6～12km。下部第二层低阻层顶界面埋深40～45km，比北羌塘地区埋深大（杨兴科，2003）。

这套低阻层的另一特点是在一些部位直接与深部地幔物质呈柱形相通。断面上多以“△”块状体出现，有的呈巨大的蘑菇体从－100km深度上升直逼地表。从大地电磁剖面上看，双湖构造混杂岩带高阻块体呈倒锥状，表明其边界多接近逆冲（背冲）性质（图5-1-6）。

羌塘地区大面积存在壳内低阻层，起伏较大，具有大起大落楔块状结构；低阻层顶面形态总体上和基底高阻层形态呈镜像关系：基底坳陷区低阻层上隆；基底隆起区低阻层下坳。低阻层和地形起伏也有

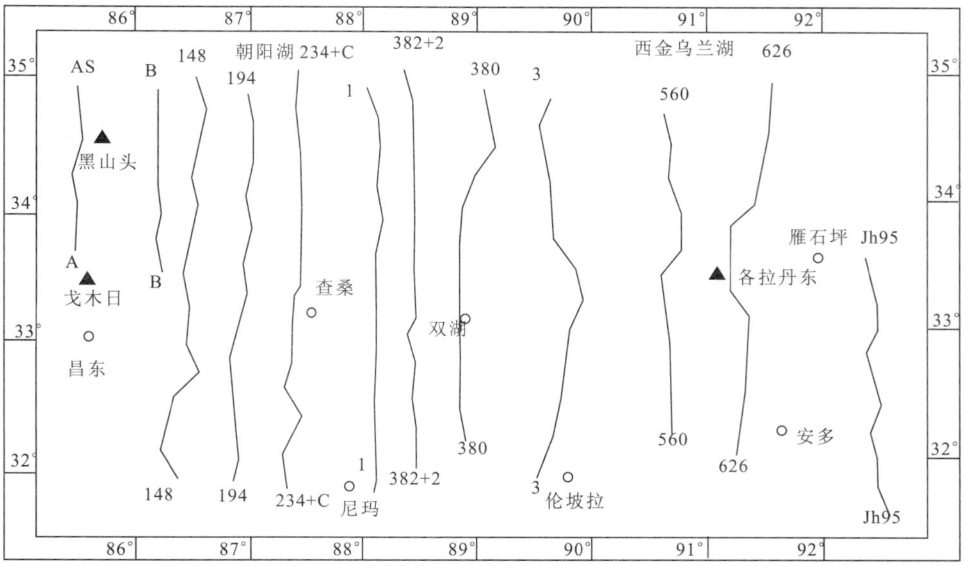

图 5-1-5 羌塘地区大地电磁测深剖面位置示意图

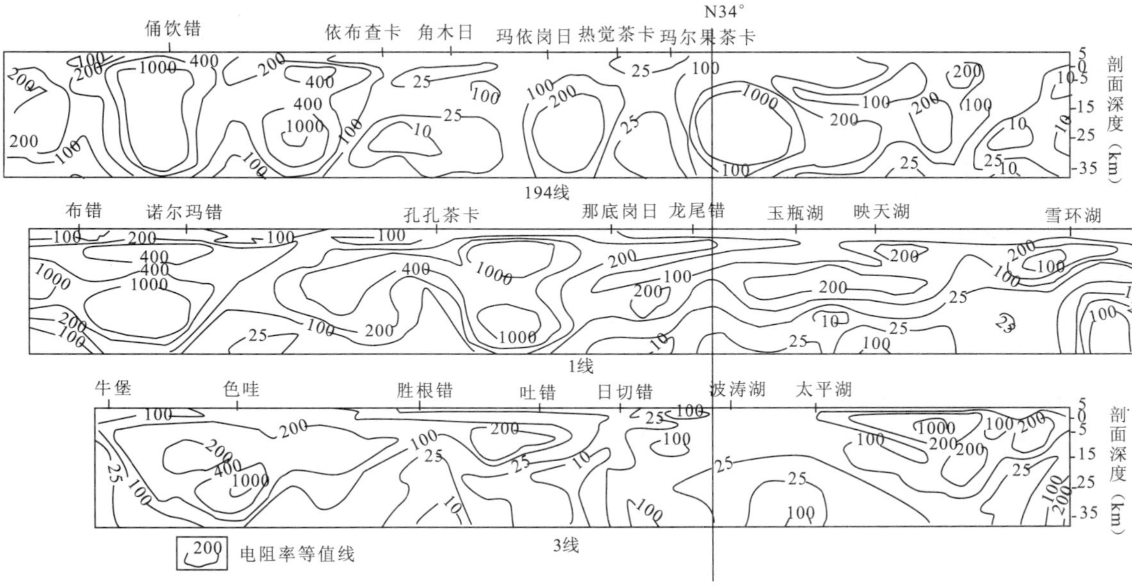

图 5-1-6 194、1、3 线大地电磁测深一维连续介质反演剖面图

（据赵政璋，2001）

呈镜像关系，在北羌塘地区和南部尼玛-伦坡拉公路沿线地区较为明显。证明它是壳内最重要的均衡调节面；壳内低阻层是壳内脆弱活动带，分布受南北向隐伏断裂制约，和基底高阻层呈镜像关系。说明近代地壳活动继承了中新生代构造大格局。

结合地质调查与 MT、地震剖面解释成果，综合分析可知，双湖构造混杂岩带是下切到壳幔混合层中的断裂，是重、磁异常的明显分界线。对人工地震剖面分析表明，它们早期往往显示为正断层的性质，后期受南北向的挤压作用而表现为走滑、逆冲性质。其总体特点是有的地方高阻层厚度大，可直达上地幔顶部，使高导层发生较强褶皱变形。这种特点在南羌塘表现较显著。而在北羌塘有的地方高导层厚度比较均匀，平缓连续，褶皱变形较弱。上地壳的构造变形与中地壳低阻层间存在着某种对应的关系，也就是说，中地壳对上地壳的变形具有调节作用（鲁兵，2003）。

重力、航磁、MT 资料显示的南北向结构，表明该区存在隐伏的南北向断裂，它们是深部地幔流体活动的通道。新生代构造在一定程度上承袭着古老构造格局，并受其制约。

三、次级构造单元划分

测区大地构造格局总体受到区域性北西西-北西向断裂构造所分割和控制，其内部发育不同构造变形及岩浆岩组合。从南往北依次发育 3 个Ⅱ级构造单元：南羌塘陆块、双湖构造混杂岩带和北羌塘陆块。

1. 双湖构造混杂岩带

该带为测区古生代地层发育最为集中而完整的区域，在二叠纪-三叠纪时期，以大量火山岩繁盛为特征。从火山岩序列演化来看，既有岛弧拉斑玄武岩，又有钙碱性序列火山岩，并伴有辉绿杂岩，为岛弧和弧后盆地的产物，总体构造划分为北西西向。海西期末期，二叠纪初始洋盆受班公湖-怒江结合带的影响而夭折，早中二叠世碰撞闭合，形成构造混杂岩带和蓝闪石片岩带。晚三叠世时该区火山岛形成，火山岩以钙碱性序列为主，零星分布于二叠系前各地层之上。

2. 北羌塘陆块

北羌塘陆块中生代地层广泛发育，出露齐全，并以侏罗纪地层为主体层位，沉积厚度巨大，呈规模不等的断层状、楔状彼此镶嵌，构成北西西向主构造。印支末期的不整合事件，中侏罗纪花莫错组不整合于二叠纪火山岩系之上，从此北羌塘进入前陆盆地演化阶段。

北羌塘陆块面积巨大，由北向南进一步可划分为白滩湖-波涛湖凹陷、普若岗日凸起、托纳木藏布凹陷、东湖凸起、阿木错凹陷 5 个次级变形区。

1）白滩湖-波涛湖凹陷

分布于测区东北部，其北界出图幅延伸至多格错仁幅，南界以普若岗日北缘断裂为界。凹陷呈北西向展布。凹陷区内中上侏罗统发育齐全，康托组、唢呐湖组、石坪顶组零星分布，属羌北拗陷内基底埋深大，盖层厚度大的凹陷之一。

2）普若岗日凸起

分布于测区北部普若岗日—劳日特一带，呈北西西向展布，为一基底凸起带，长约 110km，宽约 9km。出露地层为中上侏罗统夏里组、索瓦组、白龙冰河组、雪山组、康托组、唢呐湖组、鱼鳞山组，并以岩浆岩发育为特点，分布有美日切错石英二长闪长玢岩、劳日特花岗斑岩两个岩体，此外鱼鳞山组火山岩局部呈点状、面状分布。总观北羌塘构造格架，普若岗日-劳日特凸起对区内构造变形起着重要的边界作用。

3）托纳木藏布凹陷

呈北西走向斜跨测区中部，北以普若岗日南缘断裂—吐错为界，南界位于冰水河断裂一线。凹陷带西段走向呈北西向，东段走向近东西向，总体构成向南西凸起的弧形。凹陷内上侏罗统发育齐全，白垩系、古近系及新近系均零星分布。该凹陷向西与白滩湖凹陷相连。

4）东湖凸起

位于托纳木藏布凹陷以南，南界位于黑尖山逆冲断裂带—笙根—毛毛山南缘，呈向南凸出的弧形。凸起区内主要出露侏罗纪地层，层位自西向东逐渐升高。该凸起区的走向与地表构造线走向基本一致。褶皱构造发育，以侏罗山式为主，局部出现短轴背斜及次级断裂构造。

5）阿木错凹陷

该凹陷位于希杂洛玛河—阿木错—多日吉洛玛一线，总体呈北西西向展布。凹陷内第四系分布广泛，次为中上侏罗统，始新统、渐新统零星出露。南以西雅尔岗北缘断裂—才多茶卡-多日吉洛玛南部断裂为界，为一典型的箕状断陷盆地。

3. 南羌塘陆块

出露于双湖构造混杂岩带南部，呈近东西向展布。区内出露地层为上二叠统，中上侏罗统及始新统和第四系。以中低山地貌为主，褶皱断裂构造发育。

第二节 次级构造单元的地质特征

一、北羌塘陆块

位于阿木错—吐错一线以北的广大地区，呈北西西向宽带状展布。北羌塘陆块构造变形主要表现为燕山期北西西向断裂褶皱组合。

北羌塘陆块中新生代变形以北西西向侏罗山式褶皱群发育为主要特征，并伴随有浅层次脆性断裂的发育。褶皱发育于图区中北部的东湖—笙根—吐错一线，由于第四系覆盖，出露不完整，褶皱枢纽时起时伏，轴迹走向呈北西-近东西向展布，为燕山期构造作用的产物。变形地层主要为三叠系和侏罗系。褶皱轴向多彼此平行，延伸长度在数公里至数十公里之间。由彼此延续的背向斜组成，两翼岩层产状较缓，多为开阔褶皱，翼间夹角较大，背斜核部多为中侏罗统，向斜核部多为上侏罗统。断裂在燕山期发育，喜山期次之，但均为浅层次断裂。燕山期断裂多为北西-南东走向，局部见及牵引褶皱，由于受持续的构造挤压，从而进一步沿断裂发生位移，具右行走滑性质，部分平移距离较大，如 F_{52}、F_{53} 等。喜山期主要发育近南北向、北东向走滑断裂，局部伴随北北东向的逆冲断裂，多构成新近纪以来断陷盆地的边界。

1. 褶皱构造特征

主要有北西向、北西西向和北东向褶皱，一般长度不超过 6km、宽度小于 4km 的宽缓褶皱，两翼产状较缓，转折端平缓过渡。

1）北西向褶皱

北西向褶皱主要出露在达尔沃错温—查布如一线，区域上构成一复向斜，由一系列褶皱轴迹走向均为 290°～300°之间的背向斜组合而成。褶皱两翼产状较为低缓，倾角在 30°～50°之间，翼间夹角较大，均为宽缓褶皱，但枢纽多向南东倾伏，倾伏角在 20°左右，核部多为上侏罗统地层，两翼多为中侏罗统地层，如 f_3～f_6、f_9～f_{13} 等组合，局部在褶皱翼部见走向断层。

2）北西西向褶皱

北西西向褶皱发育在测区中部，褶皱轴迹走向在 260°～300°之间，多构成短轴背向斜，规模较小，倾角在 20°～30°之间，为开阔宽缓褶皱。

3）北东向褶皱

主要发育在测区中东部的笙根—洞错一线，区域上构成一复向斜，亦由一系列轴迹走向在 40°～60°之间的背向斜组合而成。核部地层以上侏罗统-下白垩统为主，两翼则以中上侏罗统为主。两翼产状较平低缓，倾角在 20°～40°之间，翼间夹角较大。枢纽向北东向倾伏，倾伏角在 15°～20°之间。局部在褶皱翼部见及断裂构造。

2. 断裂构造特征

断裂的空间展布分为 3 组，即北西向断层、北东向断层和北北东向断层，其中北西向与北东向断层均属燕山晚期构造作用的产物，而北北东向则为喜山期构造变形，局部是对燕山晚期断裂复活的构造。

1）北西向断层

该组断层以逆冲断层、走滑断层为主，正断层次之。逆冲断层、走滑断层是燕山晚期成山作用的产物，而正断层则为喜山期差异性抬升的显示。逆断层、走滑断层多沿褶皱翼部出露，沿岩层走向延伸，导致岩层重复和缺失现象普遍。断层走向为 300°～310°，规模差异较大，大者达 40 余公里，小者则仅数公里。断层倾角多在 50°～70°之间。破碎带宽 3～8m 不等，带内以角砾岩为主，断层泥次之，如 F_7、F_9 等，多沿岩层走向分布。

2）北东向断层

该组断层以逆冲断层为主，走滑断层次之。逆断层多为成山作用的产物，规模中等，主要分布在侏罗系地层中。断层延伸长度达数千米至数十千米不等，破碎带宽度不大，以角砾岩为主。如 F_{62}、F_{68} 等，多沿岩层走向分布。

3）南北向断层以走滑断层为主

走滑断层一般规模均较大，破碎带宽，一般 30～80 余米不等。带内以角砾岩为主，断层泥次之。大部分断层表现为山间盆地的边缘断裂，控制了新生盆地的形成与演化。断层延伸长度达 10～40km 不等，显示右行走滑特征，部分沿岩层走向分布，部分大角度交截岩层走向，最大位移量达 6km 左右，如 F_{52}、F_{54} 等。

从区域上看来，北东向断层多交截北西向断裂，其形成时期略晚，并对新近纪以来的地形地貌起控制作用，也是新构造运动明显继承的区域。

二、双湖构造混杂岩带

双湖构造混杂岩带位于测区中部，嘎尔错—恰格勒拉—双湖才多茶卡一带，总体呈北西西向带状展布，其物质组成和时空分布具有明显的构造混杂岩特征。

（一）基底构造特征

在双湖构造混杂岩带北部齐陇乌如一带，零星出露了前奥陶纪变质岩系，是区内最老的褶皱基底，在阿木岗日一带多被燕山期花岗闪长岩侵入体所破坏。

1. 顺层韧性剪切变形

顺层韧性剪切变形为区内前加里东期的产物，是阿木岗岩组、齐陇乌如岩组中广泛发育的层内变形构造，是该构造单元内部所表现出的最早变形形式，是在伸展构造体制下，在地壳深层次环境中，岩层发生顺层韧性剪切，层内构造置换，岩石塑性流变，形成顺层掩卧褶皱、顺层韧性剪切带、顺层面理、粘滞性石香肠、同构造分泌脉等，并发育与剪切方向一致的矿物拉伸线理。

1）顺层掩卧褶皱

指前奥陶纪岩层内普遍发育的由一系列不同尺度的顺层韧性剪切带所限定的层内或建造内的多级紧闭、相似褶皱群组合。无论其现在位态如何，它的轴面产状均与岩层内面理大致平行。区内顺层掩卧褶皱的规模取决于卷入褶皱的岩层厚度及其受限的顺层韧性剪切带尺度，以中小型最普遍，一般局限在数个岩层内，从数十米到数厘米不等，从宏观露头到手标本均能见及。主体褶皱为非圆柱状，枢纽均向南缓倾，褶皱核部石英片岩、大理岩急剧增厚，翼部被拉薄，局部大理岩呈囊状产出。

顺层掩卧褶皱的几何形态常表现为顶厚翼薄的不对称褶皱，其不对称性及顶厚程度与卷入褶皱岩层的能干性、厚度和剪切应变强度相关，有时在同一露头尺度上可见到不同几何类型的掩卧褶皱。在强弱能干性共同组成的岩层中发育的掩卧褶皱核部，局部形成虚脱三角区。

综观顺层掩卧褶皱的全貌，主体褶皱的三维几何形态大多数是非圆柱状的，在空间分布上，各级枢纽呈斜列式分布，截面形态不对称，但具一致的倾向。在横向分布上不均匀，往往集中发育在某个带上或区段内，被顺层流劈理所分隔，在顺层掩卧褶皱发育区段，褶皱形态和发育程度也有很大差异，充分体现了这种褶皱发育的机制是分层剪切流变。

2）顺层韧性剪切带

前奥陶纪岩层内普遍发育一种透入性的不均匀的顺层韧性剪切带（图 5-2-1），受原岩性质、厚度及岩石组合特征的制约，形成带状、发散状彼此大致平行的韧性变形带，控制着顺层掩卧褶皱的发育，产状受后期构造变形的影响较大，但与其原生层系界面大致平行或微角度相交，与透入性流劈理完全一致。其发育的规模和程度不竟一致，大者宏观上构成韧性剪切滑脱面，小者可在露头尺度上或标本上见及。由于岩石能干性的差异，强能干岩层形成顺层掩卧褶皱，弱能干岩层在强应变带中常表现为密集的顺层劈理带，构成高应变带与弱应变透镜域相间的交织网状域组构格局。

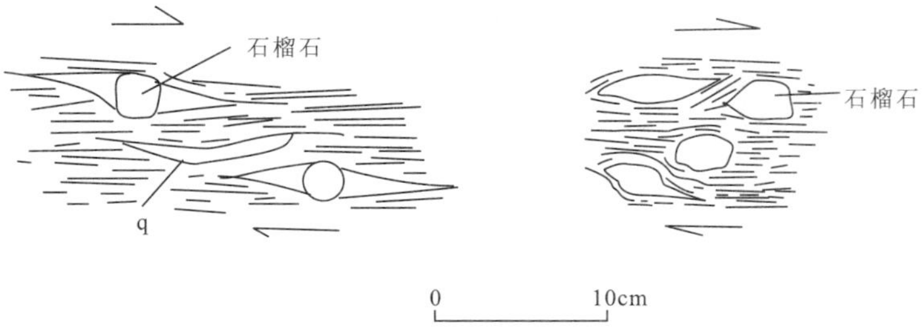

图 5-2-1　顺层剪切带内发育的“σ”形碎斑

3）拉伸线理

拉伸线理为岩石发生塑性变形留下的剪切运动学标志。片岩中的拉伸线理主要为矿物集合体、矿物颗粒定向拉长所产生，但由于后期变形构造的影响，位态发生变化，总体向南西倾伏，倾伏角度较缓。

4）粘滞性石香肠

石香肠构造是区内齐陇乌如岩组中岩石能干性发生塑性流变的另一构造形式，是变形岩层内侧向拉伸和垂向压扁导致岩层发生横向伸展的产物。主要表现为相对强能干性岩层、石英脉经侧向剪切拉伸和垂向压扁作用而发生不同程度的缩颈和拉断而呈串珠状、豆荚状石香肠，而相对软弱岩层则围绕石香肠边界或缩颈部位形成楔入式褶皱（图 5-2-2），多呈不对称状产出。

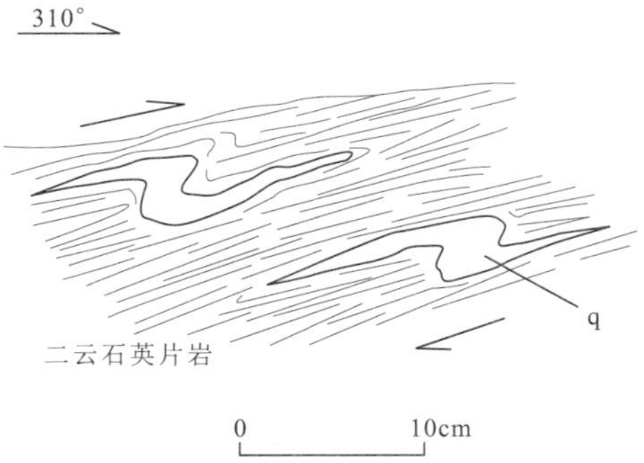

图 5-2-2　顺层剪切石英脉

5）顺层面理

阿木岗岩组、齐陇乌如岩组内顺层面理极为发育，是顺层韧性剪切流动变形后继变形的主变形面 S_1 面理。区域上以平行于原生层理的片理发育为特征。其宏观构造表明顺层面理是在横向构造置换机制下形成的。区内部分岩层（大理岩、石英岩、角闪片岩）沿片理呈豆荚状、透镜状产出（图 5-2-3）。在微观尺度上，片理则具有由矿物组合、粒度及形态定向组构表现出来的良好的域组构。一般层状硅酸盐岩呈交织状围绕透镜状或平板状的长英质分布，具有组构连续、优选定向的特点。以齐陇乌如岩组中普遍发育的二云石英片岩为例，岩石表现为劈理域和微劈石平行相间排列，微劈石由压扁拉长定向排列的石英、长石集合体组成；劈理域主要是由白云母、黑云母和少量石英组成，呈平行或交织状条带。其中原岩组构被强烈改造，矿物和矿物集合体的形态具有显著的优选方位。

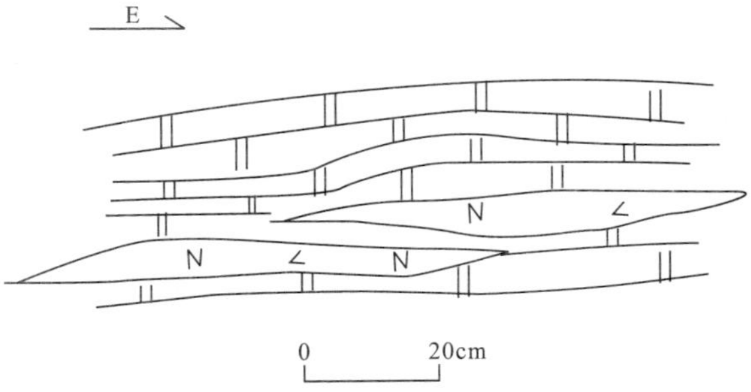

图 5-2-3　角闪片岩在薄层大理岩中呈透镜状夹层产出

2. 面理褶皱变形

区内阿木岗岩组、齐陇乌如岩组在加里东运动或更早普遍遭受了不同程度的固态流动变形，普遍发育以顺层面理（S_1）为特征的新生面状构造，构成了区内后继构造变形的主变形面。后期变形均以顺层面理（S_1）为主变形面，使前奥陶纪岩层再次发生面理褶皱，区域上形成相似-尖棱紧闭褶皱（图 5-2-4），为圆柱状共

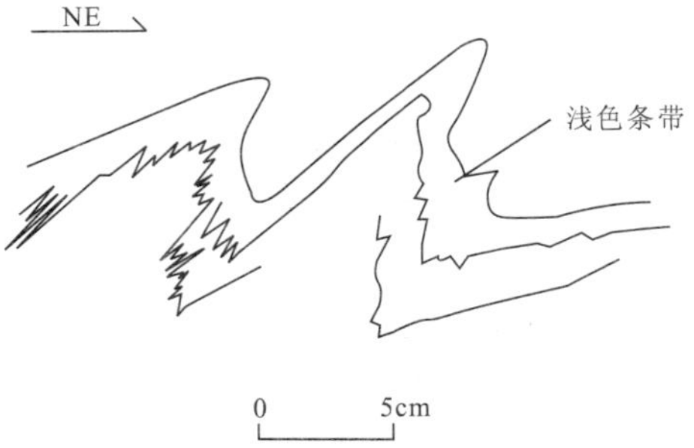

图 5-2-4　斜长角闪岩中浅色矿物条带构成的面理褶皱

轴褶皱。其褶皱轴面产状倾向南西，组成复式的向、背形构造。这种褶皱是纵弯褶皱作用下形成的弯滑-弯流褶皱，属B型褶皱类型。

综上所述，前奥陶纪变质岩系经历了中深构造层次的变质变形，其构造形迹复杂多样，被后期构造强烈叠加改造，原始位态难以恢复。

（二）双湖构造混杂岩带

该带分布于西雅尔岗—才多茶卡—山字形山一线，总体呈北西西向带状展布。混杂带宽窄不一，西雅尔岗宽度约22km，在才多茶卡一带宽约1km，在山字形山一带宽约6km。双湖构造混杂岩带物质组成复杂，包括前奥陶纪齐陇乌如岩块、阿木岗岩块，二叠纪中基性火山岩块、大理岩岩块、放射虫硅质岩岩块、碎屑岩块，以及不同类型的基质。

总体构造格局为一系列经过多期构造叠加改造而形成的NWW向断裂、褶皱断块组合，海西晚期—印支期具俯冲构造混杂岩性质。燕山期为一系列叠瓦式、对冲式褶皱逆冲断裂构造系统。喜山期为右旋走滑叠加断裂系统。该断裂带变形特点是由韧性向脆性过渡，具多期活动的特点。

双湖构造混杂岩带在测区西部出露较为完整，延伸甚远，东部经才多茶卡—山字形山后，下伏于中生界之下。根据地层分布，在经雅曲乡、查赫该扎西南山后，可能被北西向隐伏断裂右形走滑错断。断裂在测区西部出露良好，东端被第四系、古近系所覆盖难以观察。断裂后期活动交截的最新地层为侏罗系，被古近系所覆盖。

1. 双湖构造混杂岩带北部边界断裂

双湖构造混杂岩带在吐错幅内呈断续状延伸，北部边界断裂时隐时现，西段多被中侏罗统雀莫错组不整合覆盖，中部地段露头良好，表现为较明显的向北逆冲的断裂构造，在断裂带北侧广泛发育中生代以来的海相碳酸盐岩及海陆交互相碎屑岩建造。

2. 双湖构造混杂岩带南部边界断裂

南侧边界较为明显，从西雅尔岗北侧北东向延伸至才多茶卡一带，再向东则转变为南东东向脆性断裂带而不大明显。在断裂带内及南盘广泛出露了三叠系土门格拉群及侏罗系地层。土门格拉群为陆相含煤碎屑岩建造，侏罗系地层出露夏里组和索瓦组海相地层，基本与北羌塘一致。

3. 混杂岩带变形特征

该构造混杂岩带在双湖西侧西雅尔岗一带最宽，构造方向呈北东向延伸，在双湖东侧的才多茶卡、山字形山一带急剧收敛，构造线方向呈北西西向展布，调查证明为一多层次、多体制、多阶段、多性质断裂叠加的复合断裂带。目前图面所勾绘的断层线实质为晚期活动的脆性断裂的形迹，大部分指示了由南向北逆冲推覆，组成无序的逆冲岩片，构成双湖构造混杂岩带的重要组成部分。才多茶卡-山字形山变形带呈断裂带中段的组成部分，在才多茶卡剖面（图5-2-5）可见由脆韧性断裂切割强韧性剪切变形的不同岩片组合在一起，其糜棱岩带与蓝片岩相间产出，其中主要是二叠系变质火山岩-细碎屑岩组合，在硅质岩中见放射虫。

1）在华力西早期具板块俯冲带构造混杂岩性质

测区内现存俯冲带构造遗迹沿断裂带呈断续状延伸，侧向上多不连续，并多被后期逆冲推覆构造和走滑剪切断层所改造或掩埋，使其大规模移位，但残存证据表明了当时南羌塘地块向北羌塘地块发生俯冲作用的构造遗迹。

从该带南北两侧地层的物质组成、构造属性、空间分布及大地构造背景综合分析，南侧南羌塘地区，晚古生代二叠纪火山岩具明显的裂谷型火山岩特征，而三叠纪火山岩具明显的岛弧和弧后盆地火山岩性质，裂谷-岛弧及弧后盆地的存在，说明双湖构造带内经历了由陆内裂谷到俯冲拼贴的过程，俯冲带显然位于南羌塘陆块的北侧。大约是在俯冲陆块的才多茶卡一线。

本次解体出的双湖构造混杂岩带，既有二叠纪火山岩块及碎屑岩物质，同时又夹有晚古生代（泥盆

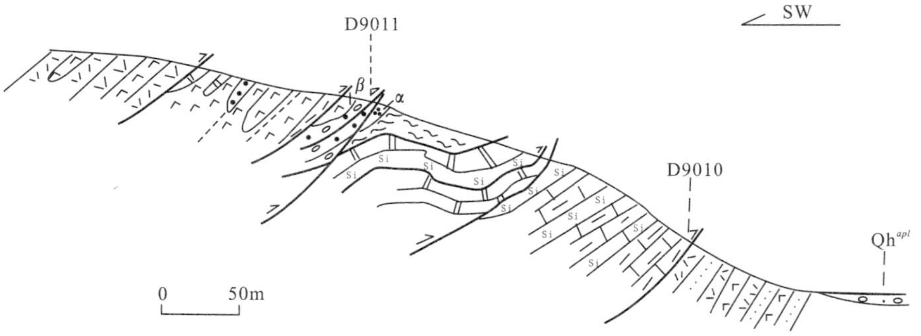

图 5-2-5　双湖构造混杂岩带逆冲叠置岩片

纪）地层块体，岩性复杂，岩石组合为砂质千枚岩、板岩、硅质岩、大理岩等，彼此呈大小不同的岩片和岩块嵌入于普遍发生韧性剪切的韧性基质中，共同组成构造混杂岩。该构造混杂岩向西断续延伸至角木日、玛依岗日一线，总体呈北西西向展布；出露长度大于200km，皆赋存于巨大韧性剪切断裂带中，岩块大小不一，形状各异，长轴方向与剪切基质的层理（或片理）大致平行，为板块俯冲过程中形成的构造混杂岩。断裂带构造岩块内部变形强烈，强变形带——糜棱岩带切割分划岩片，不同时代、不同来源、不同种类的岩石相互拼贴混杂。既有深海沉积的硅质岩、火山岩，又有陆缘物质砂质千枚岩、砂岩，亦有台地相碳酸盐岩沉积物。图区虽未发现代表洋壳的蛇绿岩，但构造混杂岩为俯冲带构造组合的典型代表。

另外，该带在才多茶卡北部有高压变质作用形成的蓝闪片岩出露，蓝闪片岩赋存于一套具韵律特点的变质中基性、基性、中酸性火山岩、硅质岩和沉积碎屑岩中。蓝闪石类以铁蓝闪石为主，铝铁闪石、镁钠闪石较少，此外还有绿闪石、钠闪石等，并有黑硬绿泥石和绿辉石岩屑。由此来看，俯冲带蓝片岩形成于高压低温环境。蓝闪片岩为板块俯冲提供可靠依据。

2）燕山期发育逆冲推覆构造

燕山期为主造山期，是测区海陆转化的过渡时期，受到近南北向构造应力的控制，沿双湖构造带形成一系列大规模逆冲，在两者结合部位形成宽度、规模不一的叠瓦状逆冲断裂带（图 5-2-6）。

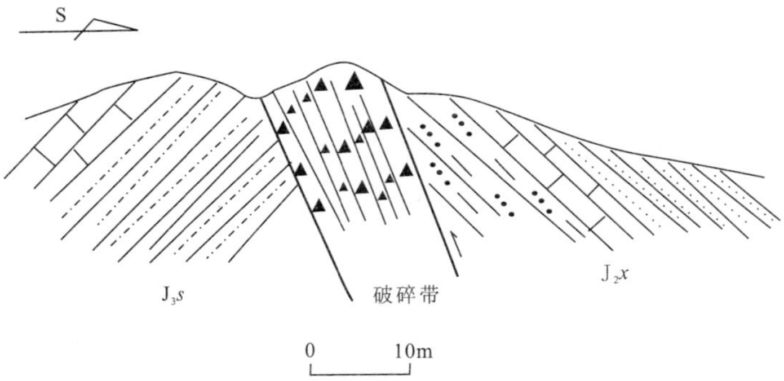

图 5-2-6　雀日茶卡南西燕山期叠瓦状逆冲断裂带素描图

断裂带组成的岩块主要是二叠系岩块、上侏罗统地层，各岩片以大角度逆冲断裂分割，大小各异的岩块在剖面上彼此叠瓦状“堆积”，推覆于二叠系鲁谷组之上，在平面上呈长条状或扁豆状分布，内部发育次级断裂和褶皱变形，褶皱轴面基本与断面产状相协调。冲断面一般发育在褶皱的翼部，切割褶皱呈不完整状。逆冲断层总体呈对冲型产出，近北东东向延伸，在西雅尔岗北部多向北倾，在南部多向南倾，倾角较陡，一般在50°～60°之间；破碎带以断层泥、构造角砾岩为主，多显示逆冲性质；褶皱夹于断块之间，大小各异，大者延伸可达3～5km，小者露头尺度上可见，轴面发育，劈理切割岩石呈似层状。

逆冲断层总体呈北西向（局部北东东向）展布，具宽窄不一的束状延伸，由夹于F_{15}、F_{24}、F_{41}、F_{42}、F_{75}和F_{76}等断裂之间规模不等的韧-脆性逆掩断裂组成。断面多向南倾，少数北倾，受到后期构造的改造，倾角较陡，一般60°～70°，断面具波状起伏，形成宽约几公里的破碎带，带内发育碎裂岩、断层泥、构造角砾岩，岩石片理化及揉皱变形现象普遍。断裂具明显的构造分带性，有些断裂带内见大的构造透镜体。断裂上盘老地层覆盖于下盘新地层之上，显示逆断层性质。

从该断裂带两盘地层发育特征来看，南盘仅发育三叠纪和侏罗纪以来的地层，而北盘则二叠纪和侏罗纪以来的地层发育相当完整。这说明燕山期以来逆冲推覆造山作用的长期性，在此过程中，由北南向挤压而引发的大规模逆冲推覆，造成南盘上冲遭受长期剥蚀，而北盘下降接受沉积，在逆掩推覆的过程中，使早古生代地层原始产态发生变化、位移，并掩埋早期俯冲带构造实体记录。

3）燕山期大规模右行走滑平移

燕山期发生大规模右行走滑平移，部分逆冲断层再次复活，并改变其性质，由逆断层向平移断层转化，断裂两盘相对位移，在走滑断裂之间形成虚脱拉张空间，构成拉分盆地，沉积新生代地层。

断裂的走滑位移是显而易见的。首先从断裂两盘的地层分布特点来看，晚古生代地层呈不对称状分布，西部出露面积较大，向东渐尖灭，并由于断层活动而改变原始构造线。另外，就断裂带本身而言，多数为早期断裂活化，沿袭和继承了早期断裂构成的脆弱面，为再次活动的产物，并使其性质、产状、规模发生改变，皆显示右行走滑。拉分盆地构造的形成是断裂右行走滑的又一典型标志，形成于断裂密集区，主要位于中央隆起带的北缘，沉积物为古近纪陆相碎屑岩建造，形成局限性陆相盆地沉积。

4）喜山期形成对冲型逆冲推覆构造系统

喜山期由于青藏高原的隆升作用，区内受到南北向构造应力场的控制，形成逆冲推覆构造，受其影响在双湖构造隆起带多表现为对冲型逆冲推覆构造系统（图 5-2-7）。

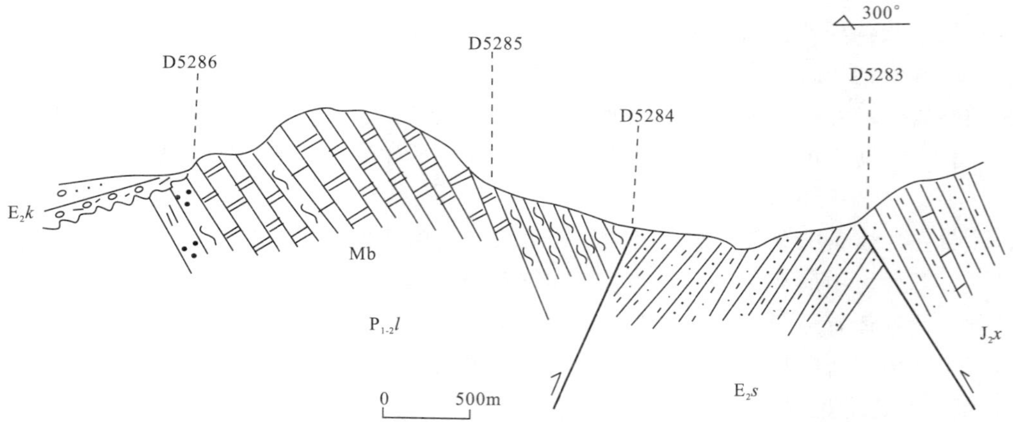

图 5-2-7　西雅尔岗对冲型逆冲推覆构造图

5）断裂的运动学特征及产态

从断裂带的总体产状来看，在测区内逆冲断层面向北倾斜，局部南倾，断裂带中的糜棱面理倾向北，与晚期脆性破裂面一致。从构造变形分析，早期具韧性剪切变形特点，后期发生了大规模的逆冲推覆，晚期具继承早期活动特征，以右行走滑拉分为主，形成了新生代拉分盆地，反映了断裂带多期活动的特点。

三、南羌塘陆块

该陆块位于西雅尔岗地区双湖构造混杂岩带南部边缘断裂以南，向南延伸至图幅外，总体呈北西向—近东西向展布。区内出露地层为上三叠统、中上侏罗统、始新统和第四系，为中低山地貌。该单元构造变形不强烈，变形以褶皱较为发育，断裂构造次之。

1. 褶皱

区内褶皱较为发育，轴迹走向以北西向为主，北东东向次之。主要发育在三叠系地层中。在上三叠统中，褶皱样式以紧闭褶皱为主，一般轴迹延伸长，褶皱轴迹走向 300°～310°。中上侏罗统中多为开阔宽缓的短轴褶皱，一般沿伸较小；翼间夹角较大，两翼地层产状较缓，轴迹走向 30°～40°。

从褶皱变形不难看出，南羌塘陆块至少存在两期变形。区内三叠系主要为三角洲相碎屑岩建造，是南羌塘晚三叠世代表性沉积组合，也受控于双湖构造混杂岩带，是印支运动的产物。该区中上侏罗统地层是南、北羌塘同期沉积的产物，变形期则为燕山晚期。

2. 断裂

该区断裂构造发育程度中等，早期主构造线呈北西西向展布，在多涌一带与双湖构造混杂岩带一致，多为逆冲断层，构成南羌塘陆块的边缘断裂，如 F_{74}、F_{75} 等；晚期受燕山期构造拉分作用的影响，在鄂雅错则呈北东向展布，如 F_{34}、F_{35} 等；两期构造叠加表现明显，北西向断裂多被北东向断裂所交截。

第三节 构造单元特征分述

测区不同构造单元均经历了多期构造运动的叠加改造，发生了不同程度的构造变形后，形成了一系列褶皱和断层（表 5-3-1、表 5-3-2），局部并伴随同期岩浆的侵入和火山喷发。由于构造层及演化阶段的差异，其构造形迹在空间展布、构造形迹、组合方式上均有较大差异，并被区域性大断裂所分开。

一、北羌塘陆块

南部边界为龙木错-双湖构造带北部边界断裂，北界延伸到相邻图幅，构成一大规模坳陷带，呈南东向带状分布。坳陷内以侏罗系地层最为发育，古近系康托组、唢呐湖组零星分布，新近纪火山活动较为强烈，并发育次级隆起与坳陷。

该构造单元的褶皱、断裂构造主要为北西西向，局部受后期拉分走滑的影响呈北东向展布。

（一）次级构造单元特征

1. 白滩湖-波涛湖凹陷

该凹陷分布于测区东北部，总体呈北西向展布。凹陷区内中上侏罗统发育齐全，康托组、唢呐湖组、鱼鳞山组分布较为局限。沉积厚度大和埋藏深是该凹陷的最大特征之一。

凹陷内主要被侏罗系构造层覆盖，褶皱和断裂发育，褶皱多表现为短轴背、向斜构造，而断裂则均为脆性断裂。凹陷边缘多被走滑断层所围限，也构成构造地貌转折点。

1）褶皱构造

该凹陷内地势平坦开阔，总体为一复向斜，其褶皱组合样式以短轴背、向斜为特征；两翼产状较为低缓，轴迹走向呈北西向，枢纽向北西倾伏，主要的褶皱有兄弟泉背斜（f_{42}）、兄弟泉南向斜（f_{43}）等。

（1）兄弟泉背斜由侏罗系地层组成，核部地层为布曲组，两翼地层为夏里组、索瓦组、白龙冰河组，轴迹走向为 300°，北翼地层产状：20°∠40°，南翼地层产状：245°∠38°；枢纽向北西倾伏，倾伏角 30°左右。

（2）兄弟泉南向斜位于兄弟泉南，南翼被破坏，北翼较为完整；向南东具扬起趋势，枢纽要素与背斜相同。

2）断裂构造

断裂构造多见于背、向斜的两翼，走向与主构造线方向一致；多沿谷地发育而被第四系覆盖，地貌上呈现线状负地形，构成地貌转折点，形成次级单元的界线。主要断裂有 F_{61}、F_{62}、F_{63} 等。

该带内断裂以逆断层为主，断面向北东陡倾，多沿岩层走向发育。

（1）兄弟泉北西逆断层：断层走向 300°，长约 2km；断层破碎带宽约 5m，多为角砾岩和挤压透镜体，两盘岩层产状大角度交截。

（2）兄弟泉逆断层：断层走向 70°，产状为 340°∠70°；长约 2km；破碎带宽约 5～10m，构成冲沟，断面较陡，卫片线性影像清楚。构成山前逆冲断层，灰岩逆冲于红色碎屑岩系之上。

表 5-3-1　吐错幅主要断裂特征一览表

编号	断层名称	产状			规模		地层		断层特征描述	性质	备注
		走向	倾向	倾角	长度（km）	断距（m）	上盘	下盘			
F_1	东湖北西向断层	320°	50°	50°～70°	6	数十米	J_2x	J_3s	断层线平直，破碎带宽 30～50m，为 J_2x 与 J_3s 分界断层，两盘地层产状混乱	逆断层	
F_2	东湖北断层	300°	30°	70°	9	百余米	J_3s	J_2x、J_3s	断层线平直，破碎带宽 10～30m 不等，为背斜北翼逆冲断层	逆断层	
F_3	东湖东断层	340°	北东	不详	25	不清	J_3s	E_2s	为遥感解译断层，构成北东向线状地貌	走滑断层	
F_4	东湖北东断层	50°	不清	不清	20	不详	Q	Q	为遥感解译断层，构成北东向线状地貌	走滑断层	
F_5	东湖南断层	280°	10°	50°	7	数米	E_2s	J_3s	断面波状弯曲，上盘地势平坦，下盘构成线状山丘	正断层	
F_6	温泉沟断层	320°	北东	>70°	20	4	E_2s、E_2k	J_2x、J_3s	为一右行走滑断层，发育破碎带，交截 F_7、F_8 断层	走滑断层	
F_7	东湖南断层	290°	200°	45°	10	数米	E_2s	J_3s	为逆断层，破碎带中等，为内陆湖盆边缘断层	逆断层	
F_8	长红山北东逆断层	320°	230°	近直立	20	不清	J_3s	J_3b	断面平直，侧向延伸稳定，构成山前断裂，破碎带宽 10 余米	逆冲走滑断层	
F_9	长红山北东逆断层	320°	230°	60°	10	不清	J_3b	J_3s	断面平直，侧向延伸稳定，破碎带窄	逆断层	
F_{10}	长红山北断层	320°	50°	近直立	4	不清	J_3b	J_3s	为次级派生走滑断层	走滑断层	
F_{11}	长红山东走滑断层	320°	50	近直立	40	10	J_3b、J_3s	J_3b、J_3s	为北西向走滑主断裂，规模巨大，破碎带宽 100～500m，断面陡立	走滑断层	

续表 5-3-1

编号	断层名称	产状			规模		地层		断层特征描述	性质	备注
		走向	倾向	倾角	长度(km)	断距(m)	上盘	下盘			
F_{12}	尖头山南逆冲推覆断层	300°	30°	40°	10	1	J_3s	E_2s	为一逆冲推覆断层，破碎带宽10余米，上盘见有牵引褶皱	逆冲推覆	
F_{13}	长梁山西走滑断裂	15°	285°	近直立	4	500	J_3s、E_2k	J_3s、E_2k	为一右行走滑断层，破碎带较窄，沿走向切断 E_2k、J_3s 地层	右行走滑断层	
F_{14}	阿木岗日北逆冲断层	300°	30°	60°	14	数公里	J_2b	J_2q	为一逆冲断层，破碎带宽约数十米，构成挤压透镜体，在断裂带东段，上下盘岩层走向相交截	逆断层	
F_{15}	阿木岗日北西逆断层	30°	300°	40°	5	500	$P_{1-2}l$	AnO*a*	为一逆断层，上盘为 $P_{1-2}l$ 中酸性火山岩，下盘为 AnO*a* 变质岩系，破碎带宽约十余米	逆断层	
F_{16}	作多木多逆断层	320°	230°	55°	6	>300	$P_{1-2}l$、AnO*a*	AnO*q*	为一逆断层，上盘为 $P_{1-2}l$ 基性火山岩，下盘为 AnO*q* 石英片岩类，挤压破碎带宽约20m	逆断层	
F_{17}	朝玛沃玛逆断层	330°	60°	45°	12	不清	AnO*q*	Pss	为逆断层，AnO*a* 逆冲在二叠系构造混杂带之上，产状低缓，呈波状弯曲	逆断层	
F_{18}～F_{19}	邢陇法陇西南逆断层	320°	230°～240°	60°～80°	2	不清	AnO*q*	AnO*q*	为逆断层，沿构造面理发育，为走向断层，产状陡，规模小，沿岩层走向带状分布	逆断层	
F_{20}	多陇强玛逆断层	30°	120°	50°～60°	>4	不清	$P_{1-2}l$	$P_{1-2}l$	逆断层，沿岩层走向发育，破碎带多表现为强烈的片理化带和部分挤压透镜体	逆断层	
F_{21}	多陇强玛南逆断层	30°	300°	60°	>6	不清	$P_{1-2}l$	$P_{1-2}l$	逆断层，断裂带基本沿岩层走向发育，破碎带以强烈的片理化带和构造透镜体为主	逆断层	
F_{22}	朝玛沃玛南逆断层	30°	120°	50°	>10	不清	$P_{1-2}l$	$P_{1-2}l$	逆断层，断裂带沿岩层走向产出，破碎带表现为强烈的片理化带，沿断层带局部被新近系唢呐湖组覆盖，并交截北西向断裂，推测为印支期造山作用的产物	逆断层	
F_{23}	阿木岗日东逆断层	30°	300°	70°	>15	不清	AnO*a*	$\gamma\delta$	为一逆冲兼走滑断裂带，宽100～300m不等，具脆-韧性特征，显示右行剪切，破碎带以片理化透镜化为主要表现特征，该断裂卫片影像表现为线状负地形	逆冲-走滑断层	阿木岗日东山前断裂

续表 5-3-1

编号	断层名称	产状			规模		地层		断层特征描述	性质	备注
		走向	倾向	倾角	长度(km)	断距(m)	上盘	下盘			
F_{24}	仲仑沟岭背断裂	45°	315°	50°	20	>800	$P_{1-2}l$	J_3s、$P_{1-2}l$	为一逆冲推覆断层，上盘构成唐古拉山脉，下盘大部分与上盘部分相一致，西端见上侏罗统索瓦组之上，破碎带以片理化为特征，属走向断层		与阿木岗日东山前断裂为同一断裂
F_{25}	仲仑沟逆冲断层	100°	10°	50°	11	不清	$P_{1-2}l$	E_2k	为逆冲断层，上盘为二叠系鲁谷组火山岩夹碎裂岩，下盘为古近系康托组粗碎屑岩，破碎带宽 3～10m 不等，以挤压为特征	逆断层	共同构成西亚尔岗北对冲型逆冲推覆构造带
F_{26}	仲仑沟南逆冲断层	100°	190°	70°	5	不清	J_2x	E_2k	断层两侧岩层产状相背，明显可见南侧灰岩推覆在红色碎屑系之上，破碎带宽 2～5m	逆断层	
F_{27}	西雅北逆冲断层	110°	200°	50°～60°	>10	>1 000	J_3s	J_3s、E_2k	断层带较为破碎，以压性碎裂岩为主，断层两侧可见灰岩逆冲在红色碎屑岩之上，破碎带宽 3～8m，产状变化大，具推覆特征	逆断层	
F_{28}	西雅断层	50°	320°	70°	>20	>1 000	$P_{1-2}l$、J_3s	J_2x、J_3s	两盘岩层产状大角度斜交，断面向北西陡倾，具右行走滑特征。破碎带宽 5～10m 不等，地形、地貌特征反应明显，卫片上线形影像清楚	走向断层	
F_{29}	阿布逆断层	95°	5°	30°～50°	>5	不清	J_3s	$P_{1-2}l$	明显可见逆冲在下部玄武岩不同层位之上，破碎带以片理化为特征，宽 3～5m 不等，局部见挤压透镜体	逆断层	
F_{30}	阿布逆断层	20°	150°	50°	>8	不清	K_1a	$P_{1-2}l$	断层两盘岩层产状相背，上盘砂岩中见一牵引背斜，指示逆冲性质，破碎带宽 1～2m	逆断层	
F_{31}	西雅尔断层	40°	310°	70°	6	300	E_2k、J_3s	E_2k、J_3s	地形、地貌上均构成线状负地形及鞍部负地貌特征，卫片线性特征明显，为右行走滑断层	走滑断层	具右行走滑断层
F_{32}	西雅尔山前断层	60°	150°	50°	5	不清	J_3s	E_2s、J_3s	为盆地边缘断裂，分布较局限，多被第四系覆盖，破碎带不发育，沿地层走向产出，规模小。	逆冲推覆	测区出露局限

续表 5-3-1

编号	断层名称	产状			规模		地层		断层特征描述	性质	备注
		走向	倾向	倾角	长度(km)	断距(m)	上盘	下盘			
F_{33}	鄂雅错-才多茶卡隐伏断裂带	60°	北西陡倾	70°至直立	>65	不清	J_3s、$P_{1-2}l$	T—J	该断裂规模巨大，区内延伸长，但多被第四系和古近系所覆盖而构成隐伏断裂，卫片及地形地貌上线性特征明显，具右行走滑特征	隐伏断裂	为成山作用的产物，区域性控制了现今地形地貌
F_{34}	苏鄂日举断层	60°	330°	50°	2	数米	J_3s	J_3s	断层沿岩层走向产出，并与岩层走向相一致，规模小，破碎带宽1m左右	走向断层	
F_{35}	陇鄂玛曲断层	60°	330°	50°	>8	不清	J_3s	J_3s	断层沿上侏罗统索瓦组岩层走向发育，破碎带宽3～5m，以角砾岩和断层岩为主	走向断层	
F_{36}	蒂让碧错南逆断层	290°	290°	50°	>6	不清	T_3T	J_3s	断层带基本沿岩层走向产出，灰绿色砂岩逆冲在灰岩之上，破碎带宽3m左右，以碎裂岩、断层岩为主	逆断层	
F_{37}	鸭湖西走滑断层	90°	0°	70°～80°	>3	不清	T_3T	J_3s	断层破碎带宽约5m，以断层泥、角砾岩为主，局部见砂岩逆冲在灰岩上	走滑-逆冲断层	侧向上多被后期断裂交截
F_{38}	班登纳次正断层	280°	10°	50°	>3	数米	E_2s	J_3s	地形地貌上为一线状负地形，破碎带宽约3m，带内见褐铁矿化现象	正断层	
F_{39}	鞋底湖北逆断层	85°	175°	45°	4	不清	J_3s	$P_{1-2}l$	断层沿两盘岩层走向发育，灰岩逆冲在硅质岩、片岩、玄武岩之上。破碎带宽约3m，地貌上显示一线状负地形	逆断层	
F_{40}	牛角山北走滑断层	70°	340°	70°～80°	8	>300	J_3s	J_3s	沿断层带构成线状负地形，破碎带宽约2m，沿走向多被第四系覆盖	左行走滑断层	属F_{34}隐伏的次级派生断层
F_{41}	大沙河逆冲断层	120°	210°	70°	>6	不清	$P_{1-2}l$	J_3s	沿断层带见及硅质岩、片岩，硅质岩逆冲在南部灰岩之上，构造变形强烈，破碎带波及较宽，并见次级构造单元拼接的点状露头	隐伏断裂	与F_{74}属同一断层

续表 5-3-1

编号	断层名称	产状			规模		地层		断层特征描述	性质	备注
		走向	倾向	倾角	长度(km)	断距(m)	上盘	下盘			
F_{42}	鸭湖北逆断层	90°	180°	60°	>3	不清	J_2x	J_3s	沿断层带可见碎屑岩逆冲在灰岩层之上，破碎带宽 1～2m	逆断层	
F_{43}	鸭湖东走滑断层	300°	30°	近直立	>5		J_2x	N_2s	地貌上构成一线状负地形，显示右行走滑特征明显	走向断层	次级派生断层
F_{44}	普若岗日北走滑断层	330°	60°	近直立	>2		J_3b	γE_2	沿断层带构成一线状负地形，地貌差异明显，显示冷侵入接触关系	走滑断层	
F_{45}	普若岗日东断层	30°	300°	70°～80°	>70	>1 000	J_{2-3}	J_{2-3}	断裂规模大，局部构成箕状拗陷盆地而被第四系所覆盖，构成隐伏断层，地貌特征卫片影像上均有良好的表现，显示右行走滑特征	走滑断层	与 F_{52} 为同一断层，该断层为北端隐伏部分
F_{46}	诺拉岗日北西逆断层	320°	50°	65°	>5	>1 000	J_3K_1x	J_3b	断裂破碎带宽约 5m，地貌上构成一冲沟，卫片影像上反映清楚，显示逆冲断层特征	逆断层	两断层平行一致，均兼具右行走滑特征
F_{47}	普若岗日北走滑断层	340°	50°	65°	>8	>1 000	J_3b	J_3K_1x	冲沟沿断层破碎带分布，破碎带宽 5～8m 不等，以碎裂岩为主	逆冲兼右行走滑断层	
F_{48}	诺拉岗日西走滑断层	5°	275°	70°～80°	8	不清	J_3K_1x	J_3s、J_3b	断裂带近南北向展布，地貌及卫片影像上线形特征极为明显，断带宽约 5m，具右行剪切特征	走滑断层	
F_{49}	诺拉岗日南走滑断层	320°	70°	近直立	15	>2 000	J_3s	J_3s	沿断层带构成北西向沟谷，破碎带宽约 10m，以角砾岩为主，卫片上显示线状影像特征，具右行走滑特征	走滑断层	
F_{50}	诺拉岗日西侧叠加走滑断层	70°	340°	70°	5	800	J_3b	J_3b	地层沿走向明显被错断，破碎带宽约 5m，地貌、地形上均显示线状负地形	走滑断层	
F_{51}	托纳木藏布上游逆断层	40°	310°	50°	6	不清	J_3b	E_2s、J_3b	地貌、地形上均显示线状负地形，见 3～5m 宽的挤压破碎带	逆断层	

续表 5-3-1

编号	断层名称	产状			规模		地层		断层特征描述	性质	备注
		走向	倾向	倾角	长度(km)	断距(m)	上盘	下盘			
F_{52}	笙根西走滑断裂	20°	290°	近直立	>30	>1 000	J_3b、J_3s	J_3s	该断裂规模巨大，呈北北东向展布，局部沿断层带被第四系所覆盖而构成隐伏断层，显示右行走滑特征，破碎带宽 50m 左右，局部夹断块	走滑断层	与 F_{45} 隐伏断裂相接
F_{53}	笙根-索拉木岗日走滑断裂	30°	300°	近直立	30	>3 000	J_3b	J_3b、J_3K_1x	断裂带规模大，卫片及地貌上均呈现线状负地形特征，破碎带宽 5～10m，具右行走滑特征	走滑断层	与 F_{52} 总体平行一致，呈间列式分布
F_{54}	托纳木藏布沟口南北向隐伏断层	0°～5°		直立	>50	不清			该断裂仅在地貌特征上有所反映，构成近南北向负地形，局部构成第四系局限盆地	隐伏断裂	
F_{55}	美日切岗根南走滑断层	40°	310°	70°～80°	>3	>500	J_3b	J_3s	为一右行走滑断层，破碎带宽 1m 左右，地貌上构成北东向冲沟	右行走滑断层	
F_{56}	托纳木藏布北逆断层	320°	40°	45°	5	不清	J_3s	J_3s	两盘岩层产状大角度交截，地形地貌上显示负地形和线状影像特征，破碎带宽 1～2m，以角砾岩为主	正断层	
F_{57}	托纳木藏布北逆断层	50°	340°	近直立	12	>1 000	J_3s	J_3b	见 5～10m 宽的挤压破碎带，并构成地貌转折点，沿山前呈带状延伸，构成逆冲断裂	逆断层	
F_{58}	洞错北西走滑断层	300°	30°	70°	14	不清	J_3b	J_3b	为一走滑断层，断面产状与岩层产状近乎一致，并具右行走滑特征，地貌上构成线状负地形	走滑断层	
F_{59}	美日切错东走滑断层	50°	320°	50°	>4	不清	J_3s	$E_{2+3}y$	该断裂为一北东向断裂构造的露头部分，断裂规模较大。两端均被第四系覆盖，点上破碎带宽 5～10m，地貌上显示北东向洼地呈带状延伸	逆断层	
F_{60}	洞错北走滑断裂	340°				>1 000	$E_{2+3}y$	J_3b	沿断裂带构成线状负地形，可见红色碎屑岩系，明显被错断，破碎带较宽，约 10m，断面近直立	走滑断层	
F_{61}	兄弟泉北西逆断层	300°			2	不清	J_3s	J_3b	断层破碎带宽约 5m，多为角砾岩和挤压透镜体，两盘岩层产状大角度交截	逆断层	
F_{62}	兄弟泉逆断层	70°	340°	70°	2	不清	J_3x	J_3s	破碎带宽约 5～10m，构成冲沟，断面较陡，卫片线性影像清楚	逆断层	

续表 5-3-1

编号	断层名称	产状			规模		地层		断层特征描述	性质	备注
		走向	倾向	倾角	长度(km)	断距(m)	上盘	下盘			
F_{63}	劳日特西逆断层	315°	45°	60°	>14	不清	J_3s	E_2k	构成山前逆冲断层，灰岩逆冲于红色碎屑岩系之上，破碎带宽 3～8m 不等，地形、地貌上均显线状特征	走滑断层	
F_{64}	劳日特走滑断层	40°		直立	>8	不清	γE_2	γE_2	地貌及卫片上显示良好的线性影像特征，可见岩体发生明显的错位，破碎带宽度不详，沿破碎带多构成冲沟	走滑断层	
F_{65}	查布如南逆断层	305°	35°	50°	>7	不清	J_3s	J_3s	断层两盘岩层产状大角度相交截，并构成 3～5m 的破碎带	逆断层	
F_{66}	查布如南东逆断层	85°	355°	45°	4	不清	J_2x	J_3K_1x	地貌上构成一线状洼地，沿洼地方向破碎	逆断层	
F_{67}	阿木查跃走滑断层	30°	300°	70°～80°	>8	不清	J_3s	J_3b	两盘岩层产状变化较大，地貌上构成明显的拐点，并构成线状洼地，沿洼地断层破碎带宽 8m 左右，断面陡直，见右行走滑特征	走滑断层	
F_{68}	碰巧日逆断层	60°	330°	70°	>18	不清	J_3b	J_3K_1x	地貌上构成线状负地形带，上盘地形局部形成独立山峰，破碎带宽 5～8m，以角砾岩和断层泥为特征	逆断层	
F_{69}	邦雀日逆断层	70°	290°	60°	>20	不清	以 $J_3K_1x^1$ 为主	以 $J_3K_1x^1$ 为主	地貌及卫片上显示一线状负地形，破碎带宽约 5m，从地形上分析上盘为上升盘	逆断层	
F_{70}	雀日尼里逆断层	300°	210°	60°	6	不清	J_2x	J_3s	卫片影像线性特征良好，地貌上显示一负地形，沿断裂带见串珠状湖泊发育，破碎带宽约 10m	逆断层	
F_{71}	雀姆东达南走滑断层	70°	340°	70°～80°	20	不清	J_3s	E_2s	沿断层带线状负地形，线性影像极为明显，局部沿断层带形成沟谷	走滑断层	
F_{72}	雀日茶卡南西走滑断层	70°	340°	70°	>22	>1 000	E_2s	J_3s	卫片影像线性特征良好，地貌上为一负地形，沿断裂带见串珠状湖泊发育，破碎带宽约 10m	走滑断层	
F_{73}	雀日茶卡南逆断层	80°	170°	70°	10	不清	J_2x	J_3s	断层两盘岩层产状相背，见有 10m 的破碎带，沿破碎带形成地貌转折点	逆断层	
F_{74}	咸水河逆断层	300°	210°	60°	24	不清	J_3b、J_3s	E_2k	地貌上构成山前断层，为一地貌转折点，沿断层带构成线状负地形，咸水河沿断裂带延伸，局部形成串珠状小湖泊，大部分地段被第四系覆盖	逆断层	

续表 5-3-1

编号	断层名称	产状			规模		地层		断层特征描述	性质	备注
		走向	倾向	倾角	长度(km)	断距(m)	上盘	下盘			
F_{75}	多涌南逆断层	300°	210°	60°～70°	>25	不清	T_3T	J_3s	断层带两盘岩层大角度交截，破碎带宽约10余米，卫片影像及地貌特征上均有明显显示	逆断层	
F_{76}	多涌北逆断层	300°	210°	60°	9	不清	J_3s	T_3T	断层带两盘岩层大角度交截，沿断层带构成线状负地形，破碎带宽约8m，可见灰岩逆冲在砂岩上	逆断层	
F_{77}	山字形山西逆断层	330°	60°	50°	4	不清	T_3T	T_3jm	沿破碎带形成一线状鞍部，破碎带沿岩层走向发育，构成走向断层，破碎带宽约5m	逆断层	
F_{78}	雅曲乡北逆断层	80°	170°	70°	6	不清	T_3T	T_3T	地貌、卫片上均呈现线状负地形特征，破碎带多构成洼地，宽度不详，推测为逆断层	逆断层	
F_{79}	雅曲乡北西逆断层	120°	30°	65°	4	不清	T_3T	T_3T	破碎带沿一谷底分布，覆盖较多，推测为一逆冲断层，破碎带宽约5m	逆断层	
F_{80}	山字形山西断层	60°			3	不清	$P_{1-2}l$	$P_{1-2}l$	断层规模小，为大角度交截岩层走向的次级断层	性质不明断层	
F_{81}	山字形山南部逆断层	110°	200°	50°	5	不清	$P_{1-2}l$	$P_{1-2}l$	局部沿岩性界面发育，构成走向断层，破碎带宽数米不等	逆断层	
F_{82}	查赫该扎西南山逆断层	120°	30°	45°	10	不清	T_3T	$P_{1-2}l$	沿断层带构成近东西向冲沟，覆盖较多，破碎带宽约3～5m不等	逆断层	
F_{83}	多日吉洛玛东逆断层	120°	210°	50°	16	不清	T_3jm	E_2k	断层带近东西向延伸，中部被第四系覆盖，破碎带宽5～8m，以角砾岩为主，地貌及卫片影像有明显显示	逆断层	
F_{84}	孔纳木索阿日断层	60°				不清	T_3jm	T_3T	破碎带构成线状负地形，宽达10m左右，其产状不清，性质不明显，推测为走滑断层	走滑断层	
F_{85}	孔纳木错南逆断层	70°	160°	70°	3	不清	T_3T	T_3jm T_3T	断层沿岩层走向分布，破碎带宽10～15m，由角砾岩组成，沿断层带构成线状负地形	逆断层	
F_{86}	雅根错北逆断层	85°	175°	60°	>5	不清	T_3T	T_3T	沿破碎带有泉眼出现，石英脉发育，破碎带宽10余米，为角砾岩，是一走向逆冲断层	逆断层	

表 5-3-2　吐错幅主要褶皱特征一览表

编号	名　称	褶　皱　特　征	褶皱类型	延伸长度(km)
f_1	普若岗日西复向斜	发育在上侏罗统索瓦组中，轴向为 60°，两翼地层均为 J_3s，核部为一背斜，北西翼地层产状：150°∠20°，北东翼地层产状为：300°∠30°，宽约 10km，总体为两向一背组成	宽缓	8
f_2	东湖南部背斜	主要发育在中侏罗统夏里组中，轴向 280°左右，两翼地层均为 J_3s，北翼地层产状：0°∠60°，南翼地层产状：200°∠60°，宽约 1km，总体为一短轴背斜	宽缓	4
f_3	东湖南东侧向斜	发育在古近系唢呐湖组中，轴向呈 70°方向，与现代东湖凹陷基本一致，为一开阔宽缓向斜，两翼岩层倾角在 10°～20°之间，倾向变化大	宽缓	6
f_4～f_6	牛肚湖复向斜	总体由 f_4、f_6 背斜夹 f_5 向斜组成，轴迹走向均为 280°方向，两翼地层为 J_3s，局部见 J_2x，核部地层为 J_3b，两翼走向与轴迹方向一致，倾角在 40°～60°之间	开阔	10
f_7	红土山向斜	发育在古近系康托组中，轴向呈 300°方向，两翼地层均为砾岩，北东翼地层产状为 220°∠51°，南翼地层产状为 20°∠42°，向斜开阔，宽约 4km	宽缓	2
f_8	长红山南东向斜	为一开阔宽缓向斜，核部由雪山组构成，两翼地层分别为白龙冰沟组和索瓦组，轴迹走向 300°左右，北东翼地层产状为 290°∠40°，南西翼地层产状为 320°∠40°，向斜略向南东倾伏，向斜宽度约 6km	宽缓	10
f_9～f_{12}	达尔沃错温东复式褶皱组合	该褶皱组合由两背斜、两向斜近乎平行排列构成，发育在索瓦组灰岩中，轴迹走向 290°～300°左右，两翼产状较为平缓，倾角多在 40°～50°之间，其总体略向东倾伏，该褶皱组合宽约 8km	宽缓	20
f_{13}～f_{14}	长红山北东褶皱	由 f_{13} 背斜和 f_{14} 向斜组成，向斜规模较大，背斜为南西翼从属翼部褶皱，规模小，发育在上侏罗统白龙冰河组地层中，轴迹走向 320°左右，两翼产状较为低缓，倾角多在 20°～40°之间，褶皱构造被挟持于断裂带中	宽缓	15
f_{15}～f_{16}	普若岗日南部褶皱	构成线状褶皱组合，发育在上侏罗统索瓦组和白龙冰河组地层中，由一背一向组成，轴迹走向 320°左右，两翼产状在 20°～40°之间，褶皱组合开阔	宽缓	20
f_{17}～f_{19}	冰沙河上游褶皱组合	总体构成一复向斜构造，轴迹走向 290°方向，核部地层为雪山组地层，两翼地层为白龙冰河组和索瓦组，以 f_{17} 向斜规模较大，背斜向斜为从属褶皱系列，规模小，核部由索瓦组地层组成，翼部岩层产状在 30°～50°之间，褶皱紧闭-开阔程度中等	宽缓	18
f_{20}	锅底山背斜	为一短轴背斜，规模小，轴迹走向 70°左右，属次级从属褶皱，轴部地层为索瓦组，翼部地层为白龙冰河组，北西翼地层产状：340°∠20°，南东翼地层产状：150°∠25°	宽缓	2
f_{21}～f_{23}	普若岗日东南部短轴褶皱	由两背斜一向斜组成，轴迹走向 300°左右，均由索瓦组地层组成，枢纽倾向南东 120°左右，倾角在 20°～30°之间，构成一系列短轴褶皱，两翼地层产状在 25°～40°之间，为开阔褶皱	宽缓	6
f_{24}～f_{27}	索拉木岗日西褶皱组合	由一系列背向斜复合而成，轴迹走向近东西向，枢纽向西倾伏，倾伏角约 20°左右，波及地层为索瓦组、白龙冰河组，两翼地层产状较为低缓，倾角在 30°～50°之间，多为短轴背向斜组合	开阔宽缓	8～10
f_{28}～f_{30}	索拉木岗日南部褶皱组合	褶皱发育在索瓦组和白龙冰河组地层中，轴迹走向 290°左右，枢纽略向西倾伏，总体两向斜夹一背斜组成，褶皱两翼产状较为低缓，倾角在 20°～30°之间，褶皱波及宽度在 12km 左右，褶皱被挟持于断块之中，与之构成线方向不一致，被断裂大角度交截	开阔宽缓	8
f_{31}	诺拉岗日西背斜	发育在白龙冰河组地层中，轴迹走向近南北向，走向 10°左右，枢纽向北北东倾伏，西翼地层产状：320°∠25°，东翼地层产状：110°∠30°，为一开阔褶皱	宽缓	15
f_{32}	诺拉岗日北背斜	发育在上侏罗统地层中，核部地层为索瓦组，两翼地层为白龙冰河组，轴迹走向 300°左右，枢纽向南东倾伏，北翼地层产状：5°∠35°，南翼地层产状：160°∠38°	宽缓	5
f_{33}	诺拉岗日复向斜	该向斜总体构成诺拉岗日雪峰，规模大，宏观特征明显，为一短轴向斜，核部地层由雪山组组成，两翼地层为白龙冰河组、索瓦组，轴迹走向为 300°，北翼地层产状：190°∠30°，南翼地层产状：340°∠20°，为一开阔宽缓向斜，褶皱宽 10km。	宽缓	8

续表 5-3-2

编号	名称	褶皱特征	褶皱类型	延伸长度(km)
f_{34}	索拉木岗日背斜	该背斜核部地层为索瓦组，翼部地层为白龙冰河组、雪山组，北翼地层产状：30°∠35°，南翼地层产状：230°∠40°，枢纽向西倾伏，倾伏向290°左右，其中南翼被北西向断裂(f_{49})交截	宽缓	16
f_{35}～f_{38}	美日切岗根西部褶皱	由一系列开阔背向斜组成，发育在上侏罗统索瓦组、白龙冰河组地层中，轴迹走向60°左右，两翼地层产状较为低缓，倾角在20°～40°之间，总体由两向斜和两背斜组成，局部沿轴迹方向被断层破坏	宽缓	6
f_{39}～f_{41}	兄弟泉西褶皱	褶皱发育在索瓦组和白龙冰河组地层中，轴迹走向290°左右，为一系列短轴褶皱，总体由两向斜和一背斜组成，两翼地层产状较缓	宽缓	5
f_{42}	兄弟泉背斜	该背斜规模较大，核部由中侏罗统布曲组组成，两翼地层为夏里组、白龙冰河组、索瓦组构成，轴迹走向300°，北翼地层产状：20°∠40°，南翼地层产状：245°∠38°，枢纽向北西倾伏，倾伏向30°左右	宽缓	50
f_{43}	兄弟泉南部向斜	规模较小，为次级从属褶皱，轴迹走向290°，向斜向东南扬起，北翼产状250°∠35°，南翼产状30°∠25°	宽缓	4
f_{44}～f_{45}	美日切错北褶皱	由一向一背构成，规模较小，均为短轴褶皱，轴迹走向290°，枢纽向东倾伏，两翼地层产状较缓，倾角在35°～40°之间，为开阔褶皱	宽缓	4
f_{46}～f_{47}	劳日特北褶皱	由一向一背构成，发育在上侏罗统索瓦组、白龙冰河组地层中，枢纽向北西倾伏，轴迹走向300°左右，两翼产状较为低缓，倾角在30°～50°之间	宽缓	3
f_{48}	托纳木藏布向斜	该向斜规模较大，呈北北东向展布，轴迹走向300°，核部地层为雪山组，两翼地层为白龙冰河组、索瓦组，两翼产状较为低缓，北西翼地层产状：150°∠20°，南东翼地层产状：340°∠20°，向斜南部有褶皱叠加现象	宽缓	20
f_{49}	托纳木藏布背斜	核部地层为白龙冰河组，两翼地层为雪山组，枢纽向西倾伏，倾伏角15°左右，北西翼地层产状：330°∠60°，南东翼地层产状：240°∠40°，为一短轴背斜	开阔	2
f_{50}～f_{51}	日贡北褶皱	该褶皱由索瓦组构成，轴迹走向70°左右，枢纽向北东东倾伏，倾伏角30°左右，两翼地层产状在40°～50°之间，为开阔褶皱	宽缓	6
f_{52}～f_{55}	洞错北褶皱	总体由两向斜两背斜组成，向斜核部地层为雪山组，背斜核部地层为索瓦组，轴迹走向300°左右，相互平行，翼部岩层延伸稳定，倾角较缓，在40°～50°之间	宽缓	13
f_{56}～f_{57}	查布如南部褶皱	总体显示为一开阔背斜，北西侧见次级向斜构造，发育在古近系锁呐湖组砂砾岩中，轴迹走向为东西方向，北翼地层产状：10°∠32°，南翼地层产状：195°∠20°，褶皱宽缓开阔	宽缓	8
f_{58}～f_{62}	笙根褶皱组合	发育在上侏罗统索瓦组、白龙冰河组地层中，总体由三背斜两向斜构成，轴迹走向70°左右，褶皱向北东东倾伏，倾角在30°左右，两翼地层较为低缓，倾角在40°～60°之间，背斜向东倾伏，向斜向西扬起	宽缓	28
f_{63}～f_{64}	笙根南部褶皱	发育在古近系砂砾岩中，轴迹走向280°左右，由一背斜一向斜构成，褶皱向东倾伏，两翼地层产状较为低缓，倾角在20°～40°之间，均为短轴褶皱	宽缓	2
f_{65}～f_{67}	碰巧日褶皱	发育在雪山组地层中，总体由两向斜和一背斜组成，轴迹走向80°左右，两翼地层产状较为低缓，倾角在30°～40°之间	宽缓	12
f_{68}	多日吉洛玛向斜	向斜发育在古近系砂砾岩中，轴迹走向东西方向，两翼地层产状较为低缓，倾角在25°～30°之间，为开阔宽缓向斜	宽缓	20

续表 5-3-2

编号	名称	褶皱特征	褶皱类型	延伸长度(km)
f_{69}～f_{70}	西雅尔岗北东褶皱	发育在中上侏罗统夏里组、索瓦组中，由一向斜一背斜组成，向斜核部为索瓦组，背斜核部为夏里组，轴迹走向 60°左右，两翼地层产状中等，倾角在 40°～60°之间，枢纽向南东倾伏，背斜倾伏，向斜扬起	宽缓	10
f_{71}	班登纳钦背斜	发育在古近系砂砾岩中，轴迹走向北东方向，枢纽向南西倾伏，北西翼地层产状：280°∠38°，南翼地层产状：130°∠35°，为一开阔背斜	宽缓	4
f_{72}～f_{74}	才多茶卡南部褶皱	发育在上侏罗统索瓦组中，轴迹走向 60°左右，总体由两背斜夹一向斜组成，翼部地层产状较缓，倾角在 40°～60°之间	宽缓	10
f_{75}～f_{76}	小沙河褶皱	褶皱发育在古近系砂砾岩中，向斜规模较大，而背斜为西翼从属褶皱，轴迹走向 80°左右，北翼地层产状：175°∠10°，南翼地层产状：340°∠20°	宽缓	12
f_{77}～f_{79}	多涌西褶皱	褶皱发育在三叠系土门格拉群细碎屑岩中，由两向斜和一个背斜组成，轴迹走向 320°左右，枢纽向南东倾伏，两翼地层产状较缓，倾角在 40°～60°之间	中等	6
f_{81}	查赫该扎西南山向斜	向斜发育在土门格拉群碎屑岩中，轴迹走向东西方向，枢纽向东倾伏，北翼地层产状：225°∠40°，南翼地层产状：15°∠45°	中等	6
f_{82}～f_{84}	雅根错西褶皱	褶皱发育在古近系砂砾岩中，由一系列开阔褶皱组成，轴迹走向 280°左右，两翼地层较为低缓，倾角在 50°～60°之间，开阔宽缓	宽缓	4
f_{85}～f_{86}	洞错东褶皱	发育在上侏罗统地层中，轴迹走向 280°左右，翼部岩层走向近乎平行，两翼地层产状较为低缓，倾角在 35°～50°之间	宽缓	2
f_{87}	泥洼陇向斜	发育在古近系砂砾岩中，轴迹走向 70°左右，两翼地层产状较为低缓，北翼地层产状：150°∠30°，南翼地层产状：340°∠40°	宽缓	6
f_{88}～f_{90}	孔纳木南山褶皱	发育在三叠系土门格拉群中，轴迹走向 80°左右，北翼局部被断层破坏，两翼地层产状较为低缓，倾角在 55°～60°之间	中等	12
f_{92}	雅根北向斜	发育在三叠系土门格拉群中，轴迹走向 280°左右，北翼局部被断层破坏，北翼产状 150°∠60°，南翼产状 30°∠40°	中等	4
f_{93}～f_{99}	雅根东北山褶皱	发育在三叠系土门格拉群中，轴迹走向 280°左右，由一系列线状褶皱相间排列组成，两翼地层产状较陡，倾角在 50°～70°之间	中等	8

2. 普若岗日凸起

该凸起位于测区北部普若岗日一劳日特一线，总体呈北西西向断续带状展布，长约 110km，宽约 9km，出露地层为中上侏罗统夏里组、索瓦组、白龙冰河组、雪山组和古近系康托组、唢呐湖组、鱼鳞山组，并以岩浆岩发育为特点。在美日切错出露石英二长闪长玢岩，在劳日特出露二长花岗斑岩岩体，北缘还有鱼鳞山组陆相火山岩呈点状、面状分布。

普若岗日凸起构造变形以发育大规模的北西西向右行走滑断裂和褶皱为特征。

1）褶皱构造

褶皱构造主要由中上侏罗统地层构成，总体为一复式向斜构造。褶皱样式以短轴背、向斜为主，轴迹延伸较短，宽度较大；翼间夹角不等，两翼地层产状较缓，褶皱轴迹走向 300°～310°。断裂构造多呈高角度逆冲断层和走滑断层，断面均较陡立。断裂破碎带在数米至数十米之间，走向呈北西向展布。走滑断裂多以右行走滑为主，该组断裂多被晚期北东向断裂叠加改造。

主要褶皱有诺拉岗日复向斜（f_{33}）、索拉岗日背斜（f_{34}）、洞错北褶皱（f_{52}～f_{55}）等。

（1）诺拉岗日复向斜：该向斜总体构成诺拉岗日雪峰，规模大，宏观特征明显，为一短轴向斜，核部地层由雪山组组成，两翼地层为白龙冰河组、索瓦组，轴迹走向为 300°，枢纽略向北西倾伏；北翼地层产状：190°∠30°，南翼地层产状：340°∠20°，为一开阔宽缓向斜，褶皱宽 10km。地貌上呈穹状产出。

（2）索拉岗日背斜：背斜核部为索瓦组，翼部地层为白龙冰河组、雪山组，北翼地层产状：30°∠35°，南翼地层产状：230°∠40°，枢纽向西倾伏，倾伏向 290°左右，其中南翼被北西向断裂（f_{49}）交截。

（3）洞错北褶皱：总体由两向斜两背斜组成，向斜核部地层为雪山组，背斜核部地层为索瓦组，轴迹走向 300°左右，相互平行，翼部岩层延伸稳定，倾角较缓，在 40°～50°之间。

2）断裂构造

该凸起区内断裂构造发育，主期断裂走向与主构造线相一致，呈北西向展布；后期断裂则呈北东向延伸，为喜山期成山作用的产物。

主期断裂主要有长红山东走滑断层（F_{11}）、普若岗日北走滑断层（F_{47}）、诺拉岗日南走滑断层（F_{49}）、洞错北西走滑断层（F_{58}）等。多构成凹陷边界断裂（拉分盆地边缘断裂）。

（1）长红山东走滑断层：断层走向为 320°，近直立；为北西向走滑主断裂，规模巨大，长约 40km；断距 10 余千米；具右行走滑特征；破碎带宽 100～500m，断面陡立。该断裂为凸起与凹陷的边界断层，地貌上也构成转折点，即北东侧为中高山地貌，南西侧为低山地形。

（2）诺拉岗日南走滑断层：断层走向为 320°，倾向 70°左右，断面近直立；断裂带北西向展布，地貌及卫片影像上线性特征极为明显，断带宽约 5m，指示右行走滑剪切特征。

北北东向断裂主要有笙根西走滑断层（F_{52}）、笙根-索拉木岗日走滑断裂（F_{53}）等。

（1）笙根西走滑断层：该断裂规模巨大，呈北北东向展布，断层走向为 20°，倾向 290°，断面陡立，侧向延伸大于 30km。局部沿断层带被第四系所覆盖构成隐伏断层。显示右行走滑特征，破碎带宽 50m 左右，局部夹断块。地貌上为一带状凹地，形成现代箕状凹陷带，第四系山前堆积物发育。

（2）笙根-索拉木岗日走滑断裂：断裂带规模较大，呈北东向展布，断层走向 30°，倾向 300°，断面陡立，侧向延伸约 30 余公里；卫片及地貌上均呈现线状负地形特征，破碎带宽 5～10m，具右行走滑特征。

新生代构造变形受到喜马拉雅山运动控制，以逆冲断层为主，以地壳强烈增厚为特征。该带表现为早期断裂的再次复活，具明显的继承性。在美日切错、劳日特一带沿区域性断裂带见中酸性侵入体分布，侵入体长轴方向与凸起带延伸方向一致。

3. 托纳木藏布凹陷

呈北西走向斜跨测区中部，北以普若岗日南缘断裂—吐错为界，南界位于冰水河断裂一线，凹陷带西段走向呈北西向，东段走向近东西向，总体构成向南西凸出的弧形。凹陷内上侏罗统发育齐全，白垩系、古近系及新近系均零星分布。该凹陷向西与白滩湖凹陷相连。

托纳木藏布凹陷内总体以褶皱和断裂构造为特征。

1）褶皱构造

褶皱构造主要由中上侏罗统地层构成，总体为一复式向斜构造；褶皱样式以侏罗山式为主，一般轴迹延伸长，宽度较小；翼间夹角中等，两翼地层产状较缓，褶皱轴迹走向300°～310°方向。主要褶皱有长红山北东褶皱（f_{13}～f_{14}）、托纳木藏布褶皱（f_{48}～f_{49}）、洞错北褶皱（f_{52}～f_{55}）等。

（1）长红山北东褶皱：由f_{13}背斜和f_{14}向斜组成，向斜规模较大，背斜为南西翼从属翼部褶皱，规模小，发育在上侏罗统白龙冰河组地层中，轴迹走向320°左右，两翼产状较为低缓，倾角多在20°～40°之间，褶皱构造被挟持于断裂带中。

（2）托纳木藏布褶皱群：由一向斜和一背斜组成，该向斜规模较大，呈北北东向展布，轴迹走向300°，核部地层为雪山组，两翼地层为白龙冰河组、索瓦组，两翼产状较为低缓，北西翼地层产状：150°∠20°，南东翼地层产状：340°∠20°，向斜南部有褶皱叠加现象。背斜核部地层为白龙冰河组，两翼地层为雪山组，枢纽向西倾伏，倾伏角15°左右，北西翼地层产状：330°∠60°，南东翼地层产状：240°∠40°，为一短轴背斜，属向斜南翼的次级褶皱。

2）断裂构造

断裂构造多呈高角度逆冲断层和走滑断层，断面均较陡立。断裂破碎带在数米至数十米之间，走向呈北西向展布。长红山北东逆断层走滑断裂多以右行走滑为主，该组断裂多被晚期北东向断裂叠加改造。

主要断裂有长红山北东逆断层（F_8、F_9）、洞错北西走滑断层（F_{58}）等。

（1）长红山北东逆断层：断层呈北西西向展布，断层走向为320°，倾向230°，断面产状30°左右，侧向延伸大于10km；为一逆断层，破碎带宽10m左右，断面平直，侧向延伸稳定，构成山前断裂。

（2）洞错北西走滑断层：断层呈北西西向延伸，断层走向为300°，倾向30°，断面产状70°或近直立，侧向延伸大于10km；为一走向断层，断面产状与岩层产状近乎一致，并具右行走滑特征，地貌上构成线状负地形。

4. 东湖凸起

位于托纳木藏布凹陷以南，南界位于黑尖山逆冲断裂带—笙根—毛毛山南缘，呈向南西凸出的弧形。凸起区内出露侏罗系地层，层位自西向东逐渐升高。该凸起区走向与地表构造线走向基本一致。

东湖凸起区褶皱构造发育，以侏罗山式为主，局部出现短轴背斜及逆冲断裂构造为特征。

1）褶皱构造

褶皱构造主要由中上侏罗统地层构成，褶皱样式以短轴褶皱为主，一般轴迹延伸长，而宽度较小；翼间夹角中等，两翼地层产状较缓，褶皱轴迹走向300°～310°。主要褶皱有牛肚湖西褶皱（f_3～f_6）、达尔沃错温东褶皱（f_9～f_{12}）、笙根复背斜等。

（1）牛肚湖西褶皱：由f_4、f_6背斜夹f_5向斜组成，轴迹走向为280°方向，两翼地层为J_3s，局部见夏里组地层，核部为索瓦组地层，两翼走向与轴迹方向一致，倾角在40°～60°之间。

（2）达尔沃错温东褶皱：该褶皱组合由背斜、向斜近乎平行排列构成（图5-3-1），发育在索瓦组灰岩中，轴迹走向290°～300°左右，两翼产状较为平缓，倾角多在40°～50°之间，其总体略向东倾伏。该褶皱组合宽约8km。

（3）笙根复背斜：褶皱总体由一背斜和两向斜构成，发育在上侏罗统索瓦组、白龙冰河组地层中，轴迹走向70°左右，褶皱向北东东倾伏，倾角30°左右，两翼地层较为低缓，倾角在40°～60°之间，背斜向东倾伏，向斜向西扬起。

2）断裂构造

断裂构造多呈高角度逆冲断层，断面均具上陡下缓之特征，断裂破碎带在数米至数十米之间，走向呈北西—近东西向。构成一系列逆冲断裂带，主要断裂有东湖南断层（F_5、F_7）、尖头山南逆冲断层

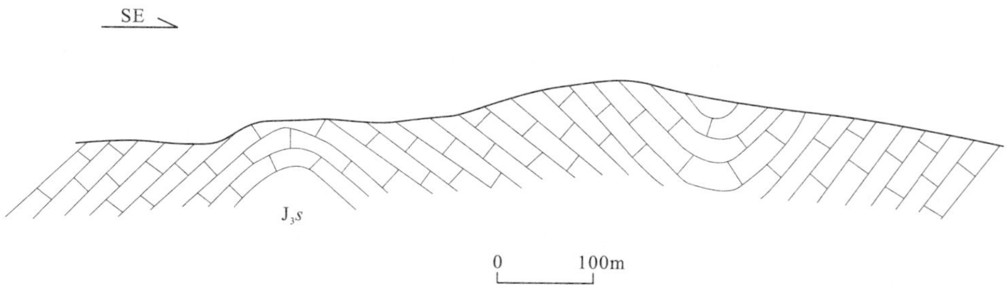

图 5-3-1　达尔沃错温东褶皱样式

(F_{12}) 等。

(1) 东湖南断层 (F_7)：断层呈北西向展布，断层走向为 290°，倾向为 200°，断面产状 45°左右，侧向延伸约 10km；为一逆断层，破碎带宽数米，断面平直，侧向延伸稳定，为内陆湖盆边缘断层。

(2) 尖头山南逆冲断层：呈北西向展布，断层走向为 300°，倾向为 30°，断面产状 40°左右，延伸约 10km。为一逆冲推覆断层，破碎带宽 10 余米，由挤压透镜体构成。上盘地层为索瓦组，见有牵引褶皱，下盘地层为康托组。构成凸起带南缘边界。

5. 阿木错凹陷

该凹陷位于希杂洛玛河—阿木错—多日吉洛玛一线，总体呈北西西向展布。凹陷内第四系分布广泛，次为中上侏罗统，始新统、渐新统零星出露，南界以西雅尔岗北缘断裂—才多茶卡—多日吉洛玛南部断裂为界，为一典型的裂陷盆地。

阿木错凹陷区内褶皱构造发育，以短轴背向斜为主，断裂构造次之。

1) 褶皱构造

阿木错凹陷区内主要褶皱有查布如南褶皱 (f_{56}～f_{57})、多日吉洛玛向斜 (f_{68})、泥洼陇向斜 (f_{87}) 等。

(1) 查布如南褶皱：总体显示为一背斜，北西侧见次级向斜构造，发育在古近系唢呐湖组砂砾岩中，轴迹走向为东西方向，北翼地层产状：10°∠32°，南翼地层产状：195°∠20°，褶皱宽缓开阔。地貌上亦为一开阔凹地。

(2) 多日吉洛玛向斜：向斜发育在古近系砂砾岩中，轴迹走向东西向，两翼地层产状较为低缓，倾角在 25°～30°之间，为一开阔宽缓向斜。

(3) 泥洼陇向斜：发育在古近系砂砾岩中，轴迹走向 70°，两翼地层产状低缓，北翼产状为：150°∠30°,南翼产状为：345°∠40°。

2) 断裂构造

断裂构造以高角度逆冲断层为主，断层破碎带宽在数米至数十米之间，走向呈北西-近东西向。

主要断裂有雀姆东达断层 (F_{71})、雀日茶卡南西断层 (F_{72})、雀日茶卡南断层 (F_{73}) 等。

(1) 雀姆东达断层：沿断层带线状负地形，线性影像极为明显，局部沿断层带形成沟谷。断层走向为 70°，倾向为 340°，断面产状 70°左右。侧向延伸约 20km，规模较大。

(2) 雀日茶卡南西断层：卫片影像线性特征良好，地貌上为一负地形，沿断裂带见串珠状湖泊发育，断层走向为 70°，倾向为 160°，断面产状 70°左右。侧向延伸大于 20km；破碎带宽约 10m。

(二) 托纳木藏布-笙根逆冲构造

以普若岗日山脉为界，南部隆起带与凹陷区共同组成托纳木藏布-笙根逆冲构造。

该逆冲构造由托纳木藏布凹陷、东湖凸起和阿木错凹陷组成，总体呈北西-北西西向展布。北以普若岗日南缘断裂—吐错为界，南界以西雅尔岗北缘断裂—才多茶卡—多日吉洛玛南部断裂为界，为一典型的箕状断陷盆地。总体构成向南西凸起的弧形。带内上侏罗统发育齐全，古近系及第四系零星分布。

托纳木藏布-笙根逆冲构造自北向南可分为托纳木褶皱带、笙根褶皱推覆体、阿木错前缘拗褶带 3

个次级构造单元（图 5-3-2）。

（1）托纳木褶皱带：该带褶皱轴线的组合总体走向东西并呈向南或南西凸出的弧形，主体格局为一复背斜。褶皱开阔舒缓，多为短轴背、向斜；断裂不发育。带内褶皱叠加现象明显。在托纳木背斜南北两侧发育近南北向箕状向斜，构成南北向褶皱与东西向褶皱的横跨叠加现象；托纳木南部表现尤为明显，形成了较好的构造圈闭。区内地层出露较为完整，分布面积最大的为雪山组，次为白龙冰河组和索瓦组，康托组和唢呐湖组分布较为零星，并与下伏侏罗系呈角度不整合接触。

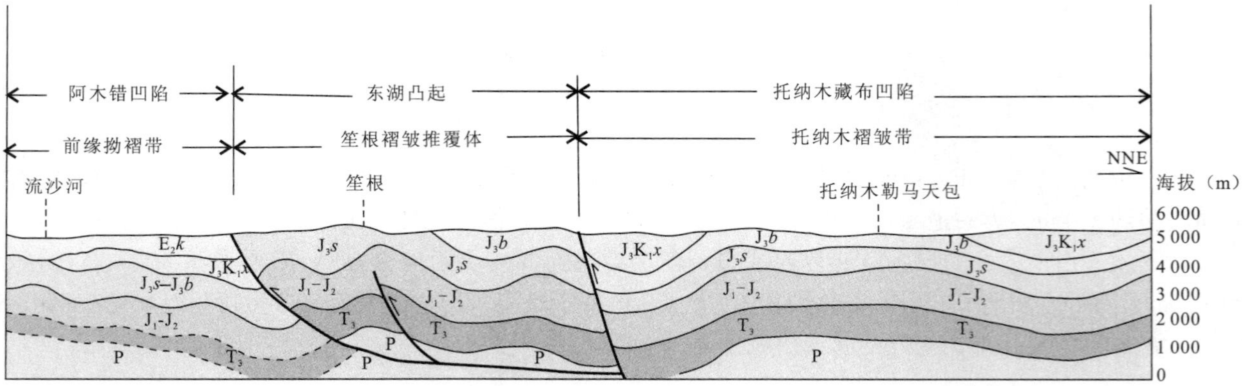

图 5-3-2　托纳木藏布-笙根逆冲构造剖面示意图

（2）笙根褶皱推覆体：褶皱推覆体由一系列背、向斜褶曲组成，总体格局为复式背斜，东部受断裂限制。褶皱轴线总体呈向南凸出的弧形，轴面向北倾斜，显示自北向南褶皱推覆的运动学特点。褶皱强度具南强北弱、弧顶强东西两侧弱的特点，临近主滑面及弧顶部位的褶皱紧闭并发生倒转，往北及东西两侧褶皱变得舒缓，强度明显减弱。

推覆体北界断裂为笙根北缘断裂，它呈北西西向延伸，断面向北东倾斜，并兼右行走滑之特征，共同构成叠瓦式褶断带。

卷入褶断带的地层主要为索瓦组、白龙冰河组、雪山组、康托组和唢呐湖组。从康托组卷入褶皱变形并与侏罗系呈角度不整合接触分析，褶断带至少经历了两期以上构造变形。

（3）阿木错前缘拗褶带：位于逆冲构造的南缘，该带新生代凹陷强烈，第四系大面积分布，康托组、唢呐湖组卷入褶皱变形并与侏罗系呈角度不整合接触，表明该带构造经历了多期构造活动。据地球物理资料，本带属阿木错凹陷范围，中新生代地层埋深较大。

综上所述，托纳木逆冲构造带褶皱变形组合总体走向呈东西向，且呈向南凸的弧形，构造格局为两背斜一向斜，南北两侧为复背斜带，中部为复向斜带，并被北西西向断裂切割。其逆冲方向为自北向南，挤压变形强度北弱南强，后缘带经历了挤压-拉张的多次交替；自燕山晚期以来，推覆构造至少经历了两期强烈构造变形，早期形成东西向逆冲构造，晚期形成北西西向逆冲构造；后者切割（断裂）或（褶皱）叠加前者，演化方式为前展式。

（三）北西向逆冲、走滑断裂构造

由于受古近纪沉积盆地的影响，北羌塘凹陷内北西向的逆冲断裂在地表出露的范围及规模差异较大，主要见及 3 条，即长红山北东逆断层（F_9）、尖头山南逆冲推覆断层（F_{12}）、阿木岗日北逆断层（F_{14}）；走滑断裂为温泉沟走滑断层（F_6）。

（1）长红山北东逆断层：沿断层带在地貌上为一负地形，断层走向为 320°，倾向为 230°，断面产状 60°左右，断带延伸 10km 左右；断面平直，破碎带宽约 10m。构成凹陷边缘断裂带。

（2）尖头山南逆冲推覆断层：断层上盘构成带状山丘地形，断层走向为 300°，倾向 30°，断面产状 40°，侧向延伸 10km；为一逆冲推覆断层，破碎带宽约 5m，上盘见有牵引褶皱。构成阿木错凹陷北缘边缘断裂。

（3）阿木岗日北逆断层：构成线状地貌转折带，断层走向为 30°，倾向为 300°，断面产状 40°左右，侧向延伸约 5km；为一逆冲断层，破碎带宽约数十米，构成挤压透镜体。在断裂带东段，上下盘岩层走向相交截。构成凹陷南部边缘断裂带。

（4）温泉沟走滑断层：卫片影像线性特征良好，沿断裂带形成带状凹地，断层走向为 320°，倾向为 30°，断面产状 70°左右，断面平直，侧向延伸稳定，长度约 20km，破碎带宽约 10m。构成山前断裂。

（四）北东向走滑构造

测区北东向走滑构造体系较为发育，并对北西向构造线叠加改造明显，较大规模的断裂为鄂雅错-阿木查跃走滑断裂带。

鄂雅错-阿木查跃断裂带规模巨大，在区域上，是帕度错-开心岭断裂带的组成部分，其遥感图像清晰。野外调研结果表明，该断裂带活动历史悠久，主干走滑构造以北东向断裂为主干格架，伴生、派生的次级构造组合发育，两侧局部派生北东向褶断带，对测区构造格架起一定的控制作用，构成巨大左行走滑-逆冲构造体系。

北东向走滑逆冲构造具强烈左行剪切兼挤压变形特征，在美日切错东南、毛毛山、碰巧日等地普遍见及北东向剪切兼挤压劈理，次级派生褶皱多指示左行剪切变形特征。

该走滑断裂带对测区地层、岩相、古地理、构造格局等均有明显的控制作用，在断裂带北西侧出露地层多为中上侏罗统，而东南侧则出现了大面积上三叠统地层，从而证明该断裂带是具长期的活动历史的边界断裂。断裂两侧构造差异更为明显，断裂带北西侧构造线方向以北西向为主，逆冲褶断带发育，而南东侧构造线方向多呈近东西向或北东东向，构造组合以短轴褶皱群为主导，两侧构造线呈大角度相交截，总体反应了古构造格局。

断裂带规模大、切割深，对其基底的凹凸变形亦具控制作用，在地貌上北西侧多构成中高山系，而南东侧多为中低山丘。该左行走滑构造在挽近系以来活动是十分强烈的。在美日切错以南该断裂切割鱼鳞山组火山岩，区域上沿断裂带构成北东向延展的水系网脉，许多湖泊沿断裂带呈串珠状排列，湖泊长轴方向与主构造线方向相一致，说明该断裂带具明显的继承性特征。

（五）南北向构造

喜山中晚期形成了南北向断裂构造，并使早期先成的构造再次活动而形成复合叠加现象。测区地处玛尼-羊八井南北向构造带的东部边缘地带，南北向构造在测区有一定程度的反应。

结合野外调研和遥感解译等分析成果，玛尼-羊八井南北向构造带是以一系列南北向断裂构造为主要表现形式，规模巨大，切割较深，在北羌塘中北部表现尤为明显，其控制了新生代中基性火山岩的分布、新近纪盆地格局和全新世的地震活动等，并对第四系沉积物的分布和成因类型、地貌特征和泉水、河流、湖泊的形态、分布等起控制作用。新构造运动造成地块整体下沉并形成南北向断陷湖泊，或形成南北向山间裂陷盆地等，如测区的普若岗日北北东向裂陷、洞错南北向裂陷、达尔沃错温南北向裂陷等。

1. 洞错南北向裂陷带

测区南北向构造形迹较为发育，以洞错裂陷表现最为明显，在区内多被第四系沉积物所覆盖，其遥感图像十分清晰。带内康托组、唢呐湖组地层沿断裂带两侧分布，沿裂陷带并有大量泉水和湿地分布。区内以该裂陷带为界，明显被分为东西两大块体，并且该裂陷带对两侧块体的地层、第四系沉积物的成因类型和分布、地形地貌特征、水系湖泊、构造格局等起控制作用。

在块体运动上西侧上盘地块整体抬升，东侧下盘地体则相对整体下沉，从而形成了测区西隆东拗的地理格局。在构造样式上西侧地块中形成了数条近南北向的次级背向斜组成的褶皱系统，在东侧地块中形成了由数条规模相对较小的近南北向断层组成的断裂系统。在现代沉积特征上西侧第四系面积小而厚度不大，沉积物成因类型以坡积、洪积、残积为主，并有冰碛物零星分布；东侧第四系不仅分布面积广、厚度大，其成因类型也以冲积、冲洪积和湖积为主。

2. 普若岗日北北东向裂陷

该裂陷为一箕状凹陷带，呈北北东向展布，延伸长度达50km。带内冲洪积物广泛分布，局部沿断裂带有新近系火山岩分布；断裂带沿凹陷东部边缘延伸，局部见及断层三角面，切割了白龙冰河组地层，显示正断层特征（图5-3-3）。在盆地前缘以第四系洪冲积为主，后缘则以冰碛堆积为主。裂陷规模巨大，局部断裂带被第四系所覆盖，构成隐伏断层。

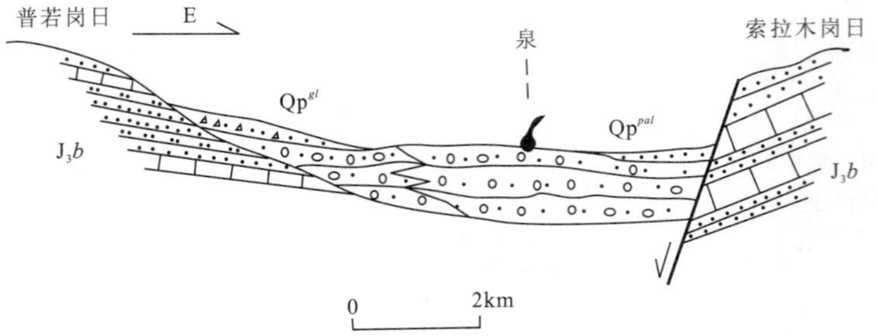

图 5-3-3　普若岗日东箕状凹陷盆地示意图

3. 达尔沃错温南北向裂陷

该裂陷呈南北向展布，构成达尔沃错温湖泊和阿木错湖泊现代洼地；裂陷内现代湖泊发育，由于受断裂影响局部温泉成群出露。地貌上构成地堑式洼地，边缘断裂不明显，均被第四系堆积物所覆盖。

4. 南北向褶皱

在测区托纳木藏布中段表现极为明显，表现为一系列近南北向次级背向斜褶皱构造（图5-3-4）。构造样式表现为早期由于南北向挤压应力作用，形成规模较大的近东西向托纳木藏布背斜和向斜，枢纽略向西倾伏，喜山期由于构造应力场的变化，出现了东西向应力的叠加改造，形成了近南北向次级向斜褶皱构造，为区内典型的叠加构造，其轴向为南北向，长约2km，呈短轴状，核部为上侏罗统雪山组。构造形迹表明南北向褶皱横跨于东西向褶皱之上，叠加与改造十分明显，现代构造形迹多显穹状特征。

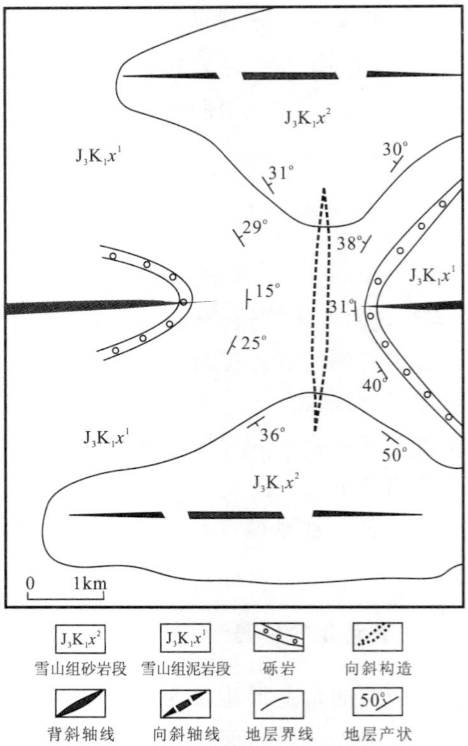

图 5-3-4　托纳木藏布南北向箕状向斜示意图

二、双湖构造混杂岩带

（一）双湖构造混杂岩带

双湖构造混杂岩带位于龙木错-双湖-才多茶卡一线，仅为龙木错-双湖缝合带东端的一部分，位于羌塘盆地的中部，总体走向呈东西向展布，并具西宽东窄的出露特征；延伸数百公里。出露的地质体主要为晚古生代变质岩和早燕山期中酸性侵入体。双湖构造混杂带以晚三叠世以来隆起一度被称为中央隆起带，又以带内断续带状分布的蓝闪石高压变质矿物和蛇绿混杂岩片以及零星分布的变质褶皱基底岩系为代表，标志其曾经历过短暂的洋盆时期，并残存了盆-山转换过程的地质记录。印支、燕山、喜山历次构造运动的叠加改造，使不同时期、不同大地构造相单元的地质体拼合混杂在一起，组成现今极为复杂的构造混杂带。双湖构造混杂岩带内岩层普遍较老，在恰格勒拉一带前奥陶系变质褶皱基底发育，二叠纪构造混杂岩分布广泛；在雅曲乡东部地段又以三叠系为主。总体构成不规则带状背冲式隆起带。

南界为西雅北部断裂-多涌断裂带，北界为阿木岗日北部断裂和龙木错-双湖构造缝合带，呈向南凸出的透镜状块体，最宽处约30km，最窄处不足1km，推测东西长100余公里，自雅曲乡向东则延伸不明显，实际前新生界出露长度约50km。该构造混杂岩带主要由前奥陶系、蛇绿岩混杂岩带、下二叠统等共同组成。该岩块内岩浆活动的特点是，早期前奥陶系阿木岗岩组、齐陇乌如岩组中局部有变质的辉长、辉绿岩脉侵入；在二叠纪蛇绿混杂岩中变质的玄武岩广泛分布，局部显示枕状构造特征，而变质辉长、辉绿岩多呈脉状产出。在下二叠统鲁谷组上部见有流纹斑岩，可能为该期构造-岩浆事件末期的产物。在构造混杂岩带的北侧燕山早期花岗闪长岩发育，与早期各地层均呈侵入接触关系。

根据区域资料，双湖构造混杂岩带最新一次变质作用时期为222.5Ma左右，并表现为一次高压低温变质作用，以后区域性的变质作用微弱，区域性的地壳运动由活动性较强转变为相对稳定的沉降与裂陷作用。中晚侏罗世时期北羌塘坳陷接受巨厚海相沉积。

燕山早期中酸性岩体主要分布于阿木岗日、齐陇乌如等地区，主要岩石类型有花岗闪长岩、花岗闪长斑岩等，并发育规模不等各种类型的脉岩。岩体分布总体走向北西西-南东东向，与区域构造线一致。在这些岩体中获得了166～186Ma的K－Ar法年龄值，对岩体的物质成分研究认为属上部地壳重熔产物。

该单元的断裂构造发育，主要为向南凸出的东西向弧形，构造混杂岩带整体构成向北倾斜的单斜构造，各种地质体被不同方向的断裂切割成大小不等的岩块。

该单元的断裂构造特点是以逆冲断裂为主要表现形式，在西雅尔岗一带表现尤为明显。在构造混杂岩带中多以叠瓦式逆冲断层组合为特点；各构造岩片之间又以脆韧性断层相互叠置为特征。

唐古拉山脉主脊地带发育北东向韧性剪切带，多见于火山弧岩片和复理石岩片之间，在剪切带内火山弧岩片多呈相对孤立的透镜状块体产出。复理石岩片中糜棱面理发育，糜棱面理产状为140°∠60°，指示右行走滑特征；韧性剪切带北东向延伸达20余公里，宽达2～3km；在两岩片接触面附近剪切最为强烈，片糜岩发育，向两侧呈递减趋势。大部分被后期脆性断裂叠加而宽度变化较大。

1. 蛇绿混杂岩片（Pop）

该岩片分布于多陇强玛和才多茶卡一带。混杂带内断裂发育，这些断裂多具多期次活动特征，将不同的地质体分割成大小不等、形态各异的块体，表现出明显的无序状态。基质（主体）部分为一套变质基性岩、片糜岩，少量钠长白云母片岩夹二云母钠长片糜岩。其变质变形不均一，在部分绿片岩的弱应变域中，尚能看出其原岩为玄武岩、辉长岩、火山角砾、含硅质泥岩等。其变质相为蓝闪绿片岩相，蓝闪石-青铝闪石多产于基性火山岩中，蓝闪石-青铝闪石定向性好，为与片理同期形成，其矿物组合为蓝闪石-青铝闪石＋黑云母＋绿泥石＋阳起石＋钠长石；变质作用类型为中高压区域低温动力变质作用，其上叠加有后期之线性动力变质作用。岩块原岩为薄层状含泥硅质岩、薄层状碳酸盐岩夹硅质条带、灰绿色蚀变枕状玄武岩、变质基性火山角砾岩等。变质变形较弱，原岩结构、构造保留较好。岩块与基质间为构造接触，接触关系有两种，即脆性断层接触和被韧性剪切分割。

2. 深海硅质、泥质岩片（Psa）

该岩片分布于才多茶卡一带。岩石类型主要为灰黑色、深灰绿色、紫红色等杂色中薄层状硅质岩、泥质板岩及泥岩、粉砂质泥岩等，在沉积结构上以常见水平微细层理为特征。出露面积较小，与蓝片岩带相伴产出。泥质板岩及泥岩等呈中薄层状，局部发生轻微变质，在构造变动中形成褶曲，以塑性变形为主。硅质岩一般呈层状，并产早中二叠世的放射虫。后期脆性断裂叠加明显。

3. 复理石岩片（Pfw）

复理石岩片为浅变质的复理石、类复理石建造、硅质岩建造和中基性火山岩建造；其岩石类型主要为灰-深灰色中薄层状板岩、千枚岩夹深灰色泥灰岩。在这套厚度巨大的碎屑岩组合中，以板岩及千枚岩（千糜岩）的出露占主体，变质矿物以绢云母为特征，总体变质程度较低，可残留原生层理和沉积结构构造，原岩应为泥岩、泥质粉砂岩、长石石英砂岩等碎屑岩系列。构造变形主要以顺层变形现象为主，表现 $S_1 // S_0$ 为特征，在西雅尔—北西主脊地带主要为灰绿色蓝闪绿片岩、变气孔杏仁状玄武岩、绿片岩夹灰白色角闪石大理岩，灰、深灰色板岩。板岩板理发育，板理间隔小于 1mm。灰白色角闪石大理岩中可见以 S_1 为变形面形成褶皱，沿 S_1 面理见绢云母分布。以 S_1 为变形面形成的褶劈理。由于后期构造变形及韧性剪切作用的叠加，局部糜棱岩化，形成千糜岩。

4. 火山弧岩片（Pva）

均呈大小不等的断片、岩块分布于双湖构造混杂带中。受后期构造叠加改造强烈，在不同地段其岩性特征有一定的差异。火山岩岩性主要为深灰色块状玄武岩、厚层块状火山角砾岩、灰紫色块状玄武质安山岩夹灰色透镜状海绵礁灰岩。岩层层序多已不清，在局部玄武岩中尚见发育柱状节理，火山岩局部夹礁灰岩、少量薄至中厚层状泥晶灰岩及凝灰质粗-粉砂岩、含凝灰质硅质泥岩等。大部分以透镜状夹块产出，变形变质程度均较弱，局部保留原岩构造特征。

5. 碳酸盐岩岩块（Pca）

碳酸盐岩在混杂带中的产状比较复杂。多以外来岩块产出，与围岩有清楚的边界，多见挟持于绿片岩和石英片岩中，呈不规则状，规模大小悬殊，露头尺寸从 1～500m 不等。碳酸盐岩中除主要矿物方解石外（少量以白云石为主），一般含有镁橄榄石、金云母、尖晶石、透辉石、磷灰石、白云母、斜长石、石英、透闪石等等，构成各种类型的大理岩。碳酸盐岩石一般呈纯净的白色，中粗晶粒状镶嵌结构，块状构造。

（二）双湖地堑带

该地堑位于测区中西部的西雅尔岗-阿木岗日山脉东段，由一系列山前基本平行一致的正断层组成，总体走向北北东展布（图 5-3-5），自双湖北东部表现不明显，向南西延入帕度错一带。该地堑带内第四系发育广泛，在其边缘有康托组、唢呐湖组出露；长约 20 余公里。

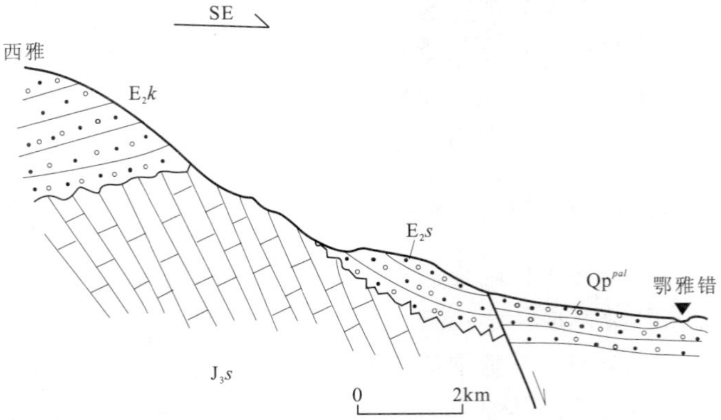

图 5-3-5　西雅尔东南部隐伏断层素描图

西雅尔岗-阿木岗日东部断裂组成地堑的西部断层，走向 15°～25°，倾向北西，倾角 60°～70°，由山前正断层组成。断层不同程度地切割了前奥陶系、构造混杂岩带、侏罗系、白垩系和古近系岩层。断层面陡立，下盘地势较为突兀，上盘地势趋于低缓。双湖地堑带东缘为一隐伏断裂带，地貌上多被第四系堆积物所覆盖。该地堑带大角度横跨于双湖构造混杂岩带之上，并对其进一步叠加改造，从而使双湖构造混杂岩带向东延伸变得不大明显。

双湖地堑带在地形地貌的展布是十分醒目的，断带之间为宽 3～5km 的平缓山间谷地，局部形成现代湖泊，在谷地两侧地势较高，尤其西侧的西雅尔岗—阿木岗日一带，山链多平行地堑走向，突然隆地而起，而整个双湖地堑带内恰似一个平底的沟谷。该地堑带北东部被北西向断层所截，但不影响地堑的总体形态。

（三）才多茶卡-雅根错断褶带

该带位于图幅中南部，总体呈近东西向展布，由一系列相互平行的褶皱和断裂组成；出露地层为下二叠统鲁谷组、下三叠统土门格拉群和中上侏罗统。共同组成双湖构造混杂带的东延部分。其整体变形变质程度较西段有所减弱。

在鸭湖北部一带，断裂发育，部分以构造岩片产出，岩块间多为断层接触，并发育次级褶皱。在断裂带内断层角砾岩及挤压透镜体发育，岩石普遍片理化。

在山字形山一带褶皱和断裂构造发育，主要出露中下二叠统鲁谷岩组，总体呈南东东向产出，下部为中基性火山岩，上部为中层状含生物碎屑灰岩。构成复式向斜构造，由残存的两背一向斜构成，北部背斜北翼断失而不完整，褶皱轴迹走向为100°左右，枢纽向东倾伏，倾伏角约30°。北部背斜南翼产状为200°∠60°。中部向斜较完整。其褶皱多被断层所围限，构成典型的褶冲带。

在雅根错一带广泛出露下三叠统土门格拉群地层，整体构成一断隆带，呈近东西向展布，构造变形较为明显，构成一系列轴迹近东西走向的褶皱群，褶皱两翼产状较陡，倾角在50°～80°之间。以紧闭褶曲为主，与其相伴生的断裂构造不发育。地貌上多构成开阔滩地，地势起伏不大。此后双湖构造混杂带向东倾伏而不清晰。

三、南羌塘地块

位于双湖构造混杂岩带南部边缘断裂以南的西雅尔岗一带，向南延伸至图幅外，总体呈北西向-近东西向展布。该单元构造变形不强烈，变形以褶皱较为发育，断裂构造次之。

南羌塘地块自三叠纪末与北羌塘地块拼贴以来，广泛接受了侏罗系沉积，因其盆地性质存在一定的差异而在沉积岩相上产生了较大差别。出露地层为下三叠统、中上侏罗统夏里组、索瓦组和古近系康托组、唢呐湖组。南羌塘地块内构造变形以发育大规模的北西西向走滑断裂和褶皱为特征。

1）褶皱构造

褶皱构造主要由下三叠统和中上侏罗统地层构成，褶皱样式以短轴背、向斜为主，一般轴迹延伸较短，而宽度较大；翼间夹角大，两翼地层产状较缓，褶皱轴迹走向300°～310°。断裂构造多呈高角度逆冲断层和走滑断层，断面均较陡立。断裂破碎带在数米至数十米之间，走向呈北西西向展布。该组断裂受晚期北东向断裂叠加改造明显。

主要褶皱有才多茶卡南向斜（f_{72}～f_{74}）、多涌西褶皱群（f_{77}～f_{79}）等。

（1）才多茶卡南向斜：由两部分组成，北部为上三叠统组成的开阔向斜，南部为中上侏罗统组成的复式向斜。

上三叠统土门格拉群中发育的向斜构造轴迹走向70°左右，北翼被断失，南翼产状：340°∠50°，轴面近直立，侧向延伸达10km。该向斜被挟持于才多茶卡-雅根错断褶带南侧，出露宽度约3km。

中上侏罗统组成的复式向斜主要发育在索瓦组中，轴迹走向60°左右，总体由两背斜夹一向斜组成，翼部地层产状较缓，倾角在40°～60°之间。褶皱侧向延伸受燕山期北北东向走滑断裂的影响较为明显，与其主构造线存在一定夹角。

（2）多涌西褶皱群：褶皱发育在下三叠统土门格拉群中，由两向斜和一个背斜组成，轴迹走向320°，枢纽向南东倾伏，两翼地层产状较缓，倾角在40°～60°之间。规模中等，其构造线形迹与主构造线走向相一致。

2）断裂构造

南羌塘地块内断裂构造不发育，主期断裂走向与主构造线相一致，呈北西向展布；后期断裂则呈北东向延伸，为喜山期成山作用的产物。

主期断裂主要有西雅尔岗山前走滑断层（F_{31}、F_{32}）、陇鄂玛曲断层（F_{35}）、班登纳次正断层（F_{38}）等。部分构成凹陷边界断裂。

（1）西雅尔岗山前走滑断层：为北东向走滑主断裂，规模中等，长约6km；断距300余米；地形、地貌上均构成线状负地形及鞍部负地貌特征，卫片影像线性特征明显，兼右行走滑特征；断层走向为40°，产状为310°∠70°左右。该断层属晚期北东向走滑断裂的次级派生断裂。

（2）陇鄂玛曲走滑断层：断层走向为60°，产状为330°∠50°，断裂带北东向展布，地貌及卫片影像上线形特征极为明显，断带宽约3～5m，指示右行走滑剪切特征。

（3）班登纳次正断层：该断裂构成凹陷带，地貌上也构成转折点，即北东侧为中高山地貌，南西侧为低山地形。形成一凹陷带，第四系山前堆积物发育。断层产状为10°∠50°，破碎带宽约3m，为一正断层。

新生代构造变形受到喜马拉雅山运动控制。该带表现为早期断裂的再次复活，具明显的继承性；局部次级派生断裂发育，多形成规模不等的新生代凹陷盆地，以现代湖泊和第四系堆积为表现形式。

第四节　新构造运动与环境地质

测区新构造运动与环境地质、灾害地质调查是以路线调查中的第四纪地质与地貌考察为基础展开的。测区在地质地貌上属藏北羌塘高原，分布有众多的湖泊、河流、冰川、沙漠、草地等。湖泊、河流均属内陆水系。区内有藏北羌塘高原最大的冰川——普若岗日冰川，该冰川流水地质作用明显，加之新构造运动造成的高原隆升，因而河流切割深，重力地貌也较发育，易发生崩塌、滑坡、山洪、泥石流和地震等环境地质灾害。

一、新构造运动的特点及阶段划分

（一）新构造运动的特点及动力学背景

1. 新构造运动特点

新构造运动是指新生代以来所发生的构造运动，包括沉积物的变形褶皱、断裂构造、阶地地貌和火山活动等类型。新构造运动是地质构造演化过程的一部分，具有明显的继承性、差异性、间歇性和新生性、方向性和规律性等特点，造就了藏北高原现代地势轮廓。新构造运动和其他外动力地质作用一起塑造了羌塘地区第四纪地形地貌，以及成因复杂的第四纪沉积物。测区主要表现为地壳的相对上升和沉降。上升区风化剥蚀作用为沉降区堆积作用提供了丰富的物质来源。在上升区与沉降区的过渡地带，则产生一系列褶皱与断层，其中许多断层具有继承性，在地貌上多形成阶地、夷平面、断陷盆地以及高山地貌等，同时伴随有火山活动和地震等。

2. 新构造运动的动力学背景

区内新构造运动与青藏高原的隆升有着十分密切的联系。其动力学背景是：印度板块与欧亚板块强烈的碰撞形成巨大的挤压力是通过较稳定的刚性地块予以传递的，并在传递过程中逐渐消耗，反映在测区新构造运动强度上有自南而北、自西向东逐渐减弱的趋势。这从上升区的抬升高度和沉降区的沉降幅度方面得到了证实。板块碰撞所产生的能量有逐渐积累和分阶段释放的特点，因而本区新构造运动也具有阶段性特点。这从沉积物的岩石类型、接触关系及夷平面和阶地地貌等方面均能得到反映，从而造就了藏北高原现代地势的基本特点。

在始新世以前，印度板块和欧亚板块碰撞所产生的巨大能量主要消耗于变质作用和岩浆活动之中，地壳虽有抬升，但由于长期的剥蚀而基本被夷平，青藏高原平均海拔高度只有 1 000m 左右。从沉积物性质、沉积建造和火山活动强度等资料综合分析，测区新构造运动的时间实际上始于始新世。

（二）新构造运动的强度和幅度

1. 强度

通过研究对测区地貌形成时代进行划分，对测区新构造运动强度制定了相对的划分标准（表 5-4-1）。活动强度为强烈区、较强烈区、中等区、较微弱区、微弱区。

表 5-4-1 测区古近系褶皱构造特征一览表

编号	名称	地层单位	褶皱轴向	两翼产状	褶皱形态	规模（km）	
						长	宽
f_3	东湖南向斜	E_2s	280°	北翼 0°∠10°，南翼 200°∠9°	宽缓、短轴型向斜	4	3
f_7	红土山向斜	E_2k	300°	北翼 200°∠51°，南翼 40°∠58°	宽缓、短轴型向斜	2.5	2.8
f_{56}	查布如向斜	E_2s	EW	北翼 165°∠20°，南翼 345°∠30°	宽缓、短轴型向斜	4	3.5
f_{57}	查布如背斜	E_2k	302°	北翼 5°∠31°，南翼 175°∠45°	开阔、宽缓背斜	15	3.5
f_{63}	笙根南向斜	E_2s	280°	北翼 210°∠32°，南翼 38°∠50°	不对称型向斜	5.2	3
f_{64}	笙根南背斜	E_2s	280°	北翼 38°∠50°，南翼 190°∠18°	不对称型背斜	4.2	2.1
f_{68}	多日吉珞玛向斜	E_2k	EW	北翼 170°∠20°，南翼 315°∠35°	宽缓、对称型向斜	15	3.5
f_{71}	班登纳钦背斜	E_2s	NNE	北西翼 280°∠38°，南东翼 130°∠35°	对称、开阔型背斜，向南西方向倾伏	7.5	4.6
f_{75}	小沙河向斜	E_2s	80°	北翼 175°∠60°，南翼 342°∠45°	不对称型向斜	15.5	3
f_{76}	小沙河背斜	E_2s	80°	北翼 350°∠46°，南翼 175°∠46°	对称、短轴型背斜	4.5	2.5
f_{80}	查格日贡玛向斜	E_2s	300°	北翼 160°∠30°，南翼 68°∠26°	宽缓、短轴型向斜	3	1.5
f_{82}	雅根错向斜	E_2k	280°	北翼 170°∠55°，南翼 35°∠75°	不对称型向斜	8	1.6
f_{83}	雅根错背斜	E_2k	280°	北翼 35°∠75°，南翼 185°∠65°	不对称型背斜	9	1.5
f_{84}	雅根错向斜	E_2k	280°	北翼 185°∠60°，南翼°60∠56°	不对称型向斜	7.5	1.5
f_{87}	泥洼陇向斜	E_2s	280°	北翼 155°∠18°，南翼 30°∠15°	宽缓、对称短轴型向斜	7.5	5.2

2. 幅度

根据相应的侵蚀基准面，测区一级夷平面上升幅度最大，其次为二级夷平面，再其次为三级夷平面。区内河流阶地河漫滩、一、二级阶地上升幅度较三、四级阶地上升幅度大。

3. 分区

依据新构造运动方向、升降幅度、构造活动强度以及表现形式等，将测区分为若干新构造运动分区（图 5-4-1）。

1）西雅尔岗-雅根错隆起区（双湖构造混杂岩带）

多次强烈上升隆起，山前地带阶段性上升形成褶皱、断层等。按构造活动的强度和隆升幅度及地层分布等又可分为西雅尔岗古生代强烈隆起区、雅根错中新生代隆起区。

2）东湖-吐错坳陷区

整体沉降形成近东西向坳陷区，局部发育南北向断块作用形成吐错强烈拗陷区、东湖-托纳木藏布拗陷区。

3）普若岗日抬升区

经多次的强烈上升，山前地带阶段性上升形成大量的褶皱、断层等。按构造抬升的幅度和强度又分为普若岗日强烈抬升区、普若岗日南上升区。

4）新生代弱坳陷区

主要分布在测区南部的蒂让碧错、北东部波涛湖一带。按构造升降的幅度和强度，又可分为蒂让碧错弱拗陷区、波涛湖弱拗陷区。

二、新构造运动类型及其地质效应

1. 褶皱

测区新构造运动期的褶皱构造相对发育，规模一般较小，野外实地调查及遥感图像解译标志较清

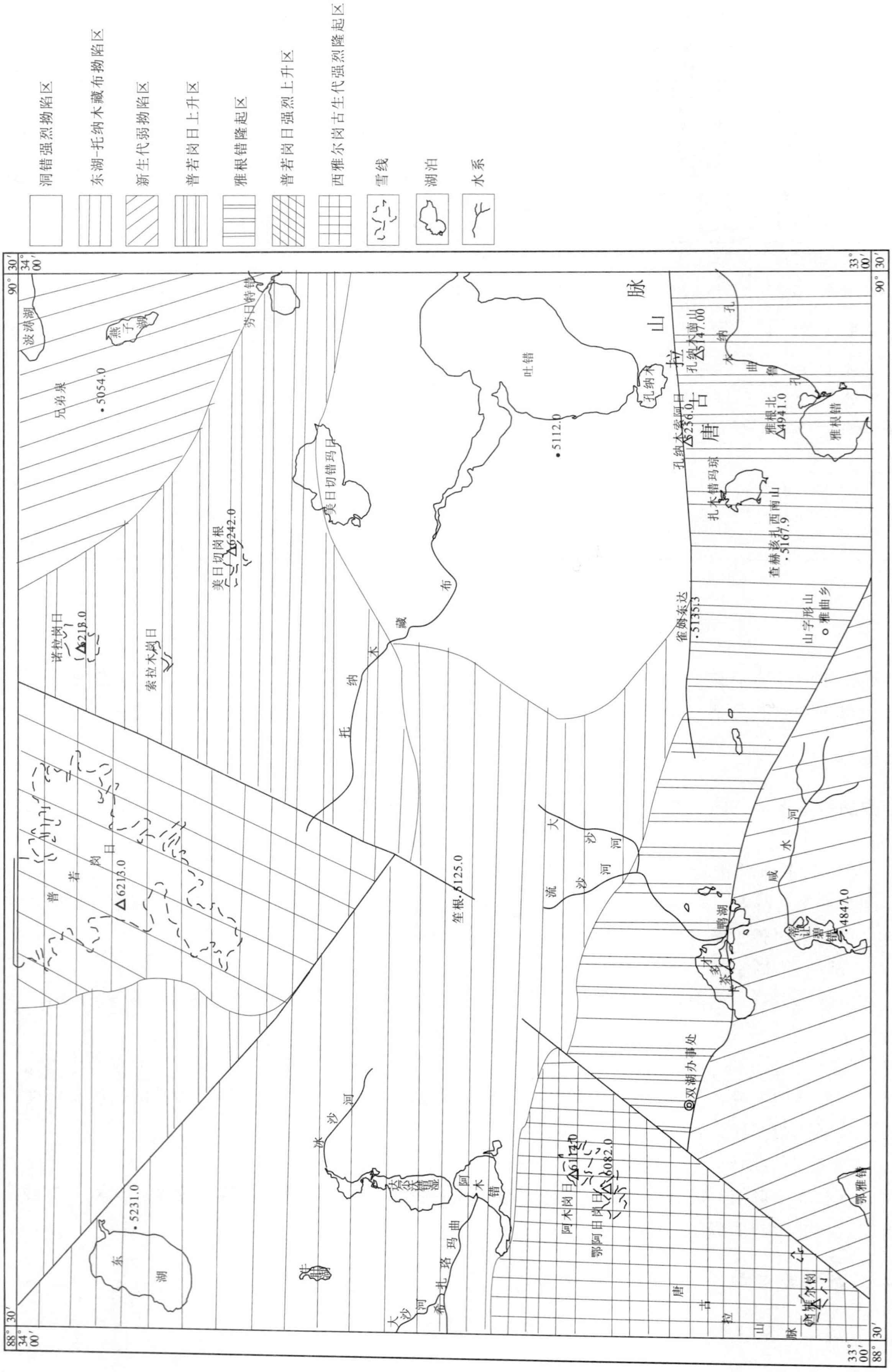

图5-4-1　测区新构造分区图

晰，主要展布在测区双湖构造混杂岩带北缘及北羌塘陆块南部，向北逐渐减少。

测区古近系构造层多已发生褶皱变形。共识别出古近系褶皱 15 个（表 5-4-1 ）。从表中可以看出，褶皱形态具有以下基本特征：

（1）褶皱轴向以东西向为主，少部分受断裂影响转为南北向；

（2）形态呈宽缓短轴褶皱，大部分具一定的对称性，两翼产状很缓，轴面直立，转折端宽缓圆滑，一般为 10°～30°之间。少部分为不对称性，两翼产状不对称，轴面倾斜；

（3）褶皱规模比较小，一般宽约 2～3km，长约 3～6km，个别长大于 15km；

（4）靠近断裂附近的褶皱构造地层产状较陡，倾角大于 40°，可见在褶皱形成过程中和褶皱构造形成之后，该区新构造运活动的剧烈程度，反映出这些褶皱应力场为主压应力近南北向挤压。新生代褶皱并不十分发育，多呈宽缓短轴类型。最有代表性的褶皱有东湖南向斜（f_3）和查布如背斜（f_{57}），其横剖面图见图 5-4-2、图 5-4-3。

东湖南向斜：走向近东西向，70°左右，非常宽缓，长约 4km，宽约 3km，为一开阔宽缓短轴型向斜（图 5-4-2）。

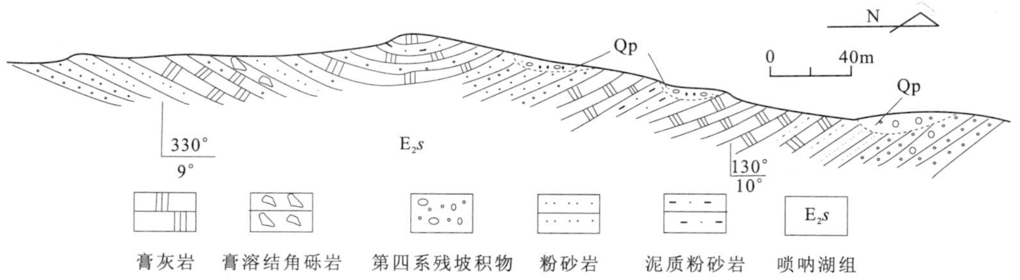

图 5-4-2　东湖南向斜构造（f_3）横剖面图

查布如背斜：总体显示为一开阔背斜，走向近东西向，形态比较宽缓，褶皱长约 15km，宽有 3.5km（图 5-4-3）。

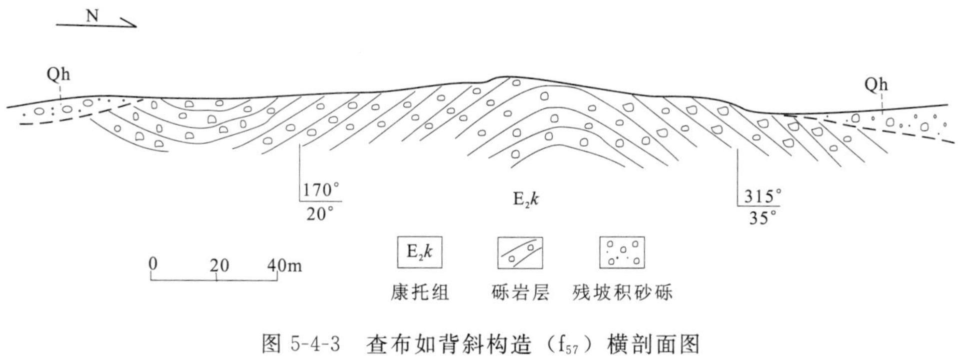

图 5-4-3　查布如背斜构造（f_{57}）横剖面图

2. 断层

断裂构造是新构造运活动的重要类型之一。测区新构造断层十分发育。野外地质调查及遥感地质解译分析表明：新构造断层不仅是构成测区构造格架的主断层构造，同时也是控制测区新生代以来构造地貌发育和新古近纪-第四纪堆积物厚度、岩性、岩相和分布特征的主要断层构造。此外，这些新构造断层还控制着水系和湖泊的发育等。伴随断层活动，常出现串珠状湖泊和线形展布的泉眼、阶地以及山前断崖，在遥感图像上表现出河流发生急转弯，湖泊呈线状分布等特征。据不完全统计，测区新构造断裂 33 条，其中实测 27 条，遥感解译 6 条（表 5-4-2）。

表 5-4-2　测区新生代断裂构造特征一览表

编号	位　　置	长度（km）	性质	走向	简　　述
F_5	东湖南	10	逆冲	300°	E_2s 与 J_3s 断层接触，见有10m左右的碎裂岩，断层产状10°∠50°
F_6	东湖南	>14	走滑	330°	为继承性断层，为一北西至南东向平移走滑断层性质，沿早期断层将 E_2s、E_2k 地层切割并与 J_3s 地层断层接触
F_7	东湖南	8	正断层	300°	为一南倾的正断层，E_2k 与 J_3s 断层接触，见有构造角砾岩，断层产状350°∠65°
F_{12}	尖头山-长梁山	>10	逆冲	290°	为一逆冲推覆断层，上盘索瓦组灰岩逆掩于康托组之上，索瓦组灰岩变形破碎，并见有牵引褶皱，下盘始新统康托组砾岩与灰岩产状相顶，断层产状30°∠40°
F_{13}	长梁山西	>4	走滑	15°	具继承性断裂，为一近南北向的右行平移走滑断层，明显地将 E_2k 地层切割、位移，向南、北延伸于 J_3s 地层中
F_{25}	仲包沟	>12	逆冲	100°	为南羌塘与双湖构造混杂岩带分界断层，具继承性断层性质，上盘为二叠系火山岩，下盘为古近系康托组（E_2k）地层，与 F_{27} 组成背冲式断裂组合，断层产状10°∠50°
F_{26}	仲包沟南	>5	逆冲	95°	为次一级断层，具继承性断层特点，断层两盘岩层产状相背，与 F_{25} 组成背冲式断裂组合
F_{27}	西雅尔岗北	>5	逆冲	105°	具继承性断层性质，断层两侧可见灰岩逆冲在红色碎屑岩之上，与 F_{25} 组成背冲式断裂组合
F_{28}	西雅尔岗-达日格	>40	走滑	45°	断层走向为NNE向35°，断面西倾较陡，断盘两侧产状大角度斜交，南东盘（下盘）以逆冲向南走滑，北西盘（上盘）向北顺时针剪切走滑，断层产状320°∠70°
F_{31}	西雅尔岗南	>5	走滑	40°	为右行平移走滑性质，在地形、地貌上均显示线状负地形地貌特征，卫片线形构造特征明显
F_{32}	西雅尔岗南	>3	逆冲	60°	为山前断裂，断层面南倾，该断层大部分被第四系覆盖，断层产状150°∠50°
F_{38}	班登纳钦	>3	正断层	280°	为新生断层，为唢纳湖组层间滑动断层，近东西向展布，断层产状10°∠50°
F_{40}	牛角山北	>16	走滑	70°	为继承性断裂平移走滑性质，呈北东向展布，断层产状340°∠70°～80°
F_{43}	鸭湖东	>6	走滑	310°	为唢呐湖组新生断层，具层间滑动顺时针剪切性质，断层产状30°∠85°，近于直立
F_{55}	美日切岗根南	>5	走滑	40°	为继承性断裂平移走滑性质，E_2s 与 J_3s 地层呈断层接触，两者之间见有1m左右的破碎带。断层产状北倾，倾角较陡，为70°～80°
F_{59}	美日切错西	>3	走滑	35°	Nsh、E_2s、J_3b 地层被切割，具左旋平移走滑性质
F_{60}	吐错北	>15	走滑	340°	继承性断层，为平移走滑性质，J_3s、E_2s、E_2k 之间均为断层接触，见有10m左右的破碎带
F_{61}	兄弟泉北	>3	逆断层	305°	具继承性的逆冲断层性质，见有5m左右的断层破碎带，多为角砾岩和挤压透镜体，两盘岩层产状大角度相交
F_{62}	兄弟泉	>10	逆断层	65°	为继承性逆断层，E_2s 与 J_2x 地层断层接触，断层产状较陡，断层产状340°∠70°
F_{68}	碰巧日北	>15	压扭性	60°	为继承性断层，E_2s 地层被切割并与 J_3s 地层断层接触，断层面北倾，地貌上构成线状负地形
F_{69}	碰巧日南	>20	压扭性	75°	为继承性断层，E_2k 与 $J_3K_1x^1$ 地层呈断层接触。见有5m左右的断层破碎带，卫片上线型构造清晰
F_{70}	雀日泥里	>5	逆冲	300°	断层面南倾，见有10m左右的断层破碎带，地形、地貌上显负地形特征，断层产状210°∠60°
F_{71}	雀姆东达	>10	走滑	70°	近东西向展布，具继承性平移走滑断层性质，地形、地貌上显负地形特征，形成沟谷
F_{72}	雀日茶卡西	>25	走滑	70°	具平移走滑性质，呈近东西向展布。次一级小断层发育，地形、地貌上显负地形特征，形成沟谷
F_{73}	雀日茶卡南	>20	压扭性、平移	85°	具逆冲走滑性质，断层两侧岩层产状相背，见有10m左右的破碎带，断层产状170°∠70°
F_{74}	咸水河	>30	逆冲、走滑	310°	呈北西向展布，为向南倾的逆冲走滑性质，E_2s 与 J_3s 地层断层接触，J_3s 地层逆冲于 E_2s 地层之上。延伸稳定，断层产状210°∠60°
F_{83}	孔纳木错	>20	逆冲断层	110°	为继承性断层，断层规模较大，近东西向延伸，断层面南倾，见有8m左右的破碎带，断层产状210°∠50°

1）继承性断层

继承性断层在测区十分发育，占新构造运活动断层的主导地位，也是新构造运活动最主要的表现形式。其表现形式为老断层的复活和持续活动。测区继承断层活动主要有近 EW 向、NWW 向和 NW 向 3 组，构成了本区交叉网格状的断层系统，具多期活动性。这些新构造断层明显地将老断层错断而使其方向或性质发生一定的改变，局部地段构成对冲式、背冲式断层组合特征。断层规模大小不一，为数公里至数十公里不等。

代表性断裂有 F_5、F_6、F_7、F_{12}、F_{25}、F_{27}、F_{28}、F_{68}、F_{69}、F_{72}、F_{73}、F_{74}等。

F_5 东湖南断层：位于东湖南约 3km 处，断层走向 300°，其性质为逆冲断层。南盘唢呐湖组与北盘的索瓦组呈断层接触，唢呐湖组岩层倾角达 60°，造成北高南底，高差达 100m 左右，直角形折线地貌，与 F_7 断层组成背冲式断层组合，造成索瓦组老地层上升，两侧新地层康托组、唢呐湖组下降，断层面倾向相反，总体形成地垒式地貌特征（图 5-4-4）。

F_{12}尖头山-长梁山逆掩断层：位于尖头山—长梁山一带，断层走向 290°，北倾，倾角 30°～40°。该断层于长梁山向北西经尖头山皆延伸至图外，长度 20 余公里。沿尖头山—长梁山一线断层的北东盘有明显的断层次崖形成。北东盘向南西推覆，上盘索瓦组灰岩层逆掩于康托组之上，索瓦组灰岩变形破碎，部分地段具石膏胶结，平缓褶曲发育，层面与断层面有一定的角度。该断层构成控制希杂珞玛河古近纪坳陷北边界的主要断层。上述不难看出，该断层在康托组形成之后有强烈的活动，为测区的主要断裂之一（图 5-4-5）

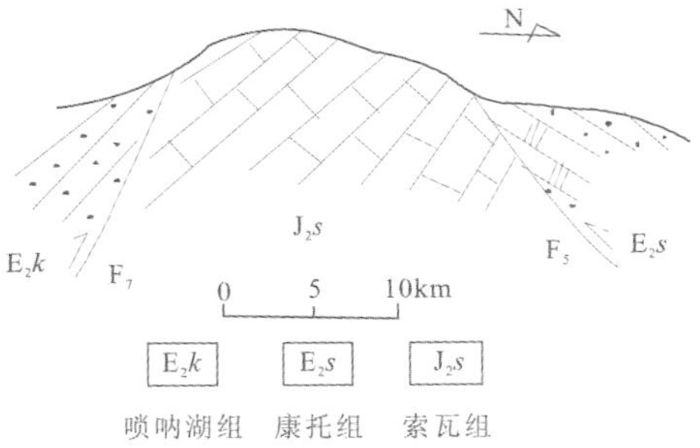

图 5-4-4　F_5 与 F_7 背冲式断裂组合素描图

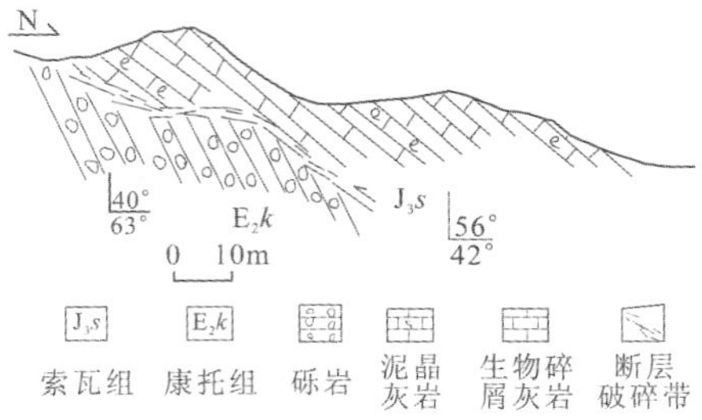

图 5-4-5　F_{12}尖头山-长梁山逆断层素描图

距尖头山南东方向约 2km 处 D5070、D5072 点断层与尖头山-长梁山逆掩断层为一组断层，该组断层走向 290°、倾角 45°。断层上盘（北东盘）为上侏罗统索瓦组灰岩，下盘（南西盘）为康托组紫红色砂岩和砾岩。北东盘向南西推覆，上盘索瓦组灰岩层逆掩于康托组之上，索瓦组灰岩牵引褶皱发育（图 5-4-6，图 5-4-7）。

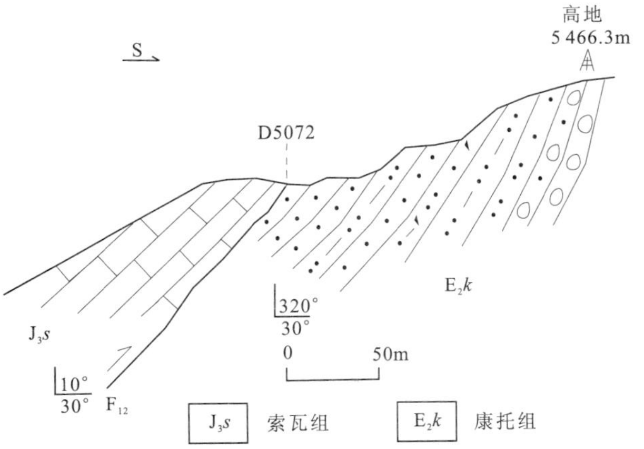

图 5-4-6　F_{12}D5072 点逆断层素描图

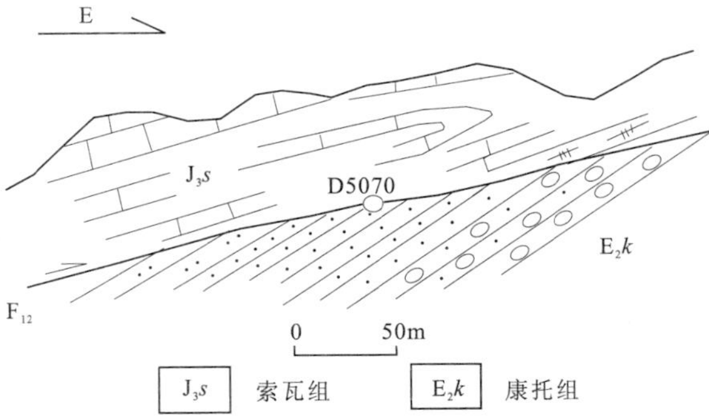

图 5-4-7　F_{12}D5070 点逆断层素描图

F_{28}西雅尔岗-达日格平移走滑断层：位于西雅尔岗隆起一带，起于西雅尔岗，终止于达日格，呈 NNE－SWW 向展布。具有一定的规模，长达 40km。使中侏罗统夏里组、晚侏罗统索瓦组逆冲于古近系康托组之上，喜山期再次活动、改造，将侏罗系夏里组、索瓦组、古近系康托组地层切割，也使呈东西向断层明显发生位移。致使该地段呈东西向新老地层发生明显的位移和剪切变形，地层之间均为断层接触。具平移走滑剪切性质。如 D5282 点以 F_{28} 断层描述，为一北东向右行走滑性质，断层走向为 NNE 向 40°，断面西倾较陡，断层两侧产状大角度斜交，南东盘（下盘）以逆冲向南走滑，北西盘（上盘）向北顺时针剪切走滑，与区域性新构造应力场相吻合。为测区具有代表性的新构造断层之一。除此之外，呈 NNE－SWW 向展布的新构造断层十分发育，其规模大小不一，导致西雅尔岗隆起地带呈网格状构造断层系统。表明本地区具明显的多期活动性特征。

F_{68} 碰巧日北断层：位于碰巧日北约 2km 处。具有推覆构造性质。断层向北倾斜，切割索瓦组和唢呐湖组地层，局部有断层崖发育，并见有宽约 15 余米的构造片理化带（图 5-4-8）。

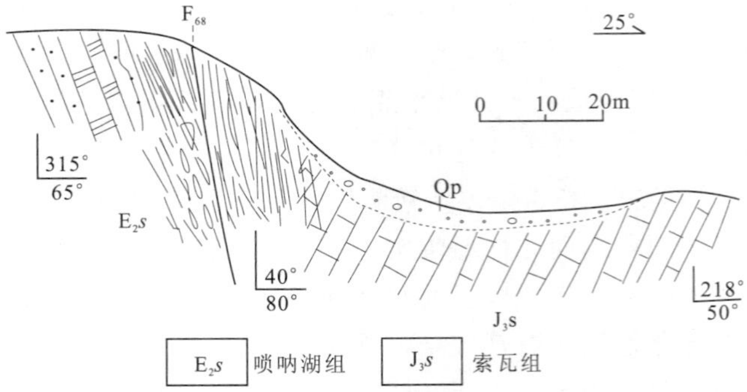

图 5-4-8　F_{68} 碰巧日北断层构造素描图

2）新生断层

新生断层是指晚古近纪以来由于新构造运活动而在古近系地层所形成的断层，不具继承性构造特点，一般规模小，延伸不远，一般为 2～5km。属于平移走滑断层，如咸水河北 F_{43} 断层。

3）南北向断层

区域上南北向挤压引起近南北向张性断裂。如吐错南北向 F_{54} 断层，阿木查跃-托纳木藏布南北向 F_{52} 断层等。由于第四系覆盖，在野外难以观察，结合遥感解译综合分析可确定近南北向断裂的存在。近南北向断裂具有一定的规模，长可达几十公里。上述两条断层之间的古近系-第四系沉积具有“地堑式下沉”特点，但由于近南北向张性构造相对隆升幅度的不均衡性，使得测区具明显的差异性升降，西北地区差异性隆升，南东部差异性下降。

3. 断块运动

新构造运活动中，断块运动是其另一个重要表现形式。断陷盆地是在断块运动的作用下发生下陷、接受沉积的一种构造盆地，也是一种新构造表现。新生代以来，尤其是始新世—渐新世期间，测区发育一系列各具特色的断陷盆地，沉积了康托组和唢呐湖组地层，并表现出多期活动迹象，从而使沉积物具有多旋回的特点。按断块运动的作用方式及沉积物的分布特征，可将测区划分为 3 个较大的断陷盆地，即东湖-日阿藏布断陷盆地、双湖-雅根错断陷盆地、燕子湖-吐错断陷盆地，其边界均为山前断裂所控制。其活动可分为两期。第一期断陷活动发生在始新世时期，沉积了康托组磨拉石建造，为一套较粗的红色碎屑岩，其厚度大于 1 000m；第二期断陷活动发生在始新世中晚期，沉积了唢呐湖组相对较细的碎屑岩沉积，其厚度 200～800m 不等。区内断陷盆地构造型式为半地堑式（裂谷式），明显受北北东向、北北西向和南北向几组断裂控制。

不同方向断块运动的作用，使得北西部地块整体发生差异性隆升，东南部地块差异性下降，最终造成北西隆起南东拗陷的构造局面，并由此控制了本区的地形地貌和第四系沉积物成因类型及其分布，形成串珠状的湖泊群。西北地区差异性隆升，南东部差异性下降，差异升降是本区断块运动的具体表现。

4. 河流及湖泊阶地

阶地的形成多与新构造运活动密切相关，其中河流阶地明显受断层制约。本区河流、湖泊边缘普遍发育阶地，多数河流只发育Ⅰ、Ⅱ级阶地，少数发育Ⅲ、Ⅳ级阶地，它们都有一个共同特点，即阶面垂直高度很小，一般Ⅰ级阶地高度 3～5m 、Ⅱ级阶地 2～3m、Ⅲ级阶地 3～5m、Ⅳ级阶地 5～8m（图 5-4-9）。

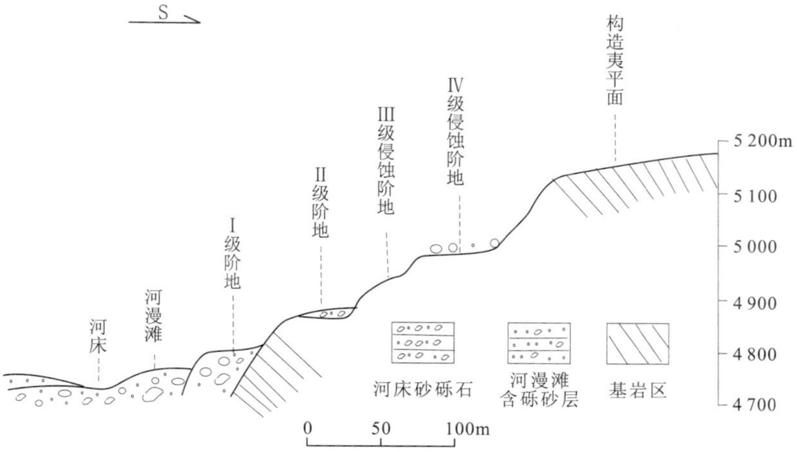

图 5-4-9　西藏双湖地区希杂珞玛曲 4 级阶地剖面示意图

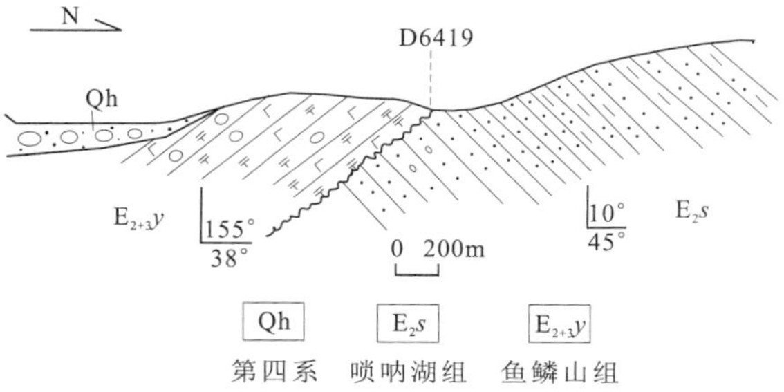

图 5-4-10　鱼鳞山组与唢呐湖组角度不整合素描图

5. 火山活动

测区新生代火山活动主要分布在测区北部跃进拉和美日切错一带，以古近系鱼鳞山组火山熔岩被产出为主。与下伏始新世地层呈角度不整合接触。如 D8570、D6437、D6476 点所出露的火山岩均以角度不整合于唢呐湖组地层之上（图 5-4-10）。鱼鳞山组火山岩的空间分布与构造断裂密切相关。

除上述新构造断层活动外，在东湖、吐错边见到陡立的基岩湖岸，实际上也是新构造运活动的杰作。区内泉华的分布，多位于南北向或北东向断层附近，与新构造运活动有着成因联系。

三、环境地质、灾害地质的表现

1. 环境地质现状

测区地貌受区域构造尤其是新构造运活动的控制。按地貌特征自南向北可分为以下几个生态环境区。

1）西雅尔岗强烈隆起区

受双湖构造混杂岩带造山隆起的结果。新生代构造复杂，地貌为高山峻岭，水系发育、切割深，多成峡谷地带，山岳冰川地貌特征，其落差大于 900m，山顶海拔高度在 6 000m 以上，为雅根错、阿木错、才多茶卡、赛日作等河流与湖泊发源地。在低洼地带发育面积大小不等的湿地，草场植被发育，见有较多野生动物及家畜分布。在 5—6 月是雪山、冰川的消融期，也是大气降水季节，此时段，河流、冲沟经常发生洪水及泥石流灾害，给下游双湖居民区居民生活带来一定的影响。

2）蒂让碧错至雅根错隆起半荒漠化区

为中低山丘陵地貌特征，地势相对平坦，湖泊发育，呈现中低山丘陵及平原地貌。湖泊、河流、草地极为发育，补水资源主要靠西雅尔岗等冰川融化，部分地段属半荒漠化区域，长年缺水、干旱。湖泊蒸发量大于补给量，湖泊大量萎缩、干涸，形成大片的盐碛地，也是造成部分地段半荒漠的原因。湖泊及河流地段其及周围，草场植被发育，特别是在低洼地带发育大面积的湿地。处处可见野生动植物分布，也是野生动物良好的栖息之地。

3）东湖至吐错坳陷半荒漠化区

地势低于测区西部地区，属典型的低山丘陵冲洪积平原拗陷区。该区呈现低山丘陵及平原地貌，湖泊、河流、草地极为发育，补水资源主要靠普若岗日、美日切岗根雪山季节性融化补给。部分地段属半荒漠化区域，长年缺水、干旱。湖泊蒸发量大于补给量，湖泊大量萎缩、干涸，形成大片的盐碛地，也是造成部分地段半荒漠的主要原因。湖泊及河流地段其及周围，草场植被发育，特别是在低洼地带发育大面积的湿地。处处可见野生动植物分布，也是野生动物良好的栖息之地。

4）普若岗日隆起荒漠化区

普若岗日冰川位于北羌塘腹地，地势高。其顶部保留了古老的夷平面，山体平缓。区内寒冷，终年积雪，为一大冰盖。以普若岗日为核心，其周围地区均为中低山丘陵地貌，普若岗日冰川-东湖荒漠化区为复合型地貌特征。其落差为 1 000m，为冰川-冻土-沙漠-湖泊-河流复合型地貌，也是冰川退缩过程的产物和标志。

2. 灾害地质表现

测区处于特殊的地理位置，地质灾害频繁不断。与新构造运活动有关的灾害地质类型有地震、泥石流等。其中山洪、泥石流在测区分布较为广泛，对牧民的生产、生活影响巨大。山洪是山区溪沟中雨季常见的快速、强大的沙石地表径流现象，而泥石流是一种的夹杂着岩块、砾石、沙和土的水气混合高密度流。在 6—8 月雨雪及冰川融化季节时，在西雅尔岗、普若岗日一带以及中低山山前地带形成山洪和泥石流，经常冲毁公路和牧场，特别是在西雅尔岗一带，给双湖地区牧民生产、居民的生活造成了极大的危害。

第六章　地质发展史

第一节　基本思路

测区位于青藏高原班公湖-怒江结合带与拉竹龙-金沙江结合带之间，从南往北依次发育南羌塘陆块、双湖构造混杂岩带、北羌塘陆块和若拉岗日构造混杂岩带 4 个次级构造单元，涉及到东特提斯洋和冈瓦纳及欧亚大陆的若干重大地质科学问题。这一地区的大量的地质资料为我们提供了反演区域地质演化史的基本素材。因此，我们的工作思路是，以区域构造研究为先导，以沉积建造、构造变形、变质作用和岩浆活动综合分析为依据，以重要地质事件为主线，反演区域地质演化历史，建立地质构造演化模式。

现今的羌塘地区的地质图像是东特提斯洋盆漫长地质变迁和弧-陆碰撞、陆-陆碰撞及与之相应的地质作用及其不断改造的结果。从板块活动论的观点看，仅根据羌塘地区现今的岩石和地层分布来认识它的地质发展，必然会产生认识上的偏差，因此要求我们以更宏观的角度，以全球板块为尺度，用活动论的观点、分析综合的观点，多层次、广视角地对待和分析野外考察所获得的每一项原始地质资料和测试分析数据。这就是我们在建立地质构造演化模式工作中的基本思路。

第二节　主要地质事件及构造演化阶段划分

一、主要地质事件

地质事件是论述地质演化历史的主线。区域地质资料研究表明，晚古生代冈瓦纳大陆的裂离与分解、中生代东特提斯洋的打开与关闭是藏北羌塘地区地质构造发展演化史中最重要的地质事件，是藏北古地理环境发生巨大变革的主要因素。晚古生代—中新生代沉积作用、构造运动和岩浆活动清楚地记录着羌塘地区的地质发展演化历史。这段历史在测区留下了一系列相应的地质事件和地质记录。本次我们以 1∶25 万区域地质调查为基础，以前述各章详尽的地层—岩石—构造等实际资料为依据，对测区内发生的主要地质事件进行了归纳和总结（表 6-2-1）。这些地质事件是我们合理划分构造演化阶段的主要依据。

二、构造演化阶段划分

根据地球动力学背景、岩浆活动、地质界面、沉积建造、变质作用和构造变形等综合分析，将测区地质发展演化阶段划分为：前奥陶纪变质基底形成，奥陶纪-石炭纪被动大陆边缘，二叠纪南部伸展-中部俯冲（双湖构造带），早中三叠世局部伸展，晚三叠世-早侏罗世碰撞造山，中晚侏罗世-早白垩世前陆磨拉石，新生代后造山隆升共 7 个地质发展演化阶段（表 6-2-1，图 6-2-1）。

表 6-2-1　羌塘地区主要地质事件简表

年代＼事件	南羌塘陆块			双湖构造混杂岩带				北羌塘陆块			若拉岗日构造混杂岩带			
	沉积事件	岩浆事件	构造事件	沉积事件	岩浆事件	变质事件	构造事件	沉积事件	岩浆事件	构造事件	沉积事件	岩浆事件	变质事件	构造事件
N	陆相山间红色磨拉石		后造山隆升	山间磨拉石				陆相磨拉石	中酸性火山喷发	后造山隆升（高钾碱性火山喷发）	陆相磨拉石			
E		火山喷发					后造山隆升（逆冲推覆）							
K_1	陆相磨拉石	热事件影响	班怒洋盆向南俯冲					海相磨拉石		碰撞造山		岩浆侵位、热事件影响		后造山隆升
$J_2—J_3$	海相磨拉石			海相磨拉石										
J_1	深水复理石		伸展构造	火山-沉积	火山喷发岩浆侵位热事件影响	接触变质	碰撞造山（水平缩短和垂直增厚）	火山-沉积	火山喷发岩浆侵位	滞留弧			区域变质、动力变质	金沙江洋盆向南消减
T_3		基性岩浆		含煤沉积		动力变质		复理石		弧后盆地	大理岩复理石	中基性岩浆		
$T_1—T_2$	?		角木日洋盆向北汇聚俯冲	盆地边缘沉积			伸展构造				?			
P_3				含煤沉积	中酸性岩浆		汇聚消减				复理石	基性岩浆		被动大陆边缘
P_{1-2}	灰岩、复理石	玄武岩		灰岩、复理石	玄武岩	动力变质		?		?				
C	杂砾岩		被动大陆边缘	台地碳酸盐岩			被动大陆边缘				?			
O—D	?													
AnO	?			片岩、变粒岩、角闪岩、石英岩	基性岩浆	区域变质	泛非运动(?)							

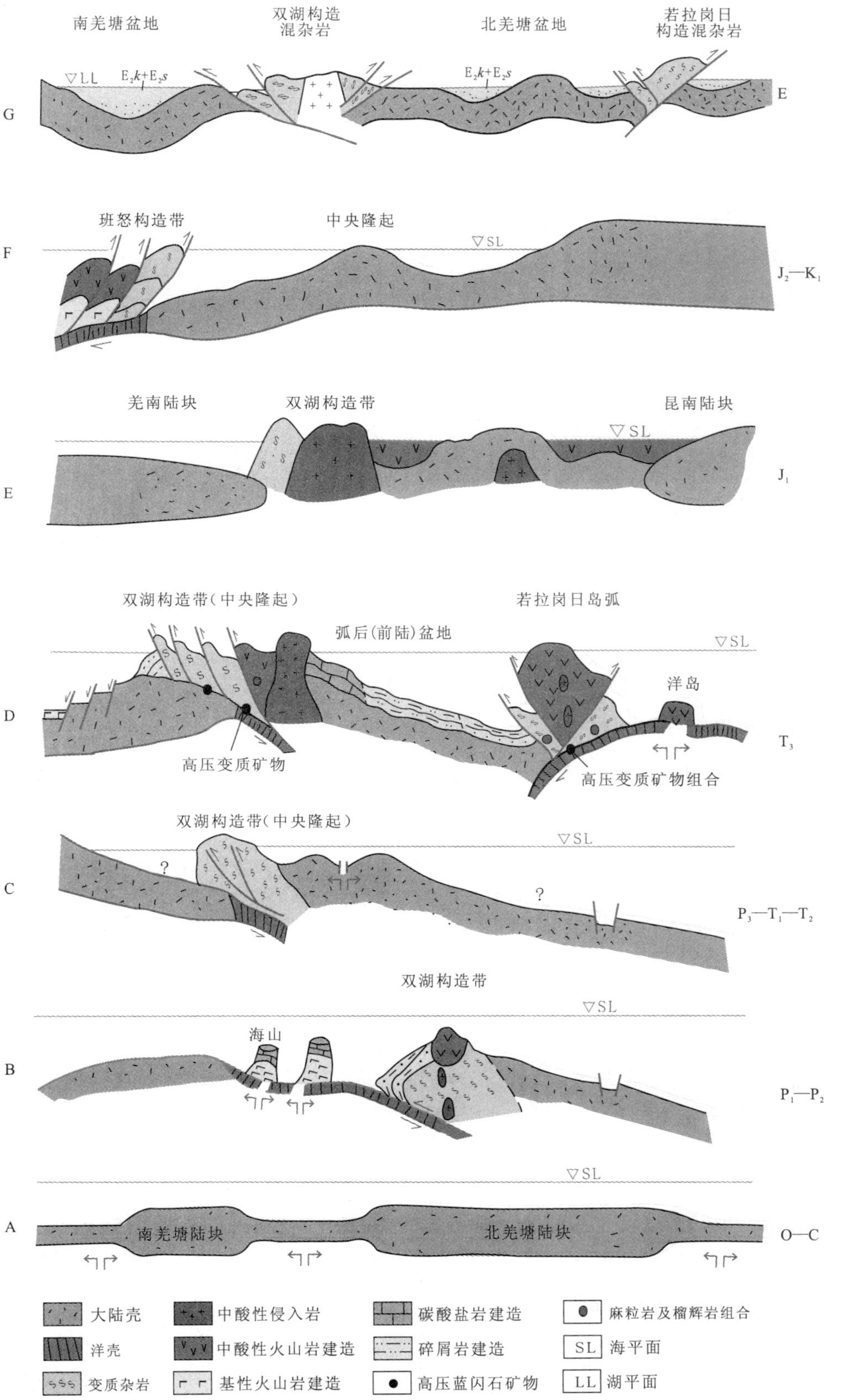

图 6-2-1　西藏北部羌塘地区显生宙地质构造发展演化模式

A. 奥陶纪-石炭纪被动大陆边缘演化阶段；B. 二叠纪南部伸展-中部俯冲（双湖构造带）演化阶段；C. 早中三叠世局部伸展演化阶段；D. 晚三叠世弧后（前陆）盆地演化阶段；E. 早侏罗世碰撞造山演化阶段；F. 中晚侏罗世-早白垩世前陆磨拉石盆地演化阶段；G. 新生代后造山隆升演化阶段

第三节　地质发展演化史

一、前奥陶纪变质基底形成阶段

测区变质基底岩石主要出露于双湖构造混杂岩带，包括前奥陶系阿木岗岩组、齐陇乌如岩组（新建地层单位）。阿木岗岩组仅在阿木岗日地区呈断块状零星出露，变质岩石类型以石英片岩、变粒岩、斜长角闪岩和片麻岩为主，出露厚度不详。齐陇乌如岩组呈断块状零星出露于齐陇乌如等地，变质岩石类型为石英片岩、二云母片岩、石榴白云片岩、变粒岩夹斜长角闪岩、大理岩等，其原岩可能为砂泥质复理石建造夹火山岩建造和碳酸盐岩建造。嘎尔错岩组呈近东西向、断块状分布于双湖构造混杂岩带的嘎尔错乡、绒马乡等地，主要变质岩石类型为变质石英砂岩、石英岩。羌塘地区有关变质岩的地质资料较少，变质岩同位素年龄为509～548Ma（Pb－Pb法，王成善等，2001），暗示羌塘地区可能曾是冈瓦纳超级大陆的一部分。到目前为止，我们还不是十分清楚：是否是泛非运动最终形成了羌塘地区的变质基底，并且伴随着强烈的构造活动和构造变形，造成了羌塘地区地质发展史上的第一期（?）区域动力热变质作用。遗憾的是：羌塘中部地区因燕山期岩浆活动和构造破坏严重，并叠加改造了古老基底的构造形迹和变质变形，使基底早期的构造变形和变质作用难于恢复，其研究程度尚有待于变质岩理论的创新和测年技术方法的不断改进。现阶段条件下能够获取的实质性地质证据很少，有待于以后的进一步研究。

泛非运动后，地壳活动趋于平静，大地构造格局发生了质的变化，地质演化历史从基底演化阶段进入了沉积盖层演化阶段。

二、奥陶纪-石炭纪被动大陆边缘演化阶段

泛非运动形成了冈瓦纳超级古大陆，随着前奥陶纪长期的风化剥蚀、夷平化地质作用和奥陶纪海侵作用，在冈瓦纳大陆北缘总体上表现为一个向北倾斜的古生代被动大陆边缘沉积格局（图6-2-1A）。沉积环境以陆棚和碳酸盐岩台地为主，沉积建造发育陆源细碎屑岩建造和碳酸盐岩建造，含丰富的头足类、笔石、腕足类、珊瑚、双壳类化石。

我们推测，古生代沉积盖层与前奥陶纪变质岩基底之间为角度不整合接触。不整合界面是泛非造山运动的产物。

奥陶系-石炭系碳酸盐岩沉积建造、陆源碎屑岩沉积建造以及含冰水杂砾碎屑岩沉积建造在测区虽然分布面积较小，且多呈构造断块产出，但其岩性基本稳定，地层层序可以对比。构造恢复表明，奥陶系-石炭系各岩石地层单位之间不存在明显的沉积间断面，表现为连续沉积作用。

三、二叠纪南部伸展-中部会聚俯冲演化阶段

挤压会聚和俯冲消减是羌塘中部地区二叠纪最主要的地质构造事件（图6-2-1B）。这一时期的地质构造情况比较复杂：一方面在江爱达日那-阿木岗日地区发育二叠系岛弧型中基性火山岩和中酸性火山岩（Pva），在嘎尔错南新发现一套弧前深水复理石（Pfw）沉积，在霍木西萨、鄂柔、才多茶卡等地新发现由超基性岩、枕状玄武岩、辉长岩和放射虫硅质岩等大小不等的岩块组成的蛇绿质构造混杂岩（Pop），暗示羌塘中部存在不同程度的挤压会聚和俯冲消减作用；另一方面在角木日-肖茶卡北-孔孔茶卡地区发育深水复理石（Pfw）沉积、展金组洋脊/洋岛型玄武岩、龙格组海岛型碳酸盐岩沉积（图6-2-1B），指示羌塘南部存在构造拉伸作用。在青藏高原早中二叠世裂谷化的总体背景下，羌塘双湖地区也出现了在克拉通之上发育起来的以查布-查桑地区为代表的裂谷系统。

除在硅质岩中发现部分晚二叠世放射虫外，还在龙格组灰岩中发现丰富的腕足类、苔藓虫、非䗴有孔虫和䗴类古生物化石。可以预测的是，羌塘地区在沿地层南北和东西走向上，同一时代的地层厚度和沉积环境变化较大。最典型的例子如中二叠统龙格组灰岩地层厚度在测区具有南厚北薄之趋势，沉积环

境在测区主要表现为海岛碳酸盐沉积，并且具有东浅西深的趋势。

晚二叠世热觉茶卡组含大羽羊齿植物群浅水型含煤碎屑岩系仅零星见于热觉茶卡一带。热觉茶卡组顶部与早三叠世康鲁组呈假整合接触关系；底部与中二叠统地层接触关系不清楚，区域上可能为假整合或不整合接触。

晚二叠世是羌塘中部地质构造非常活跃的重要时期，也是羌塘中生代含油气沉积盆地和双湖“中央隆起带”的定型期。羌塘西部晚二叠世吉普日阿组普遍与下伏地层呈角度不整合接触关系，表明中二叠世以前的沉积盆地演化已经结束，晚二叠世之后又开始了新生沉积盆地的演化历史。

二叠纪会聚和俯冲还形成了蓝闪石等高压变质矿物，如桃形错地区的蓝闪石 Ar－Ar 同位素年龄值为 275～287Ma（邓希光等，2000）。

四、早中三叠世局部伸展演化阶段

早中三叠世沉积地层——康鲁组、硬水泉组和康南组仅在羌塘中部局部发育，零星见于热觉茶卡和江爱达日那等地区。地层沉积层序由粗碎屑岩-细碎屑岩-碳酸盐岩构成，代表的沉积环境也是由浅变深，暗示羌塘早中三叠世沉积盆地可能是一个向北部延伸的新生盆地，而不是残留盆地。从沉积相和古水流方向分析，早三叠世康鲁组为一套盆地边缘相沉积，物源来自双湖“中央隆起带”，说明早三叠世沉积期，双湖“中央隆起带”已经形成并向沉积盆地提供物源（图 6-2-1C）。早中三叠世羌塘沉积盆地是否向南部延伸的沉积证据还不是很充分。

五、晚三叠世-早侏罗世碰撞造山演化阶段

晚三叠世-早侏罗世是羌塘地区地质构造发育最关键也是最重要的时期。南、北羌塘陆块之间的持续碰撞和北羌塘陆块与金沙江洋盆之间的俯冲碰撞是羌塘地区晚三叠世-早侏罗世最重要的地质构造事件（图 6-2-1D、E）。印支运动对北羌塘地区有强烈影响。

在若拉岗日—可可西里一带，由于金沙江洋盆向南俯冲消减，形成了一系列由不同时代的复理石、洋岛型-岛弧型中基性火山岩和大理岩、硅质岩、超基性岩组成的若拉岗日构造混杂岩，同时还伴随有强烈的构造剪切和区域变质、动力变质作用，发育构造糜棱岩、斜长角闪岩、石英片岩和蓝闪石-硬玉等高压变质矿物，局部出现下地壳物质组成——麻粒岩相岩石组合（图 6-2-1D）。

晚三叠世末，金沙江洋消失，北羌塘陆块与昆仑陆块最终拼合，进入全面隆升期。强烈的印支造山运动形成了一系列大规模滑脱-逆冲、线性复杂褶皱、断裂及劈理等变形构造，同时伴随有岩浆作用和变质作用。白头山地区发现的岛弧型中酸性火山岩、花岗质闪长岩以及狮头山地区发现的糜棱岩化变质蓝闪石玄武岩可能就与该期造山过程中的岩浆作用和变质作用有关，同时也表明拉竹龙-金沙江洋盆在闭合过程中具有俯冲消减的地质特征。至于俯冲方向的问题，在测区范围并不是十分清楚。本书根据在白头山地区发现的岛弧型中酸性火山岩、花岗质闪长岩以及在狮头山地区发现的糜棱岩化变质蓝闪石玄武岩等地质信息，综合判断拉竹龙-金沙江洋盆大致向南发生俯冲作用。根据研究，若拉岗日构造带构造变形形态以向南逆冲的逆冲断层及伴随的紧闭褶皱为主，构造糜棱岩化和构造片理化强烈。构造带的北界主断层倾向南，南界主断层倾向北，出现明显的南北对冲的构造格局。正是由于若拉岗日构造带强烈的逆冲和构造加载作用为羌塘中生代盆地尤其是北羌塘盆地的形成和演化创造了条件，并提供了丰富的陆缘物质。

在北羌塘地区，由于受到昆仑地块向南碰撞造山和南羌塘陆块向北碰撞造山的双重影响，导致北羌塘陆块南北两侧中酸性火山岛弧发育，以弧间或弧后复理石盆地沉积为特征。晚三叠世弧火山岩不发育，作为滞留弧的早侏罗世中酸性火山岩和火山碎屑岩特别发育，并且有岩浆侵位构造。

在江爱达日那-嘎尔错-才多茶卡一带，晚三叠世以含煤碎屑岩系沉积为主，早侏罗世以中酸性火山岩、火山碎屑岩和花岗闪长侵入岩为主。在侏罗纪中酸性侵入岩的捕虏体（斜长片麻岩）中新发现 2 处具有晚三叠世岩浆弧的地质信息（如嘎尔错东部样品 D4169N1 的 Ar－Ar 同位素年龄为 215±4Ma，齐陇乌如东部样品 D7028N1 的 Ar－Ar 同位素年龄为 215±4Ma，更详细资料参见本书岩浆岩部分）。早侏罗世热事件对二叠系火山岩的氩同位素有强烈影响与改造（例如样品 D7027N1 的年龄数据（175Ma）

就是受早侏罗世热事件影响的产物）。晚三叠世强烈的动力变质还形成了蓝闪石、钠闪石、青铝闪石等高压变质矿物（图 6-2-1D），如霍木西萨一带蓝闪石的 Ar－Ar 同位素年龄值为 225Ma，嘎错纳若地区青铝闪石的同位素年龄值为 222Ma（李才等，1995），才多茶卡地区蓝闪石的 Ar－Ar 同位素年龄值为 209Ma。

双湖构造带的地质演化历史似乎表明：晚石炭世-早二叠世形成拉张裂谷，中晚二叠世发生俯冲碰撞，直至晚三叠世-早侏罗世完全碰撞闭合，形成羌塘中央隆起带，成为晚三叠世和侏罗纪沉积的物源区，构成向南和向北扩散的碎屑流沉积体系，因此羌塘中央隆起带无论是对羌南地区还是对羌北地区的晚三叠世和侏罗纪沉积格局都有明显的控制作用。越来越多的地质证据（Kapp *et al.*，1999）表明，在羌塘中部地区，在晚三叠世—早侏罗世期间，伴随着强烈的造山作用（主要表现在昆仑地块向南俯冲碰撞造山和南羌塘陆块向北俯冲碰撞造山），岩浆喷发作用和动力热变质作用较为发育，造成了羌塘中部地壳构造的水平缩短和垂直增厚事件。

与北部地区不同，南羌塘的肖茶卡-孔孔茶卡等地区，晚三叠世除发育一套碳酸盐岩和碎屑岩之外，还发育一套洋岛型基性火山岩，代表的构造环境可能是一种伸展背景。局部伸展促使南羌塘地块向北移动，从而导致碰撞造山作用的进一步发展。在南羌塘中南部地区，晚三叠世—早侏罗世伸展构造背景更加明显，以发育碳酸盐岩沉积建造和暗色细碎屑岩（深水复理石）沉积建造为特征（图 6-2-1D、E）。

六、中晚侏罗世-早白垩世前陆磨拉石盆地演化阶段

晚三叠世-早侏罗世的构造演化基本奠定了羌塘侏罗纪盆地的沉积格架。无论是南羌塘地区还是北羌塘地区，对于侏罗纪盆地来说，都已经形成了统一的盆地基底（图 6-2-1F）。这个时期班公湖-怒江洋盆向南俯冲碰撞，在结合带南侧形成下白垩统则弄群中酸性岛弧型火山岩，在羌塘地区沉积了一套以“雁石坪群”为特征的红色海相磨拉石沉积建造，总体上具有明显的海退沉积序列。大致在早白垩世中期，海水全部退出羌塘地区，从而形成真正意义上的陆地。中晚侏罗世-早白垩世时期最明显的地质构造事件包括：由于班公湖-怒江洋盆向南俯冲形成了羌塘地区广泛分布的红色海相磨拉石事件沉积；在南羌塘肖茶卡一带，晚三叠世洋岛型基性火山岩受晚侏罗世-早白垩世热事件影响明显，Ar－Ar 同位素组成多被强烈改造（如样品 XP1N1）；在若拉岗日构造混杂岩带的黑石长梁—白头山一带，晚侏罗世-早白垩世不仅发育小型中酸性侵入岩体，而且其热事件还强烈影响和干扰了晚三叠世若拉岗日岩群变基性、超基性火山岩的 Ar－Ar 同位素组成（如样品 WWP4N_1、D7532N_2）。

七、后造山隆升阶段

晚白垩世以后，羌塘地区完全进入了陆-陆碰撞后造山隆升演化阶段，即喜马拉雅造山运动新阶段。在此阶段演化过程中，印度板块不但没有停止向欧亚板块的俯冲碰撞，而且以更强烈的继生性陆内俯冲的形式继续进行造山活动。强烈的喜马拉雅造山运动不但表现在构造逆冲和构造形迹的叠加，而且表现在岩浆活动等方面。地壳浅层变形主要表现为渐新世以前地层（如康托组等）褶皱和构造逆冲推覆（如二叠系和三叠系地层被推覆到中上侏罗统地层之上；中上侏罗统地层被推覆到始新世地层之上）。渐新世以前地层被鱼鳞山组高钾碱性中酸性火山岩喷发不整合覆盖。

陆-陆碰撞后造山隆升演化阶段最明显的地质事件包括：构造逆冲作用，地壳构造的南北向水平挤压缩短和垂直增厚事件，青藏高原隆升事件，以及由于不均匀隆升在高原内部产生的一系列粗碎屑陆相山间红色磨拉石建造（康托组）沉积和内陆湖泊相细碎屑岩建造（唢呐湖组）沉积（图 6-2-1G），古近纪大规模高钾碱性中酸性火山喷发和新近纪小规模钾玄质火山喷发作用等。

在若拉岗日构造带和双湖构造带，逆冲推覆和构造变形作用强烈。在双湖构造带北部，二叠系变质岩地层被逆冲推覆在中上侏罗统地层之上；而在若拉岗日构造带南部，晚三叠世变质岩地层被逆冲推覆在上侏罗统地层之上。正是这种强烈的逆冲构造使得北羌塘陆块北缘原本可能存在的上三叠统岛弧火山岩被覆盖在晚三叠世复理石和洋岛玄武岩之下。

古近纪始新世晚期以来，羌塘地区发生了持续的陆内碰撞和挤压造山作用，导致地壳缩短并不断被加厚。地壳加厚的结果是一方面直接导致藏北高原的快速隆升；另一方面可以产生地壳物质的部分重

熔，从而导致新的岩浆活动，形成鱼鳞山组火山岩的脉动式期次活动。岩浆岩的频繁活动，不但形成了以古近纪鱼鳞山组为代表的高钾碱性中酸性火山岩喷发，而且也形成了以新近纪石坪顶组为代表的粗安质中酸性火山岩喷发。中酸性火山岩的喷发是发育在大陆碰撞过程中派生出来的伸展构造环境中形成的。新生代康托组、唢呐湖组、鱼鳞山组和石坪顶组之间存在的一系列不整合界面都表明：羌塘地区经历了多期次的南北向挤压作用。一些重要（含盆地边界）断裂带构造岩的 ESR 年龄数据多在 5～8Ma，标志着中新世晚期陆内冲断造山作用达到高峰（王成善等，2001）。

第四纪以来，羌塘地区遭受了进一步的陆内变形，包括藏北羌塘地区在内的青藏高原迅速隆升，并最终成为世界屋脊。关于高原隆升机制尽管还在争论之中，但可以肯定的是，高原的隆升是呈多期次、脉动式进行的。

第七章　国土资源概况及生态环境地质调查

第一节　自然资源概况

测区地处青藏高原羌塘无人区。境内地势平坦，草原开阔，属国家一级自然保护区。空气稀薄，高寒，少雨、气温土温低，土壤冻结期长，辐射强，多大风，植被稀少，交通不便，人迹罕至，历来有“无人区”之称。由于其特殊的地理位置和地质构造的特殊性，使其内部蕴藏着丰富矿产资源、水资源、土地资源、风能、光能、油气资源以及旅游资源等，但由于自然条件恶劣、交通不便等方面原因，这些资源目前基本未能开发利用。

1. 水资源

测区水资源极为丰富，主要有湖泊、河流、冰川、泉水等。代表性冰川有普若岗日冰川、西雅尔岗冰川、阿鄂日岗日冰川等。

1）湖泊

湖泊作为地表水的汇水之地，为测区主要水资源之一。区内有大小湖泊 20 余处，水域总面积约 856.6km^2，较大湖泊有吐错、东湖、阿木错、达尔沃错温、美日切错、波涛湖、才多茶卡、蒂让碧错、雅根错等。其中吐错湖水域面积大于 200 km^2，东湖水域面积大于 100 km^2。其他湖泊为十几至数十平方公里不等，均属内陆湖泊。绝大部分湖泊含盐度较高，为咸水湖。湖泊水体来源于其周围冰川季节性消融、大气降水以及地下泉水补给。这些高原内流湖泊水体虽然不能饮用，但却是宝贵的地表水的汇聚场所，对当地环境及气候有着重要的调节作用。

2）河流

区内河流十分发育，多以湖泊为中心的向心式水系，属于藏北内流水系。河流是地表水的流经通道，部分地下水的排泄场所，也是测区最主要水资源之一。如大沙河、流沙河、冰沙河、托纳木藏布、希杂洛玛曲等，长达几十甚至上百千米。河流水来源于大气降水、冰川消融水以及地下水补给。水质因地而异，大部分河流水均能直接饮用，给当地居民生产生活及生畜放养带来了极大便利。

3）泉水

区内发现泉水多处，在双湖北普若岗日，托纳木藏布南、鄂雅错东、达尔沃错温北一带均出现泉群及单泉，多为冷泉，见少量温泉。泉水出露地貌特征多为基岩山坡与缓倾斜的河谷交界处及湖泊边缘，地质背景往往位于断层两侧，在区域上呈线状分布。泉水成因类型多以断层泉为主，如达尔沃错温北岸温泉，温度约 30°左右，流量为 0.5L/s，微咸、具硫磺味，钙华发育。其他泉水为 1°～6°的冷泉，流量一般为 0.8L/s 以上（表 7-1-1）。

2. 土地资源

测区土地资源主要指高寒草原土地，这是一种主要分布于高原面的基带土壤，在低山、中低山下部和湖泊周边平原、河流两侧坡地等低缓地带也有分布，海拔 4 800～5 200m。寒草原土地是在高寒半干旱气候和高寒草原植被下发育而成，为一种较原始的土壤，其有机质积累不高，微生物活动和化学风化作用较弱，结构性差。高寒草原土地是测区最重要的土地资源。初步统计，区内草地面积约 982 580 公倾，其中草场面积约 230 520 公倾。草场是测区最重要的草地资源，可供大量野生动物及家畜放牧，为天然牧场。

表 7-1-1 测区主要泉水资源简表

点号	泉　名	经纬度	物理性质	调查日期	地质特征	产状	成　因
W101	普若岗日饮用泉	N33°44′36″ E89°13′08″	无色、微甜、无杂质，为冷泉，可饮用	2004 年 6 月	大气降水、冰雪融水补给，向托纳木藏布排泄	下降泉	溢水流出泉
W102	兄弟泉	N33°51′09″ E89°42′44″	无色、无味，为冷泉，可饮用	2004 年 6 月	大气降水、冰雪融水补给，向托纳木藏布排泄	下降泉	溢水流出泉
W103	温泉沟温泉	N33°39′56″ E88°42′51″	无色、具硫磺味，有气泡，为温泉，水温约 30°C±	1997 年 5 月	流量小，泉周围堆积黑色淤泥	上升泉	断层泉
W104	温泉沟南温泉	N33°44′36″ E88°13′08″	无色、具硫磺味、有气泡，为温泉，水温约 30°C±	1997 年 5 月	流量小，泉周围堆积黑色淤泥	上升泉	断层泉
W105	鄂雅错北泉	N33°09′05″ E88°50′21″	无色、微甜、无杂质，为冷泉，可饮用	2004 年 6 月	大气降水、冰雪融水补给，向托纳木藏布排泄	下降泉	溢水流出泉

区内属于旱半荒漠化气候，以热量丰富、日照长、风沙大、降水少、蒸发强为主要特点，为高原丘陵地貌，气候干燥、寒冷，多为自然土壤，以牧为主，林地、耕地几乎为空白，以草甸土、沼泽土、风沙土、盐碛土占主导地位。其中草甸土主要分布在低洼地带，如湖泊边缘、河流两岸等地段。

1）高寒草甸土

上接高山寒漠土，下连中低山草原土，是在寒冷湿润气候和高寒草甸植被下发育而成的，地面融冻滑塌和草根层斑块状脱落十分明显。

2）沼泽土

分布于山间等浅洼低地中，剖面分化简单，上部为根系交错密集、富有弹性的草墩，其宽度 40～60cm（个别大于 100cm），高 30～40cm，墩间距离 30～50cm，主要植物为青藏嵩草和苔草等，有机质含量高达 19%。下为蓝灰色潜育层，中间还有腐殖质层。

3）盐碛土

主要分布于湖滨平原之上，多见于湖滨阶地和河漫滩，地面平坦。它是由湖水在强烈蒸发下，通过土壤毛细管上升地表而聚盐所成，一片白色薄盐结皮，其上或不长植物，地面平坦龟裂；或为荒漠化草原，生长有垫状驼绒藜、苔草和镰叶韭等。它的形成过程主要是土壤脱盐引起碱化。

3. 生物资源

1）植物资源

据初步调查，草场植被以地衣植被为主，其次为苔藓、蕨类及少量药用植物。据有关资料统计，保护区内的植物有 40 科，147 属，470 余种。植物多以矮小的草本和垫状植物为主。青藏高原特有种（84 种）和青藏高原至中亚高山、西喜马拉雅和东帕米尔分布的种（50 种左右）在区系成分中占主导地位，表明其植物区系具有青藏高原快速隆起的典型特征，并与中亚高山有着密切的联系。

2）动物资源

区内是我国最大的野生动物保护区，计有哺乳类动物 21 种，鸟类 32 种，鱼类 7 种，其中列为国家重点保护的野生动物有藏羚羊、野牦牛、雪豹、藏野驴、棕熊等 20 余种。动物种类虽然相对贫乏，但种群数量大，如藏羚羊、野牦牛成群出现，一般为几十至几百头，多者可达几千头。区内生态系统独特，野生动物资源丰富，并因其特有性和生态脆弱性而具有极其重要的保护价值。保护区内地势开阔，河流、湖泊众多，动物习性较强，具有耐寒冷等特点，属国家级重点保护稀有濒危物种。

4. 能源资源

区内能源资源包括油气资源、光能资源、风能资源及水能资源等。

1）油气资源

测区地处羌塘中生代盆地，是中国陆地勘探程度和研究程度最低的含油气海相盆地。大地构造上它位于全球油气产量最高、储量最丰富的特提斯构造带东段。区域地质背景、沉积充填格架、盆地演化过程以及含油气系统研究表明，它可与中东地区卡拉库姆超大型富油气盆地类比，是我国寻找新的后备油气能源战略基地之一。

2）光能资源

据双湖气象站资料，区内全年日照长达 4 500 小时，日照率达 85%以上。目前，这部分能源只在极少数地区被利用，正处于试验阶段，有待于在全区推广及开发。

3）风能资源

据统计，测区年均大风日可达 200 余天，平均风速 9.3m/s。由于技术等方面原因，风能资源很少被开发利用，值得进一步探索研究及开发利用。

4）水能资源：测区西南一带的锐曲、赛日作等河谷的峡谷地段，两侧为基岩区，高达数百米，长约数十公里，源头为西雅尔岗冰川，长年流水。为一较理想的拦坝蓄水建小型电站有利地段，有利于水能资源的开发，但目前尚未能开发利用。

第二节　矿产资源概况

一、概　况

测区地处北羌塘陆块南缘和双湖构造混杂岩带。区内地质构造复杂，区域变质作用发育，岩浆活动较强，成矿类型多样，矿化蚀变强烈，特别是羌塘盆地是最具潜力的非金属矿种矿产地之一。测区多金属矿产的分布往往与地质构造及岩浆活动地段密切相关。由于青藏高原的不断隆升，测区形成的众多断陷盆地或山间洼地，是区域湖泊分布的地形基础和内流水系的最终归宿。特别是晚更新世末以来，区内许多湖泊逐渐进入了咸水湖-盐湖阶段，成盐作用强烈并具有十分广泛的区域性和普遍性，以致现代盐湖广布，许多盐湖除有丰富的石盐、芒硝等普通盐类矿产外，还以盛产钾盐和富含 K、Li、Cs、Rb 等元素为特征，是特种盐湖的主要远景地区。通过区域地质调查工作，结合区域构造成矿背景综合分析，自南向北划分为西雅尔岗成矿带、吐错-东湖成矿带和普若岗日成矿带。在 3 个成矿带中共发现矿（化）点或找矿线索 17 处，其中西雅尔岗成矿带 10 处，吐错-东湖成矿带 5 处，普若岗日成矿带 2 处（图 7-2-1、表 7-2-1）。由于处于羌塘无人区，海拔高、气候恶劣、自然条件及交通条件差等原因，矿产工作程度较低，所有矿（化）点均未作深入的工作，仅结合野外地质路线观察做了一些区调检查和少量的样品采集。从表 7-2-1 中可以看出，西雅尔岗成矿带主要以多金属矿产为主，吐错-东湖成矿带主要以非金属矿产为主，普若岗日成矿带非金属矿产、金属矿产均有分布。

二、各成矿带主要找矿线索简述

（一）西雅尔岗成矿带

位于测区南部西雅尔岗-孔纳木索阿日南一带，由晚古生代、中新生代地层以及燕山期侵入岩等地质体组成。其晚古生代地层内部发育一系列韧性剪切带和构造岩片，岩石多已变质。它是测区多金属矿产成矿的主要有利地段。主要成矿潜力为变质热液斑岩型铜矿、沉积型砂金矿。值得一提的是，硅酸盐样品分析普遍显示含金矿化现象，但都未能达到工业品位。

表 7-2-1　测区矿（化）点登记一览表

编号	成矿带名称	矿点名称	矿　种	类　型	产地位置	规模	工作程度	备　注
X-1	西雅尔岗成矿带	阿木错西铅锌矿	铅锌矿	热液蚀变型	X3701.2 Y15662.0	矿化点	区调检查	未开采
X-2		齐陇乌如铜矿	铜矿	热液蚀变型	X3690.704 Y15641.396	矿化点	区调检查	未开采
X-3		呆坡果日铜矿	铜矿	斑岩型	X3675.2 Y15661.0	矿化点	区调检查	未开采
X-4		阿鄂日岗日多金属矿点	铜、铅、锌、铁	热液蚀变、斑岩型	X3686482 Y15660837	矿化点	区调检查	未开采
X-5		赛日作砂金矿化点	砂金	沉积型	X3678107 Y15658259	矿化点	区调检查	未开采
X-6		玛日钦陇洼砂金矿点	砂金	沉积型	X3681.239 Y15646.044	矿化点	区调检查	民采
X-7		切纳强铜矿化点	铜	热液蚀变型	X3690.205 Y15668.180	矿化点	区调检查	未开采
X-8		蒂让碧错芒硝矿	芒硝	沉积型	X3662.2 Y15693.0	矿化点	区调检查	未开采
X-9		蒂让碧错硼矿	硼矿	沉积型	X3662.2 Y15693.0	矿化点	区调检查	未开采
X-10		鞋底湖重晶石矿	重晶石	热液蚀变型	X3677.593 Y15689.561	矿化点	区调检查	未开采
D-1	洞错-东湖成矿带	美日切错钾盐矿	钾盐	沉积型	X37.30.0 Y15752.2	矿化点	区调检查	未开采
D-2		日贡石膏矿	石膏	沉积型	X3717.0 Y15743.0	矿化点	区调检查	未开采
D-3		吐错钾盐矿	钾盐	沉积型	X3701.0 Y15763.5	矿化点	区调检查	未开采
D-4		吐错石膏矿	石膏	沉积型	X3694.0 Y15774.5	矿化点	区调检查	未开采
D-5		雀姆东达西钾盐矿	钾盐	沉积型	X3680.0 Y15730.0	矿化点	区调检查	未开采
P-1	普若岗日成矿带	普若岗日多金属矿	铜、铅铁、金	热液蚀变型	X3753.023 Y 15710.926	矿化点	区调检查	未开采
P-2		兄弟泉石膏矿	石膏	沉积型	X3759.237 Y1558.977	矿化点	区调检查	未开采

1. 多金属矿找矿线索

截至目前，在西雅尔岗一带发现铜矿（化）点 7 处，其中新发现铜矿（化）点 3 处。下面主要介绍新发现的矿（化）点。

1）齐陇乌如铜矿（化）点

分布于齐陇乌如一带，产于前奥陶系齐陇乌如岩组片理化强蚀变闪长岩和绢云石英片岩中，富含硫化物黄铜矿。矿体呈透镜状产出，宽 20m，长 80m 左右。片理化较强，具蚀变。黄铜矿多为侵染状，粒状结构，块状构造。另一类为含铜石英脉，产于糜棱岩化白云母片岩中，宽 15m，长 60m 左右。石英脉岩含硫化物黄铜矿及黄铁矿。在手标本上矿石密集程度较好，目测矿石品位约 1%～3%，化学分析证实 D5103GS2 样品的铜品位为 1.09%。矿石矿物黄铜矿呈粒状、浸染状结构，块状构造，岩石坚硬，比重大。

2）阿鄂日岗日南多金属矿（化）点

位于阿鄂日岗日南约 1.2km 处，F_{23} 断层北侧燕山期侵入岩中。岩脉较发育，脉宽 0.5～5m，长约 6～10m 不等，为含矿石英脉、细晶花岗岩脉、花岗斑岩脉。这些岩脉均有不同程度的含矿化现象，含矿围岩为燕山期侵入岩中细粒黑云母花岗闪长岩、花岗斑岩，脉岩产状与围岩的片麻理（构造面理）相

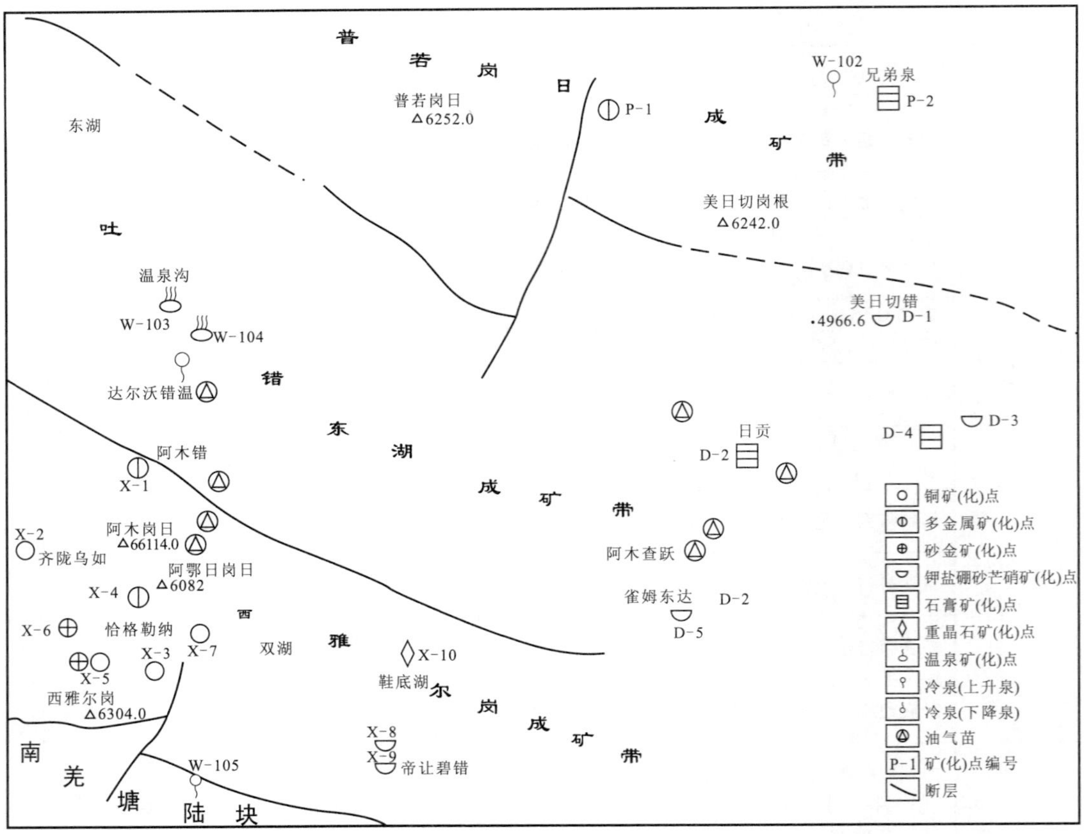

图 7-2-1　测区矿产分布图

一致，脉体产状 145°∠50°，矿石矿物为黄铜矿、方铅矿、孔雀石、黄铁矿、铜蓝，脉石矿物为石英。矿石具粒状浸染构造，块状构造，具不同程度的斑岩型铜矿化、黄铁矿化、孔雀石化等矿化蚀变，地表普遍见有氧化铜矿化蚀变带，宽度可达 5～8m 左右。可见黄铜矿、黄铁矿及少量的方铅矿晶体，分布较均匀，沿裂隙发育分布，属斑岩型铜矿及热液蚀变多金属成矿系列。

在垂直矿化带采集的拣块样共计 10 件，经成都地矿所分析测试中心分析（表 7-2-2）：Cu：0.21%～10.01%，Fe：0.36%～31.08%，S：1.48%～4.15%，已达到工业品位。但值得注意的是本矿化点普遍含铜矿化现象。矿化带呈北东向延伸分布，长约 1～2km，南侧韧性剪切带、片理构造极为发育，岩石破碎，裂隙发育，与 F_{23} 断层构造密切相关，显示出构造及岩浆作用控矿特征，具有良好的成矿潜力。

表 7-2-2　阿鄂日岗日南多金属矿（化）点样品化学成分分析数据表

样品编号	样品名称	化验项目及含量（w_B%）			
		Cu	S	Pb	Fe
D5103GS2	含铜石英脉	1.09			
D8501GS4	斑岩型铜矿	0.83	1.48	0.25	0.36
D8501GS5	斑岩型铜矿	10.01	4.15	0.10	5.82
D8502GS1	角砾状褐铁矿				31.08
D8502GS2	含铜石英脉	0.19			
D8502GS4	含铜石英脉	1.07			
D8502GS5	含铜石英脉	0.21			

2. 砂金矿点找矿线索

砂金矿点主要分布于西雅尔岗成矿带内地形切割较深、水系发育地段，周围分布晚古生代绿片岩浅变质岩系，脉岩及构造岩片极为发育，推测其为岩金矿（化）点基岩区。在马日钦陇洼、朝当玛及赛日作等河流水系沉积物中均发现砂金异常分布。

以玛日钦陇洼砂金矿点为实例，河流一、二级阶地为砂金富集地段。通过民采及本次淘洗测试，每15克精砂中含有自然金1～3粒（片），可估算出砂金品位约$5\times10^{-6}\sim10\times10^{-6}$。自然金多为穗状、片状、粒状，直径1～1.5mm，已达工业品位。由于自然条件差，又处于国家级自然生态保护区，所以不能大规模开采利用，仅限于局部富集地段开采。本次调研只作为找矿线索，没有进一步详查。

3. 非金属矿产找矿线索

前人在西雅尔岗成矿带发现3处非金属矿（化）点，茸鄂柔曲石膏矿（化）点、茸鄂柔曲南石膏矿（化）点。双湖西南石膏矿（化）点，本次新发现鞋底湖重晶石矿（化）点1处。该地段多为非金属矿产找矿线索，特别是寻找石膏、重晶石等矿产的有利场所。

鞋底湖重晶石矿（化）点位于鞋底湖北200m，含矿岩层为二叠系鲁谷岩组浅变质岩，具有构造控矿特点。在断层破碎带中发育宽20m、长60m的重晶石矿（化）带，呈不规则透镜体产出（图7-2-2）。重晶石矿石主要由重晶石组成。重晶石矿物晶体多呈板状体，宽2～5mm，长10～20mm。矿石矿物呈集合体镶嵌产出，产于断层破碎带中。重晶石矿的发现为西雅尔岗成矿带提供了又一个找矿线索。

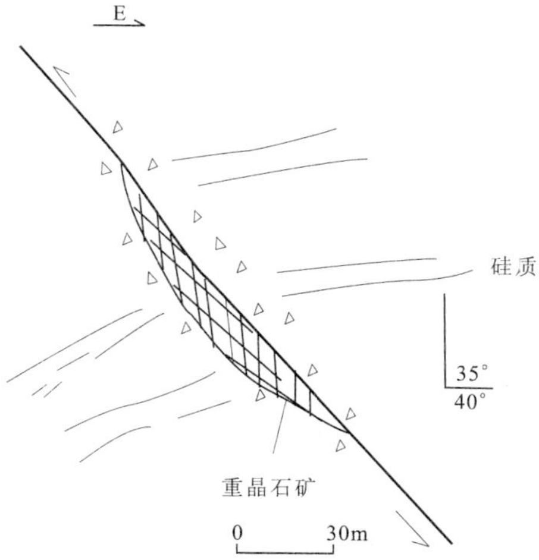

图7-2-2　鞋底湖北（D5010）点重晶石矿（化）点平面示意图

（二）吐错-东湖成矿带

吐错-东湖成矿带由中新生代地层组成，主要为非金属矿产成矿的有利地区，沉积了多种非金属矿产，如钾盐、石膏等，具沉积型成矿特点。

前人在该成矿带发现5处非金属沉积型矿产，如吐错钾盐矿点、美日切错钾盐矿、雀姆东达钾盐矿、日贡石膏矿、吐错石膏矿以及油气显示等。该地段为非金属矿产找矿线索有利地段，是寻找石膏、钾盐和油气资源的最佳场所。

雀姆东达钾盐矿位于雀姆东达西无名湖。晚更新世时，该湖为一面积较大的咸水湖泊，由于盐湖不断蒸发、浓缩，至今该无名湖消失，形成大片盐碛地及钾盐矿。该钾盐矿面积约0.3km²，盐层厚度最大约50cm。钾盐矿呈乳白色粒状及等轴状晶形集合体，钾盐盐质较好，已达到工业品位，可作为工业用途。石膏、钾盐、芒硝、硼砂矿在该成矿带分布较多，但都未作进一步工作，只能作为找矿线索。

（三）普若岗日成矿带

普若岗日成矿带指美日切岗根—普若岗日地带，为高山—丘陵地形地貌。以中新生代地层以及燕山期侵入岩分布为特征。普若岗日成矿带新发现矿（化）点2处，其中铜矿（化）点1处，石膏矿（化）点1处。

1. 普若岗日铜矿（化）点找矿线索

位于普若岗日南东方向冰川前缘附近。含矿层位为燕山期侵入岩与索瓦组灰岩接触带部位。含矿岩石为含铜斑岩，岩石表面具孔雀石化。含矿层宽度约1m，长400m左右，沿蚀变接触带近东西向分布。矿化富集程度较好，矿石矿物为黄铜矿、黄铁矿、方铅矿、孔雀石等，呈粒状、浸染状结构，块状构造，岩石坚硬，比重大。具硅化、黄铁矿化、黄铜矿化、方铅矿化、孔雀石化等，为热液蚀变矽卡岩型成矿系列。

在垂直矿化带采集拣块样2件，经成都地矿所分析测试中心分析（表7-2-3），各金属矿产均未能达到工业品位，但值得注意的是该矿化地段普遍含Au、Ag以及硫化物矿化现象。矿点周围蚀变较强，具有良好的成矿潜力。该地区具有多金属、贵金属找矿最佳地质背景及找矿线索，值得进一步工作。

表7-2-3　普若岗日南多金属矿（化）点样品化学成分分析数据表

样品编号	样品名称	化验项目及含量（w_B%）						
		Au（10^{-6}）	Zn	Pb	S	Cu	Ag	Fe
D7611GS2	矽卡岩型铜矿脉	<0.1	0.019	0.007 9	1.90	0.002 8	<0.001 0	8.72
D7611GS3	矽卡岩型铜矿脉	<0.1	0.034	0.011	1.91	0.003 8	<0.001 0	7.24

2. 兄弟泉石膏找矿线索

位于兄弟泉南约1.3km处，含矿层为索瓦组灰岩。石膏矿层厚度可达50m。沿地层走向延伸，层位稳定，长达数百米。石膏纯度较好，杂质小于5%，为乳白色块状、粒状（为主）及放射状、片状、纤维状晶体。石膏层与灰岩呈不等厚互层。由于交通条件较差，气候恶劣等原因，未能作详查及评价，只控制了层位、厚度的变化。兄弟泉石膏矿可作为该地区寻找石膏矿的有利线索，有待进一步深入工作。石膏层也是良好的油气盖层，应予以重视。

另外，测区油气较丰富。据前人石油地质资料，在西雅尔岗成矿带、东湖-吐错成矿带上共发现13处油气苗显示，主要分布吐错、日贡、雀姆东达、阿木查跃、阿木错南、长梁山等地侏罗系地层中，油气苗显示类型多，性质变化大，软沥青、油页岩、干沥青较发育。油气产状以裂缝式、晶洞式为主，表明测区曾有过大规模的油气生成过程。

三、成矿规律及找矿方向

1. 成矿规律

测区已发现金属矿产为斑岩型铜矿、热液蚀变型多金属矿及沉积型砂金矿，非金属矿产为石膏、钾盐、芒硝等共有4种成矿类型。

1）斑岩型铜矿

多产于前奥陶纪中-浅变质岩系和燕山期侵入岩中。岩石具不同程度的孔雀石化、黄铁矿化，结合成矿地质条件分析，斑岩型铜矿在西雅尔岗成矿带具有良好的找矿前景。

2）热液蚀变型多金属矿

多产于燕山期侵入岩体与围岩地层的接触带以及韧性剪切带构造部位。岩石具角岩化、孔雀石化、热液蚀变等特征。如阿鄂日岗日南多金属矿化点的发现为寻找多金属矿产提供了重要线索。

3）沉积型砂金矿

主要分布于西雅尔岗成矿带内切割深、水系阶地发育的地段，其周围基岩为古生代地层，其岩性为一套绿片岩浅变质岩系，脉岩及构造岩片发育，推测该套地层为含岩金有利地段。在玛日钦陇洼一、二级阶地，通过民采及本次淘洗测试，已达到工业品位。玛日钦陇洼一、二级阶地属砂金异常分布区，具良好的开发砂金、寻找岩金的前景。

4）沉积型非金属矿

主要分布在吐错-东湖地带中新生代地层中。如石膏、钾盐、芒硝、硼砂等均为沉积型矿产，层位稳定，为寻找非金属沉积型矿产提供了有利场所。

2. 找矿方向

测区多金属矿产主要分布于西雅尔岗隆起一带，为多金属、砂金找矿靶区，寻找斑岩型铜矿、砂金矿产具有一定的成矿资源潜力。吐错地带为非金属找矿靶区，特别是寻找盐类、芒硝等矿产的最佳有利地段。结合羌塘旅游资源也具有良好的开发前景，因此存在一定的经济潜力。

上述各成矿带在其展布上与成矿构造背景一致，显示出一定的成矿条件。虽然至今还没有找到较大的矿床，但本次区调所提供的找矿线索，为以后找矿奠定了基础。

第三节 旅游地质资源的开发与保护

一、旅游地质景区简介

测区位处青藏羌塘双湖自然保护区，其特殊的自然地理环境，造就了独特地形、地貌，形成了独特的气候、生态环境及其自然地理风貌。旅游地质资源主要表现为雪山冰川、高寒湖泊、草原、河流、珍稀的野生动物以及人类文化古迹等，尤其是特种旅游，如旅游观光、登山、探险活动、人类文化考察及青藏高原科学考察、探索大自然奥秘的最佳地段和旅游地区之一。

测区旅游地质景区及旅游资源详见表 7-3-1。

表 7-3-1 测区旅游地质资源景区一览表

序 号	编 号	旅游地质名称	旅游地质资源或内容
1	TG01	双湖自然保护区	人文寺庙、草原湖泊、野生动物
2	TG02	达尔沃错温温泉	温泉、草原、野生动物
3	TG03	东湖观光	湖泊、野生动物、沙丘
4	TG04	普若岗日大冰盖、生态地质剖面	冰川、湖泊、沙丘、地质剖面
5	TG05	吐错观光	湖泊、草原、野生动物、盐湖
6	TG06	才多茶卡、鸭湖、蒂让碧错观光	湖泊、草原、野生动物

1. 双湖自然保护区

双湖自然保护区属国家一级野生动物自然保护区，地处西藏那曲地区北部。双湖行政区居住着藏、汉两个民族，以牧业为主。由于地处偏僻的高寒地带，交通不便，1990 年国家对双湖地区制定了一系列特殊优惠政策，农牧业及商业得到较大的发展。该区旅游业的发展，促进了该区科技文化艺术的进步。

双湖周边风景宜人，有美丽的草原，碧蓝色的湖泊，南有耸立的西雅尔岗雪山、阿鄂日岗日雪山、阿木岗日雪山，是旅游观光、考察探险的必经之路，也是当地游牧民季节性迁移的栖息之地。

每年的 7 月 7 日是当地传统的“赛马”节。除了古老的牦牛帐篷，还有红、蓝、黄、绿、白五色相间的尼龙帐篷，五彩缤纷，形状各异。许多帐篷顶上又飘挂着五彩缤纷的风马旗。人们载歌载舞，深情的歌声令人陶醉。周边有美丽的草原、湖泊、雪山，原野上漫步着藏羚羊、野驴、牦牛等。这是一块神奇的土地，是人间的香格里拉。

2. 普若岗日冰川

普若岗日冰川为测区最大的冰川，也是羌塘盆地地区最壮观的大冰盖，地处双湖北部，距双湖约 100 多公里。普若岗日冰川海拔平均在 6 000m 以上，最高达 6 700m，面积约 400km^2。普若岗日冰原雄伟壮丽，顶部平坦，冰原周边呈放射状沿微切割的宽线谷地溢出 50 多条千姿百态、形状各异的冰舌，宛如一个个巨型盾牌，有的安详地伏卧在山谷源头的洼地中，有的像刺向苍穹的利剑，直泻入湖盆之中。在奇特瑰丽的冰川风光中，冰塔林奇峰林立，令人叹为观止。普若岗日大冰盖在平面上像一朵盛开的雪莲花，衬映着周围的草场绿地、橙黄色沙丘及沙丘链、碧蓝色湖泊，风光无与媲美，给双湖自然保护区添加了奇特神秘的色彩，也是探险、科学考察的最佳地段。这里有狼、熊、黄羊，也有“高山之霸”雪豹，有善于攀登的岩羊，还有国家重点保护动物野牦牛、藏羚羊及珍稀动物盘羊等。

3. 秀丽的湖泊

区内大小湖泊布满全区，均属高原内陆湖泊，由冰雪消融蓄集而成。区内湖泊有吐错、东湖、鄂雅错、达尔沃错温、美日切错等，尤其是吐错、东湖最为壮观。吐错面积约 $400km^2$，水色深蓝、清澈、透明，加之周边的沙滩地，牛肥羊壮，成群结对的野鸭在湖面上游荡。

湖区周边为一天然“野生动物园”景观区，野生动物经常在此出没。这里有狼、熊、黄羊，有国家重点保护动物野牦牛、藏羚羊、藏野驴及珍稀动物盘羊。诸多大小河流为湖泊的主要补给源，而河流流域又是天然的优良牧场。湖边有众多的温泉，可供游人沐浴，有治疗皮肤病、关节风湿病之功效。

4. 东湖至普若岗日生态地质剖面

该剖面位于东湖至普若岗日一带，中科院兰州冰川研究所在此地段作了大量科研调查，测制了从冰川—冻土—沙漠—湖泊—河流一条完整的生态地质剖面，对冰前风沙地貌进行了专门的考察。普若岗日冰原西侧地区是一个比较完整的冰川、冻土、沙漠、湖泊、河流为一体的复合型地貌与沉积系统。其中，风沙活动营力占有重要地位，风沙地貌景观发育显著，主要包括戈壁面和沙丘两类。景观宜人，沙丘类型有流动沙丘、半固定沙丘和固定沙丘 3 个类型。沙丘大都是新月形沙丘或沙丘链，砂纹层理发育，沙丘高度 10～40m 不等。在此还可观赏湖泊、河流、冰川地貌等地质景观，以及野生动物活动等，是研究生态地质环境的理想场所。

二、旅游地质资源开发与保护

区内旅游地质资源较为丰富，地质地貌、动植物以及宗教文化是不可多得的潜在旅游资源，也使该区成为科考、探险的理想场所。旅游地质资源尚待开发利用，以造福于当地人民。

旅游地质资源的开发与保护应当遵循“在保护中开发”的原则，保护是目的，开发是手段。不保护则难以持久利用，不能实现旅游业的可持续发展。科学考察，特种旅游的开发不能以破坏生态环境为代价。要遵循自然规律，遵循开发与保护并重的方针，有针对性地开发利用。区内地质、地貌、冰川、野生动植物具有潜在的旅游开发与利用价值。应重视各种特种旅游地质资源的开发，如地学科考、动植物资源考察等。

区内野生动物种类多，数量大，但随着旅游人数和科考队伍的增加，对区域生态环境的破坏和对脆弱植被的践踏久而久之将造成严重后果，国家已采取了相应的措施。对羌塘野生动物和脆弱植被的保护也是迫在眉睫，随着人口的增加，以畜牧业为主的当地牧民过度放牧，以及过往的车辆、基础设施建设对藏北草原的破坏力也是不可忽视的外部因素。

第八章　主要结论、存在问题及今后工作建议

1∶25万吐错幅区域地质调查项目经过3年来的工作实践，在中国地质调查局、成都地质矿产研究所的统一布署和领导下，通过项目组全体人员的辛勤工作和努力，圆满地完成了任务书和设计书规定的实物工作量和专题调查研究任务，在地层古生物、岩石矿物、构造地质等方面取得了明显的进展。

一、重要成果及主要结论

（一）地层古生物

（1）合理建立了区内地层系统。测区共划分出23个岩石地层单位；33个生物地层单位；识别出晚三叠世三级层序3个；中晚侏罗世三级层序9个。结合岩石组成、同位素年龄及邻区对比，在齐陇乌如和阿木岗日一带新厘定出前奥陶系齐陇乌如岩组和阿木岗岩组两个组级岩石地层单位。

（2）对区内二叠系鲁谷岩组进行了岩石组合、构造变形、沉积建造特征等方面的综合调查与研究，确定了鲁谷岩组的存在，并在山字形山地区首次采获二叠纪放射虫化石，同时划分了两个段级岩石地层单位。对构造混杂堆积、强烈发育褶皱和韧性断裂改造的构造岩片，则划归为构造混杂岩，并划分出复理石岩片（Pfw）、火山岩岩片（Pva）等。

（3）重点对羌塘盆地侏罗系地层进行了多重地层的划分与对比研究，划分出5个组级岩石地层单位、8个段级岩石地层单位。讨论了盆地的充填方式和沉积环境，划分了各时代地层的沉积体系域，建立了侏罗纪层序地层格架。

（4）依据山字形山地区和才多茶卡地区构造混杂岩硅质岩岩块中采获的放射虫化石，确认双湖构造混杂岩带的形成时间为二叠纪。综合该带变形过程中所卷入的地层及生物礁体时代，认为双湖构造混杂岩带的形成时间主要在晚二叠世。

（5）首次在跃进拉一带发现了古近系鱼鳞山组内两期火山岩间断喷发的特征，从地质学角度初步找到了鱼鳞山组内同位素年代学存在较大差距的依据：跃进拉剖面由上下两套中酸性粗面质火山岩组成，其间发育一套紫红色粗碎屑岩，在碎屑岩中成功分离出孢粉化石，上部第8层火山岩的K-Ar同位素年龄值为39Ma，下部第4层安山岩的Ar-Ar同位素坪年龄值为42Ma，表明跃进拉地区发育的大套中酸性粗面质火山岩系的喷发时代均为古近纪始新世，并且具有2次以上的多期喷发特征。对美日切错一带中酸性粗面质火山岩系通过岩石学、岩石化学及地球化学特征综合分析，配合为33.1Ma、38.5Ma和42.6Ma的全岩K-Ar法和Ar-Ar法同位素年龄数据，明确否定了测区下白垩统美日切错组的存在，将美日切错地区的一套粗面质中酸性火山岩系厘定为始新统鱼鳞山组。

（6）重新厘定了康托组、唢呐湖组地质时代归属。前人依据孢粉生物化石，将康托组、唢呐湖组的地质时代确定为新近纪。本次在跃进拉剖面发现古近系始新统-渐新统鱼鳞山组火山岩与下伏唢呐湖组呈明显不整合接触关系。不整合面之上火山岩的Ar-Ar法同位素年龄集中在32～42Ma之间，当属始新世—渐新世。据此，将下伏唢呐湖组地质时代重新厘定为古近纪，而不是前人认为的新近纪。结合康托组、唢呐湖组中所发现的孢粉、轮藻、介形虫等生物化石，将康托组、唢呐湖组时代厘定为古近纪始新世。通过对阿布山剖面、东湖南剖面观察以及大量的地质路线调查资料表明，康托组与唢呐湖组之间应为上、下接触关系，而不是前人认为的横向相变关系。

据邻区1∶25万加措幅、丁固幅最新区调成果（牟世勇等，2006），在康托组中发现有常见于始新世的轮藻及孢粉化石，在康托组底部安山岩中获K-Ar同位素年龄65.1～66.5Ma，表明区域资料亦支持康托组为古近系地层。同时将前人厘定的“希杂洛玛组”重归于康托组上部层位。

（二）岩石矿物

1. 火山岩

合理划分并建立了测区火山岩系填图单位。将火山活动划分为3个阶段。

（1）前奥陶纪火山岩在阿木岗岩组和齐陇乌如岩组中呈夹层产出，具大陆边缘钙碱性玄武岩特征。

（2）二叠纪基性火山岩以拉斑玄武岩系列为主，为洋岛或岛弧构造环境产物。二叠纪早期为裂谷发展时期，羌塘板块开始解体为南、北陆块，中期拉张裂解更加明显，以发育裂谷型火山岩为最大特征。

（3）古近纪为陆相喷发火山岩，主要为一套粗面质中酸性火山岩石组合，岩石类型有火山角砾岩、安山岩、粗安岩、粗面岩、英安岩、流纹岩等。古近纪岩浆活动与青藏高原造山隆升作用关系密切。

2. 侵入岩

基本查明测区侵入岩的时空分布和演化序列，按构造-岩浆活动旋回将测区划分为双湖构造岩浆带和普若岗日构造岩浆带。地质填图共圈绘出8个侵入岩体，包括超基性岩体和中酸性岩体。通过对不同侵入体地质特征及岩石学、岩石化学、地球化学、构造环境等特征的综合分析，认为普若岗日岩浆带为浅成-超浅成二长花岗斑岩和石英二长闪长玢岩体，具有造山后花岗岩的系列特征。在二长花岗斑岩中采获K－Ar法同位素年龄值40.2Ma，侵位时代为始新世。双湖构造岩浆带侵入体岩石类型有花岗闪长（斑）岩、二长花岗（斑）岩等，多呈圆形、椭圆形及不规则状小岩株产出。上述岩性从成分和结构上均有着密切的成因联系，似具有同源岩浆演化特征。岩石化学和地球化学特征反映属过铝亚碱性系列，其成因与碰撞造山关系密切。阿木岗日南西斑状黑云母花岗闪长岩中获两个K－Ar同位素年龄值：178.4Ma、186.3Ma，其时代主体为早侏罗世。

3. 变质岩

系统总结了测区变质岩岩石类型及时空分布、变质作用类型，对各变质单元的变质作用特征进行了论述。在才多茶卡构造混杂岩中新发现低温高压变质带——蓝片岩带。其中蓝闪石矿物的Ar－Ar同位素坪年龄值为209Ma，等时线年龄值为216Ma。

（三）构造地质

1. 合理划分了测区次级构造单元

将测区次级构造单元划分为北羌塘陆块、双湖构造混杂岩带和南羌塘陆块。其中双湖构造混杂岩带是一个受侏罗纪中酸性侵入岩体所破坏的构造混杂岩带，也是龙木错-双湖构造带的一部分。测区构造混杂岩带的南、北边界均被大型韧性剪切带所分割。

2. 系统收集了测区内各次级构造单元内部变形特征

系统收集了测区内各次级构造单元内部变形特征，尤其是加强了对双湖构造混杂岩带内的变形特征的描述与研究，对次级构造单元边界断层特征进行了全面论述。首次解析出了前奥陶系地层中普遍发育的顺层韧性剪切变形特征，并确定为褶皱基底的组成部分。

3. 重建龙木错-双湖洋盆构造古地理格局

区内的龙木错-双湖盆地虽经构造破坏，但在双湖构造混杂岩带中还保留有大陆边缘复理石沉积（Pfw）、大洋洋壳（Pop）、弧火山岩建造（Pva）和保存较好的洋岛火山岩。它们现在的位置虽然已不连续，但从洋岛、弧火山岩及蓝片岩等的保存位置可以看出，洋盆的消减是由南向北俯冲的。

4. 重视新构造研究

编制了新构造图，进行了地貌单元划分。调查了新构造运活动与第四系沉积盆地、地震、温泉等的关系，并探讨了高原隆升的整体性与差异性等问题。

（四）地质发展演化史

根据地球动力学背景、岩浆活动、地质界面、沉积建造、变质作用和构造变形等综合分析，将测区地质发展演化阶段划分为：前奥陶纪变质基底形成、奥陶纪-石炭纪被动大陆边缘、二叠纪南部伸展-中部俯冲（双湖构造带）、早中三叠世局部伸展、晚三叠世-早侏罗世碰撞造山、中晚侏罗世-早白垩世前陆磨拉石、新生代后造山隆升共 7 个地质发展演化阶段。

（五）资源地质调查

对测区铁、铜、金等金属矿产和石膏、钾盐等非金属矿产的区域成矿条件进行了调研，对中生代盆地重点调查了油气成生的地质背景，如特殊岩类的沉积相类型、古地理展布，以及油气生储盖条件及其组合关系，提出了区域成矿远景区和油气勘查远景区块。

二、存在问题及今后工作建议

通过 3 年的区调填图和专题研究的工作实践，尽管在许多方面有所进展和突破，但限于测区地质问题的复杂性以及各种客观条件的限制，在某些地质问题上仍进展不大或存在一定的难度，希望今后的工作给予足够的重视。

1. 双湖构造混杂岩带的东延问题

虽然本次区调已经在双湖以东的才多茶卡地区新发现了一套构造变形强烈、变质作用复杂的构造混杂岩，并在硅质岩岩块中首次成功分离出二叠纪和晚泥盆世放射虫化石，但是双湖构造混杂岩带的进一步东延还需要更多的地质证据来支持。同时我们对双湖构造带的前三叠纪地质构造演化还不是十分清楚，很多结论是带有推测性的。

2. 双湖构造混杂岩带内不同岩块的时代问题

这是一个研究难题。由于对广泛分布的一套绿片岩的时代认识有差异，加之同位素年龄测定方法的局限性，使我们很难分清楚哪一套变基性火山岩是二叠系，哪一套变基性火山岩是上三叠统。我们在本次填图过程中将双湖构造混杂岩带所有变基性火山岩统归二叠系的做法可能是有问题的，还有待于今后的进一步工作。

参考文献

白海生.青海西南部海相侏罗纪地层新认识[J].地质论评,1989,35(6):529～536

常承法,福裕生,郑锡澜等.青藏高原地质构造[M].北京:科学出版社,1982,1～91

程立人、李才、胡克.西藏羌塘地区中部混杂堆积的发现及其地质意义[J].长春科技大学学报,1998,28(3):254～258

邓万明,尹集祥,呙中平.羌塘茶布地区基性超基性岩、火山岩研究[J].中国科学(D辑),1996,26(4):296～301

邓希光,丁林,刘小汉等.青藏高原羌塘中部蓝片岩的地球化学特征及其构造意义[J].岩石学报,2002,18(4):517～525

范和平、杨金泉、张平.藏北地区的晚侏罗世地层[J].地层学杂志,1988,12(1):66～70

方德庆,梁定益.北羌塘盆地中部上侏罗统研究新进展[J].地层学杂志,2000,24(2):163～167

方德庆,云金表,李椿.北羌塘盆地中部雪山组时代讨论[J].地层学杂志,2002,26(1):68～72

和钟铧,王天武,李才等.对藏北羌塘地体阿木岗群的新认识[J].世界地质,2000,19(1):1～7

和钟铧,李才,杨德明等.西藏羌塘盆地的构造沉积特征及演化[J].长春科技大学学报,2000,30(4):347～352

胡承祖,吴瑞忠,张懋功等.藏北双湖地区地质构造特征[J].见:青藏高原地质文集(9).北京:地质出版社,1986,41～56

胡克,李才,程立人.西藏羌塘中部冈玛错-双湖蓝片岩带及其构造意义[J].长春地质学院学报,1995,25(3):268～274

黄继钧.藏北羌塘盆地构造特征及演化[J].中国区域地质,2001,20(2):178～186

黄继钧.羌塘盆地基底构造特征[J].地质学报,2001,75(3):333～337

蒋忠惕.羌塘地区侏罗纪地层的若干问题[J].见:青藏高原地质文集(3).北京:地质出版社,1983,87～112

孔祥儒,王谦身.西藏高原西部综合地球物理与岩石圈结构研究[J].中国科学(D辑),1996,26(4):308～315

雷振宇,李永铁,刘忠等.藏北羌塘盆地构造变形及其动力学背景[J].地质论评,2001,47(4):415～419

李才.羌塘基底质疑[J].地质论评,2003,49(1):4～9

李才,程立人,胡克等.西藏龙木错-双湖古特提斯缝合带研究[M].北京:地质出版社,1995

李才,和钟铧,杨德明.西藏羌塘地区几个地质构造问题[J].世界地质,1996,15(3):18～23

李亚林,王成善,伊海生等.西藏北部双湖地堑构造与新生代伸展作用[J].中国科学(D辑),2001,31(增刊):228～233

李勇,王成善,伊海生等.青藏高原中侏罗世-早白垩世羌塘复合型前陆盆地充填模式[J].沉积学报,2001,19(1):20～27

李曰俊,吴浩若,李红生等.藏北阿木岗群、查桑群和鲁谷组放射虫的发现及有关问题讨论[J].地质论评,1997,43(3):250～256

刘池洋,王成善等.藏北羌塘盆地茶桑地区构造格局与演化[J].中国科学(D辑),2001,19(1):20～22

刘池洋,杨兴科.藏北羌塘盆地西部查桑地区结构及构造特征[J].地质论评,2002,48(6):593～602

施雅风,李吉均,李炳元.青藏高原晚新生代隆升与环境变化[M].广州:广东科技出版社,1998

孙鸿烈.青藏高原的形成演化[M].上海:上海科学技术出版社,1996

谭富文,潘桂棠,徐强.羌塘腹地新生代火山岩的地球化学特征与青藏高原隆升[J].岩石矿物杂志,2000,19(2):121～130

王成善等.西藏羌塘地区的地质特征兼论古特提斯的构造格局[J].大自然探索,1985,4(12):75～83

王成善,胡承祖,吴瑞忠.西藏北部查桑-茶布裂谷的发现及地质意义[J].成都地质学院学报,1987,14(2):33～46

王成善,伊海生,李勇等.西藏羌塘盆地地质演化与油气远景评价[M].北京:地质出版社,2001

王国芝,王成善.西藏羌塘基底变质岩系的解体和时代厘定[J].中国科学(D辑),2001,31(增刊):77～82

王剑,谭富文,李亚林等.青藏高原重点沉积盆地油气资源潜力分析[M].北京:地质出版社,2004

吴瑞忠.藏北羌塘地区地层系统[J].见:青藏高原地质文集(9).北京:地质出版社,1986,1～32

吴瑞忠,张懋功.藏北羌多-茶布地区下二叠统划分与早二叠世动物群特征[J].地质科学,1991,(1):9～20

杨遵义、史晓颖.藏北双湖地区中侏罗统早期腕足动物群的发现及其古地理意义[J].地球科学——中国地质大学学报,1990,15(3):15～20

余光明,王成善.西藏特提斯沉积地质[M].北京:地质出版社,1990,94～98

张胜业,魏建国,王家映等.西藏羌塘盆地大地电磁测深研究[J].地球科学——中国地质大学学报,1996,21(2):198～202

赵政璋,李永铁,叶和飞等.青藏高原大地构造特征及盆地演化[M].北京:科学出版社,2001b,1～427

赵政璋，李永铁，叶和飞等. 青藏高原地层[M]. 北京：科学出版社，2001c
赵政璋，李永铁，叶和飞等. 青藏高原中生界沉积相及油气储盖层特征[M]. 北京：科学出版社，2001e
朱同兴. 从弧后盆地到前陆盆地的沉积演化：以西藏北部羌塘中生代盆地为例[J]. 特提斯地质，1999，(23)：1～15
朱同兴，董瀚，李才等. 青藏高原羌塘地区晚三叠世地层展布和沉积型式[J]. 沉积与特提斯地质，2005，25(3)：20～25
朱同兴，李宗亮，李才等. 藏北双湖地区三叠纪地层新资料[J]. 地质通报，2005，24(12)：1～8
朱同兴等. 藏北双湖地区海相侏罗纪磁性地层研究[J]. 地质学报，2002，76(3)：308～316
西藏自治区地质矿产局. 西藏自治区区域地质志[M]. 北京：地质出版社，1993
西藏自治区地质矿产局. 西藏自治区岩石地层[M]. 武汉：中国地质大学出版社，1997

图版说明及图版

图版 I

1. 皱原心蛤吟氏亚种比较种？*Pachycardia rugosa* cf. *haueri* Woh
   侧视×0.9 采集号:D1857H_{1-3} 地点:江爱达日那乱石沟 时代:T_3
2. 射线扇形蛤 *Pectines radiata* Xiong et Wang
   侧视×1.7 采集号:D2459H_1^1 地点:沃若山 时代:T_3
3、10. 脊棱蛎 *Lopha costata* (Sowetby)
   侧视×2.2 采集号:$CZP_{28}H_1^{1、2}$ 地点:多格仁错长水河支沟剖面 时代:J_1^3—J_2
4. 燕形无齿股蛤比较种 *Waagenoperna* cf. *aviculaeformis* Chen
   侧视×0.9 采集号:D2459H_3^1 地点:沃若山 时代:T_3
5. 龙江美沫厉蛤比较种 *Isocyprina venericyprina* cf. *longjiangensis* Wen
   侧视×0.7 采集号:D2468H_3^1 地点:长蛇山 时代:J_{2-3}
6. 梯氏刮具海扇 *Chlamys* (*Radulopectin*) *tipperi* Cox
   侧视×1 采集号:D2474H_1^4 地点:长蛇山 时代:J_{2-3}
7. 近楔形 蛤比较种 *Pinna* (*P.*) cf. *subcuneata* Eich. (or. sp. nov.)
   侧视×0.25 采集号:D4222H_1 地点:孔孔茶卡东 时代:J_3
8. 近坚实岔套海扇 *Camptonectes* (*Camptochlamys*) *subrigidus* Lu
   侧视×0.6 采集号:D4222H_3^1 地点:孔孔茶卡东 时代:J_{2-3}
9. 提佛棱蛎 *Lopha tefoensis* Cox
   侧视×2.8 采集号:D4222H_3^3 地点:孔孔茶卡东 时代:J_3
11. 放射斑蛤 *Meleagrinella rvaiata* (Traut)
   侧视×0.6 采集号:D4222H_5 地点:孔孔茶卡东 时代:J_3
12. 钱氏斜锉蛤 *Plagiostoma channoni* Cox
   侧视×0.4 采集号:D5182H_1^1 地点:诺拉岗日 时代:J_3
13. 多脊斜锉蛤 *Plagiostoma multicostata* (Fur)
   侧视×3.5 采集号:D5252H_1^2 地点：东湖—阿木岗日 时代：J_3
14. 光蛎未定种 *Liostrea* sp.
   侧视×3.5 采集号:D5252H_1^{14} 地点：东湖—阿木岗日 时代：T—R
15. 双脊假小锉蛤 *Pseudolimea duplicata* (Sow.)
   侧视×1.3 采集号:D5252H_2 地点：东湖—阿木岗日 时代：J_{2-3}
16、17. 光亮等心蛤比较种 *Isocardia* cf. *nitida* Phil
   侧视×1，×0.5 采集号:D7619$H_{1-5}^{1、3}$ 地点：普诺岗日东 时代：J_{2-3}
18. 游离刮具海扇 *Chlamys* (*Radulopecten*) *vagans* (Sow)
   侧视×1 采集号:D7619H_{1-5}^4 地点：普诺岗日东 时代:J_{2-3}
19. 梯氏刮具海扇 *Chlamys* (*R.*) *tipperi* Cox
   侧视×1 采集号:D7619H_{1-5}^5 地点：普诺岗日东 时代:J_{2-3}
20. 云南偏顶蛤比较种 *Modiolus* cf. *yunnanensis* Chen
   侧视×1 采集号:D7619H_{1-5}^9 地点：普诺岗日东 时代:J_{2-3}

21、22. 拦姆同海螂 *Homomya* cf. *rahmuensis* Cox
21. 侧视×0.9,22. 顶视×0.9 采集号:D8567H^{11} 地点：燕子湖西 时代：J_3

23、24. 长古美蛤 *Anisocardia* (*Antiquicyprina*) *elongata* (M. et. l.)
23. 侧视×0.9,24. 顶视×0.9 采集号:D8567H_1^1 地点：燕子湖西 时代：J_3

25. 小型岐心蛤 *Anisocardia* (*A.*) *minima* Sow
侧视×4 采集号:D8517H_1^7 地点：多格仁错南 时代：J_2

26. 始心蛤未定种 *Protocardia* sp.
侧视×1.6 采集号:D5252H_1^7 地点：东湖—阿木岗日 时代:T—K

27. 青海始心蛤 *Protocardia qinghaiensis* Wen
侧视×2 采集号：CZP_{24} H_1^1 地点：多格仁错南长水河支沟剖面 时代：J_2

28. 光套海扇 *Chlamys laevis* Wen
侧视×1.8 采集号：HXP_5 H_2^5 地点：多格仁错灰熊沟剖面 时代：J_{2-3}

29. 雅致同心褶蛤 *Myophoria* (*Elegantinia*) *venusta* Chen
侧视×4 采集号：D2459H_3^8 地点：江爱达日那 时代：T_3^1

30. 光蛎未定种 *Liostrea* sp. (sp. nov)
侧视×1.6 采集号:D5252H_1^{11} 地点:东湖—阿木岗日 时代:T—K

31. 布氏光蛎比较种 *Liostrea* cf. *blanfordi* Cox
侧视×1.5 采集号:XDP_{27} H_2^1 地点:兄弟泉剖面 时代：J_2

32. 奥布肋海螂 *Pleuromya alduini* (Brong)
侧视×1 采集号:SYP_{16} H_1^2 地点:石羊沟剖面 时代：J_2

33. 简单光蛎比较种 *Liostrea* cf. *simplex* Gou
侧视×1 采集号:D8078H_6 地点:甘桔湖东南 时代：J_{2-3}

34. 斯氏始心蛤 *protocardia stricklandi* (M. et L.)
侧视×2 采集号:D7528H_{2-3}^2 地点：独山北泉湖 时代：J_2

35. 凸海燕蛤 *Halobia convexa* Chen
侧视×1.2 采集号:XP_{15} H_1 地点：肖茶卡西山 时代：T_3

图版 2

1. 帕空侧星珊瑚 *Latiastrea pakongensis* Liao et Xia
横切面×2 野外号:D7508H_1 层位及产地:上侏罗统，西藏双湖多格错仁北

2. 肋准柱珊瑚 *Stylina paricosta* Koby
横切面×2 野外号:CZP10H_1 层位及产地:上侏罗统，西藏双湖县长水河剖面

3. 德格福尔茨珊瑚 *Volzeia degeensis* Deng et Zhang
横切面×3 野外号:D5210H_2 层位及产地:上三叠统，西藏吐错诺拉岗日

4. 步态福尔茨珊瑚 *Volzeia badiotica* (Volz)
横切面×3 野外号:D5210H_1 层位及产地:上三叠统，西藏吐错诺拉岗日

5. 光珊瑚 *Actinastrea ramulifera* (Etallo)
横切面×4.5 野外号:HXP7H_1 层位及产地:上侏罗统，西藏双湖灰熊沟剖面

6. 外壁柱剑珊瑚 *Stylosmilla crassitheca* Liao et Li
横切面×3 野外号:D4535H_1 层位及产地:中、上侏罗统，西藏双湖县映天湖

7. 米契林柱剑珊瑚 *Stylosmilia michelini* Edwards et Haime
横切面×5 野外号:D8509H_3 层位及产地:上侏罗统，西藏普鲁岗日东

图版 3

（时代及产地：晚二叠世放射虫，西藏双湖地区才多茶卡剖面第 9 层）

1～8. *Neoalbaillella* cf. *ornithoformis* Takemura et Nakaseko
1～2. ×200，3～8. ×180

9. *Neoalbaillella* cf. *optima* Ishiga, kito & Imoto
×200

10. *Neoalbaillella* cf. *gracilis* Takemura et Nakaseko
×200

11、12. *Neoalbaillella* sp
11. ×180，12. ×200

13. *Neoalbaillella* cf. *pseudogrypa* Sashida et Tonishi
×180

14～16. *Albaillella triangularis* Ishiga, kito & Imoto
14. ×180，15～16. ×200

17. *Albaillella levis* Ishiga, kito & Imoto
×167

18～22. *Triplanospongos musashiensis* Sashida et Tonishi
18～19. ×120，20～22. ×100，21. ×107

23、24. *Ormistonella robusta* Wever et Caridroit
23. ×167，24. ×80

25、26. *Ishigaum obesum* Wever et Caridroit
25. ×107，26. ×180

27. *Latentifistula* cf. *similicutis* Caridroit et Wever
×100

28、29、43. *Ishigaum trifustis* Wever et Caridroit
28～29. ×107，43. ×120

30. *Ishigaum* sp
×100

31. *Nazarovella scalae* Caridroit et Wever
×100

32. *Nazarovella gracilis* Wever et Caridroit
×100

33. *Trilonche* sp
×114

34. *Stigmosphaerostylus* sp
×120

35～38. *Ishigaum* sp. Wang
35～37. ×120，38. ×100

39～41. *Ishigaum craticula* Shang, Caridroit & Wang
×100

42. *Nazarovella phlogedia* Wang
×80

44、45. *Copicyntra akikawaensis* Sashida et Tonishi
×120

46. *Trilonche* cf *crassispinosa* Sashida et Tonishi
×120

图版 4

（所有图影均放大，×800）

1. 中生桫椤孢(比较种)*Cyathidites* cf. *mesozoicus* (Thiergart) Potonie
样品号:$XDP_{37}WB_1$ 层位及产地:上侏罗统,双湖普鲁岗日北东兄弟泉剖面
2. 拟网脉蕨孢 *Dictyophyllidites* sp.，
样品号:$DRP_{11}WB_1$ 层位及产地:上三叠统,双湖蒂让碧错剖面
3、8. 桫椤孢 *Cyathidites* sp.
样品号:$DRP_{13}WB_1$ 层位及产地:上三叠统,双湖蒂让碧错剖面
4. 紫萁孢 *Osmundacidites* sp.
样品号:$DRP_{13}WB_1$ 层位及产地:上三叠统,双湖蒂让碧错剖面
5. 紫萁孢 *Osmundacidites* sp.
样品号:$XP_{17}WB_1$ 层位及产地:上三叠统,双湖肖茶卡西剖面
6. 凹边瘤面孢 *Concavissisporites* sp.
样品号:$DRP_{13}WB_1$ 层位及产地:上三叠统,双湖蒂让碧错剖面
7. 粒纹卡达加孢 *Cadargasporites granulatus* Jersey et Paten
样品号:$DRP_{13}WB_1$ 层位及产地:上三叠统,双湖蒂让碧错剖面
9. 长三缝光面孢(未定种)*Coverrucosiculites* sp.
样品号:$DRP_{13}WB_1$ 层位及产地:上三叠统,双湖蒂让碧错剖面
10. 结瘤格脉蕨孢(比较种)*Clathroidites* cf. *papulosus* Bai
样品号:$DRP_{14}WB_1$ 层位及产地:上三叠统,双湖蒂让碧错剖面
11. 瘤面三角孢(未定种)*Converrucosisporites* sp.
样品号:$DRP_{15}WB_1$ 层位及产地:上三叠统,双湖蒂让碧错剖面
12. 细刺孢(未定种)*Apiculatasporites* sp.
样品号:$SZP_{20}WB_1$ 层位及产地:上三叠统,双湖黑虎岭幅双咀湖剖面
13. 拟网脉蕨孢(未定种)*Dictyophyllidites* sp.
样品号:$DRP_{14}WB_1$ 层位及产地:上三叠统,双湖蒂让碧错剖面
14. 石松型半网孢 *Semiretisporis lycopodioides* Yu et Huang
样品号:$DRP_{13}WB_1$ 层位及产地:上三叠统,双湖蒂让碧错剖面
15. 粒纹卡达加孢 *Cadargasporites granulatus* Jersey & Paten
样品号:$GGP_{33}WB_1$ 层位及产地:上三叠统,双湖多格错仁幅岗盖日剖面
16. 具环三片孢(未定种)*Tripartites* sp.
样品号:$XDP_{37}WB_1$ 层位及产地:上侏罗统,双湖普鲁岗日北东兄弟泉剖面
17. 网纹卡达加孢 *Cadargasporites reticulates* Jersey et Paten
样品号:$DRP_{13}WB_1$ 层位及产地:上三叠统,双湖蒂让碧错剖面
18. 多变克鲁克蕨孢 *Klukisporites variegates* Couper
样品号:$DRP_{13}WB_1$ 层位及产地:上三叠统,双湖蒂让碧错剖面
19. 凸边瘤面孢(未定种)*Converrucosisporites* sp.
样品号:$CHP_{13}WB_1$ 层位及产地:中侏罗统,双湖黑虎岭幅长红河剖面

图版 5

（所有图影均放大，×800）

1. 细瘤石韦孢(比较种)*Cyclophorusisporites* cf. *microverrucus* Song et Zhong

样品号：$YJP_{13}WB_1$　层位及产地：古近系渐新统-新近系中新统，双湖跃进拉剖面

2. 卡秋特大口粉 *Megamonoporites cacheutensis* Jain
样品号：$XP_{17}WB_1$　层位及产地：上三叠统，双湖肖茶卡西剖面

3、6. 假瓦契杉粉(未定种)*Pseudowalchia* sp.
样品号：$DRP_{15}WB_1$　层位及产地：上三叠统，双湖蒂让碧错剖面

4. 兰迪斯假瓦契杉粉 *Pseudowalchia landessi* Pocock
样品号：$DRP_{13}WB_1$　层位及产地：上三叠统，双湖蒂让碧错剖面

5. 脑型粉(未定种)*Cerebropollenites* sp.
样品号：$DRP_{15}WB_1$　层位及产地：上三叠统，双湖蒂让碧错剖面

7. 联囊粉(未定种)*Vesicaspora* sp.
样品号：$DRP_{13}WB_1$　层位及产地：上三叠统，双湖蒂让碧错剖面

8. 芬德拉脑型粉(比较种)*Cerebropollenites* cf. *findlaterensis* Pocock
样品号：$CHP_{13}WB_1$　层位及产地：中侏罗统，双湖黑虎岭幅长红河剖面

图版 6

(所有图影均放大，×800)

1、4、7. 阿里粉(未定种)*Aliporites* sp.
样品号：$DRP_{13}WB_1$　层位及产地：上三叠统，双湖蒂让碧错剖面

2、5、12. 联囊粉(未定种)*Vesicaspora* sp.
样品号：$DRP_{13}WB_1$　层位及产地：上三叠统，双湖蒂让碧错剖面

3. 卢特尼二肋粉 *Lueckisporites ruttneri* Bharadwai & Singh
样品号：$DRP_{13}WB_1$　层位及产地：上三叠统，双湖蒂让碧错剖面

6. 诺维奥四肋粉 *Taeniaesporites noviaulensis* Leschik
样品号：$SZP_{10}WB_1$　层位及产地：上三叠统，双湖黑虎岭幅双咀湖剖面

8、11. 假瓦契杉粉(未定种)*Pseudowalchia* sp.
样品号：$DRP_{13}WB_1$　层位及产地：上三叠统，双湖蒂让碧错剖面

9. 隆兹卵形粉 *Ovaliporis lunzensis* Klaus
样品号：$DRP_{13}WB_1$　层位及产地：上三叠统，双湖蒂让碧错剖面

10. 卵圆假瓦契杉粉 *Pseudowalchia ovalis* Pocock
样品号：$DRP_{15}WB_1$　层位及产地：上三叠统，双湖蒂让碧错剖面

13. 紫萁孢(未定种)*Osmundacidites* sp.
样品号：$DRP_{15}WB_1$　层位及产地：上三叠统，双湖蒂让碧错剖面

14. 罗汉松粉(未定种)*Podocarpidites* sp.
样品号：$DRP_{13}WB_1$　层位及产地：上三叠统，双湖蒂让碧错剖面

图版Ⅰ

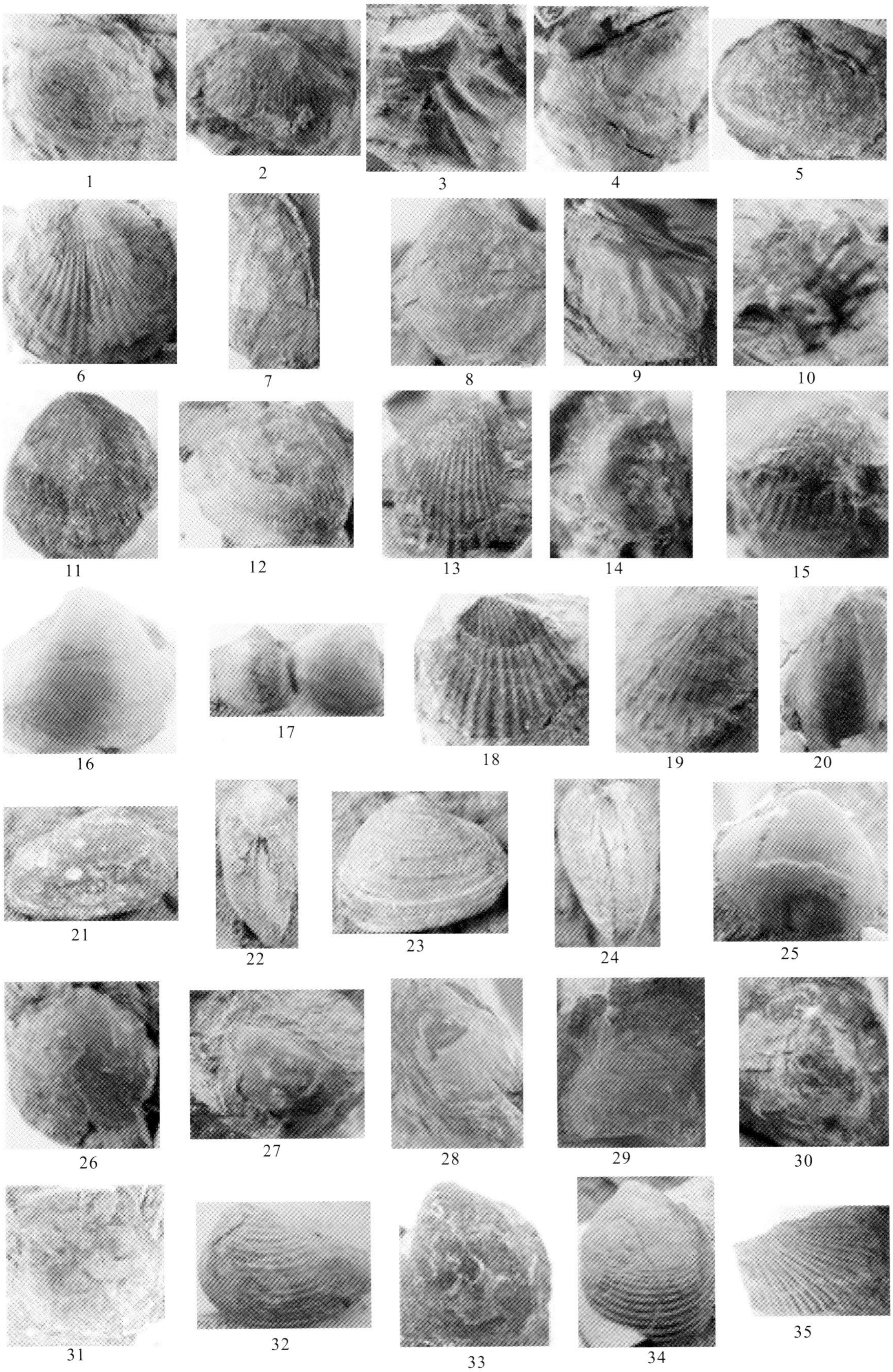
1
2
3
4
5
6
7
8
9
10
11
12
13
14
15
16
17
18
19
20
21
22
23
24
25
26
27
28
29
30
31
32
33
34
35

图版Ⅱ

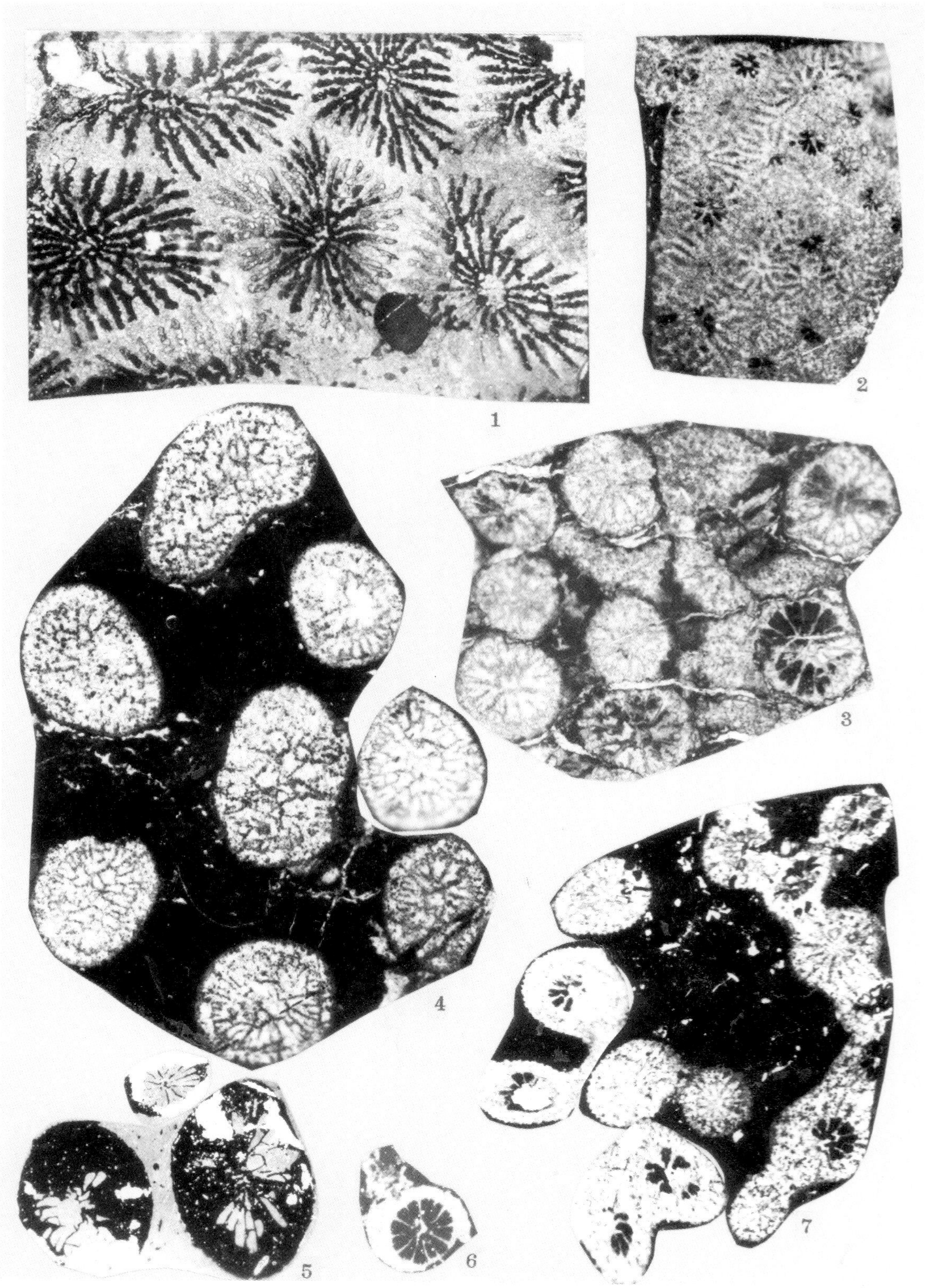

图版Ⅲ

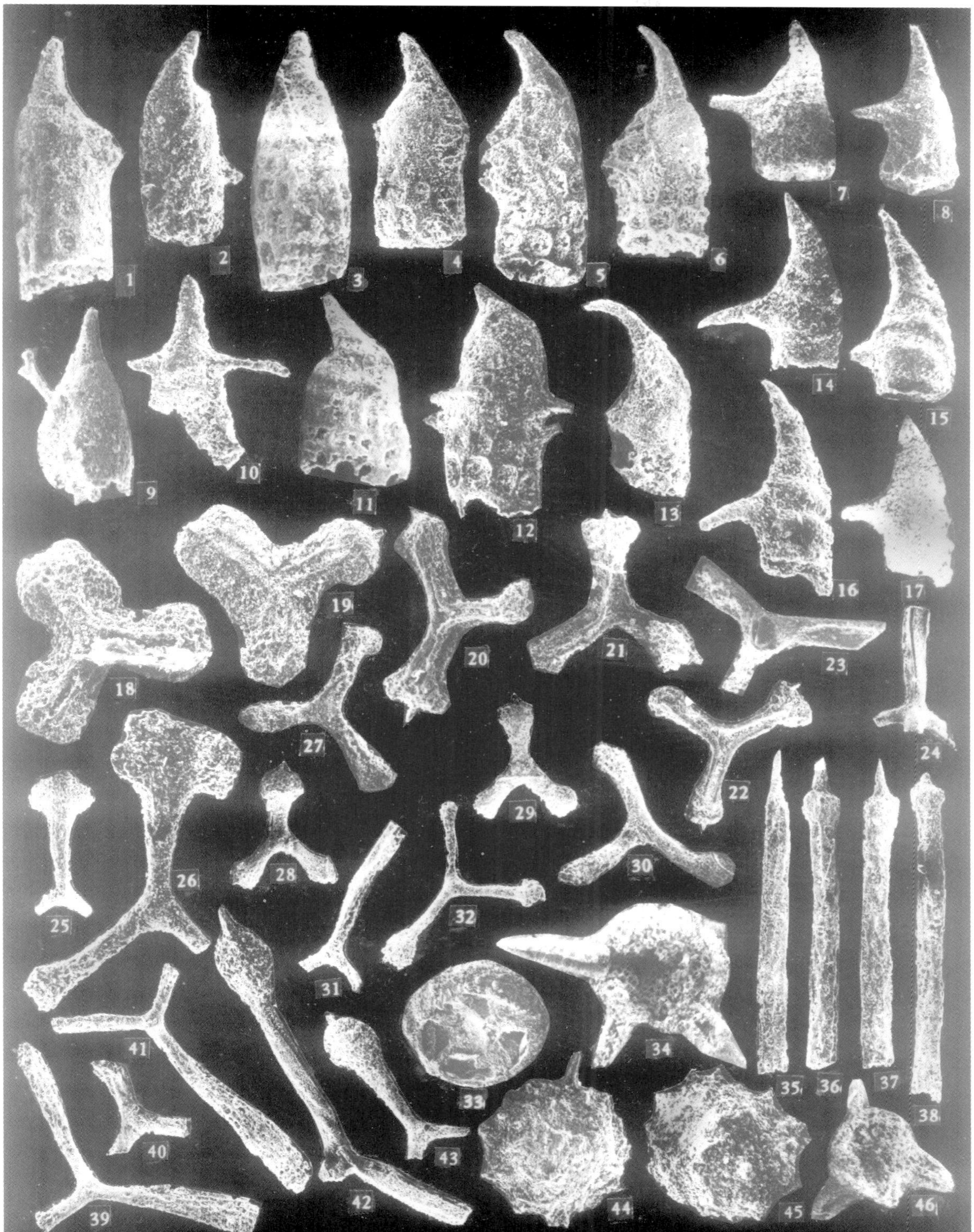

1
2
3
4
5
6
7
8
9
10
11
12
13
14
15
16
17
18
19
20
21
22
23
24
25
26
27
28
29
30
31
32
33
34
35
36
37
38
39
40
41
42
43
44
45
46

图版Ⅳ

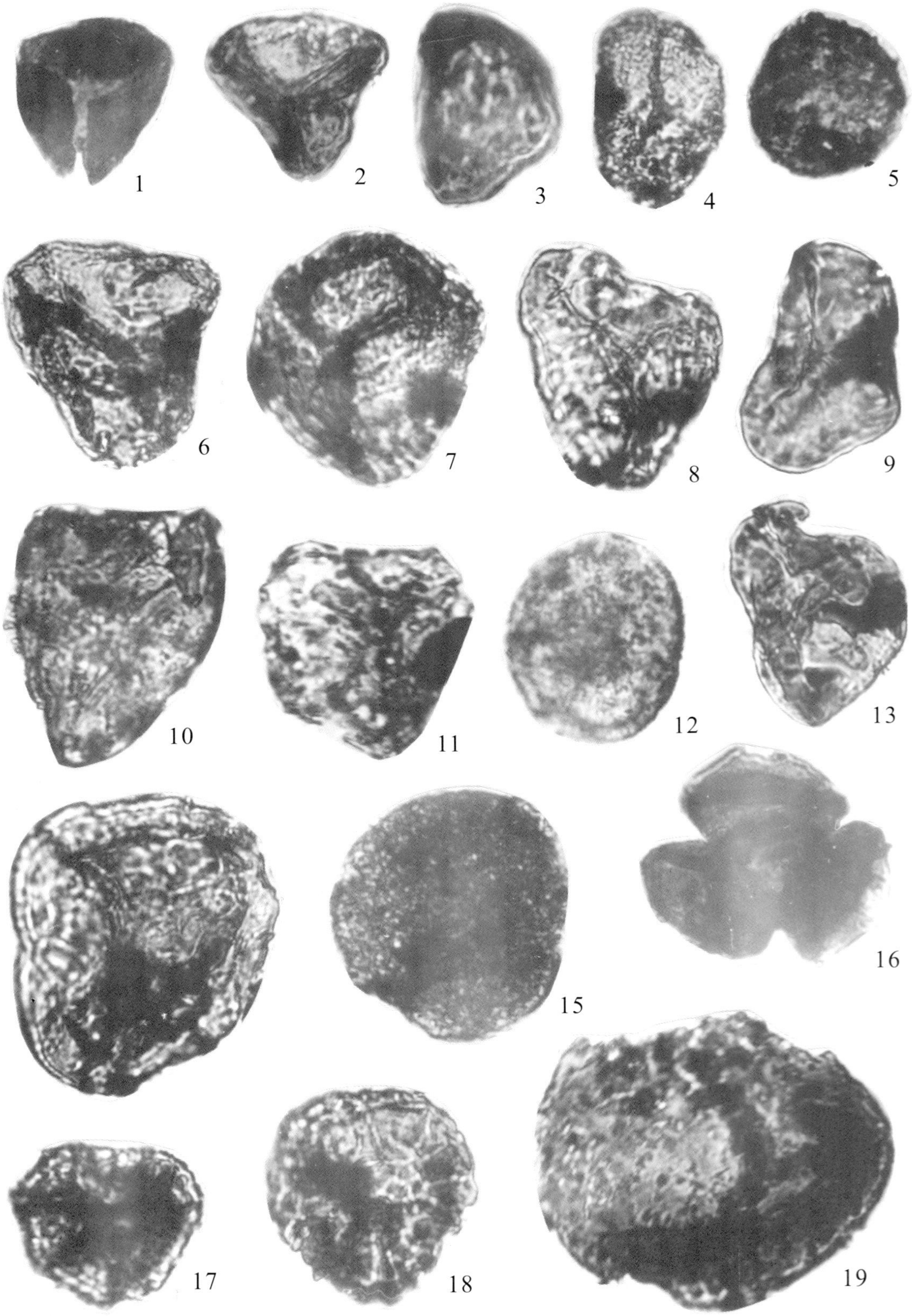

图版Ⅴ

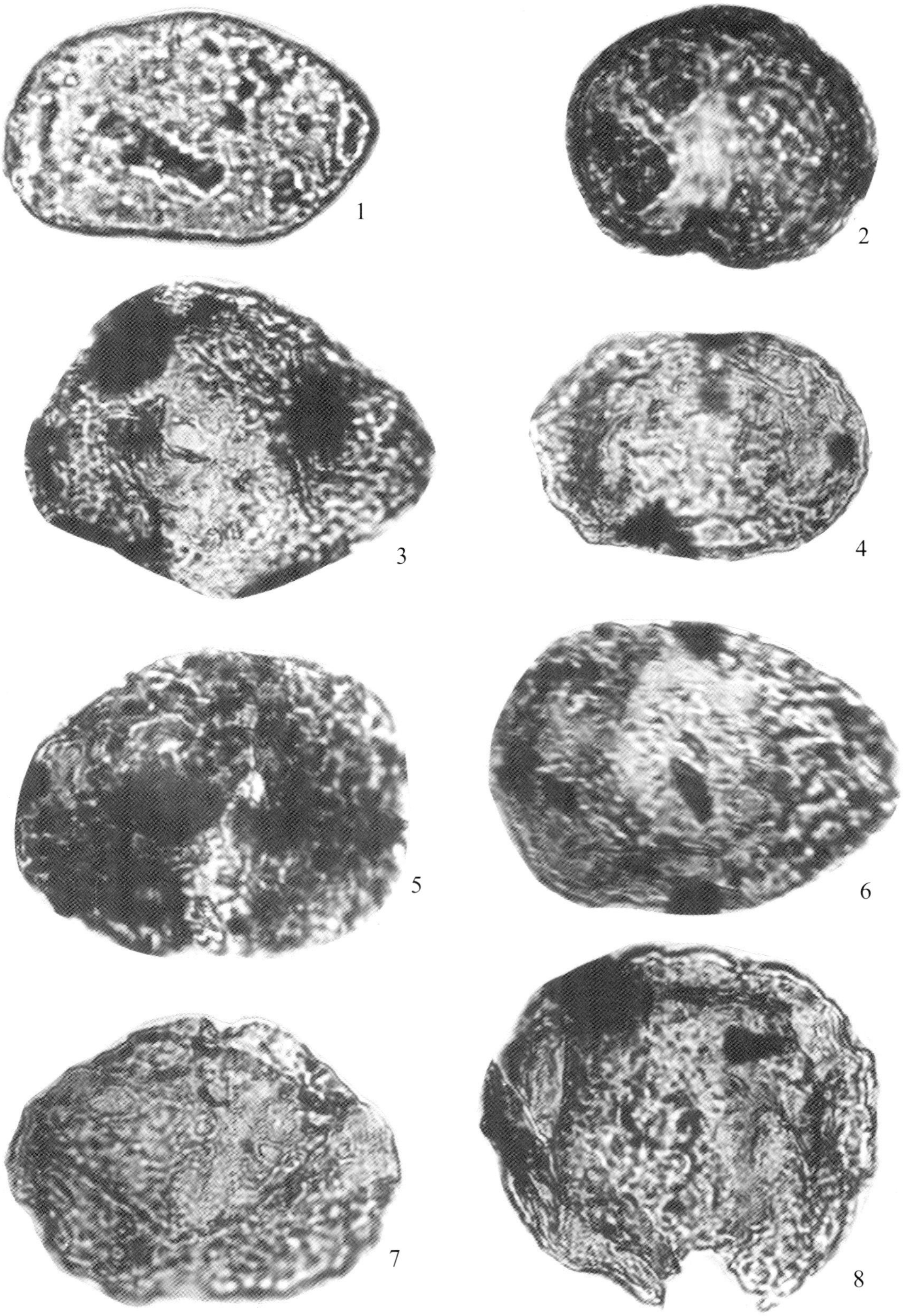

图版Ⅵ

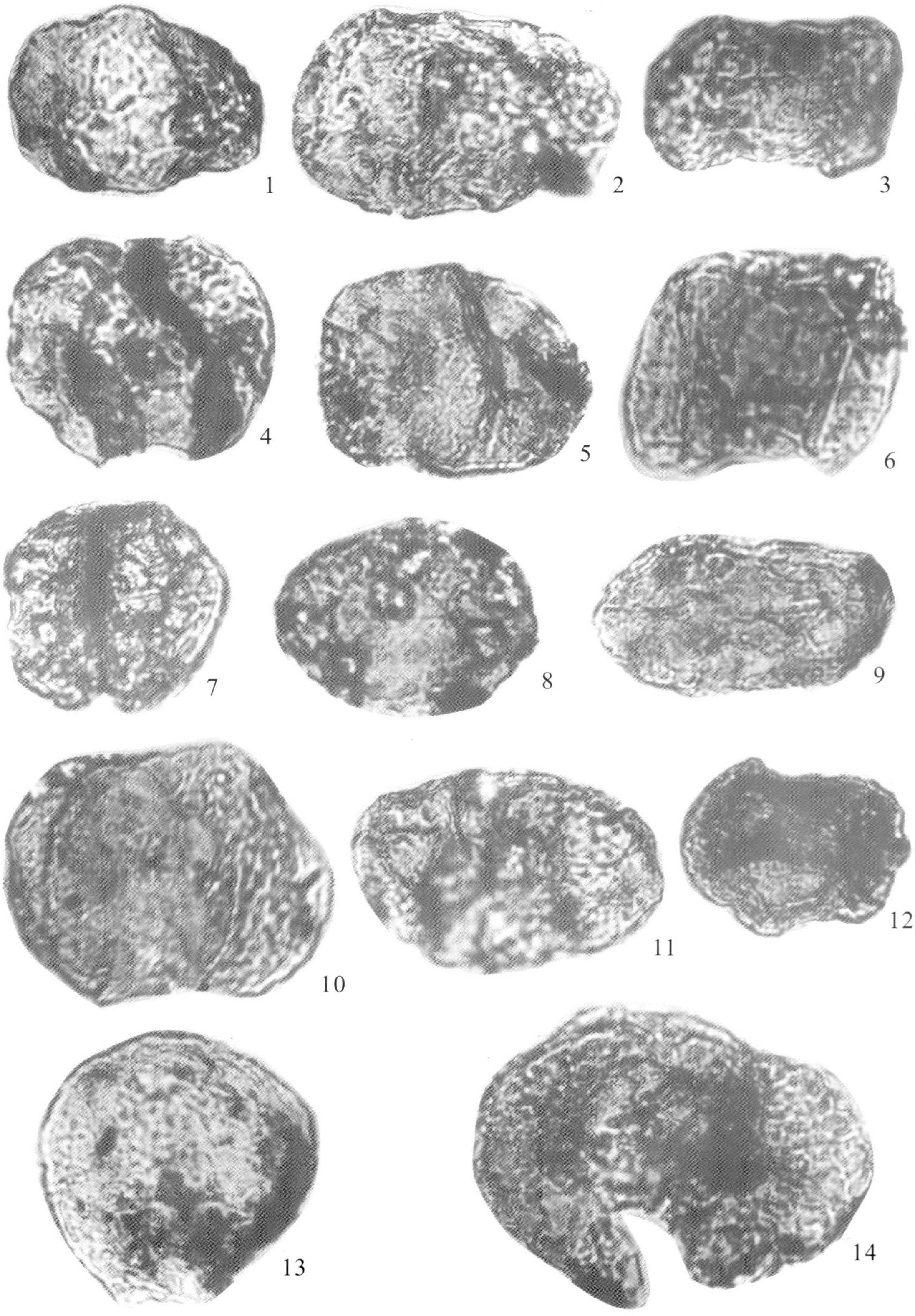